U0197563

生物质热化学转化技术

Biomass Thermochemical Conversion Technology

董长青　陆强　胡笑颖　编著

科 学 出 版 社

北 京

内 容 简 介

　　随着化石能源日益短缺和环境污染日益严重,生物质资源的开发利用获得了各国的广泛关注,热化学转化利用技术是生物质资源开发利用的最主要途径之一。本书以编者多年的研究成果为基础,参考国内外生物质热化学转化技术相关文献,介绍了近年来国内外生物质热化学转化技术的最新研究进展。全书共8章,前两章为基础知识,重点介绍生物质的组成结构以及干燥与烘焙预处理,第3、4章介绍生物质热解气化、气化焦油的净化与气化技术的应用,第5、6、7章介绍生物质热解液化、选择性热解制备高值产品以及化学液化技术,第8章介绍灰渣中钾、磷和二氧化硅的回收提取方法。

　　本书可作为从事生物质热化学转化技术研究与应用的科研人员的参考资料,亦可作为相关专业本科生和研究生的专业课教材。

图书在版编目(CIP)数据

生物质热化学转化技术=Biomass Thermochemical Conversion Technology/
董长青 陆强 胡笑颖编著.—北京:科学出版社,2017.3
　　ISBN 978-7-03-052165-1

　　Ⅰ.①生…　Ⅱ.①董…　②陆…　③胡…　Ⅲ.①生物能源-热化学-转化
Ⅳ.①TK6

　　中国版本图书馆CIP数据核字(2017)第053630号

责任编辑:范运年　陈琼/责任校对:郭瑞芝
责任印制:赵 博/封面设计:铭轩堂

科 学 出 版 社 出版
北京东黄城根北街16号
邮政编码:100717
http://www.sciencep.com

北京厚诚则铭印刷科技有限公司印刷
科学出版社发行　各地新华书店经销
*
2017年3月第 一 版　开本:720×1000 1/16
2025年2月第三次印刷　印张:19 3/4
字数:398 000
定价:136.00 元
(如有印装质量问题,我社负责调换)

前　　言

　　《文明之光》一书中提到，"如果把地球的年龄缩短成一年，那么人类则出现在这一年最后一天的最后半个小时，人类文明真正开始，已经是一年最后的一分钟了"。地球大约形成于 45 亿年前，与地球的年龄相比，人类就像一个刚出生的婴儿，但人类为了自身的发展，疯狂地开采地球中累积的煤、石油和天然气。化石能源有限且不可再生，而且人类在开采和使用化石能源过程中造成了各种环境污染问题。为了人类与地球的永续协调发展，我们需要发展可替代煤、石油和天然气的绿色能源。同时，我国石油和天然气的人均资源量仅为世界平均水平的 1/15 左右，这也迫使我们需要加快可再生能源的研发与利用。

　　生物质能是绿色植物通过光合作用存储下来的太阳能，也是唯一以有机物形式存在的可再生能源。地球上每年通过光合作用形成的生物质能资源量巨大，而我国作为农业大国，拥有丰富的生物质资源，包括各种农作物秸秆、林业废弃物、能源植物、工业有机废弃物和生活垃圾等。现代研究人员开发了热化学转化等多种生物质转化技术，由此可将生物质能源进一步转化为基于生物质资源的各种能源或化工产物，这些技术也得到了能源与化工领域研究人员的广泛关注与深入研究。

　　目前国内很多大学都设立了生物质利用相关的专业、学科或者学院，但关于生物质热化学转化技术介绍的书籍较少，本书编者们根据自己的教学经验与研究成果，参考了大量的国内外相关文献，结合对生物质热化学转化的认识，尽可能采用前沿技术和最新数据，编写了本书。由于水平有限，因此本书在选材和编排方面，可能存在着很多问题，甚至错误的地方，但编者还是将本书呈现给大家，希望能引起读者的思考，起到抛砖引玉的作用。

　　全书共 8 章，第 1 章由北京林业大学肖领平编写，第 2 章由南京林业大学陈登宇编写，第 3、4 章由华北电力大学胡笑颖和董长青编写，第 5、6 章由华北电力大学陆强和董长青编写，第 7 章由华北电力大学王体朋和董长青编写，第 8 章由华北电力大学王孝强和董长青编写，全书由董长青和陆强统稿。各位编者都是生物质热化学转化技术的前沿研究人员，一直关注技术的发展，非常熟悉生物质热化学转化技术，并有相应的研究成果支撑本书的编写。

　　本书围绕生物质热化学转化技术展开，第 1 章和第 2 章为基础知识，其中第 1 章介绍了生物质的组成结构及性质，第 2 章介绍了生物质干燥与烘焙预处理技术；第 3 章和第 4 章详细介绍了生物质热解气化技术、气化焦油净化与气化技术的应用；第 5 章详细介绍了生物质热解液化的基本原理、技术与装置以及生物油的性质和应用；第 6 章介绍了生物质选择性热解制备高附加值产品这一生物质利用的新技术；第 7 章介绍了生物质直接液化技术以及产物；第 8 章介绍了生物质灰渣的利用方法与技术。

本书在编写过程中，得到了华北电力大学生物质发电成套设备国家工程实验室老师和研究生们(商丽敏、崔敏珠、叶小宁、刘吉、蒋晓燕、胡斌、张智博、李文涛、董晓晨、张媛媛、张芸、郭蕊、翟燕歌)的大力支持和热情帮助，在此谨向他们表示衷心的感谢。生物质发电成套设备国家工程实验室于 2009 年经国家发展和改革委员会批准设立，依托华北电力大学建设。实验室旨在研究突破制约生物质直燃发电、高效热化学转化等产业发展的瓶颈技术，通过基础研究、技术开发、数值模拟、中试试验、工程示范等手段，促进生物质能的高效清洁开发与利用。

本书中涉及的各位编者的研究成果是其在过去十余年间持续的研究工作所获得的，研究工作获得了国家自然科学基金、国家 863 计划、国家科技支撑计划、北京市自然科学基金、北京市科技项目等的宝贵资助。在本书的编写和出版过程中，也得到了同行专家的支持和帮助，在此一并表示衷心的感谢。

限于编者水平，书中难免存在不足之处，恳请读者不吝赐教。

作　者
2016 年 8 月

目　　录

第1章　生物质的组成、结构和性质

1.1　引　　言

随着化石能源存储的日益减少和气候环境的不断恶化，以可再生的能源代替传统的化石资源成为当代科学家研究的重要课题。此外，能源危机问题日益突出，世界能源发展正步入一个崭新的时期，世界能源结构正在经历由化石能源为主向可再生能源为主的变革。大力开发利用可再生的替代能源，实现人类社会可持续发展，已成为国际社会广泛共识，完全符合"不与人争粮、不与粮争地"的生物质能源发展原则。木质纤维素是地球上最丰富的可再生生物质资源，也是当前利用率最低的资源，是各国新资源战略的重点。木质纤维素通过热化学转化、生物催化转化、化学催化转化，及其协同催化转化途径，进一步转化为可燃气、生物油、烃、醇、有机酸及高分子材料等生物能源、生物基化学品及生物基材料[1]。

目前，生物质精炼受到欧美等发达国家的极大重视，许多国家，特别是发达国家已将其列为经济和社会发展的重大战略举措。如美国能源部(United States Department of Energy)和农业部(United States Department of Agriculture)不断出台相关政策并提供大量资金支持生物能源和高值生物质基产品制备技术和工艺的研发，同时制订了以农作物为基础的可再生资源利用计划。在不久的将来，木质纤维素将成为能源、化工原料、材料的重要来源。我国是全球农林生物质资源最丰富的国家之一，但是生物质转化产业才刚刚起步，正处在政策引导扶持期，成长潜力巨大。目前，我国已将生物质资源的开发利用列入国家重点科技攻关计划。21世纪，我国将逐渐实现由生物质资源大国向生物质资源及生物质经济强国转变。

1.2　木质纤维素的组成与结构

生物质(biomass)是生物能源(bioenergy)的一个术语，指地球上所有活的和死的生物物质以及新陈代谢产物的总称。具体来说，生物质资源(biomass resources)包括：所用动物和植物及其排泄物、农业和林业的废弃物、食品加工和林产品加工的下脚料、餐饮业的残羹、城市固体废弃物(municipal solid waste, MSW)、生活污水(sewage)和造纸黑液(black liquor)等[2]。木质纤维素资源主要由纤维素、半纤维素和木质素三大组分组成，如图 1-1 所示[3]。不同种类的植物细胞壁中化学组成不同，半纤维素的含量也不同。农作物秸秆中含有纤维素(35% ~ 39%)，半纤维素(28%~33%)和木素(12%~18%)[4]。这种相对高的半纤维素含量使它们可以作为工业聚合物的新型原料，来取代环境有害的石化产品，制造绿色产品。表1-1是典型的几种农林生物质原料的化学组分[4]。

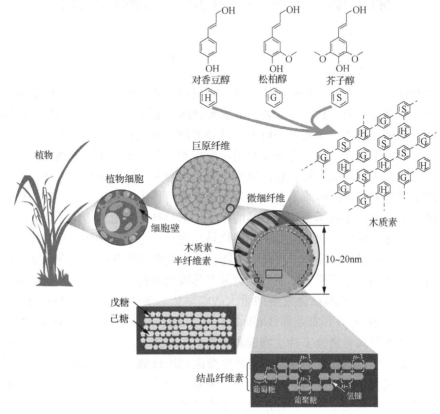

图 1-1　木质纤维素结构示意图[3]

表 1-1　农林生物质的化学组分 (% 绝干原料) [4]

种类	水溶性成分	纤维素	半纤维素	木质素	蜡	灰分
小麦草	4.7	38.6	32.6	14.1	1.7	5.9
稻草	4.7	38.6	32.6	14.1	1.7	5.9
黑麦草	6.1	36.5	27.7	12.3	3.8	13.3
大麦草	4.1	37.9	32.8	17.6	2.0	3.0
燕麦草	6.8	34.8	27.9	14.6	1.9	5.7
玉米秆	4.6	38.5	31.7	16.8	2.2	6.1
玉米芯	5.6	38.5	28.0	15.0	3.6	4.2

种类	水溶性成分	纤维素	半纤维素	木质素	蜡	灰分
西班牙草	4.2	43.2	31.8	14.6	3.9	2.2
制糖甜菜废丝	6.1	35.8	28.7	17.8	3.4	6.5
甘蔗渣	5.9	18.4	14.8	5.9	1.4	3.7
油棕榈纤维	4.0	39.2	28.7	19.4	1.6	5.1
麻焦纤维	5.0	40.2	32.1	18.7	0.5	3.4

1.3　植物纤维细胞壁的超微结构

　　植物细胞壁主要是由纤维素、半纤维素和木质素三大组分构成。现有研究表明，木质纤维细胞壁结构是以纤维素微纤丝的形式作为"骨架"，其周围是由半纤维素和具有三维网状的木质素大分子结合形成的异质性高分子聚合物结构，具有抵抗微生物及酶降解特性的"生物质抗降解屏障(biomass recalcitrance)"[5]。植物细胞壁的多层结构如图 1-2 所示[6]，木质化的次生壁示意图如图 1-3 所示[7]。细胞壁分为初生壁(primary wall)和次生壁(secondary wall)，次生壁又可以分为三层：S_1 层、S_2 层和 S_3 层，其中 S_2 层厚度最厚，约占全壁厚度 70%以上，是构成细胞壁的主体。相邻细胞之间的连接层被称为胞间层(middle lamella，ML)，在三个或四个细胞之间存在一个共同的区域——细胞角隅(the cell corner，CC)，而胞间层及其两侧的初生壁共同称为复合胞间层(combined middle lamella，CML)，该层的木质素含量最高，但是厚度小。木材中总木质素的 20%~50%位于复合胞间层[8, 9]。木质化作用是木质部细胞分化的最后一步，木质素通过填充细胞壁碳水化合物复

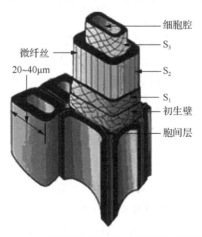

图 1-2　木材纤维细胞壁的分层结构示意图

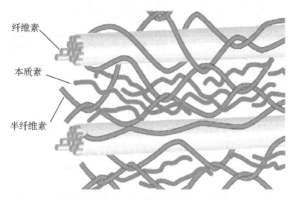

图 1-3　木质化的次生壁示意图

合体之间空隙沉积下来，同时与非纤维素碳水化合物形成化学键连接。有学者认为，植物细胞壁的木质化过程首先发生在细胞角隅的初生壁（P 层）上，然后扩展到复合胞间层，然后导致次生壁的木质化（图 1-4）。

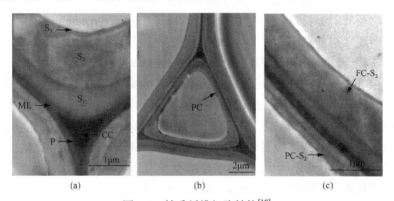

图 1-4　结香纤维细胞结构[10]

细胞胞间层中不含纤维素，而是由木质素、半纤维素和少量果胶物质组成；初生壁中纤维素浓度低于次生壁，含有较高的木质素和半纤维素浓度，形成的微纤丝结构疏松；次生壁 S_2 层纤维素浓度最高，微纤丝规律性排列，半纤维素和木质素浓度较低。总的来说，细胞壁中纤维素的分布呈现明显的规律性，纤维素的含量从外层到内层逐渐增加，次生壁 S_2 层和 S_3 层中纤维素含量最高（图 1-5）。

1.3.1　纤维素的结构与性质

纤维素是地球上最丰富的天然高分子化合物，具有价廉、可降解和不污染生态环境等优点，每年可再生量超过 1.0×10^{10} 吨。纤维素是由 D-葡萄糖以 β（1→4）糖苷键组成的链状高分子化合物（图1-6），分子式为 $(C_6H_{10}O_5)_n$，在自然界中储量非常丰富，是组成植物细胞壁的主要成分[12]。由图中可以看出，纤维素的每个葡萄糖

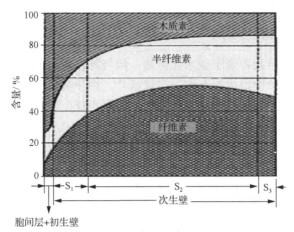

图 1-5　木质纤维细胞壁中纤维素、半纤维素和木质素的含量变化图[11]

基环上有 3 个活泼羟基，即为 2 个仲羟基和 1 个伯羟基。因此，纤维素可以发生一系列与羟基有关的化学反应，包括醚化、酯化和接枝共聚等，生成相应的纤维素衍生物[13]。纤维素中存在大量的结晶区和非结晶区以及氢键，因而其晶体结构非常牢固。这正是纤维素在一般条件下很难溶解于常见溶剂的主要原因。有效地开发利用纤维素材料对改善生态环境、改变人类饮食结构、增加能源、发展新型材料等都具有重要意义。

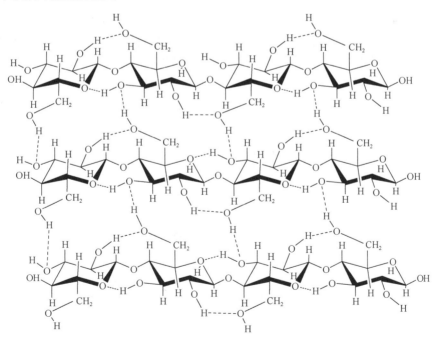

图 1-6　纤维素的片层结构

1.3.2 半纤维素的结构与性质

半纤维素和纤维素都属于碳水化合物，但与纤维素不同的是，半纤维素是由两种或两种以上的单糖组成的不均一高聚糖[14]。由于其化学结构的不均一性，天然半纤维素为非结晶态且分子量低的多位分枝性的聚合物，其聚合度为 80～200。半纤维素的分子式通常以戊聚糖($C_5H_8O_4$)$_n$ 和己聚糖($C_6H_{10}O_5$)$_n$ 表示[15]。半纤维素含量大约占植物原料的 1/4～1/3，广泛地存在于针叶木、阔叶木、草类和秸秆中，可以用水和碱抽提得到[16,17]。半纤维素结构复杂，它们通过氢键与纤维素连接，以共价键(主要是 a-苯醚键)与木质素相连，以酯键与乙酰基及羟基肉桂酸连接。原料不同，半纤维素的组分不同，组成半纤维素的糖基主要有：D-木糖、L-阿拉伯糖、D-葡萄糖、D-半乳糖、D-甘露糖、D-葡萄糖醛酸、4-O-甲基-D-葡萄糖醛酸、D-半乳糖醛酸和少量的 L-鼠李糖、L-海藻糖及各种 O-甲基化的中性糖[18]。阔叶木及一年生植物的半纤维素主要以 1,4-β-D-吡喃式木糖基为主链，L-呋喃式阿拉伯糖基、4-O-甲基-D-吡喃式葡萄糖醛酸基、L-吡喃式半乳糖基、D-吡喃式葡萄糖醛酸基等不同糖基为侧链。由于组成不同，半纤维素的分离方法也各不相同[19]。阔叶木半纤维素主要为葡糖醛酸木聚糖或 4-O-甲基-葡糖醛酸木聚糖，同时含有一定量的乙酰基，约占阔叶木的 15%～30%(图 1-7)。部分阔叶木半纤维素还含有 2%～5%的葡萄糖甘露聚糖，主要由甘露糖和葡萄糖以 β-(1→4)苷键连接，如图 1-8 所示。针叶木半纤维素主要是半乳糖葡萄糖甘露聚糖或 O-乙酰基-半乳糖葡萄糖甘露聚糖(图 1-9)，此外还含有一定量的阿拉伯糖葡萄糖醛酸木聚糖(图 1-10)。表 1-2 总结了常见的阔叶木和针叶木半纤维素结构特征[20,21]。此外，半纤维素聚糖组分与木质素存在连接，即木素-碳水化合物复合体(lignin-carbohydrate complex, LCC)。在木材中常见的键连接有苯基醚键、苯基酯键和糖苷键[22]。

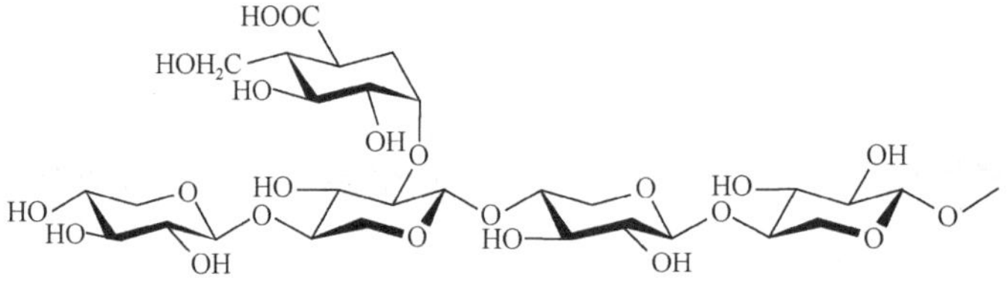

图 1-7 O-乙酰基-4-O-甲基-葡糖醛酸木聚糖

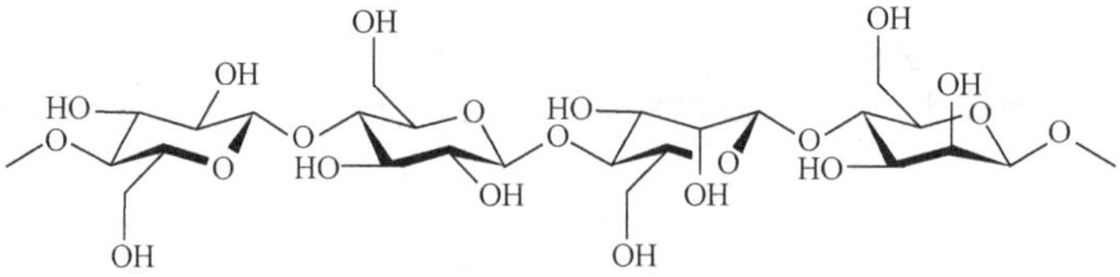

图 1-8 葡萄糖甘露聚糖

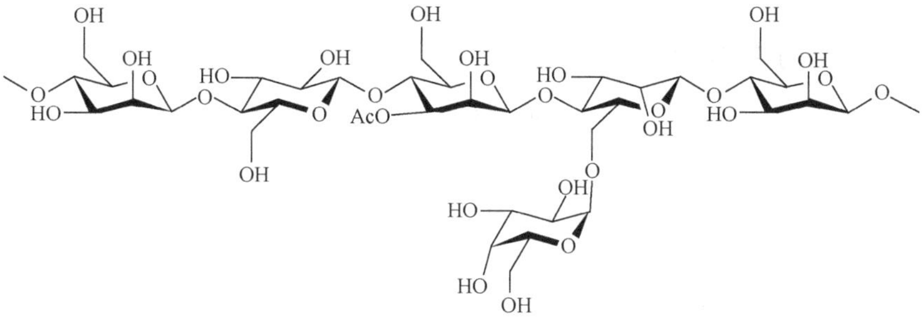

图 1-9 半乳糖葡萄糖甘露聚糖

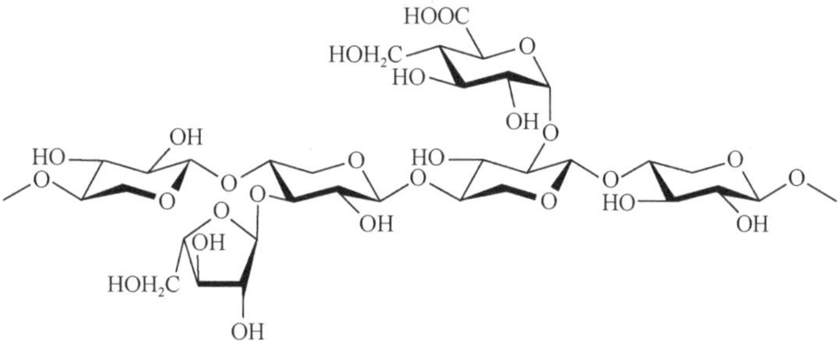

图 1-10 阿拉伯糖葡萄糖醛酸木聚糖

表 1-2 常见阔叶木和针叶木半纤维素结构特征

半纤维素种类		含量/%	组成			
			基本单元	摩尔比	连接键	聚合度
阔叶木	葡糖醛酸木聚糖	15~30	β-D-Myl$p$	10		200
			4-O-Me-α-D-Glc$p$A	1	1→4	
			Acetyl	7	1→2	
	葡萄糖甘露聚糖	2~5	β-D-Man$p$	1-2	1→4	200
			β-D-Glc$p$	1	1→4	
针叶木	半乳葡萄糖甘露聚糖	20~25	β-D-Man$p$	4	1→4	100
			β-D-Glc$p$	1	1→4	
			β-D-Gal$p$	0.1	1→6	
			Acetyl	1		
	阿拉伯糖葡萄糖醛酸木聚糖	7~10	β-D-Xyl$p$	10	1→4	100
			4-O-Me-α-D-Glc$p$A	2	1→2	
			β-L-Ara$f$	1.3	1→3	

1.3.3 木质素的结构与性质

　　自然界中，木质素是仅次于纤维素和半纤维素的第三大可再生能源，据估测，全球生物圈预测有 3×10^{11} 吨木质素并且每年可合成产生约 2×10^{10} 吨[23]。但由于其复杂的结构特点，限制了其工业化利用。木质素是一种复杂的、非结晶的、三维空间网状结构的复杂无定形高聚物。木质素大分子是由三种前驱体物质通过酶的脱氢聚合及自由基耦合而成，即对香豆醇（p-coumaryl alcohol）、松柏醇（coniferyl alcohol）和芥子醇（sinapyl alcohol）。这三种前驱体对应的木质素结构单元分别为对羟苯基（H）、愈创木基（G）和紫丁香基（S）结构单元，如图 1-11 所示[24, 25]。在植物体内木质素与纤维素、半纤维素等一起构成超分子体系，并作为纤维素的黏合剂，增强植物体的机械强度[26]。通过对各类木质素结构模型的研究发现，木质素主要由苯丙烷基单元（C_6–C_3）经碳碳键和碳氧键相互连接和无规则耦合而成的，主要连接类型包括 β-O-4、β-β、β-5、5-5、4-O-5[27]。图 1-12 是典型的灌木木质素中的结构单元和连接键类型[28-31]。

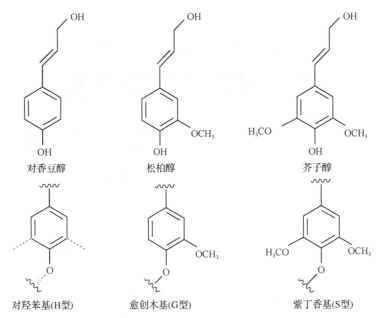

对香豆醇　　　　　　　　松柏醇　　　　　　　　芥子醇

对羟苯基（H型）　　　　愈创木基（G型）　　　　紫丁香基（S型）

图 1-11　木质素三种初级前驱体对香豆醇、松柏醇和芥子醇及三种基本结构单元

　　近年来发展的核磁共振波谱（氢谱 ^{1}H NMR、碳谱 ^{13}C NMR、磷谱 ^{31}P NMR 和二维核磁共振谱 2D HSQC NMR）结合凝胶渗透色谱（gel permeation chromatography, GPC）和衍生还原裂解法（derivatization followed by reductive cleavage, DFRC）等技术为木质素的结构鉴定提供了强有力的帮助。美国威斯康辛大学麦迪逊分校著名

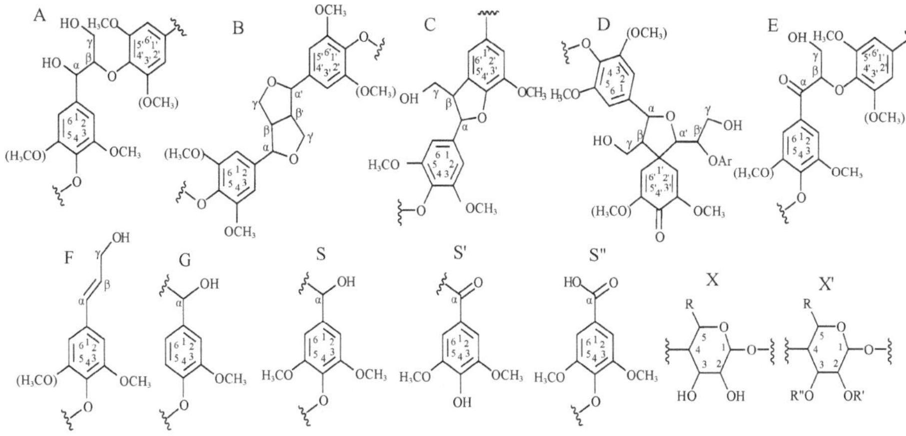

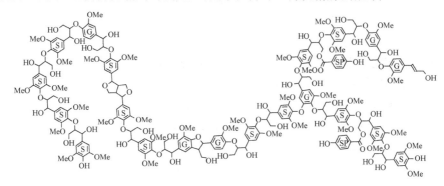

图 1-12　木质素连接键类型及基本结构单元[29]

木质素专家 John Ralph 教授课题组提出了由愈创木基和紫丁香基结构单元构成的阔叶材杨木木质素结构模型[32]，如图 1-13 所示，而意大利的 Claudia Crestini 教授在构建以愈创木基为主的针叶材云杉木质素结构模型的基础上，提出了磨木木质素是线性低聚物的观点[33]，如图 1-14 所示。由于木质素存在组成多样化、分子结构复杂且难以直接转化利用等问题，成为了制约生物质精炼的瓶颈。

图 1-13　阔叶材杨木木质素结构模型[32]

1.3.4　木质素-碳水化合物复合体

在植物细胞壁中，木质素不是简单地沉积在细胞壁聚糖(碳水化合物)间，亲水性的多糖和疏水性的木质素之间存在着化学键，形成木质素-碳水化合物复合体 LCC，其主要连接键类型有苄基醚键、苄基酯键和苯基糖苷键等，其中禾本科植物原料的木质素主要由阿魏酸和碳水化合物产生交联[34, 35]。阿魏酸既以酯键与半纤维素连接，又以醚键与木质素连接(木质素-醚-阿魏酸-酯-半纤维素桥联)。在这种桥联情况下，阿魏酸醚可能在木质素和半纤维素之间形成交联结构(木质素结构单

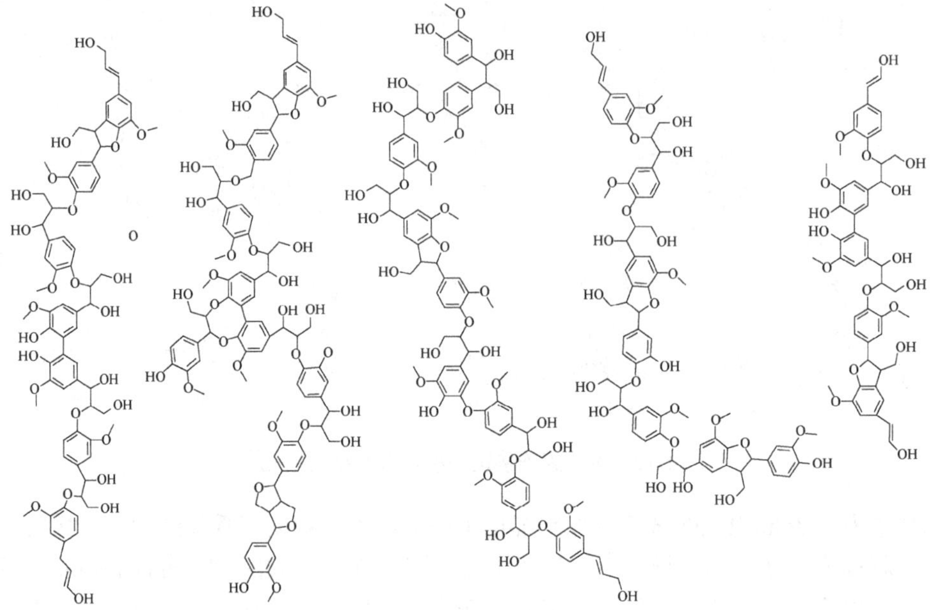

图 1-14　针叶材云杉木质素结构模型[33]

元侧链的 β 位），同时通过羧基在阿拉伯糖葡萄糖醛酸基木糖的阿拉伯糖取代基的
C-5 位进行酯化作用[36-39]，如图 1-15(a)。麦草细胞壁中二阿魏酸与阿拉伯木聚糖
和木质素之间存在交联作用[38]，如图 1-15(b)。大多数的对香豆酸主要通过酯键
与木质素侧链的 γ 位连接，如图 1-16(a)，但有少数以酯键与半纤维素阿拉伯糖葡
萄糖醛酸木糖的阿拉伯糖基连接[39]，如图 1-16(b)。研究发现禾本科植物细胞壁
中，阿拉伯糖基和木糖基在木质素大分子侧链的 α 位醚化，在碱性条件下较难降
解[40]，如图 1-17(a)。在木质化过程中，半纤维素通过葡萄糖醛酸侧链的羧基(C-6)
与木质素以酯键连接[41]，如图 1-17(b)。

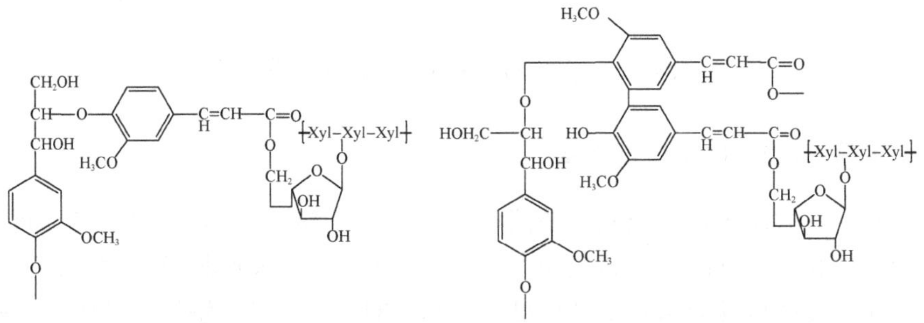

(a)　　　　　　　　　　　　　　(b)

图 1-15　木质素-醚-阿魏酸-酯-半纤维素桥联结构(a)
和木质素-醚-二阿魏酸-酯-半纤维素桥联结构(b)

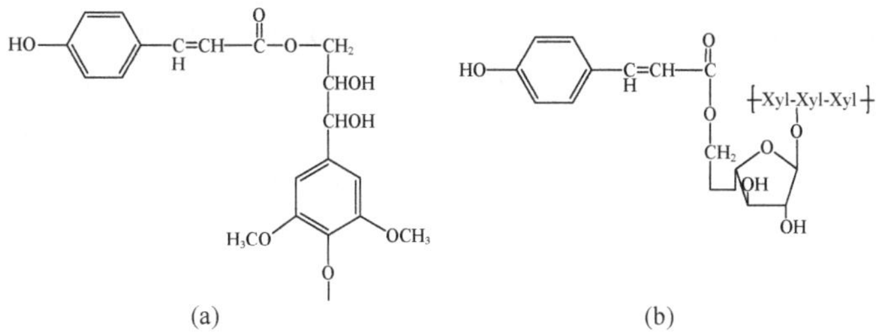

图 1-16　对香豆酸-酯键-木质素结构(a)和对香豆酸-酯键-半纤维素结构(b)

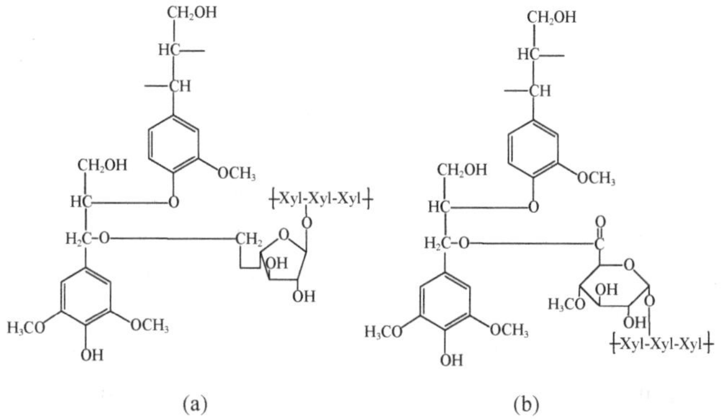

图 1-17　木质素-醚键-半纤维素结构(a)和木质素-酯键-半纤维素结构(b)

参 考 文 献

[1]　朱晨杰，张会岩，肖睿，等. 木质纤维素高值化利用的研究进展. 中国科学：化学，2015，45(5)：454-478

[2]　刘瑾，邬建国. 生物燃料的发展现状与前景. 生态学报，2008，28(4)：1339-1353

[3]　Rubin E M. Genomics of cellulosic biofuels. Nature, 2008, 454(7206): 841-845

[4]　Sun R, Tomkinson T, Wilson I, Adlard T, et al. Encyclopedia of separation science. Academic Press, London, 2000

[5]　Himmel M E, Ding S Y, Johnson D K, et al. Biomass recalcitrance: engineering plants and enzymes for biofuels production. Science, 2007, 315(5813): 804-807

[6]　Sun R C. Cereal straw as a resource for sustainable biomaterials and biofuels: chemistry, extractives, lignins, hemicelluloses and cellulose. United Kingdom:Elsevier, 2010

[7]　Boudet A M, Kajita S, Grima-Pettenati J, et al. Lignins and lignocellulosics: a better control of synthesis for new and improved uses. Trends Plant Sci., 2003, 8(12): 576-581

[8]　杨淑惠. 植物纤维化学. 北京：中国轻工业出版社，2001

[9]　李忠正，孙润仓，金永灿. 植物纤维资源化学. 北京：中国轻工业出版社，2012

[10]　张智衡，马建锋，许凤. 结香纤维与木素分布的显微激光拉曼光谱研究. 光谱学与光谱分析，2012，32(4)：1002-1006

[11]　Carvalho R. Dilute acid and enzymatic hydrolysis of sugarcane bagasse for biogas production.Portugal:Instituto Superior Tecnico, 2009

[12]　郑勇等. 室温离子液体溶解和分离木质纤维素. 化学进展，2009，21(9)：1807-1812

[13] 陈珣，程凌燕，张亚梅. 以离子液体为反应介质制备纤维素衍生物的研究进展. 材料导报，2008，21 (12)：56-59

[14] 任俊莉等. 半纤维素及其衍生物作为造纸助剂的应用研究进展. 生物质化学工程，2006，40 (1)：35-39

[15] Paszner L. Salt catalyzed wood bonding with hemicellulose. Holzforschung, 1988, 42 (1): 11-20

[16] Glasser W G, Kaar W E, Jain R K, et al. Isolation options for non-cellulosic heteropolysaccharides (HetPS). Cellulose, 2000, 7 (3): 299-317

[17] BeMiller J N, Whistler R L. Industrial gums: polysaccharides and their derivatives. United States: Academic Press, 1993

[18] Sun R C, Lawther J M, Banks W. Fractional and structural characterization of wheat straw hemicelluloses. Carbohyd.Polym, 1996, 29 (4): 325-331

[19] Buchanan C M, Buchanan N L, Debenham J S, et al. Preparation and characterization of arabinoxylan esters and arabinoxylan ester/cellulose ester polymer blends. Carbohyd.Polym, 2003, 52 (4): 345-357

[20] Willför S, Sundberg A, Pranovich A, et al. Polysaccharides in some industrially important hardwood species. Wood Sci. Technol, 2005, 39 (8): 601-617

[21] Liu S. Woody biomass: Niche position as a source of sustainable renewable chemicals and energy and kinetics of hot-water extraction/hydrolysis. Biotechnol. Adv., 2010, 28 (5): 563-582

[22] Lawoko M, Henriksson G, Gellerstedt G. Characterisation of lignin-carbohydrate complexes (LCCs) of spruce wood (*Picea abies* L.) isolated with two methods. Holzforschung, 2006, 60 (2): 156-161

[23] Knothe G. Analyzing biodiesel: standards and other methods. J. Am. Oil Chem. Soc., 2006, 83 (10): 823-833

[24] Pu Y, Zhang D, Singh P M, et al. The new forestry biofuels sector. Biofuel.Bioprod.Bior., 2008, 2 (1): 58-73

[25] Ralph S, Ralph J, Landucci L, Landucci L. NMR database of lignin and cell wall model compounds. US Forest Prod. Lab., Madison, WI (http://ars usda gov/Services/docs htm), 2004

[26] 邱卫华，陈洪章. 木质素的结构. 功能及高值化利用. 纤维素科学与技术，2006，14 (1)：52-59

[27] Chakar F S, Ragauskas A J. Review of current and future softwood kraft lignin process chemistry. Ind. Crop. Prod., 2004, 20 (2): 131-141

[28] Xiao L P, Shi Z J, Xu F, et al. Characterization of MWLs from *Tamarix ramosissima* isolated before and after hydrothermal treatment by spectroscopical and wet chemical methods. Holzforschung, 2012, 66 (3): 295-302

[29] Xiao L P, Shi Z J, Xu F, et al. Characterization of lignins isolated with alkaline ethanol from the hydrothermal pretreated *Tamarix ramosissima*. BioEnerg. Res., 2013, 6 (2): 519-532

[30] Xiao L P, Bai Y Y, Shi Z J, et al. Influence of alkaline hydrothermal pretreatment on shrub wood *Tamarix ramosissima*: Characteristics of degraded lignin. Biomass Bioenergy, 2014, 68: 82-94

[31] 肖领平. 木质生物质水热资源化利用过程机理研究. 北京：北京林业大学，2014

[32] Stewart J J, Akiyama T, Chapple C, et al. 2009. The effects on lignin structure of overexpression of ferulate 5-hydroxylase in hybrid poplar1. Plant Physiol., 2009, 50 (2): 621-635

[33] Crestini C, Melone F, Sette M, et al. Milled wood lignin: A linear oligomer. Biomacromolecules, 2011, 12 (11): 3928-3935

[34] 张爱萍. 植物细胞壁中木素的分离与表征：禾本科植物细胞壁中木素与阿魏酸酯交联结构的研究. 广州：华南理工大学，2010

[35] 彭锋. 农林生物质半纤维素分离纯化、结构表征及化学改性的研究. 广州：华南理工大学，2010

[36] Ralph J, Grabber J H, Hatfield R D. Lignin-ferulate cross-links in grasses: active incorporation of ferulate polysaccharide esters into ryegrass lignins. Carbohydr. Res., 1995, 275 (1): 167-178

[37] Jacquet G, Pollet B, Lapierre C, et al. New ether-linked ferulic acid-coniferyl alcohol dimers identified in grass straws. J. Agric. Food Chem., 1995, 43(10): 2746-2751

[38] Lam T B T, Iiyama K, Stone B A. Cinnamic acid bridges between cell wall polymers in wheat and phalaris internodes. Phytochemistry, 1992, 31(4): 1179-1183

[39] Sun R C, Xiao B, Lawther J. Fractional and structural characterization of ball-milled and enzyme lignins from wheat straw. J. Appl. Polym. Sci., 1998, 68(10): 1633-1641

[40] Sun R C, Lawther J M, Banks W. Effects of extraction time and different alkalis on the composition of alkali-soluble wheat straw lignins. J. Agric. Food Chem., 1996, 44(12): 3965-3970

[41] Sun R C, Fang J M, Goodwin A, et al. Fractionation and characterization of ball-milled and enzyme lignins from abaca fibre. J. Agric. Food Chem., 1999, 79(8): 1091-1098

第2章 生物质干燥和烘焙预处理

2.1 引　言

生物质原料的低品质性限制了生物质利用技术的发展，主要表现在：①秸秆等生物质具有亲水性强、能量密度低、不易储存且产地分散等缺点，造成其运输、处理、储存以及作为能源利用的成本偏高；②木质纤维素生物质原料的纤维结构增加了研磨难度，大颗粒粒径不利于生物质热解反应进行；③生物质原料含有大量的水分，过多的水分往往会延迟热解反应、增加供热成本和破坏热解液化产物的稳定性；④生物质中较高的氧含量，直接导致热解产物生物油的氧含量也很高。以往的研究表明生物质的低品质和高含氧量，是生物油氧含量高的直接原因，生物质工业化利用之前需要对原料进行脱水脱氧的前期预处理[1]。2013年，国际能源机构(International Energy Agency，IEA)详细综述了主要成员国的生物质热解进展，调查发现原料预处理作为生物质热解工艺流程的第一环，具有至关重要的作用[2]。

目前最常见的预处理方法是干燥预处理。国内外众多科研机构建立了热干燥装置并进行大量的实验研究，在此基础上报道了传热传质、干燥活化能、干燥动力学模型等干燥机理方面的研究成果[3-7]。干燥热流(heat flow，单位质量生物质在单位时间内吸收的热量)由水分蒸发热流、未蒸发水分热容热流和干生物质热容热流三部分叠加而成，其中水分蒸发热流是主要部分。90℃是一个比较合适的干燥温度，90℃干燥1kg含湿量25%的秸秆，所需的热量为465kJ。Midill et al.模型对玉米秸秆等温干燥过程有良好的模拟效果；而Page模型则对木屑非等温干燥过程的模拟效果最佳，木屑干燥活化能计算值为12.6kJ/mol。在干燥对热解的影响方面，一些研究表明：热风干燥对稻壳的组分和化学结构没有影响，但有利于传热和挥发分的析出；干燥后的稻壳活化能约为79kJ/mol，比干燥前的略有增加。

干燥预处理对生物质原料及其热化学转化产物品质的改善效果比较有限。究其原因，主要是干燥预处理只是除去了水分，对降低生物质氧含量作用不大，对生物质研磨性能以及化学结构变化的影响微乎其微[8]，对生物质定向热解和高附加值产品的富集也没有明显影响；并且干燥后的生物质在自然堆放储存过程中往往容易再次吸水，降低了干燥预处理的效果[5]。

相对于在低温区(室温~150℃)的干燥预处理，在高温区(200~300℃)缺氧常压下的烘焙预处理更能改善生物质的品质[9]。生物质烘焙预处理是一种在常压、隔绝氧气的条件下，反应温度介于200~300℃的热处理过程。经过烘焙这种适度的热处理后，生物质的纤维结构遭到一定程度的破坏，生物质变得脆而易磨，粉碎后颗粒的比表面积增大，且粉体的流动性得以有效的改善，以实现稳定连续的输送[10]。另外还能有效提高生物质的能量密度，降低 O/C 值，减少运输和储藏成本；同时，烘焙后生物质的疏水性增强，这使得它在储存的过程中不易产生水分的重吸收，相对延长了生物质原料的"保质期"[11]。在热解反应方面，烘焙预处理由于改变了生物质内在结构，促进了快速热解的进行，有利于挥发分的析出[12]；烘焙预处理对生物质热解产物之一的热解炭也有一定的影响[13]。

2.2　固体干燥技术

干燥过程的实质是将湿分从固相（被干燥的物料）转移到气相（干燥介质）中，气流中水气分压低于固体表面气膜中水气压强是干燥的必要条件[14]。工业干燥多半用热空气、过热蒸汽或烟道气作为干燥介质。干燥有多种方式：按操作压强来分，可分为常压干燥和真空干燥；按操作方式来分，可分为连续式和间歇式；按供热方式来分，可分为传导干燥、辐射干燥、介电加热干燥和对流干燥。生物质干燥中最常见的是常压条件下的对流干燥。

含湿量过大既不利于生物质运输储存，也增加了生物质在热转化过程中的能耗，降低了可燃气和生物油等生物质热解产品的品质。生物质干燥是利用热能将原料中的水分蒸发排出，从而获得干物质的过程。

生物质干燥有自然干燥和人工干燥两种。自然干燥通过自然风和太阳光照射除去生物质中的水分，是一种最古老、最简单的生物质干燥方法。这种方法不需要特殊的设备，成本低，但是干燥程度与当地的自然气候条件有直接关系。生物质的最终水分不易控制，并且干燥耗时较长，堆放在田间地头的湿秸秆往往需经自然干燥数天以上才能在土灶中燃烧使用。

人工干燥是利用一定的干燥设备强制给生物质加热以除去水分的加热干燥，现主要有流化床干燥技术、回转圆筒干燥技术和筒仓型干燥技术等。流化床干燥是将物料颗粒悬浮于热气流之中进行传热和传质，可以避免局部原料过热，比较适合于流动性好、颗粒度不大（0.5~10mm）的物料，但不适合黏度高的物料。回转圆筒干燥是将生物质由高端进入一个缓慢转动并倾斜的回转圆筒，再由低端排出的干燥方式。干燥介质与物料可以是并流也可以是逆流，这种装置适用于颗粒度为 0.05~0.5mm 并且流动性好的物料。筒仓型干燥是利用热风加热堆积在筒仓内的原料以带走原料中的水分的干燥方式。这种方法不能连续进出料，效率不高，但对原料的适应性好。图 2-1~图 2-4 为四种常见的干燥设备图。关于干燥设备及其设计原理由专门的干燥学书籍介绍[14]，在这里不作过多阐述。

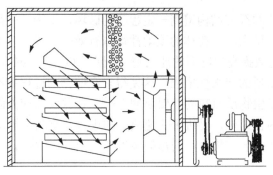

图 2-1 箱式干燥器

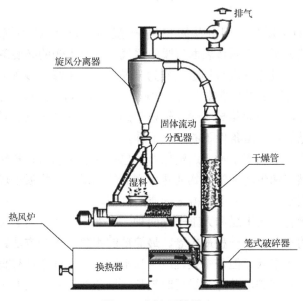

图 2-2 气流干燥器

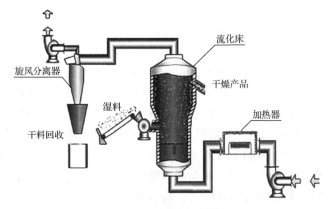

图 2-3 流化床干燥器

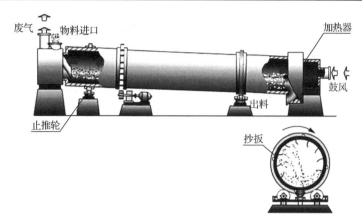

图 2-4　转筒干燥器

2.3　生物质干燥特性

2.3.1　生物质水分的存在形式

根据物料中的水与物料结合力的强弱来划分,生物质中的水可分为结合水(或称外在水)和非结合水(或称内在水)。结合水(bound water)包括物料细胞壁内的水及小毛细管中的水,其与物料的结合力较强。结合水产生的蒸气压低于相同温度下纯水的饱和蒸气压,导致干燥过程中传质推动力降低,所以结合水较难除去。非结合水(unbound water)包括物料中吸附的水和孔隙中的水,其与物料是机械结合,结合力较弱。非结合水与同温度下纯水的饱和蒸气压相近,在干燥过程中较易除去。

根据物料中的水能否用干燥的方法加以除去来划分,生物质中的水分可分为平衡水和自由水。在一定温度和湿度条件下,能被干燥除去的水,称为自由水(free water),不能被除去的水,称为平衡水(equilibrium water)。平衡水是物料在一定空气状态下干燥的极限,此时物料表面水蒸气的分压等于干燥介质的水蒸气分压,两者的水分交换达到动态平衡。在特定的干燥过程中,平衡水不可除去,结合水可部分除去,非结合水和自由水分可全部除去。

2.3.2　含湿量的表示方法

由于生物质中的水分和灰分常常受到季节、运输和储存等外界条件的影响,故生物质中不同组分的百分含量也随着外界条件的变化而变化。因此,生物质的工业分析和元素分析等都必须标明所采用的基准,否则无意义。生物质分析中常用的基准(表 2-1)有收到基(或称应用基, as received basis)、分析基(或称空气干燥基，air dry basis)、干燥基(dry basis)和干燥无灰基(dry ash basis)。

表 2-1 不同基准的物理意义

基准	符号	有机质	灰分	水分	
				结合水	非结合水
收到基	ar	√	√	√	√
分析基	ad	√	√	×	√
干燥基	d	√	√	×	×
干燥无灰基	daf	√	×	×	×

在文献[15, 16]和生物质参数测定标准[17]中还经常出现"湿基"(wet basis)概念，它与"干基"(dry basis)相对应，但没有明确指出物料是处于收到基还是分析基状态。一般认为没有经过强制干燥的物料为湿基，经过强制干燥的物料为干基。湿基表示法是以物料质量为基准计算的，而干基表示法是以物料中固体干物质为基准计算的。

湿基含水量 = 物料中所含水的质量/(物料中所含水的质量+物料中所含干物质的质量)×100%

干基含水量 = 物料中所含水的质量/物料中所含干物质的质量×100%

在数据分析和干燥动力学研究中一般使用含湿比 MR。物料在干燥过程的含湿比可以通过下面公式计算。

$$MR = \frac{M - M_e}{M_0 - M_e} \tag{2.1}$$

式中，M 为含湿量，它随着干燥时间的变化而变化；M_0 为初含湿量；M_e 为平衡含湿量。

2.3.3 干燥过程中的传热和传质

在对流干燥过程中，作为干燥介质的热空气将热能传到物料表面，再由表面传到物料内部，这是两步传热过程。水分从物料内部以液态或气态透过物料传递到表面，然后通过物料表面的气膜扩散到空气流的主体，这是两步传质过程。可见物料的干燥过程为传热和传质相结合的过程。它包含物料内部的传热传质和物料外部的传热传质。

在外部，传热和传质在对流条件下进行，其阻力都集中在成为气膜的边界层中。传热的推动力为干燥介质和物料表面的温度之差，传质推动力为表面水蒸气压与空气中水蒸气分压之差。在内部，物料以热传导方式传热，遵循傅里叶定律，而传质机理比较复杂，可以是下面几种机理的一种或几种的结合：①液态扩散，物料表面的含水量低于物料内部含水量时，此含水量之差推动着水分由物料内向表面扩散；②气态扩散，随着干燥的深入，水的气化面逐渐由物料表面向内部移动，气化面与物料表面之间的水蒸气压差推动着水汽向物料表面扩散，此时的传质阻力一般比液态扩散大；③毛细管流动，在多孔性物料中，孔穴之间由截面不同的毛细管孔道沟通，由表面张力引起的毛细管力可引起水分的毛细管流动；④热流动，物料表面的温度和物料内部温度之差，会产生水的化学势差，推动水的流动。

2.3.4　表面汽化控制和内部扩散控制

在生物质干燥过程中，存在外部传质和内部传质两个传质过程，两者是接连进行的，且两者的传质速率一般不同，但是传质速率较慢的一方控制着干燥过程的速率。通常将"外部传质控制"称为"表面汽化控制"，"内部传质控制"称为"内部扩散控制"。当表面水分汽化的速率远小于内部扩散的速率时，为表面汽化控制。例如，糖、盐等潮湿的晶体物料，其内部水分能迅速传递到物料表面，使表面保持润湿状态。此时，升高空气温度、降低空气湿度、改善空气与物料间的接触和流动状况，都有利于提高干燥速率。当表面水分汽化的速率远大于内部扩散的速率时，为内部扩散控制。例如，面包、明胶等，当表面干燥后，内部水分来不及传递到表面，因而气化面逐渐向内部移动。减小料层厚度，采用搅拌或微波干燥方法，都能缩短水分的内部扩散距离，减小内部扩散阻力，加快水分向表面传递。同一物料的整个干燥过程，一般前阶段为表面汽化控制机理，后阶段为内部扩散控制机理。

2.3.5　平衡含湿量

若物料与一定湿度的空气进行接触，物料中总有一部分水分不能被除去，这部分水分就是平衡水分。它表示在该空气状态下物料能被干燥的限度。通常物料的平衡水分都由实验测定。平衡水分因物料种类的不同而有很大的差别，同一种物料的平衡水分也因空气状况的不同而不同。若空气的相对湿度一定，则物料的平衡水分随空气温度升高而减小。

可以通过如下的方法测定平衡含湿量，将样品放置在特定的温度、湿度环境下保持较长时间(根据物料而定)，当样品的含湿量不发生变化或者变化可以忽略时，样品达到了此条件下的平衡状态，此时的含湿量就是平衡含湿量。利用热重分析仪测定生物质平衡含湿量的一般过程如下：首先将生物质样品在设定的温度、时间和气体流量条件下进行干燥实验，当样品的质量不再变化时干燥实验结束；

此时并不取出样品，而是继续加热样品升温至 110 ℃，保持 30min；通过样品在后一过程中的失重可以计算样品在干燥实验结束时的含湿量，此时的含湿量即平衡含湿量。

2.3.6　生物质干燥过程概述

生物质干燥是复杂的传热传质过程，国内外学者做了大量的工作。干燥速率直观地反映了干燥阶段。Resio 等[18]研究了荠菜的干燥特性，发现其干燥过程只存在降速干燥阶段，并且升高温度对水分扩散有显著的影响；Doymaz 等[19]对含湿量82%的莳萝叶子进行"干燥速率-含湿量"作图，结果表明：整个过程都处于降速干燥段，干燥速率随着干燥温度的升高而增加。对于干燥中后期失水速率下降的情况，研究者也做了相关的研究。王喜明和贺勤[20]发现桉树木材干燥主要处于降速干燥过程，干燥速率逐渐变慢归因于内层向表面移动的水分小于表面的蒸发强度；Orikasa 等[21]研究了猕猴桃的热风干燥特性，并特别指出表面硬度的变化也是第二降速干燥段水分扩散阻力增大以及干燥速率下降的原因；冯谦等[22]也指出物料外层先行干燥而形成硬壳会阻止内部水分继续外移。

一些研究者发现干燥过程会出现升速(或称加速)和恒速干燥阶段，水分扩散成为研究的焦点。Shi 等[23]指出物料薄层不能提供一个恒定的水分供应是没有出现恒速干燥的原因，而在初期可能会有的升速段，是试样温度升高表面水分蒸发所致。周汝雁等[24]同样发现棉花秸秆干燥前期也会有短暂的升速段，而随后的恒速段是干燥的主要过程。Özbek 和 Dadali[25]把薄荷叶看成一个薄层，并用菲克扩散方程描述水分扩散机理，实验发现在一个短暂的升温段之后相继出现恒速和降速干燥段，作者假定水分在表面的传输阻力可以忽略，得出了水分扩散系数是个定值的结论；而 Luangmalawat 等[26]通过对熟大米的干燥研究发现，扩散系数不为定值，水分扩散对含湿量具有依赖性；Wang 和 Chao[27]同样指出苹果薄片在热风干燥中具有升速和降速干燥段，水分传输阻力在整个干燥过程是不同的。可见，不同的干燥条件得出的结果不完全一致，即使相同的干燥条件而物料不同得出的干燥结论亦不完全相同。因此，生物质干燥过程虽无明显差别，但不同物料却有其自身独特的干燥特性。

针对生物质低温干燥时干燥速率较小、高温干燥时干燥耗能增加的问题，一些学者提出干燥需要找出一个合适的温度点。Chen 等[4]指出秸秆干燥温度不宜超过 150℃；雷廷宙[28]通过热分析仪实验指出，初含湿量为 20%~50%小麦秸秆的较好干燥温度点在 90~110℃，玉米芯的最佳干燥温度为 90℃；周汝雁等[24]认为棉花秆干燥温度略低于沸点温度最为合理；胡建军等[29]建议初含湿量 25%、30%和40%棉花秆的最佳干燥温度在 100℃左右。

2.4 基于热重分析的生物质干燥特性

2.4.1 实验原料和方法

原料选自合肥郊区的稻壳、玉米秆和棉花秆。采用粉碎机将生物质粉碎，筛取出粒径 0.125~0.300mm 的颗粒放到密封器中待用。选择此粒径范围的颗粒一方面是与生物质热化学转化时所用的原料的颗粒粒径相一致，另一方面也是满足实验仪器的要求。

实验采用 Shimadzu 公司产的 DTG-60H 热分析仪对样品进行等温干燥实验；由于差热分析对热量定量结果的精度远不如差示扫描分析，实验采用 Shimadzu 公司产的 DSC-60 对干燥过程热量变化进行定量分析，该仪器量热精度为±1.0%。设定热分析仪干燥温度，放入不同含湿量秸秆进行干燥实验，氮气流量 50ml/min，每次实验选取的物重约 5mg，热天平相连的计算机自动记录重量和温度的变化并进行数据处理。实验前，做一个空白实验以消除系统误差对实验结果的影响。本节进行两组等温干燥实验以研究含湿量和温度对干燥过程的影响。实验分别为同一温度(90℃)不同含湿量(20%、30%、40%)干燥实验、同一含湿量(25%)不同温度(50℃、70℃、90℃、110℃)干燥实验。

使用同步热分析仪(SDT Q600，TA Instruments，USA)对样品进行等温干燥实验。Q600 热分析仪有一个高度可靠的卧式双平衡机制，可以对同一样品进行精确的热重分析(TG)和差示扫描量热分析(DSC)测量。输出的 DSC 热流数据是针对瞬时样品的重量的动态归一化数据，量热准确度/精度±2%。每次实验，样品均匀地分布在圆柱形的样品盘中，样品质量约 5mg，空气流量 100ml/min。干燥温度为 60℃、80℃、100℃和 120℃。本节选用的实验条件与以往的文献相似。热分析仪相连的计算机自动记录重量和热量流的变化，然后进行数据处理。所有实验重复 3 次，实验数据的平均值作为最终的数据。

2.4.2 水分传输特性

玉米秆的干燥特性曲线如图 2-5 和图 2-6 所示，由图可见，干燥时间、干燥速率和最终含湿量均明显受初含湿量和干燥温度的影响：达到相同干燥程度时，含湿量越高，干燥温度越低，需要的干燥时间越长；初含湿量越高，干燥速率最大值出现得越晚，且最大失水速率所对应的温度点曲线随干燥温度的升高而向左偏移，干燥速率随之增大，干燥速率最大值也明显增高；最终含湿量随初含湿量的增高而增加、随干燥温度的提高而降低；同一干燥温度而增加等同的含湿量或者同一含湿量而升高等同的干燥温度，干燥曲线之间的间隔并不相等。

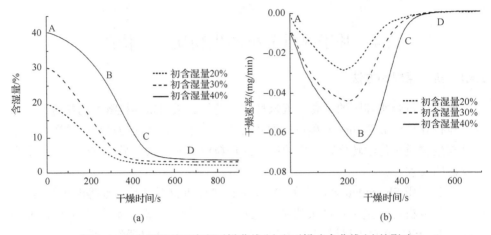

图 2-5　初含湿量对玉米秆干燥曲线(a)和干燥速率曲线(b)的影响

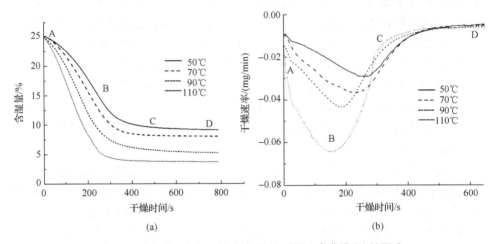

图 2-6　温度对玉米秆干燥曲线(a)和干燥速率曲线(b)的影响

　　两组干燥实验的曲线特征基本一致,含湿量随干燥时间的延长而逐渐下降。然而,秸秆干燥均没有恒速干燥段,通过干燥速率变化可以直观地看出,干燥趋势表现为先上升再快速下降最后缓慢下降并趋近于零。由此可见水分传输阻力在整个干燥过程中是不同的。

　　因此,秸秆干燥过程可分为三个阶段,以干燥速率最大值点(B)为分界点分为升速干燥段(AB)和降速干燥段(BD),降速干燥段可分为第一降速干燥段(BC)和第二降速干燥段(CD),三个阶段均呈曲线下降。在升速段,秸秆由室温逐渐升温至干燥温度并稳定,表面水分不断蒸发,内部自由水分很快向表面扩散以满足表面水分汽化的需要,水分以水蒸气的形式大量逸出,含水率迅速下降,干燥速率逐渐增大。大部分自由水分在这一阶段除去,当水分扩散速率和表面水分蒸发速度相当时，干燥速率达到最大值。随后自由水分不足，内部结合水参与扩散过程，干燥速率被由内部扩散到表面的水分扩散所主导，干燥过程进入降速干燥段。此时，物料水分汽化面移入物料内部，汽化的水蒸气要穿过已干的固体层而传递到空气中，从而使热、质传递途径加长，阻力增加。水分扩散速率大幅下降，干燥速率快速降低。出现降速干燥段，一方面由于水分与秸秆的结合力大幅增加，水分扩散所需克服的阻力变大，另一方面也使除去结合水分所需时间和能量的增加。当水分扩散阻力与动力相当时，干燥速率缓慢下降并趋近零。降速干燥阶段的干燥速率主要决定于物料本身的结构、形状和大小等，而与空气的性质关系很小。各阶段特征值见表 2-2。其中，T_B 为干燥速率最大值时间点，T_C 为干燥速率缓慢下降时间点，M_{AB} 为升速干燥段（AB）失水率，M_{BC} 为第一降速干燥段（BC）失水率，M_{CD} 为第二降速干燥段（CD）失水率，T_D 点对应的含湿量为终含湿量。

表 2-2　玉米秆干燥曲线的特征值

实验编号	干燥温度/℃	初含湿量/%	终含湿量/%	特征时间/s			失水比率/%	
				T_B	T_C	M_{AB}	M_{BC}	M_{CD}
1-1	90	20	2.6	219	370	50.1	30.7	6.2
1-2	90	30	3.5	237	390	49.8	34.9	3.6
1-3	90	40	5.1	262	440	32.6	43.8	10.9
2-1	50	25	8.6	274	410	38.6	23.7	3.3
2-2	70	25	6.3	239	400	41.2	29.4	4.2
2-3	90	25	3.1	186	390	42.8	37.7	7.1
2-4	110	25	1.1	153	360	45.9	45.1	4.6

由表 2-2 可见，升速段除去了较多的水分，含湿量 20%的秸秆在前 219s 内除去的水分高达 50%。降速段除去的水分随着含湿量的升高有增加的趋势，含湿量 40%的秸秆在第二降速段除水比例增加至 11%。可见升速段和第一降速段主导干燥过程，而这两个阶段是在外部条件控制下的自由水与部分结合水不断汽化向外界扩散的过程，因此强化外界干燥条件，明确其在干燥主要过程中的作用大小，将有助于增加干燥速率，有效缩短干燥时间，也显著有利于改进干燥装置。

干燥温度明显影响着干燥时间和干燥速率，初含湿量 25%的秸秆在 50℃干燥 274s 后失水 38.6%，而在 110℃时，只需要 153s 便除去了 45.9%的水分。由于温差是秸秆干燥的主要驱动力，高温干燥能更彻底地除去水分，110℃干燥时终含湿量只有 1.1%，而 70℃时为 6.3%。当物料含湿量低于 3%时，干燥速率越来越小，最后趋近于零，这时物料已处于微含水状态，继续加热烘干对降低含湿量已无明显影响，对后期工业化利用也没有多大意义。

2.4.3　热量传输特性

DSC 能准确监测试样的热效应情况，通过对 DSC 曲线进行积分可以确定试样在转化过程中热量变化[18]。图 2-7 和图 2-8 分别为玉米秸秆的 DSC 曲线和需热量积分结果。由图 2-7(a)和图 2-8(a)可见，秸秆干燥都有一个明显的吸热峰，随着含湿量的增加，吸热峰增强并向左偏移；随着温度的升高，吸热峰也增强并向右偏移。DSC 热流曲线与干燥速率曲线有明显的对应关系，吸热峰均在升速和降速干燥段的分界点附近，干燥热流随着干燥速率的变化而变化。

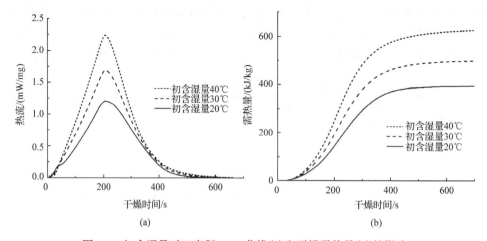

(a)　　　　　　　　　　　　　　　(b)

图 2-7　初含湿量对玉米秆 DSC 曲线(a)和干燥需热量(b)的影响

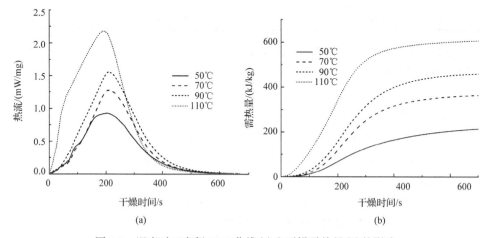

(a)　　　　　　　　　　　　　　　(b)

图 2-8　温度对玉米秆 DSC 曲线(a)和干燥需热量(b)的影响

生物质干燥所吸收的热量主要用于水分的蒸发和生物质温度的升高。由图 2-7(b)和图 2-8(b)可见，玉米秸秆干燥需热量随着含湿量的增加而增加，这是因为水的汽化潜热高于干秸秆的热容，含湿量的增加直接导致了水分汽化需热的增加；而干燥需热量随着干燥温度的降低而减少，这是由于较低的干燥温度只能除去部分水分且干燥速率也较低。1kg 含湿量 20%、30% 和 40% 的湿秸秆，90℃ 干燥时所需的热量分别为 386kJ、473kJ 和 610kJ；1kg 含湿量 25% 的湿秸秆，50℃、70℃、90℃ 和 110℃ 干燥时所需的热量分别为 217kJ、328kJ、465kJ 和 603kJ。

由上述实验可知：生物质干燥过程中水分的扩散蒸发伴随着热量的传输。水分传输阻力在秸秆干燥过程中是不同的，以最大干燥速率为分界点，秸秆干燥可分为升速干燥段和降速干燥段。升速段主导干燥过程，除去大部分水分。干燥时间随着含湿量的增加而延长，随着干燥温度的降低而缩短；强化外部条件能有效提高干燥速率，缩短干燥时间；当含湿量低于 5% 时，物料已处于微含水状态，继续加热干燥对降低含湿量已无明显影响。

DSC 曲线与干燥失水过程有明显的对应关系。秸秆干燥所需的热量主要用于水分的蒸发和秸秆的升温；需热量随着含湿量的增加而增加，随着干燥温度的降低而降低。DSC 积分结果表明，90℃ 干燥 1kg 含湿量 20%~40% 粉碎后的湿秸秆，需热量在 380~620kJ；50~110℃ 干燥含湿量 25% 粉碎后的秸秆，需热量在 210~610kJ。

2.5 生物质干燥动力学

2.5.1 干燥动力学起源

干燥动力学是干燥特性研究的重要内容，其数据可以深入地反映干燥机理和预测干燥过程。然而，文献中一般直接应用干燥动力学模型，往往忽视这些动力学模型的理论背景和物理意义。本节综述一些常见动力学模型的起源。

1. 干燥等式的起源

干燥过程的数学模型一般分为两种：分布式模型(distributed models)和集总参数模型(lumped parameter models)[30]。

分布式模型同时考虑内部和外部的热量和质量传输，并能预测物料中的温度和水分梯度。一般情况下，这些模型依赖于 Luikov 方程，而 Luikov 方程来自于菲克第二定律。Luikov 运用热力学不可逆输运定律，从质量、动量和能量守恒的基本关系出发，假设温度梯度和浓度梯度共同作用于水分扩散，定义了一组偏微分方程组来描述物料内部传热传质耦合的内在关系。

Luikov 方程的经典数学形式为

$$\frac{\partial M}{\partial t} = \nabla^2 K_{11}M + \nabla^2 K_{12}T + \nabla^2 K_{13}P \tag{2.2}$$

$$\frac{\partial T}{\partial t} = \nabla^2 K_{21}M + \nabla^2 K_{22}T + \nabla^2 K_{23}P \tag{2.3}$$

$$\frac{\partial P}{\partial t} = \nabla^2 K_{31}M + \nabla^2 K_{32}T + \nabla^2 K_{33}P \tag{2.4}$$

式中，K_{11}、K_{22}、K_{33} 是唯象系数 (phenomenological coefficients)；K_{12}、K_{13}、K_{21}、K_{23}、K_{31}、K_{32} 是耦合系数 (coupling coefficients)。在绝大多数干燥过程中，压力的影响要远小于温度和含湿量对物料干燥过程的影响，因此压力方程一般可以忽略。

Luikov 方程组在理论分析和实际应用中受到一些限制。主要原因是真实干燥过程和计算过程很复杂，Luikov 方程组很难得到解析结果，并且热质传递系数没有具体的表达式，需要由具体的实验确定。

集总参数模型并不关注物料中的温度梯度，使得一些问题得到简化。它假设温度均匀分布并且物料温度等同于干燥介质温度。在上述假设条件下，Luikov 方程组可以写成

$$\frac{\partial M}{\partial t} = K_{11}\nabla^2 M \tag{2.5}$$

$$\frac{\partial T}{\partial t} = K_{22}\nabla^2 T \tag{2.6}$$

式中，唯象系数 K_{11} 是有效水分扩散系数 D_{eff}，K_{22} 是热扩散系数 a。对于恒定的 D_{eff} 和 a，式(2.5)和式(2.6)可以重新整理成

$$\frac{\partial M}{\partial t} = D_{\text{eff}}\left(\frac{\partial^2 M}{\partial x^2} + \frac{a_1}{x}\frac{\partial M}{\partial x}\right) \tag{2.7}$$

$$\frac{\partial T}{\partial t} = a\left(\frac{\partial^2 T}{\partial x^2} + \frac{a_1}{x}\frac{\partial T}{\partial x}\right) \tag{2.8}$$

式中，$a_1 = 0$ 对应于平坦的几何形状，$a_1 = 1$ 对应于圆柱状，$a_1 = 2$ 对于球形。

在集总参数模型中，均匀的温度分布和试样温度与环境温度一致，这两个假设会导致一些计算误差。这些误差在干燥初期会比较明显，而减少物料的厚度会显著降低计算的误差。在这种情况下，薄层干燥研究受到重视，随之薄层干燥方程也发展起来。

2. 薄层干燥方程

薄层干燥是指 20mm 以下的物料层表面完全暴露在相同环境条件下的干燥过程，它是研究深床干燥特性的基础，物料可以是颗粒也可以是切片。由于薄层的温度分布很容易满足均匀分布的假设，它非常适合于集总参数模型。

薄层干燥方程(thin layer drying equations)由于计算简便、数据需要少，而得到广泛的应用。目前，干燥动力学研究主要对薄层干燥曲线进行数学模拟，得到薄层干燥方程。薄层干燥方程有很多种，一般可分为理论方程、半理论方程和经验方程。

理论方程只考虑水分传输的内在阻力，而后两类方程只考虑在物料和空气之间水分传输的外在阻力。理论方程可以清晰地解释物料的干燥特性，并且能应用于任何干燥条件，然而由于其需要众多假设条件，可能会导致重大误差。理论方程都来自于菲克第二扩散定律，而半理论方程一部分来自于菲克第二扩散定律及其改进形式，一部分来自于牛顿冷却定律。由于使用了一些实验数据，半理论方程只需要较少的假设条件，应用也比较容易。经验方程也有类似于半理论方程的特点。然而，经验方程强烈取决于实验条件，而且只能得到有限的物料干燥特性信息。

1) 理论方程

水分传输可以用方程(2.7)表示。图 2-9 显示的是物料上下层都处在相同的干燥环境中的简化图。初始和边界条件是

$$t = 0, \ -L \leqslant x \leqslant L, \ M = M_i \tag{2.9}$$

$$t > 0, \ x = 0, \ \mathrm{d}M / \mathrm{d}x = 0 \tag{2.10}$$

$$t > 0, \ x = L, \ M = M_e \tag{2.11}$$

$$t > 0, -L \leqslant x \leqslant L, \ T = T_a \tag{2.12}$$

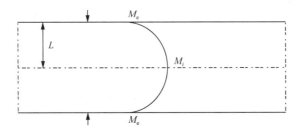

图 2-9　薄层烘干的示意图(干燥发生在上下两侧)

主要假设如下：颗粒是均匀和各向同性的；物料形态不发生变化，物料收缩变化可以忽略；压力变化可以忽略；蒸发只发生在物料表面；初始含湿量分布均匀；温度分布均匀，并且等于环境温度；物料内部是热传导，外部是对流传热；有效水分扩散系数为常数。

方程(2.7)的解析式，对于无线平板和球形为

$$MR = A_1 \sum_{i=1}^{\infty} \frac{1}{(2i-1)^2} \exp\left[-\frac{(2i-1)^2 \pi^2 D_{\text{eff}} t}{A_2}\right] \tag{2.13}$$

对于圆柱形为

$$MR = A_1 \sum_{i=1}^{\infty} \frac{1}{J_0^2} \exp\left(-\frac{J_0^2 D_{\text{eff}} t}{A_2}\right) \tag{2.14}$$

如果干燥同时在薄层的两面进行，L 是薄层厚度的一半；如果干燥只在薄层的一面进行，L 是薄层的厚度。D_{eff} 是有效水分扩散系数(m^2/s)，t 是干燥时间(s)，MR 是含湿比，J_0 是贝塞尔函数的根，A_1 和 A_2 是几何学常数。表 2-3 列举了 A_1 和 A_2 在不同几何形状下的值。

表 2-3　不同形状物品的几何常数

几何形状	A_1	A_2
无限平板	$8/\pi^2$	$4L^2$
球体	$6/\pi^2$	$4r^2$
圆柱体	$(8/\pi^2)^3$	$1/(L_1^2 + L_2^2 + L_3^2)$

MR 由外部条件确定。如果在干燥过程中，外界环境空气的相对湿度是恒定的，那么平衡含湿量也是恒定的，则 MR 可以写成

$$MR = \frac{M_t - M_e}{M_i - M_e} \tag{2.15}$$

如果空气的相对湿度是变化的，那么平衡含湿量也是变化的，则

$$MR = \frac{M_t}{M_i} \tag{2.16}$$

式中，M_i 是初始含湿量；M_t 是在 t 时刻的含湿量；M_e 是平衡含湿量。

2) 半理论方程

半理论方程部分来自于牛顿冷却定律[31]。例如，Lewis 模型[32]、Page 模型[33]及其修改的形式。半理论方程主要来自于菲克第二扩散定律，有单指数相模型、

两指数相模型和多指数相模型。例如，Henderson and Pabis（Single term）模型[34]、Logarithmic（Asymptotic）模型[35]、Midilli et al.模型[36]。这些半理论方程应用非常广泛，大多数文献使用的都是这些等式。

3）经验方程

Thompson 等[37]在 1968 年根据玉米干燥实验结果，提出了一个经验方程：

$$t = a\ln(\text{MR}) + b\big[\ln(\text{MR})\big]^2 \tag{2.17}$$

式中，a 和 b 是无量纲的常数。

Wang 和 Singh[38] 在 1978 年根据稻米间歇干燥实验结果，提出了一个经验方程：

$$\text{MR} = 1 + b_1 t + a_1 t^2 \tag{2.18}$$

式中，a_1 和 b_1 是实验常数，单位分别是 s^{-2} 和 s^{-1}。

Kaleemullah[39]在 2002 年提出了一个经验方程，并应用于红辣椒的干燥。

$$\text{MR} = \exp(-c_1 T) + b_2 t^{(pl+n)} \tag{2.19}$$

式中，c_1、b_2、p 是实验常数，单位分别是 $\text{℃}^{-1}\text{s}^{-1}$、$\text{s}^{-1}$、$\text{℃}^{-1}$；$n$ 是无量纲常数。

由于薄层干燥研究受到广泛关注，薄层干燥方程也广泛使用，一般情况下这些薄层干燥等式直接称为干燥动力学模型。一些研究者在数学模型的基础上结合 Fick 扩散定律和 Arrhenius 公式，不仅模拟了干燥过程，并对一些重要参数如干燥活化能、扩散速率进行计算，取得了很好的结果。Akal 等[41]用 Page 模型研究了稻谷的干燥动力学特性；Shi 等[42]发现草莓的辐射干燥过程用 Thompson 模型描述较好，并计算了扩散速率；Sacilik 等[43]在研究苹果片干燥特性时，对比模型后发现 Logarithmic 模型与实验值最吻合。不同的物料不同的干燥条件适用于不同的干燥模型。表 2-4 总结了目前最常用的 7 种干燥动力学模型。

表 2-4　一些常用的干燥动力学模型

序号	模型名称	模型等式	参数
1	Page	$MR = \exp(-kt^n)$	k、n
2	Newton	$MR = \exp(-kt)$	k
3	Midilli et al.	$MR = a\exp(-kt^n) + bt$	a、k、n、b
4	Logarithmic	$MR = a + b\exp(-kt)$	a、k、b
5	Wang and Singh	$MR = at^2 + bt + 1$	a、b

续表

序号	模型名称	模型等式	参数
6	Modified Page	$MR = \exp[-(kt)^n]$	k、n
7	Henderson	$MR = a\exp(-kt)$	a、k

2.5.2 干燥模型的数学评价

对干燥过程模拟后,模型模拟的效果就成了研究者关心的问题。Giri 和 Prasad[42] 采用 R^2(决定系数)评价干燥模型的拟合效果,结果显示 Modified Page 模型能最好地模拟蘑菇干燥过程,其 R^2 均大于 0.99。Sacilik 和 Elicin[41] 采用 RMSE(均方根偏差)判断拟合数据与实验数据的离散程度,结果表明 Logarithmic 模型模拟苹果片的效果最好,其 RSME 值为 0.00016。而 Ozkan 等[43]认为有必要对拟合数据作出可靠性判断,他们采用了 SEE(估计标准误差)来评价模型拟合的优度,结果表明 Page 模型的 SEE 值均在 0.018035 以下,此模型的拟合程度最好。某一评价标准并不能完全反映所有信息,甚至有的不能及时作出判断。鉴于此,研究者一般采用几种评价标准相结合的方法,以科学准确地作出判断。Ceylan 等[44]和 Shi 等[23]分别指出 SEE 值、χ^2(卡方数)值越小,估计值越紧靠实验值,拟合的优度越好,但模拟结果还需要结合 R^2 综合判断。

鉴于研究者采用的方法不同,表 2-5 总结了一些常用的动力学模型评价参数,其中,$MR_{pre,i}$ 为含湿比模拟值,$MR_{exp,i}$ 为含湿比实验值,N 为实验值个数,n 为干燥常数个数。综合相关文献,R^2 和 χ^2 应用最为广泛,R^2 越接近 1、χ^2 值越低,表明相关模型的参考价值越高。本书采用 R^2 和 χ^2 评价秸秆干燥动力学模型。

表 2-5　一些常用的动力学模型评价参数

序号	名称	表达式
1	R^2	$1 - \sum_{i=1}^{N}(MR_{pre,i} - MR_{exp,i})^2 / \sum_{i=1}^{N}(MR_{exp,i} - \overline{MR_{exp,i}})^2$
2	χ^2	$\sum_{i=1}^{N}(MR_{pre,i} - MR_{exp,i})^2 / (N-n)$
3	RMSE	$\left[\sum_{i=1}^{N}(MR_{pre,i} - MR_{exp,i})^2 / N\right]^{1/2}$
4	SEE	$\left[\sum_{i=1}^{N}(MR_{pre,i} - MR_{exp,i})^2 / (N-2)\right]^{1/2}$
5	P	$\dfrac{100}{N}\sum_{i=1}^{N}\dfrac{\left|MR_{pre,i} - MR_{exp,i}\right|}{MR_{exp,i}}$
6	SD	$\left[\sum_{i=1}^{N}(MR_{pre,i} - \overline{MR_{exp,i}}) / (N-1)\right]^{1/2}$

2.5.3 秸秆干燥动力学分析

把含湿量数据转变成干燥含湿比图，初步估计参数值，利用 Origin8.0 软件代入实验数据进行模型迭代拟合。现以编号 1-1、初含湿量 20%的干燥实验为例，研究玉米秸秆的干燥动力学特性，各个模型拟合的结果见表 2-6。可以看出，各个模型均有一定的模拟效果，其 R^2 都在 0.92 以上，但不同模型的模拟效果相差比较大。由表 2-6 对比发现，Page 模型、Modified Page 模型和 Midilli et al.模型模拟效果比较好，其中 Midilli et al.模型的 R^2 和 χ^2 值为 0.99974 和 0.00003，分别高于和低于其他模型，表明 Midilli et al.模型对实验值的模拟效果最好。对其他干燥实验的动力学研究表明，Midilli et al.模型的模拟效果也最好，其 R^2 均高于 0.999，χ^2 均低于 0.00025。各个实验的 Midilli et al.模型结果见图 2-10 和表 2-7。

表 2-6 动力学模型参数的分析结果

序号	模型名称	模型参数	R^2	χ^2
1	Page	$k = 0.00003$; $n = 1.87598$	0.99958	0.00005
2	Newton	$k = 0.0043$	0.92935	0.00759
3	Midilli et al.	$a = -0.98498$; $b = 0.000006$; $k = 0.00002$; $n = 1.93977$	0.99974	0.00003
4	Logarithmic	$a = -0.07472$; $b = 1.26869$; $k = 0.0043$	0.97345	0.00286
5	Wang and Singh	$a = 0.000002$; $b = -0.00301$	0.97452	0.00274
6	Modified Page	$k = 0.00401$; $n = 1.87393$	0.99958	0.00005
7	Henderson	$a = 1.23484$; $k = 0.00515$	0.96251	0.00403

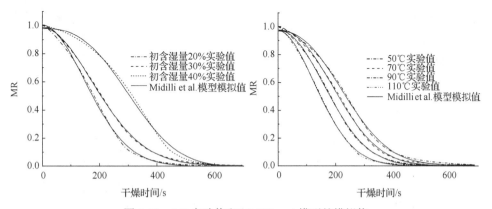

图 2-10 MR 实验值和 Midilli et al.模型的模拟值

表 2-7　Midilli et al.模型参数的分析结果

模型名称	实验编号	模型参数	R^2	χ^2
Midilli et al.	1-1	$a = 0.96902$; $b = 0.000003$; $k = 0.00001$; $n = 2.10816$	0.99931	0.00007
	1-2	$a = 0.98498$; $b = 0.000006$; $k = 0.00002$; $n = 1.93977$	0.99958	0.00005
	1-3	$a = 0.97661$; $b = 0.000006$; $k = 0.000001$; $n = 2.73414$	0.99832	0.00024
	2-1	$a = 0.96909$; $b = 0.00001$; $k = 0.000002$; $n = 2.3175$	0.99905	0.00011
	2-2	$a = 0.97651$; $b = 0.000006$; $k = 0.000005$; $n = 2.19279$	0.99942	0.00007
	2-3	$a = 0.97417$; $b = 0.000003$; $k = 0.00001$; $n = 2.05557$	0.99969	0.00003
	2-4	$a = 0.97188$; $b = 0.000003$; $k = 0.00004$; $n = 1.91762$	0.99956	0.00004

2.6　传热传质的理论计算

2.6.1　热量传输的数值模拟

基于 DSC 的生物质热转化过程需热量的定量研究还较少，近年来，部分学者开始对涉及干燥过程的生物质热转化进行研究。He 等[45]对 4 种生物质的整个失重过程进行了详细的分析，DSC 结果表明，1kg 干生物质从室温(303K)升到主要热解反应完成的温度(673K)，所需的热量在 520~650kJ，1kg 干小麦秆加热到 440K 时需要 243kJ 热量。Artiaga 等[46]把生物质热解 DSC 曲线分为两个阶段，并说明干燥阶段所吸收的热量，一部分用于加热水分，另一部分用于加热干生物质原料。Cai 和 Liu[3]指出在生物质热解过程的干燥阶段，水分汽化吸热是干燥需热量的主要部分。本节通过 Midilli et al.模型和秸秆比热曲线，以编号 1-1、初含湿量 20%的干燥实验为例，对秸秆干燥过程的 DSC 热流进行模拟，对秸秆干燥需热量进行定量分析。

2.6.2　秸秆比热容测定

秸秆在干燥过程中会吸收热量由室温逐渐达到仪器的设定温度，这部分热量对干燥总需热量的贡献，称为秸秆热容贡献，而水分的蒸发和升温对总需热量的贡献，称为水分贡献。模拟秸秆热容贡献，必须计算干秸秆的比热值。本节采用差示扫描量热仪，在 25~145℃内分别对自然风干和真空干燥后的玉米秸秆进行比热值测定，结果见图 2-11。

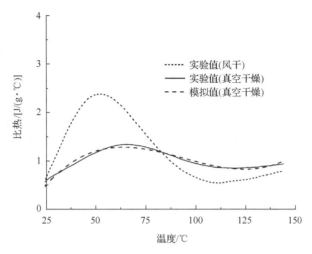

图 2-11　玉米秸秆比热容的测定

由图 2-11 可以看出，风干秸秆的比热值波动比较明显，而真空干燥秸秆的比热值稳定在 1kJ/(kg·℃)附近。由于自然风干的秸秆，并不能除尽秸秆中的水分，其实验值受水分和干秸秆共同影响，而真空干燥能使秸秆达到绝干的状态，其实验值能很好地显示比热值随温度的变化。本节采用真空干燥后的秸秆比热值进行计算，式(2.20)为其模拟方程。

$$C_{ps} = -1.360 + 0.099T - 0.001T^2 + 4.048 \times 10^{-6} T^3 \tag{2.20}$$

2.6.3　秸秆干燥热流数值模拟

秸秆的初始温度是室温，在干燥过程中有一定的升温速率，温度变化速率 dT/dt 自动记录于与热分析仪器相连的计算机。生物质秸秆干燥主要是水分扩散和蒸发以及自身温度的提高的过程，因此干燥热流由水分贡献和热容贡献两部分组成，而水分的贡献又包括水分的蒸发和未蒸发水分的升温两部分。用数学公式可以表达为

总热流(heat flow)＝水分蒸发热流(water evaporation)＋未蒸发水分的热容热流
　　　　　　　　　　(heat capacity of water)＋干秸秆的热容热流(heat capacity
　　　　　　　　　　of corn stalk)

即

$$Q = Q_w + Q_s = Q_{we} + Q_{wc} + Q_s = r\frac{dM}{dt} + MC_{pw}\frac{dT}{dt} + (1-M_0)C_{ps}\frac{dT}{dt} \tag{2.21}$$

式中，

$$M = (M_0 - M_e)MR + M_e = (M_0 - M_e)[a\exp(-kt^n) + bt] + M_e \qquad (2.22)$$

$$\frac{\mathrm{d}M}{\mathrm{d}t} = (M_0 - M_e)[-aknt^{n-1}\exp(-kt^n) + b] \qquad (2.23)$$

$$r(T) = 10^3(2818.37 - 0.319294T - 3.18088\times10^{-3}T^2) \qquad (2.24)$$

水的蒸发热焓 r（mJ/mg）和秸秆的比热容 C_{ps} [mJ/(mg·℃)]随温度变化不大，取 30~90℃的平均值代入算式。Q 为总模拟热流，mW/mg；Q_w 为水的热流，mW/mg；Q_s 为秸秆的热容热流，mW/mg；Q_{we} 为水的蒸发热流，mW/mg；Q_{wc} 为水的热容热流，mW/mg；C_{pw} 为水的比热容，mJ/(mg·℃)；C_{ps} 为秸秆的比热容，mJ/(mg·℃)。

热流和需热量模拟结果见图 2-12 和图 2-13。由图 2-12 可知，水的热流远大于秸秆热容热流，水的蒸发热流是总热流的主要部分；热流正相关于干燥速率，秸秆干燥吸收的热量绝大部分用于水分的扩散和蒸发。对模拟热流积分即得到模拟需热量，由图 2-13 可见，模拟值与实验值吻合较好，大体上反映了实验值的增加趋势，这也表明了热流模拟的可靠性。干燥需热量的最终模拟值比实验值要大10%左右，这可能是由于实验样品取量很少，在取放样品时，秸秆吸收了空气中的少许热量，已经失去了少量水分；并且计算式中的一些参数取的是平均值，也可能对模拟结果产生偏差。

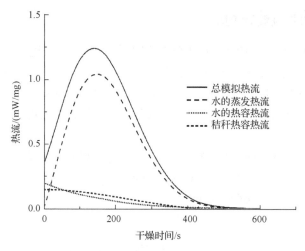

图 2-12　玉米秆干燥过程中的热流模拟计算值

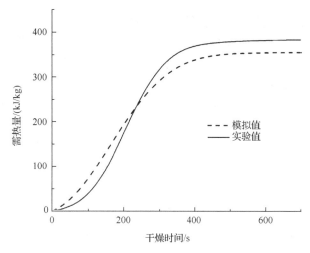

图 2-13　干燥需热量的实验值和模拟值

2.7　生物质烘焙研究进展

生物质烘焙预处理是在缺氧环境下将生物质加热到 200~300℃以脱出水分和部分轻质挥发分的过程。这种适度的热处理方式可有效地提高生物质原料的能量密度、改善其机械性能，并能在一定程度上解决生物质水分含量高、亲水性强、热值低、不易存储且产地分散等缺点，降低了生物质运输、处理、储存以及作为能源利用的成本，促进了生物质利用技术的进一步发展。

1. 固体产物的理化特性

生物质三组分的热稳定性有很大差异。在烘焙过程中，主要是含木聚糖的半纤维素发生脱水反应、脱羧基反应和脱乙酰基反应，半纤维素大量热解，而纤维素和木质素部分分解。随着烘焙温度的升高，固体产物的颜色由黄褐色逐渐变成黑色，表观体积逐渐缩小，形状向圆柱形方向发展。由于固体产物脱出了大部分水分和一部分挥发分，其能量密度有所提高，半纤维素中羧基的大量分解，也使得固体产物的疏水性逐渐增强。

相比于原始生物质，烘焙后固体产物的组成发生很大变化。Couhert 等[47]分析了烘焙前后木屑的组成，结果表明，木屑挥发分含量从初始的 84.2%下降到 260℃烘焙时的 75.7%；氧含量和 O/C（氧碳比）也分别从初始的 44.4%、0.88 分别下降至 240℃的 42.9%、0.83 和 260℃时的 40.4%、0.74。Bridgeman 等[48]通过热重分析仪考察了生物质的烘焙特性，他们发现生物质在烘焙后水分和挥发分减少，而灰分和固定碳增加。Prins 等[49]也发现了同样的现象，他们指出由于脱水反应和脱羧基反应产生了大量的水蒸气和 CO_2，烘焙后 O 元素减少、N 元素基本不变、C 元素增加。Felfli 等[50]指出低温烘焙(低于 220℃)对元素组成影响较小，而高温烘焙对元素含量影响很大；碳元素含量在 270℃时达到最大值，这是因为此时半纤维素基本分解完全，而纤维素才刚开始分解；通过对比分析烘焙温度和烘焙时间对木屑的影响，他们认为烘焙温度是影响元素分布的最主要因素。

烘焙预处理减少了部分生物质质量。在 Bridgeman 等[48]的研究中，发现随着烘焙温度的升高，草芦、柳树和麦秆的固体产物的产率逐渐减少，290℃烘焙时固体产率不到 70%。赵辉[51]对四种生物质的烘焙实验分析也得出了相似的结论，并指出中温烘焙(250℃)能获得较好的固体产率和能量产率。

烘焙预处理提高了生物质的热值。Bridgeman 等[48]指出生物质氧含量降低、碳含量升高是生物质热值提高的主要的原因。Prins 等[49]也发现，生物质在 280℃烘焙后热值提高了 20%。而考虑到烘焙的质量损失，生物质的能量产率是降低的。能量产率数值上等于固体产物的热值乘以固体产率。Felfli 等[50]的研究数据表明，烘焙后生物质的质量减少量在 3%~50%，相应的能量产率在 6%~57%；随着烘焙温度的提高，质量和能量产率均有不同程度的降低。

烘焙预处理使得固体产物脆而易磨，增强了生物质的可磨性。王贵军[52]研究了烘焙后农业秸秆(棉花秆和小麦秸秆)的粒径分布，结果表明，原始秸秆研磨后大于 450μm 的颗粒约占 80%，小于 150μm 的颗粒占 10%；200℃烘焙后固体产物研磨后大于 450μm 的颗粒减小到 70%以下，小于 150μm 的颗粒增加到 20%；而250℃烘焙时大于 450μm 的颗粒减小到 30%以下，小于 150μm 颗粒增加到 40%以上。陈应泉等[53]指出由于半纤维素的分解，烘焙极大地降低了秸秆细胞壁的强度。Arias 等[54]通过光学显微镜观察了烘焙前后生物质的纤维结构，他们发现烘焙后连接颗粒的纤维发生断裂，颗粒的长度明显减小。

烘焙对生物质颗粒表面的空隙结构也有重要影响。陈青等[55]利用自动氮吸附仪考察了烘焙前后木屑的空隙结构特性，结果表明，平均孔径先减小后增大，最大减幅为 51%，但比表面积先增大后减少，最大增幅为原始木屑的 2.4 倍。朱波[56]对农业秸秆的烘焙特性研究也得到了类似的结果。这主要是不同的烘焙温度对挥发分的析出效果不同所致。低温烘焙时，挥发分的析出会产生较大的孔；升高烘焙温度后，处于半析出状态的焦油会堵塞部分孔，形成新的小孔；高温烘焙时，焦油和轻质挥发分析出，孔径又增大，比表面积相对减小。因此，烘焙改变了生物质的微观结构，特别是中温烘焙时(250℃)，平均孔径最小、比表面积最大，这将有利于生物质固体颗粒在热化学转化过程中的传热传质，也有利于得到高比表面积的热解产物。

2. 烘焙过程的液体和气体产物

烘焙液体产物是一种淡黄色、含有大量水分和少量乙酸、具有刺激性气味的液体。Bridgeman 等[48]发现在烘焙过程中，原有水分的蒸发和有机分子的脱水反应是液体产物水分含量较高的原因。Prins 等[49]分析了柳树烘焙得到的可凝挥发分的分布规律，发现随着烘焙温度的提高，乙酸含量逐渐增加，在 290℃烘焙时，乙酸含量达到 13%。陈应泉等[53]发现农业秸秆的烘焙液体产物还含有少量的甲醇、甲酸和乳酸等。此外，随着烘焙温度的升高，液体产物的产量增加，颜色也逐渐加深。这主要因为半纤维素在烘焙过程中，发生脱羧基反应以及糖苷键、C—C键和环内 C—O 键的断裂，形成许多酸、醛、醚等物质。烘焙过程产生的气体以 CO_2 为主，约占总气体的 80%，次之是 CO，约占总气体的 15%，H_2 和 CH_4 含量很少。

3. 烘焙对生物质热化学转化的影响

赵辉[51]对生物质进行了气化实验，结果表明烘焙能够改善燃气成分、提高气化的总体效率，290℃烘焙后生物质的总体气化效率达到 71.5%。Couhert 等[47]发现烘焙后山毛榉在气化(1400℃)时，CO 和 H_2 的产量分别增加了 7%和 20%，而 CO_2 产量没有很大变化。这可能是烘焙后 O 和 H 元素含量较低、C 元素含量较高造成的。朱波[56]利用热重分析仪考察了烘焙对农业秸秆燃烧性能的影响，结果表明，烘焙后稻秆的固定碳失重更为迅速，着火点降低，放热量也明显增大。Zheng 等[57]对烘焙后生物质的热解产物进行了分析，相比于原始生物质所得到的生物油，烘焙后得到的生物油的水分含量大幅下降、热值明显提高、乙酸含量降低、部分酚类物质含量提高，这些变化有利于生物油的精制利用，然而生物油的产率也大幅下降。

烘焙过程是一个耗能的过程，额外增加了生物质在热化学转化中的需热量。烘焙固体产物研磨性能的提高在一定程度上减少了生物质研磨或压块过程中所耗的能量。但是，van der Stelt 等[58]指出如果不有效利用烘焙的气体产物，并不能真正提高气化工艺的整体效率。Prins 等[59]利用 Aspen Plus 软件进行模拟后发现，木屑烘焙产物在循环流化床中的气化总效率低于烘焙前木屑。在实际气化工艺中，可以利用烘焙气的可燃气成分为烘焙提供能量，产生的 CO_2 连同烘焙气中的 CO_2 一同进入气化重整环节。同样在生物质热解液化工艺中，也可以利用烘焙气为烘焙过程提供热源，并用热解尾气为烘焙过程提供惰性环境，以提高能量利用效率。

2.8　生物质烘焙预处理

2.8.1　实验原料和方法

实验选取稻壳为原料。稻壳由内颖及较大的外颖组成。稻壳长 5~10mm、宽 2.5~5mm、厚 23~30μm，其色泽呈金黄色等。稻壳堆积密度为 120kg/m³。实验前，将稻壳放在 16 目筛网中反复振荡以除去表面灰尘，然后放进恒温恒湿箱中(30℃，相对湿度 50%)保持 15 天，使样品水分分布均匀并达到平衡，最后用密封袋封装放入干燥器内备用。

烘焙实验装置如图 2-14 所示。实验开始前，将稻壳(5g)装入石英槽内并放置在石英管的冷却区(A)，用高纯氮气(500ml/min)将石英管(内径 0.03m，长 0.5m)中的空气排净，然后通过温控仪控制管式炉内温度；当温度上升至实验温度时，由进样棒将石英槽推至管式炉的加热区(B)内进行烘焙实验。烘焙时间为 15min、30min 和 45min，氮气流量 500ml/min。烘焙产生的挥发分随着氮气进入冷凝管。冷凝管处于液氮环境中，液体产物收集在冷凝管内。挥发分中的不可冷凝气体由集气袋每隔 2min 收集一次。待烘焙至指定时间后，停止加热，由进样棒将石英槽拉出石英管的加热区，维持氮气流量不变，样品在石英管的冷却区迅速降温。实验结束后，分别对固体产物、液体产物和气体产物进行采样分析。

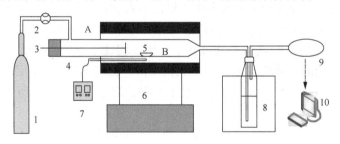

图 2-14　生物质烘焙实验装置

1. 氮气；2.流量计；3. 进样棒；4. 石英管；5. 石英槽；6. 电加热器；7. 温控仪；
8. 冷凝管；　9. 气袋；10. 气相色谱仪

烘焙温度以及烘焙时间是影响烘焙最重要的两个因素。实验采用的烘焙温度为 200℃、230℃、260℃和 290℃，烘焙时间为 15min、30min 和 45min。T 是烘焙英文单词的首字母，RH 是稻壳英文的首字母。在本书中，原始稻壳以 RH 表示，烘焙后的固体产物以 TRH-X-Y 表示，其中 X 代表烘焙温度，Y 代表烘焙时间。例如，TRH-230-30 是稻壳在 230℃下烘焙 30min 得到的固体产物。

实验之前，对烘焙装置进行气密性检验，以确保烘焙气体不外泄以及空气不进入石英管。相同的条件下，每个实验重复三次，以确保可重复性。本书中，每次实验的结果都比较一致，相对误差不超过 5%。

2.8.2 烘焙对稻壳化学组成的影响

本节以烘焙时间 30min 为例，讨论烘焙温度对稻壳理化性质的影响。稻壳原样和烘焙后固体产物的工业分析、元素分析和高位热值结果如表 2-8 所示。

表 2-8 烘焙前后稻壳的工业分析、元素分析和热值分析

样品	工业分析 /wt%				元素分析 /wt% (dry basis)					热值 /(MJ/kg)
	M	V	Fc	A	C	H	O	N	S	
RH	0.41	64.56	19.49	15.54	41.90	5.32	36.59	0.55	0.18	15.05
TRH-200-30	0.28	64.71	19.53	15.48	42.15	5.25	36.39	0.57	0.17	16.54
TRH-230-30	0.20	60.46	22.64	16.70	44.43	5.14	32.87	0.69	0.17	16.79
TRH-260-30	0.21	54.54	27.16	18.09	45.78	4.81	29.01	0.70	0.10	17.29
TRH-290-30	0.15	39.84	37.03	22.98	49.88	4.26	21.99	0.71	0.18	17.77

从表 2-8 可以看出，随着烘焙温度的升高，挥发分含量逐渐减少，TRH-200-30 的挥发分含量有 64.71%，而 TRH-290-30 的只有 39.84%。不过，挥发分含量下降的幅度并不相等。在低温烘焙时挥发分减少得较少，而在高温烘焙时减少得较多。这说明较高的烘焙温度对挥发分的影响更加明显。在烘焙过程中，挥发分不断析出而灰分留在固体产物中，致使固体产物的灰分含量随着烘焙温度的升高而升高，TRH-200-30 灰分只有 15.48%，而 TRH-290-30 的灰分高达 22.98%。固体产物的固定碳含量随着烘焙的温度的升高而显著增加，TRH-290-30 的固定碳含量比原始稻壳的提高了近一倍。烘焙除去了稻壳中的绝大部分水分，固体产物的水分维持在较低水平(小于 0.5%)。

随着烘焙温度的升高，稻壳主要元素有不同程度的变化。硫元素和氮元素含量很少(小于 1%)，在烘焙中基本保持不变。氢元素含量从 200℃时的 5.25%下降到 290℃时的 4.26%，其降幅在高温段(260~290℃)烘焙时较大，而在低温段(200~230℃)时并不明显。这是因为碳氢化合物如 CH_4 和 C_2H_6 只有在较高的温度(大于 250℃)下才会释放出来。碳元素含量逐渐升高，从 TRH-200-30 的 42.15%增加至 TRH-290-30 的 49.88%；而氧元素含量大量减少，从 TRH-200-30 的 36.39%大幅下降至 TRH-290-30 的 21.99%。这主要是由于稻壳在烘焙过程中发生了脱羧基、羰基化反应，生成大量水分、CO_2、CO 和较多的含氧碳水化合物。

稻壳热值的变化也比较明显。稻壳原样的热值为 15.05MJ/kg，而随着烘焙温度的升高，固体产物的热值逐渐升高，最高达到了 17.77MJ/kg。较多的水分和较高含氧量是生物质品质低的重要原因。由表 2-8 可知，通过烘焙可以大幅降低稻壳的含水量，提高固体产物的 C/O，这有利于稻壳能量密度的提高，也将有助于

提升稻壳作为热解原料的价值。

烘焙时间也对烘焙产物有一定的影响。以烘焙温度 260℃为例，固体产物的工业分析、元素分析和热值列于表 2-9。前 15min 固体产物的理化性质变化较大，15~30min 次之，后 15min 变化的最少。烘焙时间越长，稻壳的挥发分含量越低而灰分含量越高、O 元素含量越低而 C 元素含量越高。这是因为，稻壳在较长时间的烘焙中，有机组分的低温热解较多，释放的挥发分也就较多。总体来说，烘焙时间对稻壳的影响要弱于烘焙温度对稻壳的影响。

表 2-9 烘焙时间对稻壳烘焙固体产物的影响

样品	工业分析 /wt%				元素分析 /wt% (dry basis)					热值 /(MJ/kg)
	M	V	Fc	A	C	H	O	N	S	
TRH-260-15	0.20	55.86	26.39	17.55	44.43	5.02	32.31	0.71	0.16	17.14
TRH-260-30	0.21	54.54	27.16	18.09	45.52	4.90	30.74	0.59	0.16	17.29
TRH-260-45	0.20	53.92	26.95	18.93	46.46	4.66	28.46	0.66	0.17	17.40

2.8.3 固体产率和能量产率

热值仅能反映烘焙后稻壳单位质量能量发生的变化，未考虑烘焙过程中稻壳质量本身的变化。固体产率和能量产率是衡量生物质烘焙效果的重要参数。固体产率和能量产率的定义式为

$$Y_{mass} = \frac{M_{product}}{M_{feed}} \times 100\% \tag{2.25}$$

$$Y_{energy} = Y_{mass} \frac{HHV_{product}}{HHV_{feed}} \tag{2.26}$$

式中，Y_{mass}、Y_{energy} 分别表示质量产率和能量产率；M 为质量；HHV 为高位热值，下标 product 和 feed 分别表示稻壳烘焙后的固体产物和稻壳原样。

图 2-15(a) 为稻壳固体产率和能量产率随着烘焙温度的变化规律。烘焙温度为 200℃时，稻壳失重并不明显，固体产率为 92%，这是因为此时的烘焙温度还没有达到生物质中最不稳定的半纤维素的分解温度，少量失重主要是由样品中水分蒸发造成的。烘焙温度对固体产率有显著影响。在较低温度段 200~230℃，固体产率下降很慢，且最终产率都在 85%以上，而在较高温度段 260~290℃，固体产率下降明显加快，到 290℃最终产率只 67%，这主要是因为随着温度的升高，热裂解反应加剧，挥发分析出的也就越多。

图 2-15(b) 为稻壳固体产率和能量产率随着烘焙时间的变化规律。固体产率随着烘焙时间的延长而降低，但降幅并不均匀，在烘焙的前 15min 内固体产率下降

较快，随后有不同程度的减缓。以往的研究也表明，当烘焙时间大于 30min 时，物料的失重量及失重速率变化较小，不会对烘焙过程产生明显影响。总体而言，烘焙时间对固体和能量产率的影响小于温度对固体和能量产率的影响。

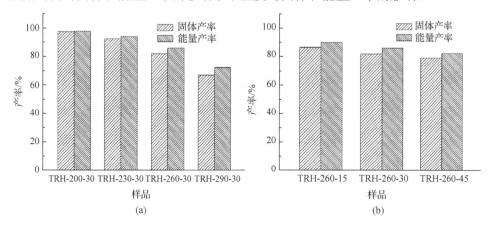

图 2-15　烘焙温度和烘焙时间对固体产率和能量产率的影响

稻壳质量的损失主要由于水分和挥发分的析出，这些与工业分析结果是一致的。在烘焙过程中，水分以两种不同的机理释放，第一是在干燥中水分的蒸发，第二是有机分子的脱水反应。稻壳在长时间自然晾晒中达到了平衡状态，吸附于生物质微小孔径内的水分在 150℃以下大量蒸发，当温度超过 200℃时，生物质的有机组分发生热裂解反应，水分便大量生成。

高热值有利于生物质的利用。烘焙降低了稻壳的氧含量，提高了碳含量，因此稻壳热值由 15.05MJ/kg 至提高至 TRH-290-30 的 17.77MJ/kg。然而，考虑质量损失，生物质的能量是在损失的。从图 2-15 中的能量产率随着烘焙温度和时间的变化规律可以看出，能量产率与固体产率具有相似的变化趋势，都随着烘焙温度的升高和烘焙时间的延长而降低。温度对能量产率影响更显著，在低于 260℃内，能量产率在 95%~98%，当高于 260℃时，即使在较低的时间内，能量产率也迅速下降，在 290℃时能量产率只有 70%左右。

在烘焙时间为 30min 时，稻壳固体产物的热值已有较大提升，且此时能量产率也较高，当烘焙时间延长至 45min 时，虽然固体产物热值有所提高，但其能量产率下降较多，反而造成了能源的浪费，降低了烘焙的经济性。因此，为了既满足提高生物质热值的要求，又确保烘焙预处理的经济可行性，在适度的烘焙温度下，可以选取较短的烘焙时间。考虑温度和时间的影响，260℃和 30min 是较好的烘焙条件。

2.8.4　烘焙对稻壳表面形貌的影响

图 2-16 为稻壳及其固体产物的表面形貌图片。由图 2-16 可知，随着烘焙温度的提高，固体产物的表面形貌发生明显的变化，表观体积逐渐缩小，颜色由黄色逐渐变为褐色直至变为黑色，其形状向圆柱形或球形方向发展。

| RH | TRH-200-30 | TRH-230-30 | TRH-260-30 | TRH-290-30 |

图 2-16　烘焙对稻壳表面形貌的影响

2.8.5　烘焙对稻壳研磨性能的影响

采用小型粉碎机将等质量的稻壳和固体产物分别粉碎 2min。粉碎后的样品通过四个网筛进行筛分，网筛目数越小，代表样品颗粒粒径越大，最后得到 16~40目、40~60 目、60~80 目、80~140 目和 140~400 目四个范围段的颗粒分布。

图 2-17 为稻壳与烘焙固体产物的可磨性对比。从图中可以看出，稻壳原样较难粉碎，稻壳颗粒粒径在 40~60 目比率最大、在 140~400 目比率最小。烘焙后颗粒在 16~40 目和 40~60 目比率明显下降，在 60~80 目与原稻壳基本持平，在小于 80目后比率达到最大，并且随着烘焙温度的升高，精细颗粒的比率进一步上升。这说明稻壳变得脆而易碎，颗粒粒径向小型化发展，固体产物的可磨性得到了很大改善。

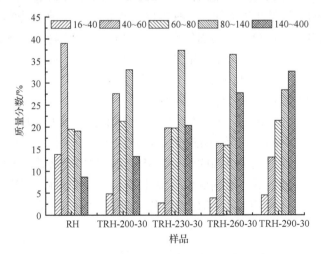

图 2-17　烘焙温度对稻壳研磨性能的影响

生物质富含高纤维结构，有机组分相互连接得非常紧密，使得生物质研磨变得困难。而烘焙后的生物质，纤维素、半纤维素和木质素有不同程度的分解，紧凑的纤维结构减弱，从而降低了生物质的韧性和细胞壁的强度，提高了生物质的可磨性能。这也解释了烘焙后颗粒粒径分布变化的现象。因此，烘焙预处理可有效改善稻壳的研磨性能，并对稻壳的流动性和运输储存有重要帮助。

烘焙固体产物研磨性能的改善有助于提高生物质烘焙预处理的经济性。烘焙预处理本身是一个耗能过程，而烘焙后稻壳研磨性能的明显提高，能够显著节省生物质粉碎处理的耗电量，在一定程度上抵消了烘焙过程中所耗的能量，有利于生物质后续利用。

2.8.6　烘焙对稻壳疏水性的影响

固体样品放置在空气中，会发生吸附和解吸反应，含湿量会随着环境温度和湿度的变化而变化。为了分析烘焙对稻壳疏水性的影响，采用恒温恒湿箱测试稻壳和固体产物的平衡含湿量。将 3g 稻壳和固体产物放置在恒温恒湿箱(温度 30℃、相对湿度 50%)中 10 天以上，直到样品的含湿量不发生变化；然后将样品取出并在 105 ℃下干燥 24h 以得出样品的含湿量，此含湿量可作为样品的平衡含湿量。需要指出的是，平衡含湿量并不是稻壳烘焙固体产物的含湿量。

平衡含湿量(EMC)是固体疏水性的重要指标。稻壳(RH)以及烘焙固体产物(TRH-200-30、TRH-230-30、TRH-260-30、TRH-290-30)的平衡含湿量分别为 7.8%、4.5%、4.2%、3.5%、3.4%。可以看出，相对于稻壳原样，烘焙固体产物的平衡含湿量明显降低。这说明烘焙增强了固体产物的疏水性，而且随着烘焙程度的加深，固体产物的疏水性进一步增强。在生物质中，水分主要吸附于细胞壁或以氢键连接在细胞的羟基化合物上。元素分析和组分分析已经表明，烘焙减少了稻壳的氢元素和大量的氧元素含量，并使得半纤维素发生了脱羟基反应。这些羟基化合物的大量分解，使得烘焙固体产物可吸附的水分明显降低。

在生物质热解规模化利用中，生物质原料往往需要室内储存并在储存室内放置多台抽湿机以使环境湿度保持在较低水平。烘焙预处理后，稻壳固体产物的平衡含湿量不超过 5%。较低的平衡含湿量使得生物质原料可以长时间堆放储存，而且不易发霉变质。因此，烘焙不仅提高了稻壳的研磨性能，而且使固体产物具有较好的疏水性，这对稻壳的储存运输是非常有利的。

参 考 文 献

[1]　Bridgwater A V. Review of fast pyrolysis of biomass and product upgrading. Biomass and Bioenergy, 2012, 38: 68-94

[2]　Meier D, van de Beld B, Bridgwater A V, et al. State-of-the-art of fast pyrolysis in IEA bioenergy member countries. Renewable and Sustainable Energy Reviews, 2013, 20: 619-641

[3]　Cai J M, Liu R H. Research on water evaporation in the process of biomass pyrolysis. Energy Fuels, 2007, 21(6): 3695-3697

[4]　Chen D Y, Zhang D, Zhu X F. Heat/mass transfer characteristics and nonisothermal drying kinetics at the first stage of biomass pyrolysis. J. Therm. Anal. Calorim., 2012, 109(2): 847-854

[5]　Chen D Y, Zheng Y, Zhu X F. Determination of effective moisture diffusivity and drying kinetics for poplar sawdust by thermogravimetric analysis under isothermal condition. Bioresour. Technol., 2012, 107: 451-455

[6]　Di Scala K, Crapiste G. Drying kinetics and quality changes during drying of red pepper. LWT Food Sci. Technol., 2008, 41(5): 789-795

[7]　Doymaz İ, Kocayigit F. Drying and rehydration behaviors of convection drying of green peas. Drying Technol., 2011, 29(11): 1273-1282

[8]　陈登宇, 张栋, 朱锡锋. 干燥前后稻壳的热解及其动力学特性. 太阳能学报, 2010, 31(10): 1230-1235

[9]　Chen D Y, Zheng Z C, Fu K X, et al. Torrefaction of biomass stalk and its effect on the yield and quality of pyrolysis products. Fuel, 2015, 159: 27-32

[10]　Park J, Meng J, Lim K H, et al. Transformation of lignocellulosic biomass during torrefaction. Journal of Analytical and Applied Pyrolysis, 2013, 100: 199-206

[11]　Bates R B, Ghoniem A F. Biomass torrefaction: Modeling of reaction thermochemistry. Bioresource Technology, 2013, 134: 331-40

[12]　Boateng A A, Mullen C A. Fast pyrolysis of biomass thermally pretreated by torrefaction. Journal of Analytical and Applied Pyrolysis, 2013, 100: 95-102

[13]　Ren S, Lei H, Wang L, et al. The effects of torrefaction on compositions of bio-oil and syngas from biomass pyrolysis by microwave heating. Bioresource Technology, 2013, 135: 659-64

[14]　潘永康, 王喜忠, 刘相东. 现代干燥技术. 2 版. 北京: 化学工业出版社, 2007

[15]　Mercer D G, Rennie T J, Tubeileh A. Drying studies of sorghum for forage and biomass production Procedia Food Science. 2011, 1: 655-661

[16]　Svoboda K, Martinec J, Pohorely M, et al. Integration of biomass drying with combustion/gasification technologies and minimization of emissions of organic compounds. Chemical Papers, 2009, 63(1): 15-25

[17]　四川省质量技术监督局. DB51/T 1387—2011: 固体生物质燃料发热量测定方法. 2011

[18]　Resio A N C, Aguerre R J, Suarez C. Drying characteristics of amaranth grain. Journal of Food Engineering, 2004, 65(2): 197-203

[19]　Doymaz I, Tugrul N, Pala M. Drying characteristics of dill and parsley leaves. Journal of Food Engineering, 2006, 77(3): 559-565

[20]　王喜明, 贺勤. 桉树木材干燥过程曲线的研究. 北京林业大学学报, 2005, 27(增刊): 13-17

[21]　Orikasa T, Wu L, Shiina T, et al. Drying characteristics of kiwifruit during hot air drying. Journal of Food Engineering, 2008, 85(2): 303-308

[22]　冯谦, 王冠, 王芳. 桑枝屑的干燥方法与干燥机理研究. 农业工程学报, 2008, 24(7): 264-268

[23]　Shi J L, Pan Z L, McHugh T H, et al. Drying and quality characteristics of fresh and sugar-infused blueberries dried with infrared radiation heating. LWT Food Sci. Technol., 2008, 41(10): 1962-1972

[24]　周汝雁, 张全国, 黄浩. 棉花秸秆干燥特性的高温综合热分析. 华中农业大学学报, 2006, 25(5): 571-574

[25] Özbek B, Dadali G. Thin-layer drying characteristics and modelling of mint leaves undergoing microwave treatment. Journal of Food Engineering, 2007, 83(4): 541-549

[26] Luangmalawat P, Prachayawarakorn S, Nathakaranakule A, et al. Effect of temperature on drying characteristics and quality of cooked rice. LWT-Food Science and Technology, 2008, 41(4): 716-723

[27] Wang J, Chao Y. Drying characteristics of irradiated apple slices. Journal of Food Engineering, 2002, 52(1): 83-88

[28] 雷廷宙. 秸秆干燥过程的实验研究与理论分析. 大连: 大连理工大学, 2000

[29] 胡建军, 沈胜强, 师新广, 等. 棉花秸秆等温干燥特性试验研究及回归分析. 太阳能学报, 2008, 29(1): 100-104

[30] Erbay Z, Icier F. A review of thin layer drying of foods: Theory modeling, and experimental results. Crit. Rev. Food Sci. Nutr., 2010, 50(5): 441-464

[31] Diamante L M, Munro P A. Mathematical-modeling of the thin-layer solar drying of sweet-potato slices. Solar Energy, 1993, 51(4): 271-276

[32] Lewis W K. The Rate of Drying of Solid Materials. Ind. Eng. Chem., 1921, 13: 427-432

[33] Page G E. Factors influencing the maximum rates of air drying shelled corn in thin layers. West Lafayette (IN): MSC Thesis, Purdue University, 1949

[34] Henderson S M, Pabis S. Grain drying theory: 1. Temperature affection drying coefficient. J. Agric. Eng. Res., 1961, 6: 169-170

[35] Chandra P K, Singh R P. Applied Numerical Methods for Food and Agricultural Engineers. Boca Raton: CRC Press, 1995: 163-167

[36] Midilli A, Kucuk H, Yapar Z. A new model for single-layer drying. Drying Technol, 2002, 20(7): 1503-1513

[37] Thompson T L, Peart P M, Foster G H. Mathematical simulation of corn drying: A new model. Trans. ASAE, 1968, 11: 582-586

[38] Wang C Y, Singh R P. A thin layer drying equation for rough rice. ASAE paper No. 78–3001. St. Joseph, MI, 1978

[39] Kaleemullah S. Studies on engineering properties and drying kinetics of chillies. Coimbatore: Ph.D.Thesis, Tamil Nadu Agricultural University, 2002

[40] Akal D, Kahveci K, Cihan A. Mathematical modelling of drying of rough rice in stacks. Food Science and Technology International, 2007, 13(6): 437-445

[41] Sacilik K, Elicin A K. The thin layer drying characteristics of organic apple slices. Journal of Food Engineering, 2006, 73(3): 281-289

[42] Giri S K, Prasad S. Drying kinetics and rehydration characteristics of microwave-vacuum and convective hot-air dried mushrooms. Journal of Food Engineering, 2007, 78(2): 512-521

[43] Ozkan I A, Akbudak B, Akbudak N. Microwave drying characteristics of spinach. Journal of Food Engineering, 2007, 78(2): 577-583

[44] Ceylan I, Aktas M, Dogan H. Mathematical modeling of drying characteristics of tropical fruits. Applied Thermal Engineering, 2007, 27(11-12): 1931-1936

[45] He F, Yi W, Bai X. Investigation on caloric requirement of biomass pyrolysis using TG–DSC analyzer. Energy Convers Manage, 2006, 47(15-16): 2461-2469

[46] Artiaga R, Naya S, Garcia A, et al. Subtracting the water effect from DSC curves by using simultaneous TGA data. Thermochim. Acta, 2005, 428(1-2): 137-139

[47] Couhert C, Salvador S, Commandre J M. Impact of torrefaction on syngas production from wood. Fuel, 2009, 88(11): 2286-2290

[48] Bridgeman T G, Jones J M, Shield I, et al. Torrefaction of reed canary grass, wheat straw and willow to enhance solid fuel qualities and combustion properties. Fuel, 2008, 87(6): 844-856

[49] Prins M J, Ptasinski K J, Janssen F. Torrefaction of wood - Part 2. Analysis of products. Journal of Analytical and Applied Pyrolysis, 2006, 77(1): 35-40

[50] Felfli F F, Luengo C A, Suárez J A, et al. Wood briquette torrefaction. Energy for Sustainable Development, 2005, 9(3): 19-22

[51] 赵辉. 生物质高温气流床气化制取合成气的机理试验研究. 杭州：浙江大学，2007

[52] 王贵军. 用于混合气化的生物质烘焙预处理的实验研究. 上海：上海交通大学，2010

[53] 陈应泉，杨海平，朱波郝，等. 农业秸秆烘焙特性及对其产物能源特性的影响. 农业机械学报，2012，43(4)：75-82

[54] Arias B, Pevida C, Fermoso J, et al. Influence of torrefaction on the grindability and reactivity of woody biomass. Fuel Processing Technology, 2008, 89(2): 169-175

[55] 陈青，周劲松，刘炳俊，等. 烘焙预处理对生物质气化工艺的影响. 科学通报，2010，55(36)：3437-3443

[56] 朱波. 农业秸秆烘焙与高质化应用耦合研究. 武汉：华中科技大学，2011

[57] Zheng A, Zhao Z, Chang S, et al. Effect of torrefaction temperature on product distribution from two-Staged pyrolysis of biomass. Energy & Fuels, 2012, 26(5): 2968-2974

[58] van der Stelt M J C, Gerhauser H, Kiel J H A, et al. Biomass upgrading by torrefaction for the production of biofuels: A review. Biomass and Bioenergy, 2011, 35(9): 3748-3762

[59] Prins M J, Ptasinski K J, Janssen F J J G. More efficient biomass gasification via torrefaction. Energy, 2006, 31(15): 3458-3470

第3章　生物质热解气化

生物质热解气化是通过热化学过程转变固体生物质的品质和形态，使其应用起来更加方便、高效和清洁的技术。形形色色的生物质热解气化技术都是从热解和气化两个基本技术形式派生出来的，反应过程中不供应足够的氧气，以获得含有化学能的可燃烧产物为目的[1]。

热解是指物料在无氧条件下，通过间接加热使之发生分解，生成可燃气、有机液体和固体残渣的热化学过程。气化是指在反应器中通入部分空气、氧气或蒸汽，使有机物发生部分燃烧，产生的热量用于加热自身并使之发生分解，生成可燃气、有机液体和固体残渣的热化学过程。

由于热解和气化在反应过程和产物等方面有很多相似之处，在实际生产中，人们对热解和气化的概念一般并不作严格的区分，两者常混淆在一起使用。热解不仅仅是一种独立的热化学转化技术，也是生物质气化过程中的必经阶段。因此，本书中提及的热解气化，是将两者结合起来后的总称，一般定义如下：热解气化是指在无氧或缺氧条件下，使物料在高温下分解，最终转化为可燃气、有机液体和固体残渣的热化学过程[2]。

生物质热解气化已经发展成一个丰富多彩的技术门类，用于生产多种能源产品，图 3-1 表示了主要的技术路线。

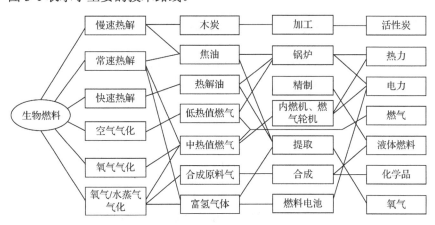

图 3-1　生物质热解气化的主要技术路线[1]

生物质热解气化技术是最有应用前景的生物质热化学转换技术，可以将低品位的生物质气化转化为高品质的能源。生物质热解气化技术的利用，对于改善能源结构、保障能源安全、减轻环境污染等具有重要的战略意义。

3.1 生物质热解气化的基本原理

生物质热解气化是一个非常复杂、连续的化学反应过程，包含大分子的键断裂、异构化和小分子的聚合等反应过程。它主要包括两个化学反应过程：①裂解过程，由大分子变成小分子、直至气体的过程；②聚合过程，由小分子聚合成较大分子的过程。裂解和聚合反应没有十分明显的阶段性，许多反应是交叉进行的。生物质热解气化过程，一般分成干燥、热分解（裂解）、还原和氧化四个过程[2,3]。

1. 干燥阶段

生物质热解过程经历的第一个阶段是干燥阶段。由于生物质燃料受燃料种类、当地气候状况、收获时间和预处理方式等因素影响，生物质水分变化范围较大。生物质进入热解气化装置后，湿物料与装置内的热气体进行换热，使原料中的水分蒸发出去，生物质物料由含有一定水分的原料转变为干物料。干燥区的温度为100~250℃。干燥产生的水蒸气可以作为气化介质，促进生物质热解气化过程。

2. 裂解反应

干燥后的生物质原料受热后发生裂解反应，生物质中大部分的挥发分从固体中分离出去。由于生物质的裂解需要大量的热量，在裂解阶段温度已达到400~600℃。裂解反应方程式为

$$CH_{1.4}O_{0.6} \longrightarrow 0.67C+0.53H_2+0.15H_2O+0.19CO+0.13CO_2+0.01CH_4 \qquad (3.1)$$

当然，在裂解反应中还有少量烃类物质产生。裂解区的主要产物为炭、氢气、水蒸气、一氧化碳、二氧化碳、甲烷、焦油及其他烃类物质等。

3. 还原反应

还原阶段氧气不参与反应，在这里主要是裂解产物炭和水蒸气、CO_2 等发生还原反应，生成一氧化碳（CO）和氢气（H_2）。还原反应是吸热反应，这个阶段温度为 700~900℃，其还原反应方程式为

$$C+CO_2 \longrightarrow 2CO+\Delta H, \quad \Delta H = -162.41kJ \qquad (3.2)$$

$$H_2O+C \longrightarrow CO+H_2+\Delta H, \quad \Delta H = -118.82kJ \qquad (3.3)$$

$$2H_2O+C \longrightarrow CO_2+2H_2+\Delta H, \quad \Delta H = -75.24kJ \qquad (3.4)$$

$$H_2O+CO\longrightarrow CO_2+H_2+\Delta H, \quad \Delta H=-43.58kJ \tag{3.5}$$

还原反应的主要产物为一氧化碳(CO)、二氧化碳(CO_2)和氢气(H_2)，这些热气体同氧化区生成的部分热气体一起为生物质的干燥、热解、气化过程提供热量。

4. 氧化反应

氧化剂(空气)一般由热解气化炉的底部进入，在经过灰渣层时与热灰渣进行换热，被加热的热气体进入气化炉底部的氧化区，在这里同炽热的炭发生燃烧反应，生成二氧化碳，同时放出热量，由于是限氧燃烧，氧气的供给是不充分的，不完全燃烧反应同时发生，生成一氧化碳，同时也放出热量。在氧化反应区域，温度可达 1000~1200℃，反应方程式为

$$C+O_2\longrightarrow CO_2+\Delta H, \quad \Delta H=408.8kJ \tag{3.6}$$

$$2C+O_2\longrightarrow 2CO+\Delta H, \quad \Delta H=246.44kJ \tag{3.7}$$

在氧化区进行的均为燃烧反应，并放出热量，也正是这部分反应热为还原区的还原反应、物料的裂解和干燥提供了热源。在氧化区中生成的热气体(一氧化碳和二氧化碳)进入气化炉的还原区，灰则落入下部的灰室中。

通常把氧化区及还原区合起来称为气化区，气化反应主要在这里进行；而裂解区及干燥区则统称为燃料准备区或燃料预处理区。这里的反应是按照干馏的原理进行的，其载热体来自气化区的热气体。

如上所述在气化炉内截然分为几个区的情况，实际上并不如此。事实上，一个区可以局部地渗入另一个区，基于此，所述过程多多少少有一部分是可以互相交错进行的。

3.2　生物质热解气化过程的产物

生物质热解气化过程的产物主要包括可燃性气体、有机液体和固体残渣三部分[2]。

1. 可燃性气体

热解过程中产生大量的气体，其中可燃性气体主要包括 H_2、CO 和 CH_4 等。若按气体数量由多至少的顺序排列，一般为 CO、H_2、CO_2、CH_4、C_2H_4 和其他少量高分子碳氢化合物气体。

可燃性气体的量和成分受多种因素的影响。当用空气作为氧化剂时，热解产生的气体一般含 20%CO、15%H_2、10%CO_2、2%CH_4(体积比)，其余大多是来自

空气的 N_2，因此，产生的可燃气的热值较低。在温度较高情况下，废物中有机成分的 50%以上都可被转化成气态产物，气体的热值较高（$6.37\times10^3\sim1.021\times10^4$ kJ/kg），如表 3-1 所示，可燃性气体的量随着反应温度的变化而变化非常明显。

表 3-1　热解气化气的成分（固相滞留时间为 18min）[1]

原料	反应温度/℃	H_2/%	O_2/%	N_2/%	CO_2/%	CO/%	CH_4/%	C_mH_n/%
玉米秸秆	400	3.12	1.09	5.38	43.96	32.88	8.33	5.24
	450	6.94	0.32	1.69	38.36	32.66	13.29	6.63
	500	13.8	0.21	1.36	31.74	30.17	15.01	7.71
	550	21.37	0.78	3.46	26.42	25.62	15.59	6.76
	600	28.45	0.51	0.71	24.19	24.09	16.67	5.38
	700	32.26	0.18	2.25	21.69	20.55	18.24	4.83
	800	36.73	0.33	0.67	19.04	19.45	18.82	4.39
稻壳	400	2.87	0.83	0.94	41.78	36.45	11.56	5.57
	450	7.55	0.87	1.21	36.69	33.5	13.6	6.58
	500	12.56	0.54	0.7	32.13	31.54	15.52	7.01
	550	19.17	0.65	0.79	28.39	29.05	15.35	6.6
	600	25.04	0.77	1.1	23.29	28.25	15.21	6.34
	700	29.36	0.2	0.98	20.47	26.92	15.95	6.12
	800	34.32	0.17	0.93	16.65	25.09	16.57	6.27

2. 有机液体

热解气化过程产生的有机液体是一类非常复杂的化学混合物，主要包括木醋酸、乙酸、丙酮、甲醇、芳香烃和焦油等。焦油是一种褐黑色的油状混合物，以苯、萘和蒽等芳香族化合物和沥青为主，另外还含有游离碳、焦油酸、焦油碱及石蜡、环烷、烃类的化合物等。含塑料和橡胶成分较多的废物，其热解产物中含液态油较多，包括轻石脑油、焦油及芳香烃油的混合物。木醋酸是棕黑色液体，其成分十分复杂，除了含较大量水分，还含有 200 种以上的有机物，其中一些化合物如饱和酸、不饱和酸、醇酸、杂环酸、饱和醇、不饱和醇、酮类、醛类、酯类、酚类、内酯类、芳香族化合物、杂环化合物和胺类等[1]。

3. 固体产物

热解气化是燃料析出挥发分的过程，当热解气化过程进行得比较彻底时，残留的固态产物是残炭，主要由固定碳和灰组成。在较低温度水平上，常有部分挥发分即分子较大的烃类化合物保留在残炭中，通常将含有部分挥发分的残炭称为半焦。对于热解气化过程来说，残炭占原料质量的比例可以定性地反映热解气化过程的深度，残炭的比例越低，或者说半焦中残留挥发分越少，表明热解气化过程进行得越完全。

3.3 生物质热解气化过程的影响因素

生物质种类繁多，不同生物质的分解温度不尽相同，热解气化行为也不尽相同，生物质元素组成和水分含量波动幅度也不一样，因而生物质热解气化过程控制较困难，热解气化设备的操作条件也比传统的焚烧炉更复杂，要求也更高。一般来说，影响生物质热解气化过程的因素有温度、物料特性、催化剂、停留时间、升温速率、氛围和压力等七个方面。

1. 反应温度

在生物质热解气化过程中，温度是一个很重要的影响因素，它对热解气化产物分布、组分、产率和热解气化气热值都有很大的影响。生物质热解气化最终产物中气、油、炭的占比随反应温度的高低和加热速度的快慢有很大差异。一般地说，低温、长期滞留的慢速热解主要用于最大限度地增加炭的产量，其质量产率和能量产率分别达到 30%和 50%（质量分数）[4-6]。图 3-2 和图 3-3 示出了垃圾热分解气化温度与气体产率的变化关系。

从图 3-2 和图 3-3 中可见，热分解气化过程的温度升高，气体产率增大，可燃气体中的低分子碳化物 CH_4、H_2 等增加，但高分子碳化物 C_2H_4、C_2H_6 等的含量在 600~700℃有一峰值，在此温度前这些气体的含量随温度的升高而增大，在此温度后其含量则随温度的升高而减少。例外的是 C_3H_8 的含量随温度的升高而减少[7]。

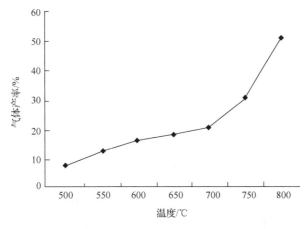

图 3-2 垃圾热分解气化温度与气体产率关系

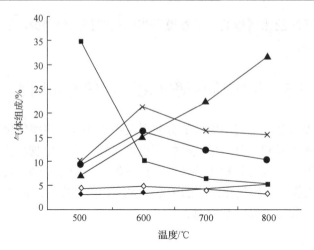

图 3-3　垃圾热分解气化温度与气体组成关系

◆——H₂；　◇——CO；　▲——CH₄；　×——C₂H₄；　■——C₃H₈；　●——C₂H₆

2. 物料特性

生物质种类、分子结构、粒径及形状等特性对生物质热解行为和产物组成等有着重要的影响[8]。有机物成分比例大、热值高的物料，其可热解性相对较好、产品热值高、可回收性好、残渣少。物料的含水率低，加热到工作温度所需时间短，干燥和热解过程的能耗少、速度快，有利于得到较高产率的可燃性气体。这种影响相当复杂，与热解温度、压力、升温速率等外部特性共同作用，在不同水平和程度上影响着热解过程。由于木质素较纤维素和半纤维素难分解，通常含木质素多的焦炭产量较大；而半纤维素多的焦炭产量较小。在生物质构成中，以木质素热解所得到的液态产物热值最大；气体产物中以木聚糖热解所得到的气体热值最大[9]。

生物质粒径的大小是影响热解速率的决定性因素。粒径在 1mm 以下时，热解过程受反应动力学速率控制，而当粒径大于 1mm 时，热解过程中还同时受到传热和传质现象的控制。大颗粒物料比小颗粒传热能力差，颗粒内部升温要迟缓，即大颗粒物料在低温区的停留时间要长，从而对热解产物的分布造成了影响。随着颗粒的粒径增大，热解产物中固相炭的产量增大。从获得更多生物油的角度看，生物质颗粒的尺寸以小为宜，但这无疑会导致破碎和筛选有难度，实际上只要选用小于 1mm 的生物质颗粒就可以了。

相同粒径的颗粒，当其形状分别呈粉末状、圆柱状和片状时，其颗粒中心温度达到充分热解温度所需的时间不同，三者相比，粉末状的颗粒所需时间最短，圆柱状的次之，片状的所需时间最长。与圆柱状颗粒相比，粉末状颗粒的气体产率要高得多,增加了近 36.2%,转化率达到 67.3%,炭产率下降较多,约降低 32.3%,而液态产物产率只降低了 5.6%。

3. 催化剂

催化热解是转化效率高的生物质热化学转化技术,可以有选择性地转化生物质形成不同目的产品,如生物燃油、生物基化学品。影响生物质催化热解的因素很多,如生物质组成、矿物质、热解条件、催化剂等。通过适宜的催化剂,纤维素热解可以获得不同精细化学品。适合生物质热解气化的催化剂要能有效地消除焦油,对甲烷有重整作用,不易失活,能够再生,有一定强度并且价格比较便宜[10]。在生物质热解气化过程已经使用过的催化剂种类主要可分为以下几类:天然矿石类、碱金属类、镍基催化剂以及复合型催化剂[11, 12]。

1)天然矿石类催化剂

天然矿石系列作为生物质热解气化的催化剂,其中研究最早的是石灰石,而研究最多、应用最广泛的是白云石和橄榄石,其成本低廉,催化效率较高。

这类催化剂中,白云石和石灰石经过 800℃以上高温煅烧后会发生分解释放出 CO_2 而形成 CaO 和 MgO(或者 CaO-MgO),形成的混合氧化物酸-碱型催化剂,在高温(>700℃)下具有较高的催化裂解活性,可以有效降低燃气中焦油含量,又能利用焦油的能量,提高燃气的产量和质量[13]。在研究白云石主要成分 CaO、MgO 的比例对催化效率影响时,Hellgren 等[11]发现 CaO/MgO = 1.5 时最为合适,对应催化裂解效果最好。Wang 等[14]在对比研究不同产地的白云石催化效果时发现白云石中含 Fe_2O_3 时,焦油催化转化效率会增加,因此 Fe 元素的存在对天然矿石催化活性也有很大影响。在使用天然矿石作为催化剂时,气体介质、压力、温度都会对焦油转化和最后产气有一定影响。Ponzio 等[15]以 H_2O 和 O_2 为气化介质进行研究发现适当增加 H_2O 量有利于气体产物中 H_2 含量的增加和 CO、CH_4 含量的降低。Lammers 等[16]比较了在白云石上焦油的水蒸气重整和水蒸气/空气重整的效果,得出水蒸气重整仅获得 72% 的焦油转化率,而水蒸气/空气重整获得了 96%以上的转化率。Zhang 等[17]以白云石为催化剂对焦油进行初次裂解,发现提高反应温度和压力,有利于增加焦油转化率。橄榄石的催化活性与白云石比较相似,然而由于是含有镁与铁的硅酸盐矿石,镁与铁氧化物含量高,其中 Fe_2O_3 含量较白云石的要高[18]。

2)碱金属类催化剂

这类催化剂主要包括碱金属碳酸盐、碱金属氯化物和碱金属氧化物等。碱金属催化剂使用时一般以湿法浸渍或干混直接加入生物质里面。

廖艳芬等[19]、谭洪等[20]研究碱金属对生物质及其组分热解的影响得出同样结果，K^+ 和 Ca^{2+} 都能促进焦炭和气体产物生成，阻碍焦油产生，而且，碱金属含量越高，催化作用越强。在 CO_2 气化反应中，Huang 等[21]比较了几种主要的碱金属催化剂单独使用对杉木焦炭产量的影响，其顺序为 K＞Na＞Ca＞Fe＞Mg。碱金属类催化剂最大的缺点在于颗粒的团聚和积炭所导致的失活。Lizzio 和 Radovic[22]发现，碱金属催化活性与接触条件、颗粒的烧结、金属的挥发以及副反应的发生等因素有关，采用湿法浸渍能够抑制积炭和减少高温团聚发生。

3）镍基催化剂

与天然矿石和碱金属这两种催化剂不同的是，镍基催化剂使用时不能直接与生物质混合，而是要以一定形式固定在气化炉中催化高温产气进行二次反应，其工艺较前两种催化剂复杂。在高温条件下，镍基催化剂对焦油裂解和甲烷转化制备合成气活性很高。镍基催化剂一般由金属镍、助剂和载体构成。金属镍一般作为催化剂的活性位点，添加助剂增加催化剂的活性和稳定性，载体则提供一定机械强度和高比表面积[23]。

Kong 等[24]在流化床中研究了镍基催化剂对生物质气化产生焦油的影响，以甲苯作为焦油代替物进行实验发现 Ni 粒径大小对催化剂活性有很大影响，同时还发现不同载体负载 Ni 的催化活性顺序为 Ni /MgO＞Ni /γ-Al_2O_3＞Ni /α-Al_2O_3＞Ni /ZrO_2＞Ni /SiO_2。刘海波等[25]采用等体积浸渍法制备了不同助剂（Fe、Mg、Mn 和 Ce）修饰的镍-凹凸棒石黏土基催化剂，并用于催化裂解生物质气化焦油反应。结果表明，Fe、Mg、Mn 和 Ce 的加入对 6%Ni/PG 催化剂具有明显不同的助催化作用，其中 Mg、Mn 和 Ce 的助催化作用比较微弱，而 Fe 对 6%Ni/PG 催化剂的助催化作用十分明显。当 Fe 含量为 8%时，催化剂的性能最佳，焦油去除率和 H_2 收率分别为 99.0% 和 58.2%。在 Fe-6%Ni/PG 催化剂上形成了 Fe-Ni 双金属和铁镍尖晶石，增强了催化剂断裂大有机分子中 C—C 和 C—H 键的活性，提高了积炭量和 H_2 的收率，表现出 Fe 和 Ni 之间的催化协同作用。

吕涛涛等[26]研究了生物质催化气化过程中铈锆改性镍基催化剂活性高低顺序为 Ce-Ni/Al_2O_3＞Zr-Ni/Al_2O_3＞Ni-Al_2O_3；铈锆改性均有效提高镍基催化剂活性组分及比表面积，同时铈改性形成铈镍间的强烈电子交互作用，锆改性发挥 ZrO_2 的碱性优势，铈锆改性镍基催化剂活性及抗积炭性明显增强，有效抑制焦油及焦炭生成；提出铈锆改性镍基催化剂的一半催化机理。铈锆改性有效降低反应活化能，三者在挥发分反应阶段的活化能分别为 45.41kJ/mol、47.55kJ/mol、54.45kJ/mol，在焦炭反应阶段的活化能分别为 88.65kJ/mol、88.83kJ/mol、93.9kJ/mol。

4）复合型催化剂

介孔分子筛对于纤维素热解形成精细化学产品具有定向作用，但近年关于介孔分子筛应用于生物质催化热解制备化学品方面的研究很少，特别是改性

Zn-MCM-41 对生物质热解过程影响的相关报道还很少。因此，研究改性介孔分子筛 Zn-MCM -41 对生物质热解的影响及产品形成具有重要意义。武汉工程大学杨昌炎等[27]采用热重分析，考察了不同硅锌比和晶化温度条件下制备的分子筛 Zn-MCM-41 对纤维素催化热解的催化作用效果。结果表明：在 Zn-MCM-41 催化作用下，纤维素热解温度降低，最大失重速率和失重率增加；硅锌比、晶化温度对纤维素热解影响明显；随硅锌比的增大，纤维素的最大失重速率和失重率呈现先升后降的趋势，当硅锌比为 50∶1 时达到最大值；随晶化温度的升高，纤维素的最大失重速率和失重率同样呈现先增后减的趋势，当晶化温度在 110~120℃时为最大值。利用 Ozawa 动力学模型描述纤维素催化热解过程，表明 Zn-MCM-41 的存在改变了热解反应途径，表现出反应活化能的增加；制备 Zn-MCM-41 的最优条件是硅锌比 50∶1，晶化温度 120℃。

4. 停留时间的影响

停留时间对热解气化产物量和成分影响较大。停留时间对热解气化的影响显然与温度及升温速率的影响是相联系的。当反应速度为化学控制时，温度的影响将占据主导地位。但考虑传热、传质因素时，会很大程度上增强停留时间因素的影响。若停留时间太短，会影响热解气化的深度，气体生成率小；而停留时间太长，虽使热解气化程度加深，但又会降低生产效率，故热解气化最终的产物在很大程度上依赖于热解气化温度及在此温度上的停留时间。

周志军等[28]研究了新汶煤在较低温度下制焦后煤焦的气化反应性，发现煤焦的制备对煤焦的气化反应性有着明显的影响。新汶煤在温度分别为 800℃、700℃、600℃和停留时间分别为 60min、30min、20min、10min 下制得的焦样与 CO_2 进行(在终温为 1200℃下)不等温气化反应性。通过比较发现，在终温为 800℃、700℃、600℃下停留时间为 60min 时煤焦的气化转化率都是最高的，分别为 0.982、0.977 和 0.998，可见停留时间为 60min，制焦温度分别为 800℃、700℃、600℃对于新汶煤焦的气化转化率的影响并不是很明显。同时也发现半焦的气化反应性呈现先增后减的趋势，在停留时间为 60min 时到达最大，并且在 800℃时气化反应性最高，可见在 800℃下停留时间为 60min 制焦是合适的。

中国科学院朱廷钰等[29]在自制鼓泡流化床反应器上进行了神木煤在 0.1MPa、750℃、50~75 目粒径、添加 12% CaO 条件下，停留时间对煤热解产物产率的影响。气体停留时间延长，气态生成物产率呈显著增长趋势，由 8.5s 时的 21.30%至34s 时的 37%。这是由于随着气体停留时间的延长，更多的焦油蒸气分子发生了二次反应，生成了气体。焦油产率随气体停留时间的延长先上升然后下降，于 18.2s出现最大值。这是由于缩短气体停留时间就相当于增大流化气速，一方面使焦油蒸气停留时间缩短，降低了焦油的二次反应，使焦油产率有增大的趋势；另一方面由于增大流化气速会减小焦油分压，有利于焦油分子从煤粒子表面扩散到氧化钙上发生二次反应，使焦油产率有减小趋势。两者共同作用的结果使焦油产率于18.2s 出现了最大值。煤热解中水产率随停留时间延长而下降的现象也证实水参与了煤热解过程中的一些反应 $CO+ H_2O \Longrightarrow CO_2+ H_2$ 和水煤气等反应。随着气体停留时间延长，气态和液态总产率呈增长趋势，18.2s 后趋于恒定，可达 41%左右；随着气体停留时间延长，半焦产率呈下降趋势。

中国科学院山西煤炭化学研究所的贾永斌等[30]在流化床热解反应器中进行停留时间对氧化钙催化裂解焦油的影响研究。系统压力为常压，实验中浓相段的温度控制在 550℃，为降低热解过程中的焦油产率，同时得到高质量的煤气，在流化床稀相段考察了不同温度下停留时间对氧化钙催化裂解焦油的影响，由于稀相段几乎没有气泡，所以氧化钙能与焦油进行良好的接触，从而有利于提高氧化钙对焦油催化裂解的影响。研究结果表明，氧化钙的加入明显降低了焦油的产率，且随着停留时间的延长对焦油产率的影响迅速增大，只是在 750℃下，当停留时间超过 3s 时氧化钙的影响开始有所减弱。同时，氧化钙的加入增加了 H_2、CO 以及脂肪烃类的产率，且明显地增加了气体的热值。

5. 升温速率

生物质热解主要发生在 200~500℃。升温速率对热解也有重要影响，不同的加热方式意味着不同的升温过程。在一定的热解时间内，慢加热速率会延长热解物料在低温区的停留时间。气体和焦油的产量在很大程度上取决于挥发物生成的一次反应和焦油的二次裂解反应，较快的加热方式使挥发分在高温环境下的停留时间延长，促进了二次裂解的进行，使焦油产量降低而燃气产量提高。在中温（500~600℃）和快速冷凝条件下，有助于生成液体焦油。高温下升温速率快使物料热解迅速，挥发分释放集中，可增加焦炭的孔表面积。任强强和赵长遂[31]研究表明随着升温速率的提高，样品热解的 TG 曲线向低温区偏移，差示热重分析（DTG）曲线峰值位置也相应地移向低温区。稻壳、稻秆及麦秆热解达到最大热解速率时所对应的温度分别为 320~350℃、295~325℃、300~335℃。稻秆由于含有较高的挥发分，达到最大热解速率时所对应的温度低于稻壳及麦秆。CO_2、CO、H_2O、CH_4 及有机物是生物质热解的主要气体产物；随着升温速率提高，气体产物析出量增加，释放的速率加快；CO_2 及 H_2O 的释放温度较低，CO、CH_4 及有机物的释放温度稍高。

6. 热解气氛

热解气氛主要有惰性气氛、还原性气氛和氧化性气氛 3 种。由于煤样对热解气氛的反应性不同，热解气氛会影响气体产物的组成以及煤焦的反应性。水蒸气气氛下干馏气生成率最高，油产率也因其富氢而生成率增大。无论快速热解还是催化热解，与 N_2 相比 CO_2 气氛都表现出不利于热解的影响。①产率方面，CO_2 相比较于 N_2 气氛促使液体产率降低(4%~5%)，而固碳和结焦产率上升。②快速热解油与催化热解油的成分比较方面，快速热解油的主要成分是酚类、酮类和杂环等含氧有机物，芳香烃主要是单环和少量稠环芳烃，然而在 HZSM-5 催化热解下则生成大量稠环芳烃。催化热解油的主要成分集中在芳香烃和酚类两种物质，另外还有一定量的烷烃；单环芳烃产物主要是甲苯和二甲苯，稠环芳烃产物主要是萘、芴，以及蒽、菲等三环芳烃。③CO_2 气氛对热解油的影响方面，与 N_2 相比快速热解中 CO_2 气氛抑制了酚类和芳香烃的产生，使得酮类、链烃和杂环等成分比例增加，并且使产物结构中出现甲氧基支链。催化热解中 CO_2 气氛抑制了 HZSM-5 的去氧和芳香化催化作用，同时促进稠环芳烃的生成，抑制单环芳烃的生成，并且单环芳烃种类较多，使产物结构复杂化[32]。

7. 压力影响

压力对生物质热解过程影响较大。对于热解产物，当压力升高时，蒸汽在设备中与木炭的接触时间较长，将会增加木炭的产量，从而降低焦油的产量。随着压力的升高，生物质的活化能减小，加压下的生物质热解速率有明显提高。

肖军等[33]为分析压力对麦秸热解的影响，将麦秸在 0.3~0.8MPa 的压力下进行非催化和分别添加 NiO、CaO 催化剂的热重实验。随着压力增加，不论是否添加催化剂，挥发分的温度峰值均略有提前，但总失重率均随压力的增加而降低。从失重速率来看，热解失重率与热解时间之比随压力增加逐渐减小，这主要是随着压力提高，热解产物的分压相应提高，因此对挥发分的析出有所抑制。从压力对麦秸热解的频率因子和表观活化能影响来看，随着压力增加，麦秸热解的表观活化能均降低。

沈永兵等[34]研究了木屑在不同压力下的热解实验。在升温速率为 30℃/min 的条件下，木屑的热重实验压力分别由常压的 0.1MPa 上升到 0.6MPa，木屑的初始析出温度从 197℃提高到 213℃，最大热解速率的温度峰值略有增大。随着压力的提高，木屑的最大失重速率从 21.76%/min 降低到 11.22%/min。热解压力可使挥发组分释放强度减弱，释放高峰延后。在相同温度下，压力越低，挥发分析出越多，失重越小，即压力的增加抑制了热解气相产物的析出。当压力由 0.2MPa 升高到 0.6MPa 时，木屑的活化能由 49.383kJ/mol 减小到 41.608kJ/mol，此后，随着压力升高，活化能减小趋势变缓，频率因子明显减小，两者变化趋势一致，这表明其反应性能得到了很大提高。

3.4　生物质热解气化技术分类

生物质气化技术首次商业化应用可追溯至 1833 年，当时是以木炭作为原料，经过气化器生产可燃气，驱动内燃机应用于早期的汽车和农业灌溉机械。第二次世界大战期间，生物质气化技术的应用达到了高峰，当时大约有 100 万辆以木材或木炭为原料提供能量的车辆运行于世界各地。我国在 20 世纪 50 年代，由于面临着能源匮乏的困难，也采用气化的方法为汽车提供能量。

生物质气化有多种形式，按气化介质分，可分为使用气化介质和不使用气化介质两种。不使用气化介质有干馏热解；使用气化介质则分为空气气化、烟气气化、水蒸气气化、水蒸气-氧气混合气化和氢气气化等。

3.4.1　生物质干馏热解技术

木材干馏热解应用最早出现，后来出现了煤炭的干馏热解(炼焦)。在很长一段时期内，人们认为只有煤、木材才能干馏热解，而草本植物不可能干馏。20 世纪 80 年代初，我国南方首先提出了草本植物进行热解与木材热解将有相似的结果，90 年代初被实验所证实。当时对 20 多种草本植物进行了干馏热解实验，如蒿草、一枝黄花草、芦苇草、玉米秸秆、麦秸秆、豆秸、稻草、稻壳、玉米芯、甘蔗渣、花生壳、椰子壳、棕榈籽壳、树枝、树叶等。对这些物质进行干馏热解所得到的产品，与木材干馏热解所得到的产品极其相似，都产生木质炭、木焦油、木煤气、木醋液，这一实验的成功为秸秆干馏热解开拓了广阔的前景。

生物质干馏热解是指生物质在无空气等氧化气氛下发生的不完全热降解，生成炭、可冷凝液体(是木焦油和木醋液的混合物，通过净化分离可得到木焦油、木醋液)、气体产物的过程。王明峰[35]在干馏釜反应器中研究了升温速率、反应温度和原料配比对热解的影响。在实验升温速率范围内，升温速率对各态产率影响不大，但是否对各态产物的组分有影响，需做进一步的研究。升温速率对板栗壳热解炭的空气干燥基热值基本无影响。在实验温度范围内，热解温度对热解炭和气体分布趋势的影响与小型管式反应器相似，但板栗壳液体产率高的温度范围变小，锯末在实验温度范围内液体不断下降。与管式反应器相比，放大的干馏釜反应器的炭和液体产率下降，气体产率增加，炭的热值增加。

干馏工艺是林产化工制取木炭、木醋液和木焦油及煤化工中生产焦炭的传统工艺，虽然反应的结果也产生可燃气体，但是它与生物质气化技术是有区别的[36]。具体表现如下。

(1)干馏气化不需要加气化剂，气化过程需要加气化剂。

(2)干馏气化过程需要从外部加热，气化过程则是靠生物质氧化生成的热量。

(3)干馏气化的产物是气、液、固三相的产品，气化的目的是获取可燃气体。

(4)干馏气化产生燃气的热值较高，一般为 $10\sim15MJ/m^3$，而空气燃气的热值仅为 $5MJ/m^3$ 左右。

3.4.2　生物质空气气化技术

空气气化是指以空气为气化介质的气化过程。空气中的氧气与生物质中的可燃组分发生氧化反应，放出热量为气化反应的其他过程即热分解与还原过程提供所需的热量，整个气化过程是一个自供热系统。能产生热值在 5~8MJ/m^3 的低热值燃气，其可燃气体的主要成分为 CO、H$_2$、CH$_4$ 及 N$_2$，其中 N$_2$ 含量高达 50% 左右[3]。

3.4.3　生物质氧气气化技术

氧气气化是指向生物质燃料提供一定氧气，使之进行氧化还原反应，产生可燃气，但没有惰性气体 N$_2$，在与空气气化相同的当量比下，反应温度升高，反应速率加快，反应器容积减小，热效率提高，气化气热值提高一倍以上，在与空气气化相同反应温度下，耗氧量减少，当量比降低，因而也提高了气体质量。氧气气化的气体产生物热值与城市煤气相当，在该反应中应控制氧气供给量，既保证生物质全部反应所需要的热量，又不能使生物质同过量的氧反应生成过多的二氧化碳。氧气气化生成的可燃气体的主要成分为一氧化碳、氢气及甲烷等，其热值为 15000kJ/m^3 左右，为中热值气体[3]。

3.4.4　生物质水蒸气气化技术

水蒸气气化是指水蒸气同高温下的生物质发生反应，它不仅包括水蒸气-碳的还原反应，尚有 CO 与水蒸气的变换反应等各种甲烷化反应以及生物质在气化炉内的热分解反应等，其主要气化反应是吸热反应过程，因此，水蒸气气化的热源来自外部热源及蒸汽本身热源。典型的水蒸气气化结果为：H$_2$ 20%~26%；CO 28%~42%；CO$_2$ 16%~23%；CH$_4$ 10%~20%；C$_2$H$_2$ 2%~4%；C$_2$H$_6$ 1%；C$^+_3$ 2%~3%。生成的气化气中氢气和甲烷的含量较高，其热值也可以达到 10920~18900kJ/m^3，为中热值气体。水蒸气气化的热源来自外部热源及蒸汽本身热源，但反应温度不能过高，该技术较复杂，不宜控制和操作。

水蒸气气化经常出现在需要中热值气体燃料而又不使用氧气的气化过程中，如双床气化反应器中有一个床是水蒸气气化床[3]。

3.4.5　生物质水蒸气-氧气混合气化技术

水蒸气-氧气混合气化是指空气(氧气)和水蒸气同时作为气化质的气化过程。从理论上分析，空气(或氧气)—水蒸气气化是比单用空气或单用水蒸气都优越的气化方法。一方面，它是自供热系统，不需要复杂的外供热源；另一方面，气化所需要的一部分氧气可由水蒸气提供，减少了空气(或氧气)消耗量，并生成更多的 H$_2$

及碳氢化合物。特别是在有催化剂存在的条件下，CO 变成 CO_2 反应的进行，降低了气体中 CO 的含量，使气体燃料更适合于作为城市燃气。典型情况下，氧气-水蒸气气化的气体成分(体积分数)为(800℃水蒸气与生物质比为 0.95，氧气的当量比为 0.2)：H_2 32%；CO_2 30%；CO 28%；$CH_4$7.5%；C_nH_m2.5%；气体低热值为 11.5MJ/m³[3]。

3.4.6　生物质氢气气化技术

氢气气化是使氢气同碳及水发生反应生成大量甲烷的过程，反应条件苛刻，需在高温高压且具有氢源的条件下进行，其气化热值可达 22260~26040kJ/m³，属高热值气化气，此类气化不常用[3]。

表 3-2 为不同气化技术的气化特征。

表 3-2　不同气化技术的气化特征

气化装置类型	空气气化炉	氧气气化炉	水蒸气气化炉	氢气气化炉
气化剂	空气	氧气	水蒸气	氢气
热值/(kJ/m³)	4200~7560	10920~18900		22260~26040
用途	锅炉、干燥、动力	区域管网、合成燃料、氢		工艺热源、管网

3.5　热解气化过程的指标

评价热解气化装置和热解气化反应过程的指标主要有气化剂当量比、气体产率、气体热值、气化效率、热效率、碳转化率、生产强度等[36]。

1. 当量比

当量比指自供热气化系统中，单位生物质在气化过程所消耗的空气(氧气)量与完全燃烧所需要的理论空气(氧气)量之比，是气化过程的重要控制参数。当量比大，说明气化过程消耗的氧量多，反应温度升高，有利于气化反应的进行。但燃烧的生物质份额增加，产生的 CO_2 量增加，使气体质量下降。理论最佳当量比为 0.28，由于原料与气化方式的不同，实际运行中，控制的最佳当量比在 0.2~0.28。

2. 气体产率

气体产率是指单位质量的原料气化后所产生气体燃料在标准状态下的体积。

3. 气体热值

气体热值是指单位体积气体燃料所包含的化学能。

气体燃料的低值简化计算公式为

$$Q_v = 126CO + 108H_2 + 359CH_4 + 665C_nH_m \tag{3.8}$$

式中，Q_v 为气体热值，kJ/m^3；C_nH_m 为不饱和碳氢化合物 C_2 与 C_3 的总和。

4. 气化效率

气化效率是指生物质气化后生成气体的总热量与气化原料的总热量之比。它是衡量气化过程的主要指标。

$$气化效率(\%) = \frac{冷气体热值(kJ/m^3) \times 干冷气体率(m^3/kg)}{原料热值(kJ/kg)} \tag{3.9}$$

5. 热效率

热效率为生成物的总热量与总耗热量之比。

6. 碳转换率

碳转换率是指生物质燃料中的碳转换为气体燃料中的碳的份额，即气体中含碳量与原料中含碳量之比。它是衡量气化效果的指标之一。

$$\eta_c = \frac{12CO_2 + CO\% + CH_4\% + 2.5C_nH_m\%}{22.4 \times (298/273)} G_v \tag{3.10}$$

式中，η_c 为碳转化率，%；G_v 为气体产率。

7. 生产强度

生成强度指单位时间内每单位反应炉截面积处理原料的能力。

$$生产强度[kg/(m^2 \cdot h)] = \frac{单位时间处理原料量(kg/h)}{反应炉总截面积(m^2)} \tag{3.11}$$

3.6　生物质热解气化装置

生物质热解气化装置，即气化炉，是指将固体燃料通过热解气化方式转化为气体燃料的设备。气化炉是生物质热解气化系统中的核心设备，生物质在气化炉内进行热解气化反应，生成可燃气。生物质气化炉大体上可以分为固定床气化炉和流化床气化炉两种类型。固定床气化炉和流化床气化炉又都有多种不同形式，根据气化炉内气流运行的方向，固定床气化炉又可分为下吸式气化炉、上吸式气化炉、横吸式气化炉及开心式气化炉四种类型(图3-4)，应用最多的是下吸式气化炉和上吸式气化炉。而流化床气化炉按气化炉结构和气化过程，可分为单床气化炉、双床气化炉、循环流化床气化炉及携带床气化炉四种类型；如按气化压力，流化床气化炉分为常压流化床和加压流化床[37]。

所谓固定床气化炉，是指气流在通过物料层时，物料相对于气流来说，处于静止状态，因此称为固定床。一般情况下，固定床气化炉适用于物料为块状及大颗粒原料。

固定床气化炉具有以下优点：①制造简便，有很少的运行部件；②较高的热效率。其缺点如下：①内部过程难于控制；②内部物质容易搭桥形成空腔；③处理量小。

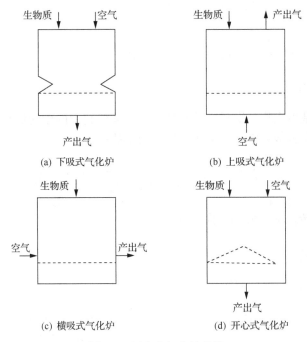

图 3-4 固定床气化炉分类

在流化床气化炉中，一般采用砂子作为流化介质(也可不用)，由气化炉底部吹入的、向上流动的强气流使砂子和生物质物料的运行就像是液体沸腾一样漂浮起来。所以，流化床有时也称为沸腾床。流化床气化炉具有气固接触、混合均匀的优点，是唯一在恒温床上反应的气化炉，反应温度一般为 750~850℃。其气化反应在床内进行，焦油也在床内裂解。流化介质一般选用惰性材料(如砂子)或非惰性材料(石灰或催化剂)，可增加传热效率及促进气化反应。流化床气化炉适合水分含量大、热值低、着火困难的生物质原料，原料适应性广，可大规模、高效利用。

3.6.1　干馏热解气化装置

在众多的垃圾焚烧技术中，干馏热解气化焚烧技术具有较高资源利用率和较低二次污染排放的特点，已被认为是更先进的废弃物处理技术。垃圾干馏热解气化过程中，"干馏"固体有机物在缺氧状态下的热解反应，用于垃圾处理可有效遏制二噁英产生。这种垃圾能源化、资源化处理方式，是将垃圾中的有机物变为燃气和燃油综合利用，将无机物用于生产建材，实现"零排放"。

干馏是一个复杂的化学反应过程，包括脱水、热解、脱氢、热缩合、加氢、焦化等反应。不同物质的干馏过程虽各有差别，但一般均可分为三个阶段：①脱水分解。干馏操作初期，温度相对较低，有机物首先脱水，随着温度升高，逐渐分解产生低分子挥发物。②热解。随着干馏温度的继续升高，有机物中的大分子发生键的断裂，即发生热解，得到液体有机物(包括焦油)。这些干馏产物随干馏物质而异，如干馏糠壳可得糠醛，干馏油页岩可得页岩油和一些杂环化合物。③缩合和碳化。当温度进一步升高时，随着水和有机物蒸气的析出，剩余物质受热缩合成胶体。同时，析出的挥发物逐渐减少，胶体逐渐固化和碳化。随着温度升高、加热时间延长，所生成的固体产物中的碳含量逐渐增多，氢、氧、氮和硫等其他元素含量逐渐减少。从木材干馏可得木炭，从煤干馏可得焦炭[38]。

不同物质的干馏所需的温度差别很大，可以从 100℃以上(如木材干馏)到1000℃左右(如煤高温干馏)。压力可以是常压，也可以是减压。干馏所得气、液、固产物的相对数量随加热温度和时间变化而有差别，如低温干馏一般可获得较多的液体产物。因此，变换和调节干馏过程的条件即可达到不同的生产目的[38]。

干馏生产大多采用间歇操作，但干馏装置可因原料种类和目的不同而异，一般可分为外热式和自热式两类。外热式是将原料放入金属或耐火材料制成的密闭干馏炉(窑)内，外部用燃料燃烧供热。现代干馏装置多采用这种形式。自热式则是在干馏的同时，向干馏炉内通入一定量的空气，使部分干馏原料燃烧放热，因此原料利用率较低，只在小规模生产中采用[38]。

天津城市建设学院研发的干馏气化装置，主要用于污泥热解气化制备陶粒过程，主要装置如图 3-5 所示[39]。该技术处理过程包括以下步骤：首先把城市污泥压滤脱水至含水率 50%~60%；然后按照下述质量比取料，脱水污泥55%~90%、煤粉 5%~20%、水泥 2%~10%、煤粉灰 0%~14%，植物纤维 1%~3%，并将其混合均匀后，制作成粒径为 10~20mm 的球形；之后将污泥球送入干燥窑烘干至含水率为 8%~12%，烘干温度为 150~180℃；最后将污泥球送至热解干馏气化炉内。

　　该热解干馏气化炉内分为干燥段、干馏段、气化段和燃烧段四个区域；污泥料球首先进入 80~180℃干燥段，脱除参与水分；再至 180~600℃干馏段，干馏出产生的烷类可燃气 C_mH_n，回收备用；之后至 600~1100℃气化段，在此阶段首先使料球中的有机质碳化，生产碳化物，之后在 1100℃左右，部分碳化物燃烧并与水蒸气接触产生 H_2 与 CO，回收 H_2 和 CO 备用；最后污泥料球进入 1150~1200℃燃烧段，经过高温煅烧得到轻质高强陶粒。在热解干馏气化炉的干燥段、干馏段和气化段，保持空气系数 0.6~0.8；在热解干馏气化炉的燃烧段，保持空气系数为 1.05~1.2。

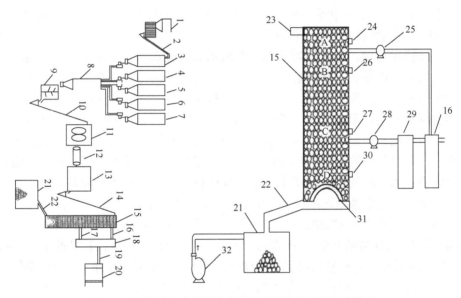

图 3-5　天津城市建设学院发明的污泥热解干馏气化装置

1.板式压滤机；2、10、14.提升机；3.脱水污泥储仓；4.煤粉储仓；5.水泥储仓；6.粉煤灰储仓；7.纤维储仓；8.均化仓；9.搅拌机；11.挤压成球机；12.皮带输送机；13.干燥窑；15.热解干燥气化炉；16、17、19.气体输送管；18.水封；20.烧砖隧道窑；21.陶粒冷却仓；22.陶粒卸料管；23.进料口；24、26、27、30.测温点；25、28.高温风机；29.旋风除尘器；31.盘式卸料机；32.引风机

　　郑州中能冶金技术有限公司研制的一种生物质和油页岩的蓄热式中低温外热干馏热解炉，主要结构如图 3-6 所示[40]。该热解炉物料预热仓的上方设有集气罩，燃烧室由下向上间隔布置蓄热室，蓄热室内有蓄热体，蓄热室通过管道连接引风机，在燃烧室上设置有净煤气入口。这种热解炉集中了焦化生产的外热式加热可用粉料、所产燃气全部为物料本身的挥发分因而热值高，以及半焦生产连续化的优点，引入了蓄热式快速换向高温空气燃烧技术。

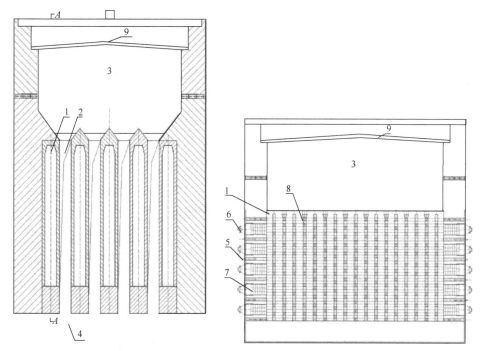

图 3-6　郑州中能冶金技术有限公司研制的生物质外热干馏热解装置

1.燃烧室；2.干馏室；3.原料预热仓；4.自动出焦口；5.净煤气入口；6.蓄热室；7.蓄热体；8.加强结构；9.集气罩

娄底华剑科技园有限公司研发了一种生物质燃气高温无氧强化干馏热解装置，主要结构如图 3-7 所示[41]。该装置采用连续加料的方式将干燥后的生物质原料从进料斗不断地送入原料输送机中，这样可防止过多外界空气进入原料输送机内。当生物质原料从出料槽加入生物质热解转换器不久，在 150℃前排出的都是水蒸气，这个过程称为热解的干燥过程。经过干燥后的生物质原料随着生物质热解转换器中的温度由左向右逐渐升高，干燥后的生物质原料在生物质热解转换器中从左向右移动，使它们进入干馏热解的预炭化阶段。将预炭化阶段的温度控制在 150~275℃，此时生物质原料中的不稳定成分开始分解。当生物质原料连续由左向右运行到温度达 275℃时，生物质原料加快分解。将裂解区域的温度保持在 450~500℃，此区域称为生物质原料热解炭化区域。生物质原料裂变产生的热气上升进入干燥区，而生成的炭进入下步的还原反应区。随着转动轴的不停转动，生成的炭进入生物质热解转换器的还原反应区，因还原反应区无氧气存在，所以炭在还原反应区的裂变反应中生成的二氧化碳在此处同碳和水蒸气发生还原反应。将还原反应区的温度控制在 600~700℃，在还原反应区产生的热气同氧化区生成的部分热气进入上序的裂变区，而没有反应完的炭进入氧化区，控制氧化区的温度为 800~1000℃，在此阶段的主要产品是粗燃气。

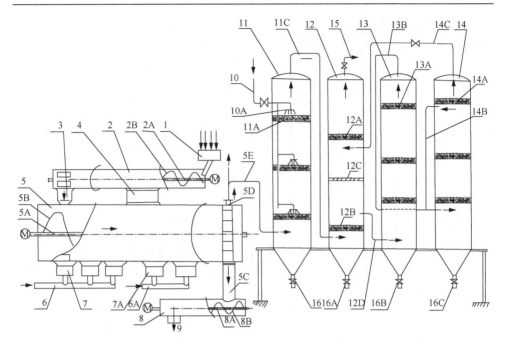

图 3-7 娄底华剑科技园有限公司研发的生物质干馏热解装置

1.进料斗；2.出料槽；2A.转动轴；2B.螺旋片；3.原料输送机；4.支撑架；5.生物质热解转换器；5C.木炭出口管；5D.粗燃气出口管；5E.粗燃气输送管；6.第一送风管；6A.第二送风管；7.左加热炉口；7A.右加热炉口；8.木炭输送机；9.木炭输出口；10.冷却水管；11.冷却塔；12.过滤塔；12A.上过滤层；12B.下过滤层；12C.隔板；12D.第二燃气输送管；13.净化塔；14.药液塔；14A.药化过滤层；14B.第四燃气输送管；15.第六燃气输送管；16.第一阀门；16A.第二阀门；16B.第三阀门；16C.第四阀门

3.6.2 固定床气化装置

固定床气化炉分为下吸式气化炉、上吸式气化炉、横吸式气化炉和开心式气化炉。

1. 下吸式固定床气化炉

图 3-8 是下吸式固定床气化炉的结构简图，下吸式固定床气化炉主要由内胆、外腔及灰室组成。

内胆又分为储料区及喉管区。储料区是前面所说的物料预处理区，而喉管区则是气化反应区，储料区的容积和喉管区直径及高度是气化炉设计的重要参数，直接影响气化效果。气化炉的上部留有加料口，物料直接进入储料区，气化炉的下部是灰室，灰室及喉管区之间设有炉栅，反应后的灰分及没有完全反应的炭颗粒经过炉栅落进灰室，灰可定期排出。在内胆和外壁之间形成的外腔实际上是产出气体的流动通道，在热的可燃气排出时，与进入风室的气化剂和

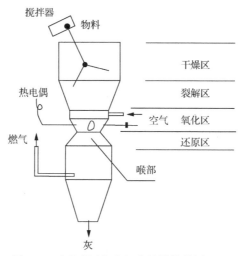

搅拌器

物料

干燥区

裂解区

热电偶

空气　氧化区

还原区

燃气

喉部

灰

图 3-8　下吸式固定床气化炉结构简图

气化炉储料区内的物料进行热交换。一般来说，下吸式气化炉的进风喷嘴设在喉管区的中部偏上位置。气化过程中气化剂的供给是靠系统后端的容积式风机或发电机的抽力实现的，大多数下吸式气化炉都在微负压的条件下运行。进风量可以调节。

　　下吸式气化炉的工作原理如图 3-9 所示。进入气化炉内的生物质最初在物料的最上层，即处于干燥区内，在这里由于受外腔里的热气体及内胆里热气体的热辐射，吸收热量，蒸发出生物质内的水分，变成干物料。之后随着物料的消耗向下移动到裂解区，由于裂解区的温度高，达到了挥发分溢出温度，因而生物质开始裂解，挥发分气体开始产生，干生物质逐渐分解为炭、挥发分及焦油等。而生产的炭随着物料的消耗而继续下移落入氧化区。作为气化剂的空气，一般情况下在氧化区加入，在该区，由裂解区生产的炭与气化剂中的氧进行燃烧反应生成二氧化碳、一氧化碳，并放出大量的热能，这些能量保证了生物质气全过程的顺利进行。没有在反应中消耗掉的炭继续下移进入还原区，在这里，与裂解区及氧化区生成的二氧化碳发生还原反应生成一氧化碳；炭还与水蒸气反应生成氢气和一氧化碳，灰渣则排入灰室中。下吸式气化炉的温度分布如图 3-9 所示，还原区的温度为 800℃，氧化区温度达 1100℃，裂解区温度为 500~700℃，而干燥区温度为 300℃左右。

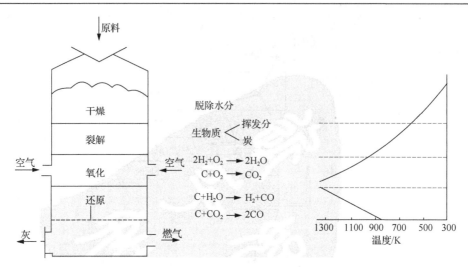

图 3-9 下吸式气化炉的工作原理

在下吸式气化炉中，气流是向下流动的，通过炉栅进入外腔。因而在干燥区生成的水蒸气，在裂解区分解出的二氧化碳、一氧化碳、氢气、焦油等热气流向下流经气化区。在气化区发生氧化还原反应。同时，由于氧化区的温度高，焦油在通过该区时发生裂解，变为可燃气体，因而下吸式固定床气化炉产出的可燃气热值相对高一些而焦油含量相对低一些。通过这一系列化学反应过程，在气化炉内，固体燃料生物质就变成了气体燃料——生物质燃气。

喉部设计是下吸式气化炉一个显著的特点，一般由孔板或缩径来形成喉部，如图 3-10 所示。喉部的工作原理如图 3-11 所示，由喷嘴进入喉部的空气与裂解区产生的炭发生氧化反应，在喷嘴附近形成高温区，即氧化区。而在离喷嘴稍远的区域，即喉部的下部和中心，已没有氧气存在，炽热的炭和裂解区形成的热气

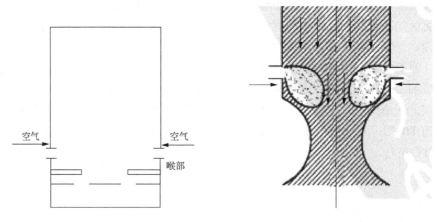

图 3-10 下吸式气化炉的喉部结构   图 3-11 下吸式气化炉喉部工作原理

体在该区进行还原反应，部分焦油也在喉部的高温区和还原区发生裂解反应。由于喉部的截面变小，而且在该区域又有大量气体产生，所以该区域气体流速加大，并且阻力也增加。

下吸式气化炉的主要特点是结构比较简单，加料方便，产出气体中焦油含量少，由于是微负压运行，操作方便，运行安全可靠。下吸式气化炉的缺点是产出气体流动阻力大，消耗功率增多，产生气体中含灰分较多，温度较高。

一般情况下，下吸式气化炉不设炉栅，但如果原料尺寸较小，也可设炉栅。此种气化炉，适于较干的大块物料或低水分大块同少量粗糙颗粒相混的物料（含水量小于 30%），其最大气化强度为 500kg/(m² · h)。目前国内外都已用于商业化运行，表 3-3 是国外商品化的下吸式固定床气化炉应用情况。

表 3-3　国外下吸式固定床气化炉应用情况

生产厂	原料	装机容量
Martezo（法国）H φ gild（丹麦）	废木	135kWe
Chevel（法国）	废木、可可壳、棉秆	20~120kWe　　315 kW·t
Wamsler（德国）	废木	600~1500 kW·t
Bio Heizstoffuerk（德国）	废木、废纸、秸秆、泥炭、生物质成型块	10~500kWe
HTV-Juch（瑞士）	废木	400~450 kW·t
Schelde（荷兰）	污泥炭渣	1 MW·t
GASBI（西班牙）	废木	150~1500 kW·t
Melima（瑞士）	废木	10kWe
MHB（德国）	废木	3.3 kW·t
NIHPBS, Enniskillen Fluidyne（荷兰）	废木	100kWe，200 kW·t
Terry Bristol Adsms Ltd（英国）	废木	30kWe

下吸式固定床气化炉的加料装置基本有 3 种类型：螺旋叶片式加料装置、刮板式加料装置和提斗式加料装置[42]。

螺旋叶片式加料装置的基本结构如图 3-12 所示。螺旋叶片式加料装置主要由螺旋叶片、叶片轴、上料筒、传动装置和落料筒等组成，除了三角橡胶带，都用钢材制造。开始加料时，电动机驱动小皮带轮、三角橡胶带、大皮带轮、叶片轴与螺旋叶片转动，喂料斗中的气化原料被叶片搅入，并沿上料筒向上推升，至落料筒开口处下落到气化炉中。只要螺旋叶片不停地转动，喂料斗中的原料便会不断地送进气化炉内。

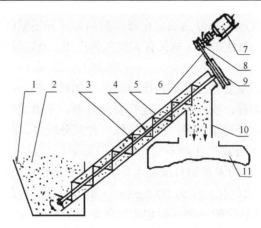

图 3-12　螺旋叶片式加料装置工作示意图

1.喂料斗；2.气化原料；3.螺旋叶片；4.叶片轴；5.上料筒；6.三角橡胶带；7.电动机；8.小皮带轮；9.大皮带轮；
10.落料筒；11.气化炉

　　刮板式加料装置的基本结构与工作状况如图 3-13 所示。刮板式加料装置主要由 3 条柔性索链及其上面等距离固定着的方形刮板和链棍、上料槽、主动转轮、被动转轮及其上面等距离固定着的 2 排拨链叉、传动装置等组成。刮板式加料装置与螺旋叶片式加料装置的传动部件很类似。工作时，电动机通过传动装置驱动大皮带轮旋转，大皮带轮与主动转轮同轴，主动转轮便随之转动，主动转轮四周的拨链叉通过拨动链棍，带动柔性索链拉动方形刮板，沿上料槽移动。柔性索链

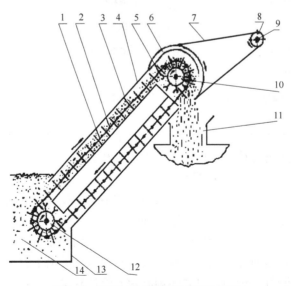

图 3-13　刮板式加料装置工作示意图

1.柔性索链；2.链棍；3.方形刮板；4.上料槽盖板；5.拨链叉；6.大皮带轮；7.三角橡胶带；8.小皮带轮；9.电动机
传动轴；10.主动转轮；11.气化炉进料口；12.被动转轮；13.气化原料仓；14.气化原料

和方形刮板在主动转轮与被动转轮间进行上、下回转运动，向上是加料，向下是空行程。气化原料在方形刮板的推动升至顶端时，落入气化炉的进料口。

提斗式加料装置的结构如图 3-14 所示，气化原料仓靠近气化炉一侧。料斗像是一个敞口的长方形盒子，不过它的右侧壁是倾斜的；壁下有两对滚轮，能分别在两条轨道上下滚动。料斗左半段的前、后及端面有钢丝索围绕着。与轨道几乎平行的两条钢丝索的上端固定在绞盘的转筒上。通过操作设定的正、反转开关，使电动机-减速器带动绞盘按所控制的方向旋转。当料斗运行到上、下限位置时，滚轮触及行程开关，给电动机发出停止转动的信号。进料窗上有一张薄钢板，上端铰链在进料筒一侧，不进料时它处于自由悬垂状态。在料斗的右端两侧，分别焊接着弯曲的开窗角，料斗运行到上限位置时，靠它触开进料窗，气化原料由窗口顺利地落入气化炉中。工作时，当料斗处于气化原料仓中，工人将原料投入料斗，起动电动机正转，绞盘拉动钢丝索，料斗沿轨道上升。当它被提升至上限位置时，料斗竖起，滚轮触及上行程开关，电动机停止转动，焊在料斗端头两侧的开窗角顶开进料窗，料斗中原料在重力作用下，从进料筒落入气化炉中。之后，起动电动机反转，料斗沿轨道下降，进料窗自行回位关闭。当料斗降至下限位置时，滚轮触及下行程开关，电动机停止转动，工人再把气化原料装进料斗中。当需要向气化炉加料时，再重复上述操作。提斗式加料装置对碎板皮、枝杈、刨花、玉米芯等尺寸较大、又不均匀的气化原料有较好的适应性。然而，与螺旋叶片式和刮板式加料装置相比，它毕竟是间歇式的加料，不够连续，而且也加大了工人的操作量。

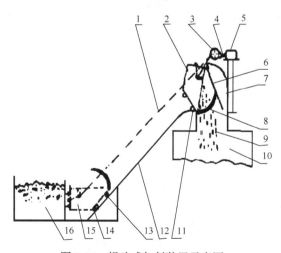

图 3-14　提斗式加料装置示意图

1.钢丝索(2 条)；2.料斗上限位置；3.绞盘；4.减速器(蜗杆-蜗轮)；5.电动机；6.进料窗；7.进料筒；8.开窗角(2 个)；9.落向气化炉的原料；10.气化炉；11.上行程开关；12.轨道(两条)；13.滚轮(4 个)；14.下行程开关；15.料斗下限位置；16.气化原料仓

内蒙古科技大学研发了一种脉冲下吸式固定床高温气化炉，具体结构如图3-15 所示[43]。该气化炉的气化工艺如下：第一，给料和调节可升降炉排。首先对固体燃料进行前处理，干燥至含水率低于 15%，破碎至粒径范围为 10~30mm，进料过程需要保证在密闭条件下进行。由于该气化炉可实现生物质、城市生活垃圾及医疗垃圾等高热值固体废物的气化处理，根据处理原料的不同，需相应调节可升降炉排的高度。第二，气化过程。固体燃料填入气化炉内后，从上至下可分为四个层，分别为干燥层、裂解层、氧化层和还原层，气化炉中分布的温度监测及气体采样点中的热电偶可即时传输各个燃料层的温度，根据温度的变化可调整进料速度、蒸汽流量及脉冲气的喷入量和间隔时间，从而控制各个燃料层维持在一个相对稳定的水平。

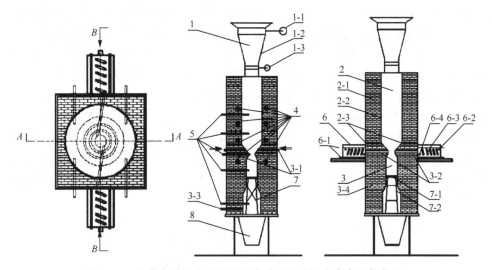

图 3-15　内蒙古科技大学研发的脉冲下吸式固定床高温气化炉

1.给料装置；1-1.蝶阀；1-2.料斗；1-3.蝶阀；2.上部分气化炉炉体；2-1.耐火砖保温层；2-2.高热钢内胆；2-3.上下部分炉体连接法兰；3.下部分气化炉炉体；3-1.脉冲气进气通道；3-2.高温蒸汽进气通道；3-3.产品气出气通道；3-4.耐火砖保温层；4.硅碳棒加热装置；5.温度监测及气体采样点；6.高温蒸汽制备装置；6-1.硅碳棒；6-2.低温蒸汽进口；6-3.螺旋管；6-4.高温蒸汽出口；7.可升降炉排；7-1.炉排；7-2.升降架；8.集渣装置

锦州生泰环保设备锅炉有限公司研发了一种下吸式气化燃烧生物质炊事采暖炉，其主要结构如图3-16 所示[44]。设备实现过程如下：下吸式气化燃烧生物质炊事采暖炉包括底座，底座上设有炉壳，炉壳上面设有投料口，炉壳内设水套，在炉壳内由前至后设有一次风室和烟气通道，在一次风室底部设有出灰室，在炉壳内上部设有与一次风室出口相通的燃烧室，在燃烧室上方设炊事炉灶，炊事炉灶与燃烧室通过炉灶下圈连通，在烟气通道内设有与水套相通的换热器，燃烧室上口经炊事炉灶、烟气通道与设在炉壳上的烟气出口相通，其特殊之处在于炉壳内上部设有与一次风室入口相通并呈倾斜状的气化室，气化室上口与投料口相通，气化室与燃烧室之间形成与水套相通的 V 形水槽，在一次风室内位于出灰室上方和气化室下方位置斜置有与气化室倾斜方向一致的固定炉排，在出灰室上方和燃烧室下方与固定炉排底端相邻位置设有活动炉排，活动炉排和固定炉排构成组合炉排，V 形水槽的下端和组合炉排间上下空间形成的间隙为燃气引出口，在气化室上面设置投料口，在炉灶下圈上设置作为火焰出口的富氧圈，富氧圈上均布风孔，炉灶下圈内壁和富氧圈外壁之间的夹腔形成二次风室，在炉灶下圈上设有富氧管，富氧管穿透炉壳后引出。

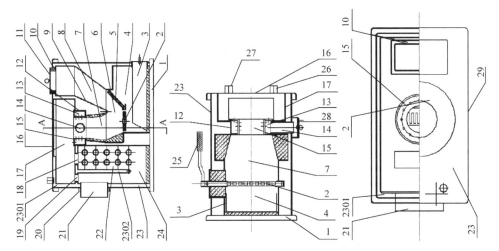

图 3-16　锦州生泰环保设备锅炉有限公司研发的下吸式气化燃烧生物质炊事采暖炉

1.底座；2.活动炉排；3.出灰室；4.一次风室；5.固定炉排；6.燃气引出口；7.燃烧室；8.气化室；9.V 形水槽；10.水槽；11.封盖；12.炉灶下圈；13.二次风室；14.富氧管；15.富氧圈；1501.风孔；16.可活动炉盖；17.炊事炉灶；18.前焰口；19.后焰口；20.密封圈；21.烟气出口；22.换热器；23.炉壳；2301.水套；2302.水套隔板；24.烟气通道；25.摇把；26.大气连通管接口管座；27.出水管口；28.调风板；29.进水管口

2. 上吸式固定床气化炉

图 3-17 为上吸式固定床气化炉工作原理图。上吸式固定床气化炉的物料由气化炉顶部加入，气化剂(空气)由炉底部经过炉栅进入气化炉，产出的燃气通过气化炉内的各个反应区，从气化炉上部排出。在上吸式气化炉中，气流流动方向与向下移动的物料运动方向相反，向下流动的生物质原料被向下流动的燃气烘干脱去水分，干生物质进入裂解区后得到更多的热量，发生裂解反应，析出挥发分。产生的炭进入还原区，与氧化区产生的热气体发生还原反应，生成一氧化碳和氢气等可燃气体。反应中没有消耗掉的炭进入氧化区，上吸式固定床气化炉的氧化区在还原区的下面，位于四个区的最底部，其反应温度比下吸式气化炉要高一些，

可达 1000~1200℃，炉热的炭与进入氧化区的空气发生氧化反应，灰分则落入灰室。在氧化区、还原区、裂解区和干燥区生成的混合气体，即生物质气化燃气，自下而上地向上流动，排出气化炉。上吸式气化炉的温度分布如图 3-17 所示，氧化区的温度最高，可以达到 1100℃以上。从还原区到干燥区，温度逐渐降低，至气体出口温度可降到 300℃左右。

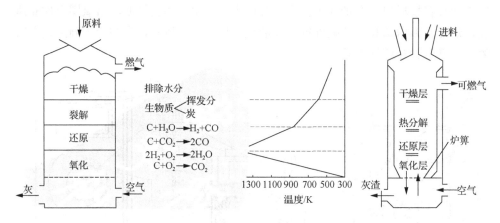

图 3-17　上吸式固定床气化炉工作原理图

　　上吸式气化炉的炉排设计有两种形式：一种是转动炉排；另一种是固定炉排。转动炉排有利于除灰，但是由于炉排的转动，增加了密封的难度。

　　一种情况下，上吸式气化炉在微正压下运行，气化剂（空气）由鼓风机向气化炉内送入，气化炉负荷量也由进风量控制。由于气化炉的燃气出口与进料口的位置接近，为了防止燃气的泄漏，必须采取特殊的密封措施，进料也采取间歇进料的方式，运行时将上部封闭，炉内原料用完后停炉加料。如果连续运行则必须采用较复杂的进料装置。上吸式气化炉原则上适用于各类生物质物料，但特别适用于木材等堆积密度较大的生物质原料。其气化强度根据气化炉的结构和运行条件的不同而不同，一般为 100~300kg/(m^2·h)。

　　上吸式气化炉的操作和运行有一定的条件要求，一些条件的变化会影响整个气化过程和产物。其中，反应温度是一个非常重要的影响因素。在上吸式气化炉中，反应温度随着反应层高度（料层高度）的增加而降低，在运行中，当其他条件已经确定（如生产量、空气比等），反应层高度反映了反应温度。为了获得质量比较高的气体，需控制较高的反应温度，它可以通过调节料层高度来实现。表 3-4 是上吸式气化炉在不同料层高度时的典型产出气体成分。

表 3-4　气化质量随反应层高度及温度的变化

| 炉型直径/mm | 生产量/[kg/(m²·h)] | 料层高度/mm | 温度/℃ | 气体组分/% | | | | | 热值(标准状态)/(kJ/m³) |
				CO₂	H₂	N₂	CH₄	CO	
190	240	210	800	15.7	4.0	53.9	5.5	20.9	5050
		260	700	14.9	3.9	59.1	4.7	17.2	4285
		360	500	21.0	2.9	56.6	4.3	15.2	3779
850	187	360	774	16.5	7.2	52.6	7.8	15.9	5907
		460	463	19.5	6.4	53.8	6.8	13.7	5143
850	235	460	631	20.5	8.2	46.6	8.7	16.0	6386
		660	303	19.4	7.0	51.8	7.4	14.5	5548

上吸式气化炉的主要特点是产出气体经过裂解区和干燥区时直接同物料接触，可将其携带的热量直接传递给物料，使物料裂解干燥，同时降低了产出气体的温度，使气化炉的热效率有所提高，而且裂解区和干燥区有一定的过滤作用，因此排出气化炉的产出气体中灰含量减少；上吸式气化炉可以使用较湿的物料（含水量可达 50%），并对原料尺寸要求不高；由于热气流向上流动，炉排可受到进风的冷却，温度较下吸式的低，工作比较可靠。

上吸式气化炉也有一个突出的缺点，就是在裂解区生成的焦油没有通过气化区而直接混入可燃气体排出，这样产出的气体中焦油含量高，且不易净化。这对于燃气的使用是一个很大的问题，因为冷凝后的焦油会沉积在管道、阀门、仪表、燃气灶上，破坏系统的正常运行。自有生物质气化技术以来，清除焦油的问题始终是一个技术难点。上吸式气化炉一般用在粗燃气不需冷却和净化就可以直接使用的场合，在必须使用清洁燃气的场合，只能用木炭作为原料。

除了传统的上吸式气化炉结构，甘肃农业大学研制了一种新型上吸式生物质气化炉，结构如图 3-18 所示[45]。该气化炉原理如下：内筒体外部分别设置有左外筒体和右外筒体，内筒体上部与出气管相连，左外筒体和右外筒体设置在炉壁支架上，炉壁支架与炉壁相连，顶盖压在炉壁上，压紧连杆与顶盖相连，顶盖上设置有上盖，炉壁上部设置有供风上罩，供风上罩通过横向出风孔与内筒体相连接，压紧杆安装在上盖上并伸入供风上罩，压紧杆上端设置有手轮和把手，压紧杆下端设置有压紧条，灰室通过灰室支架设置在炉壁下部，灰室上部设置有上炉栅和下炉栅，三通管设置在上炉栅和下炉栅上，三通管上部设置有供风下罩，三通管下部设置有引风管道，三通管下部设置有与炉底上的清灰风门片对应的清灰风门，炉底上设置有第一角铁，灰室支架上设置有第二角铁，下炉栅上设置有第一连杆，第一连杆与第二连杆相连，第二连杆通过第三连杆与炉底相连，第三连杆对应的炉底外部设置有把手，供风上罩与螺旋输料杆相连，螺旋输料杆外端设置有螺旋输料连杆和螺旋输料手柄，螺旋输料连杆上设置有料斗，料斗上部设置有料斗盖和支撑杆，第四连杆安装在支撑杆上，压紧杆与第四连杆相连。上述就是本装置较佳的连接方式。

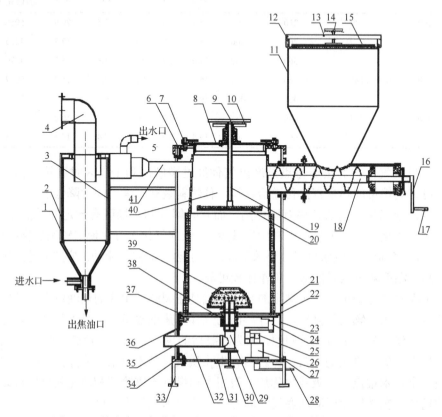

图 3-18　甘肃农业大学发明的上吸式生物质气化炉结构原理示意图

1.内筒体；2.左外筒体；3.右外筒体；4.出气管；5.炉壁支架；6.顶盖；7.压紧连杆；8.上盖；9.手轮；10.把手；11.料斗；12.支撑杆；13.第四连杆；14.压紧杆；15.料斗盖；16.螺旋输料连杆；17.螺旋输料手柄；18.螺旋输料杆；19.压紧杆；20.压紧条；21.炉壁；22.下炉栅；23.灰室支架；24.第一连杆；25.第二连杆；26.第三连杆；27.炉底；28.把手；29.三通管；30.清灰风门；31.清灰风门片；32.灰室；33.炉体支脚；34.第一角铁；35.引风管道；36.第二角铁；37.上炉栅；38.推力球轴承；39.供风下罩；40.供风上罩；41.横向出风孔

　　绵阳通美能源科技有限公司研发了一种基于上吸式原理的生物质气化生成化工合成气的方法及生物质化工合成气，具体如图 3-19 所示[46]。这种方法提供了一种生物质气化生成化工合成气的方法的实施方式，以解决化工混合原料气资源紧缺和枯竭面临的能源供需差距大的问题，用生物质原料气化制成生物质燃气来代替化工混合原料气，既解决能源紧缺问题，又改善环境。生物质气化生成化工合成气的方法，包括生物质气化原料的制备、生物质气化、燃气净化等。一般先将生物质原料制成直径为 25~35mm、长度为 50~100mm 的颗粒；然后将制成颗粒的生物质原料投入气化炉中热解气化，控制气化炉干燥层温度为 120~275℃，热解层温度为 275~600℃，燃烧层温度为 800~1000℃，气化过程中以氧气和水蒸气的混合气体为气化剂，制成生物质粗燃气；再将生物质粗燃气送入旋风除尘器中除尘，然后送入热交换器中用软化水换热后送入串联电捕焦器中除去焦油和粉尘，所得生物质粗燃气焦油含量≤0.1mg/Nm³；将除去焦油和粉尘的生物质粗燃气送入洗涤塔中洗涤，除去生物质粗燃气中的细微游离杂质，所得生物质粗燃气灰分含量≤1mg/Nm³；将洗涤完成的生物质粗燃气导入汽水分离器中除去游离水分，获得生物质成品燃气，然后进入储气罐；将储气罐中的生物质成品燃气通过干法脱硫和精脱硫组合脱硫方式脱硫至 H_2S≤0.1mg/Nm³，所述干法脱硫以氧化铁为脱硫剂，所述精脱硫以钴钼加氢为催化剂、以氧化锌为脱硫剂。

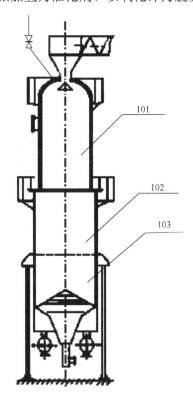

图 3-19　绵阳通美能源科技有限公司研发的两段式固定床上吸式气化炉的结构示意图

101.干燥层；102.热解层；103.燃烧层

3. 横吸式固定床气化炉

图 3-20 为横吸式固定床气化炉气化原理图。生物质原料从气化炉顶部加入，灰分落入下部的灰室。横吸式固定床气化炉的不同之处在于它的气化剂由气化炉的

侧向提供，产出气体从对侧流出，气流横向通过氧化区，在氧化区及还原区进行热化学反应，反应过程同其他固定床气化炉相同，但是反应温度很高，容易使灰熔化，造成结渣。所以该种气化炉一般用于灰含量很低的物料，如木炭和焦炭等。

横吸式气化炉的主要特点是有一个高温燃烧区，它是通过一个单管进风喷嘴的高速、集中鼓风实现的，如图 3-21 所示，进风管需要用水或少量的风冷却。在高温燃烧区，温度可达 2000℃ 以上，高温区的大小由进风喷嘴的形状和进气速度决定，不宜太大或太小。

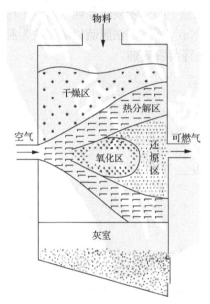

图 3-20 横吸式固定床气化炉原理图

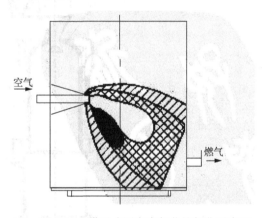

图 3-21 横吸式固定床气化炉气化反应区

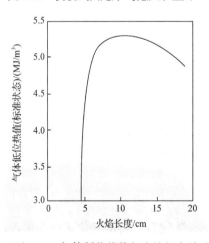

图 3-22 气体低位热值与火焰长度关系

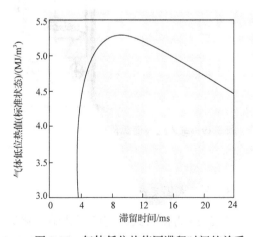

图 3-23 气体低位热值同滞留时间的关系

横吸式气化炉对火焰长度和气体滞留时间非常敏感，火焰长度与进风喷嘴至燃气出口的距离有关；滞留时间与火焰长度和喷嘴风速有关，图 3-22 显示了一次实验中产出气体低位热值与火焰长度的关系，可观察到，在气体热值达到最大值后，继续增大火焰的长度，气体的热值反而降低，这是因为燃烧反应太多而减少了还原反应，图 3-23 显示了气体低位热值同滞留时间的关系。

进风喷嘴的尺寸或者说是空气流速也影响产出气体的质量，当空气流速高于 30m/s 时，速度增加可以得到质量更好的气体，如表 3-5 所示。横吸式固定床气化炉也进入商业化运行，这种炉型主要应用于南美洲。

表 3-5　进风速度对气体质量的影响

喷嘴气流速度/(m/s)	高温区温度/℃	气体成分				碳转化率
		CO_2	CO	H_2	CH_4	
22.6	980	17.7	8.5	1.3	0.9	0.325
44.8	1300	9.1	20.3	4.2	1.1	0.693
72.3	1420	6.0	24.9	4.2	1.1	0.807
90.0	1400	5.6	27.5	4.3	1.2	0.832
115.0	1420	4.2	28.4	5.6	1.3	0.877
218.6	1520	2.6	30.1	6.5	1.3	0.922

4. 开心式固定床气化炉

图 3-24 是开心式固定床气化炉原理图，开心式固定床气化炉的结构和气化原

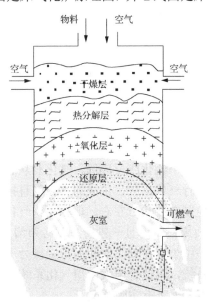

图 3-24　开心式固定床气化炉原理图

理与下吸式固定床气化炉相类似，是下吸式气化炉的一种特别形式。它以转动炉栅代替了高温喉管区，主要反应在炉栅上部的气化区进行，该炉结构简单，氧化还原区小，反应温度较低。开心式固定床气化炉是由我国研制出的，主要用于稻壳气化，并已投入商业化运行多年。

3.6.3　流化床热解气化装置

生物质流化床气化的研究比固定床的晚得多。流化床气化炉有一个热砂床，生物质的燃烧和气化反应都在热砂床上进行。在吹入的气化剂作用下，物料颗粒、流化介质（砂子）和气化介质充分接触，受热均匀，在炉内呈"沸腾"状态，气化反应速度快，产气率高，是唯一在恒温床上反应的气化炉。流化床气化炉分单床气化炉、双床气化炉及循环流化床气化炉。

1. 单流化床气化炉

单流化床气化炉是最基本，也是最简单的流化床气化炉，其结构如图 3-25 所示。

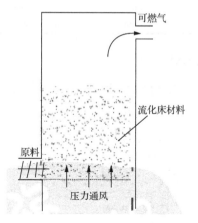

图 3-25　单流化床气化炉原理图

单流化床气化炉只有一个流化床反应器，气化剂从底部气体分布板吹入，在流化床上同生物质原料进行气化反应，生成的气化气直接由气化炉出口送入净化系统中，反应温度一般控制在 800℃左右。单流化床气化炉流化速度较慢，比较适合于颗粒较大的生物质原料，而且一般情况下必须增加热载体，即流化介质。总的来说单流化床气化炉由于存在着飞灰和夹带炭接力严重、运行费用较大等问题，不适合于小型气化系统，只适合于大中型气化系统，所以研究小型的流化床气化技术在生物质能利用中很难有实际意义。

河南金土地煤气工程有限公司研发了一种生物质两段式气流床气化装置及气

化方法，具体结构如图 3-26 所示[47]。这种生物质两段式气流床气化装置包括炉壳，炉壳内设有气化室和合成气冷却室，气化室分为上段气化室和下段气化室，上段气化室顶部设有顶置合成气出口，下端气化室通过中部喉口段与上段气化室连接，上、下段气化室的轴线垂直相交，合成气冷却室设置在下段气化室下方，气化室锥形渣口设置在下段气化室底部，炉壳底部设置有渣池，渣池底部设有渣池排渣口，上段气化室四周设有至少一层侧面工艺烧嘴室，至少两个侧面工艺烧嘴对称设置在侧面工艺烧嘴室内，下段气化室两侧同轴设有对置式工艺烧嘴室，两个对置式工艺烧嘴同轴设于对置式工艺烧嘴室，侧面工艺烧嘴室与下段气化室之间的上段气化室上设有至少两个二次给氧喷枪室，二次给氧喷枪室内安装有二次给氧喷枪。

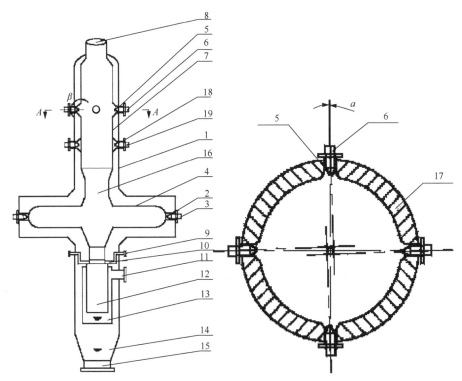

图 3-26　河南金土地煤气工程有限公司研发的生物质两段式气流床气化装置
1.炉壳；2.对置式工艺烧嘴室；3.对置式工艺烧嘴；4.下段气化室；5.侧面工艺烧嘴室；6.侧面工艺烧嘴；7.上段气化室；8.顶置合成气出口；9.急冷水入口；10.激冷环；11.下部合成气出口；12.下降管；13.折流管；14.渣池；15.渣池排渣口；16.喉口段；17.耐火保温层；18.二次给氧喷枪室；19.二次给氧喷枪

2. 循环流化床气化炉

循环流化床气化炉的工作原理如图 3-27 所示。与单流化床气化炉的主要区别是，在气化气出口处，设有旋风分离器或袋式分离器，循环流化床流化速度较高，使产出气中含有大量固体颗粒。在经过了旋风分离器或袋式分离器后，通过料腿，使这些固体颗粒返回流化床，再重新进行气化反应，这样提高了碳的转化率。循环流化床气化炉的反应温度一般控制在 700~900℃。它适用于较小的生物质颗粒，在大部分情况下，它可以不必加流化床热载体，所以它运行最简单，但它的炭回流难以控制，在炭回流较少的情况下容易变成低速率的携带床。

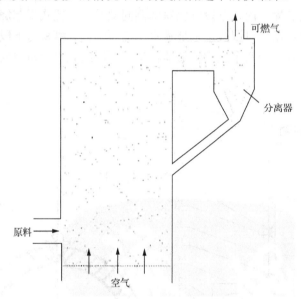

图 3-27　循环流化床气化炉工作原理图

山东百川同创能源有限公司研发了一种基于循环流化床理念的广谱组合式生物质气化装置，该装置主要结构如图 3-28 和图 3-29 所示[48]。这种广谱组合式生物质气化装置进行气化的方法如下：经前处理的生物质原料通过进料口进入壳体

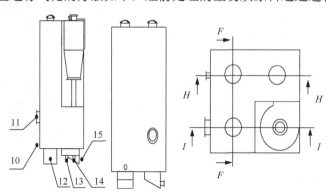

图 3-28　山东百川同创能源有限公司研发的广谱组合式生物质气化装置

内部；由第一空气入口进入的流化风把生物质原料流态化，在第一气化室进行燃烧、干馏反应；进入第二气化室后，反应继续进行；通过二次风入口加入的二次风和第二空气入口加入的二次流化风使物料循环至第三气化室进行气化反应；未反应完全的灰分和半焦经过分离器分离回到返料器，通过返料风入口和返料风、松动风入口加入的松动风循环回第一气化室继续进行气化反应，生成的可燃气由燃气出口排出。

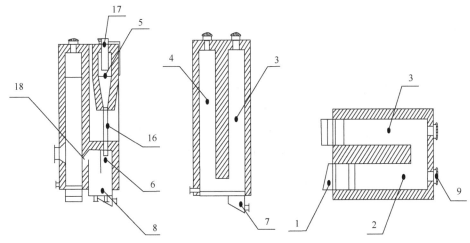

图 3-29　*I-I* 面、*H-H* 面、*F-F* 图剖视示意图

1.第一气化风室；2.第一气化室；3.第二气化室；4.第三气化室；5.分离器；6.返料器；7.第二气化风室；8.返料器风室；9.防爆门；10.二次风入口；11.进料口；12.第一空气入口；13.返料风入口；14.松动风入口；15.第二空气入口；16.料腿；17.燃气出口；18.通道

3. 双流化床气化炉

双流化床气化炉见图 3-30，分为两个组成部分，即第Ⅰ级反应器和第Ⅱ级反应器。在第Ⅰ级反应器中，生物质原料发生裂解反应，生成气体排出后，送入净

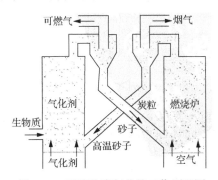

图 3-30　双流化床气化炉工作原理图

化系统。同时生成的炭颗粒经料腿送入第Ⅱ级反应器。在第Ⅱ级反应器中炭进行氧化燃烧反应,使床层温度升高,经过加温的高温床层材料,通过料脚返回第Ⅰ级反应器,从而保证第Ⅰ级反应器的热源,双流化床气化炉碳转化率也较高[3]。

双流化床系统是鼓泡床和循环流化床的结合,它把燃烧和气化过程分开,燃烧床采用鼓泡床,气化床采用循环流化床,两床之间靠热载体即流化介质进行传热,所以控制好热载体的循环速度和加热温度是双流化床系统最关键也是最难的技术。

东南大学研发了一种生物质双快速流化床气化方法与装置,具体结构如图3-31所示[49]。该生物质双快速流化床气化方法先将生物质装入料斗,生物质经由干燥器进行干燥后通过螺旋给料机送入预装有床料的第一快速流化床气化炉内,第一快速流化床气化炉底部通入气化剂,在第一快速流化床气化炉内高温床料对生物质加热同时起到催化作用,生物质热解气化后一部分成分转化为可燃气,剩余部分转化为焦炭;在第一旋风分离器中,可燃气和焦炭与床料经过第一旋风分离器进行分离,分离后的焦炭和床料进入第一返料器;可燃气首先经过第一三通阀,第一支流可燃气经过第一冷凝器降温凝结出焦油后从高纯度可燃气出口输出

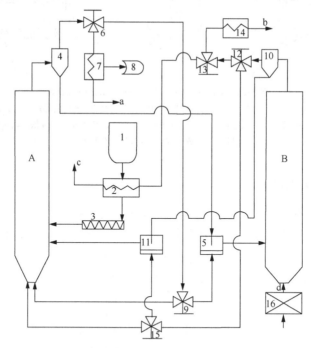

图 3-31　东南大学研发的生物质双快速流化床气化装置示意图

A.第一快速流化床气化炉;B.第二快速流化床燃烧炉;1.料斗;2.干燥器;3.螺旋给料机;4.第一旋风分离器;
5.第一返料器;6.第一三通阀;7.第一冷凝器;8.焦油收集器;9.第二三通阀;10.第二旋风分离器;11.第二返料器;
12.第三三通阀;13.第四三通阀;14.第二冷凝器;15.第五三通阀;16.空气分离器;a.高纯度可燃气出口;b.高纯
度二氧化碳出口;c.烟气出口;d.纯氧入口

作为燃料或者工业原料使用，焦油由焦油收集器收集；可燃气然后经过第二三通阀，第二支流可燃气重新经过第一快速流化床气化炉底部气化剂入口重新进入第一快速流化床气化炉参与气化反应；第三支流可燃气则经过第一返料器运输焦炭和床料进入第二快速流化床燃烧炉进行燃烧。

该装置中，第一快速流化床气化炉(A)高度为 L，第二快速流化床燃烧炉(B)的高度为 $0.9L$~$1.1L$，第一快速流化床气化炉(A)的温度保持在 850℃±50℃，第二快速流化床燃烧炉(B)的温度保持在 900℃±50℃，第一快速流化床气化炉(A)底部气化剂入口和第二快速流化床燃烧炉(B)底部助燃剂入口分别采用倾斜角为60°和 45°的锥形结构，第一快速流化床气化炉(A)气化剂采用可燃气和烟气，第二快速流化床燃烧炉(B)助燃剂采用纯氧，确保物料具有较好的流态化；生物质进入第一快速流化床气化炉(A)的高度为 $0.15L$，高温床料进入第一快速流化床气化炉(A)的高度为 $0.1L$，确保高温床料入口在生物质入口下方，焦炭和床料进入第二快速流化床燃烧炉(B)的高度为 $0.1L$。

4. 携带床气化炉

携带床气化炉是流化床气化炉的一种特例。如前所述，它不使用惰性材料作为流化介质，气化剂直接吹动炉中生物质原料，且流速较大，为紊流床。该气化炉要求原料破碎成非常细小的颗粒，运行温度高，可达 1100℃，产出气体中焦油及冷凝成分少，碳转化率可达 100%，但由于运行温度高，易烧结，气化炉炉体材料较难选择[3]。

无论是固定床气化炉还是流化床气化炉，在设计和运行中都有不同的条件和要求，了解不同气化炉的各种特性，对正确合理设计和使用生物质气化炉是至关重要的。表 3-6 表示了各种气化炉对不同原料的要求，表 3-7 给出了气化炉使用不同气化剂的产出气体热值情况[3]。

表 3-6　气化炉对原料的要求

气化炉类型	下吸式固定床	上吸式固定床	横吸式固定床	开心式固定床	流化床
原料种类	秸秆、废木	秸秆、废木	木炭	稻壳	秸秆、木屑、稻壳
尺寸/mm	5~100	20~100	40~80	1~3	< 10
湿度/%	< 30	< 25	< 7	< 12	< 20
灰分/db%	< 25	< 6	< 6	< 20	< 20

表 3-7　各种类型气化炉产出气体热值对照表

气化剂	下吸式固定床	上吸式固定床	横吸式固定床	开心式固定床	单流化床	双流化床	循环流化床	携带床
空气	*	*	*	*	*	o		
氧气	o	o	o		o	o	o	o
水蒸气					o	o		

注：o 为中热值气体，*为低热值气体

3.6.4　其他热解气化装置

近年来，我国各地有关研究单位和生产单位分别研制了多种生物质热解气化装置，这些装置应用的原料多种多样，规模也有大有小，小的为单机、单户供气，大的则为一个工厂供气甚至为一个乡村 100 多户居民供气。这些装置的运行，既为本单位提供了燃气气源，充分利用了生物质，同时，又为我国气化技术积累了经验，为进一步发展提供了依据。

辽宁合百意生物质技术开发有限公司研发了生物质半气化炊事采暖通炕炉，该炉主要结构如图 3-32 所示[50]。本炉工作时，向储料箱和一次燃烧室内加满生物质燃料，从一次燃烧室上部点燃燃料，火焰即逐渐向下蔓延，并生产浓厚烟气。调节活动炉排，加大一次进风，同时可开启小风机向二次风盘提供二次风，二次风从通风小孔吹出进行二次助燃，使燃料充分燃烧。需要炊事时，将聚火圈放在二次风盘上，高温火焰在二次燃烧室聚集，即可加大炊事火力；其余热量通过通

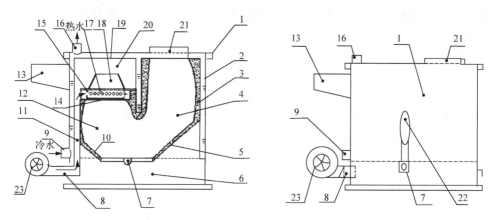

图 3-32　辽宁合百意生物质技术开发有限公司研发的生物质半气化炊事采暖通炕炉具

1.炉体；2.水套；3.耐火层；4.储料箱；5.斜板(储料箱)；6.积灰室；7.活动炉排；8.二次配风口；9.进水口；
10.斜板(一次燃烧室)；11.通风管；12.一次燃烧室；13.通坑烟道；14.聚火口；15.二次风盘；16.出水口；
17.二次风孔；18.聚火圈；19.炊事口；20.二次燃烧室；21.料箱门；22.炉排把手；23.小风机

炕烟道进入炕内用于采暖。炉体周围的水套可吸收炉壁热量产生热水；打开储料箱上部的料箱门可随时补充燃料，而不会影响燃烧效果。摇动炉排把手，可以将燃料的灰烬通过活动炉排缝隙沉降至积灰室，积灰室内设置灰撮，便于清灰。

　　河南理工大学研发了一种生物质半气化供暖系统，主要结构如图 3-33 所示[51]。该生物质半气化供暖系统的生物质半气化炉体内由上至下设置有燃烧器、由圆管型水冷壁组成的炉膛、炉排装置、空气调节装置，炉体上、下部均开口，下部开口内设置由双层铁皮密封的活动底板，活动底板具有中心孔，燃烧器设置于所述炉体上部开口与炉膛之间，桶形燃烧器直径与炉体上部开口直径以及烟囱直径大致相同，烟囱的下部插入所述炉体上部开口，且与所述燃烧器的上部固连，水冷壁的下部通过循环水进水口与低温回水管路连通，水冷壁中的热水通过水冷壁出水口导出，并经水箱进水口与节能水箱连通，炉膛通过水冷壁支撑腿支承在炉体内，水冷壁及炉体侧壁上贯穿有一进料口。生物质原料由进料口进入并在炉膛内燃烧，燃烧所产生的热量用于加热水冷壁，水冷壁中的水被加热到一定温度后进入节能水箱，在节能水箱中进一步吸热后，依次通过水箱出水口、循环水泵、高温进水管路、电磁阀、第一接口进入换热器，换热器与室内空气在内置风扇的作用下进行强制换热，换热的程度主要通过遥控对风扇级数和高温进水管路上的电磁阀进行控制，换热后的低温水流至第二接口经过低温回水管路进入水冷壁进行循环加热，生物质原料燃烧过程中所产生的烟气通过烟囱排出。

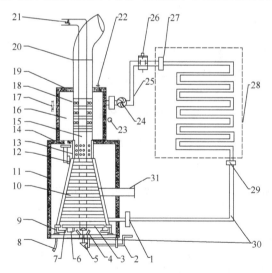

图 3-33　河南理工大学研发的一种生物质半气化供暖系统结构示意图

1.循环水进水口；2.摇杆；3.振动炉排；4.折流碗；5.锥齿轮；6.振动电机；7.弹簧；8.炉体支撑腿；9.水冷壁支撑腿；10.水冷壁；11.生物质半气化炉；12.水冷壁出水口；13.燃烧器；14.水箱进水口；15.空气预热管；16.节能水箱；17.水位计；18.水箱内水冷管；19.壳体；20.空气预热管支撑体；21.空气预热管内风扇；22.排气阀；23.温度计；24.循环水泵；25.高温进水管路；26.电磁阀；27.第一接口；28.换热器；29.第二接口；30.低温回水管路；31.进料口

合肥工业大学研发了一种内燃加热旋叶式生物质气化炉，其结构如图 3-34 所示[52]。这种气化炉采用类椭圆筒状炉体，炉体呈轴向水平布置，侧壁设置为夹套结构；气化层壁上设置轨道；炉体内设置两水平内燃旋转管道，在两内燃旋转管道内部沿其壁的圆周交替设置多个叶缝板，叶缝板的缝隙与内燃旋转管道内部不相通，在叶缝板的缝隙内设置叶片，叶片外伸端与轨道连接；内燃旋转管道两端同心连接两旋转支撑管道，在两旋转支撑管道内分别设置内燃进气管道和内燃出气管道；在炉体的上方设置进料斗，与气化层相通，在炉体的底部承接有锥状炉底，锥状炉底与气化层相通，排渣口位于锥底口；燃气自炉内引出的气流通道为以位于气化层的底部引向燃气层，燃气输出口位于燃气层壁的上部，炉外连接在燃气输出口上输气管道通过引风机接至储气柜。工作过程中，生物质原料由进料斗送入气化层的叶片之间；两内燃旋转管道在变频电机的驱动下经齿轮传动进行相对旋转运动，叶片随着内燃旋转管道旋转运动，同时，在轨道的作用下作伸缩运动，物料随着叶片向下转动。在物料旋转下落的过程中，一方面，经由内燃旋转管道和气化层壁转递来的热量加热物料发生热裂解；另一方面，随着气化层逐渐的变小，内燃旋转管道和气化层壁对物料起研磨、挤压和破碎作用，有利于热解产物从物料颗粒中释放，提高生物质气化效率。最后，少量灰渣自气化层底部落入锥状炉底，从锥底排渣口排出。

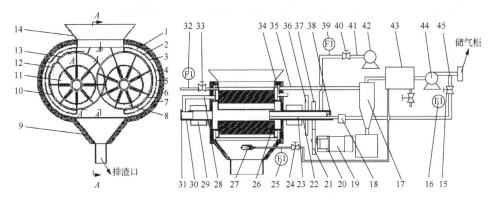

图 3-34　合肥工业大学研发的内燃加热旋叶式生物质气化炉内部结构示意图

1.炉体；2.保温层；3.燃气层壁；4.燃气层；5.热废气层壁；6.热废气层；7.气化层壁；8.气化层；9.锥状炉底；10.内燃旋转管道；11.叶缝板；12.叶片；13.轨道；14.进料斗；15.回流燃气量调节阀；16.回流燃气流量计；17.旋风分离器；18.阻火器；19.变频电机；20.减速器；21.齿轮；22.旋转支撑管道；23.燃气管道；24.进水阀门；25.进水流量计；26.内燃进气管道；27.雾化器；28.热废气回流管道；29.轴承；30.内燃出气管道；31.内燃观察口；32.风量流量计；33.风量调节阀；34.废气排出管道；35.输气管道；36.齿轮；37.齿轮；38.点火口；39.空气流量计；40.空气阀门；41.空气管道；42.风机；43.热交换器；44.引风机；45.燃气回流管道

迅达科技集团股份有限公司研发了一种生物质半气化锅炉的进气系统，该系统主要结构剖视图如图 3-35 所示[53]。这种新型的生物质半气化锅炉的进气系统，使用过程中可分为点火状态、运行状态。点火状态如下：将进料门、清灰门打开，打开引风机，拉动面板拉杆将上排烟孔的开闭阀打开，此时气流将从该烟气出口直接排出。用纸片或刨花等物作为引火物，放置在喷嘴上点燃，在其上覆盖引火柴，从下至上引火柴的尺寸逐渐加大，关闭进料门，此时生物质燃料为直燃方式，一次风孔与二次风孔功能发生转换，一次风孔此时排出的风作为二次风，二次风孔排出的风以及燃烧室进入的风作为一次风，此时引火柴迅速点燃并至正常燃烧，打开进料门，将生物质燃料添入半气化室内，关闭进料门，继续采用直燃方式可以扩大半气化室内的火势，待喷嘴上方有一定的红碳层时，点火状态已完成。运行状态如下：点火完成后，关闭清灰门，推动面板拉杆将上排烟孔的开闭阀关闭，半气化室内燃料在高温下发生气化，气化产物在引风机抽力作用下，经过红碳层时被点燃，通过喷嘴，并与二次空气混合，进入燃烧室，混合物遇到燃烧室底部耐火砖产生回旋，使混合物混合更加充分，保证了气化产物完全燃烧。高温烟气通过耐火砖与侧壁预留的烟气室从前端流向尾部，并与燃烧室外包被的水套进行热交换，热交换后的烟气在燃烧室尾部的下排烟孔汇合后流向尾部烟气通道，经水套及总进风腔换热后，由引风机作用下从烟囱接口排出。

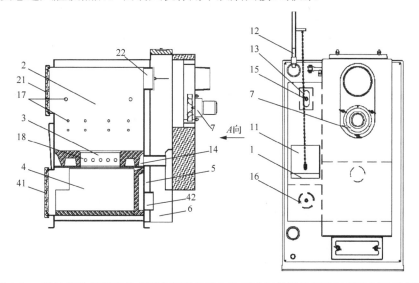

图 3-35　迅达科技集团股份有限公司研发的生物质半气化锅炉的进气系统剖视示意图
1.总进风腔；2.半气化室；3.耐火砖喷嘴；4.燃烧室；5.水套；6.尾部烟气通道；7.引风机；11.可调挡板；12.温控调节器；13.一次进风腔；14.二次进风腔；15.一次进风调节板；16. 二次进风调节板
17.一次风孔；18.二次进风孔；21.进料门；22.上排烟孔；41.清灰门；42.下排烟孔

山东源泉机械有限公司研发了一种移动式秸秆气化炉，主要结构如图 3-36 所示[54]。该气化炉使用原理如下：利用秸秆、木柴、野草、干燥的牛羊畜粪等生物质通过密闭缺氧，采用干馏热解法及热化学氧化法后产生的含有一氧化碳、氢气、甲烷等可燃的混合燃气，亦称生物质燃气，非常适合农村取暖及日常生活使用。这种移动式秸秆气化炉，包括炉体，炉体顶部设有投料口，底部一侧设有清灰口，炉体内上部设有上锥形料斗，上锥形料斗上口与投料口相连，上锥形料斗下口连接生成气体室，生成气体室下接氧化室，氧化室下接下锥形料斗，下锥形料斗下口设有旋转风环，旋转风环下面设有空气储藏室；投料口设有密封盖，生成气体室设有输气管，空气储藏室设有风机口。使用时将炉体固定好后，可将各种秸秆、树皮、锯末等可燃生物质从投料口加入炉体内，将秸秆点燃后，将密封盖盖严，待炉内生物质燃烧均匀，输气管均匀输出气体时，点燃即可。

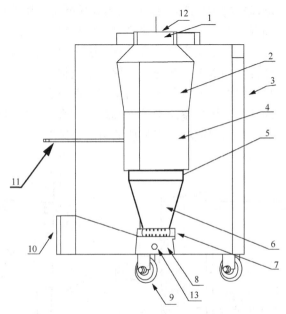

图 3-36　山东源泉机械有限公司研发的移动式秸秆气化炉结构示意图
1.投料口；2.上锥形料斗；3.炉体；4.生成气体室；5.氧化室；6.下锥形料斗；7.旋转风环；8.空气储藏室；
9.活动滚轮；10.清灰口；11.输气管；12.密封盖；13.风机口

　　河南金土地煤气工程有限公司研发了一种生物质固定床纯氧气化装置，具体结构如图 3-37 所示[55]。这种生物质固定床纯氧气化装置，含有供氧装置、进料装置、炉体和炉体支架，供氧装置包括液氧储槽和液氧气化器，液氧气化器的出气口通过输气管道与炉体底部的炉体进气口相连接，炉体底部设有一炉栅，炉栅固定在中空的炉栅转轴上，炉体进风口通过中空的炉栅转轴与炉体内部相连通，炉栅转轴与传动机构相连接；炉体外壁为圆柱状，炉体内壁为锥状，炉体内壁的上部直径小于下部直径，炉体的顶部设有进料装置，炉体的上部一侧设有出气口，炉体的底部四周设有出灰口。进料装置含有进料斗，进料斗的上部为圆筒状，下部为倒截锥形，进料斗的底部与插板阀的进口相连接，插板阀的出口处连接有一钟罩加料阀，通过支杆和第二油缸的推拉来实现钟罩加料阀的开启和关闭，钟罩加料阀的底部与布料器相连接，钟罩加料阀可使用钟罩加煤阀代替，布料器固定在炉体顶部的中心处并与炉栅上下对应；布料器可使用六孔布煤器，插板阀内通过第一油缸控制阀体的开闭。液氧储槽的底部通过液氧出口阀与液氧气化器进口阀相连，液氧气化器出口阀通过输气管道与炉体进气口相连接，输气管道上还设有三通阀，三通阀上还通过管道与鼓风机相连，鼓风机与三通阀之间的管道上设有一进气阀。出灰口的底部设有一自动出灰阀门，自动出灰阀门为气动阀。传动机构为链轮链条传动，炉栅转轴的底部设有一链轮，链轮通过链条与电机输出转轴相连接。

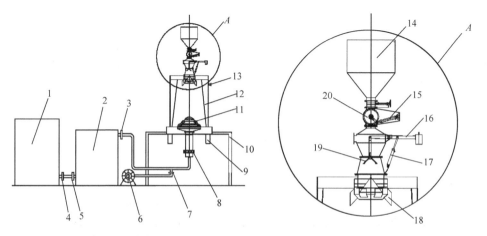

图 3-37　河南金土地煤气工程有限公司研发的生物质固定床纯氧气化装置的结构示意图
1.液氧储槽；2.液氧气化器；3.液氧气化器出口阀；4.液氧出口阀；5.液氧气化器进口阀；6.鼓风机；7.进气阀；
8.链轮；9.出灰口；10.支架；11.炉栅；12.炉体；13.出气口；14.进料斗；15.第一油缸；16.支杆；17.第二油缸；
18.布料器；19.钟罩加料阀；20.插板阀

　　清华大学研发了一种利用高温水蒸气气化生物质制取氢气的方法及装置，具体结构如图 3-38 所示[56]。该装置运行过程中生物质料仓中的生物质，通过给料器和水冷通道送入高温气化反应器中，生物质在反应器中与来自氢氧燃烧器的由氢和氧燃烧产生的高温水蒸气发生气化反应，氢氧燃烧器喷出的高温水蒸气的温度至少为 1600℃，高温气化反应器中的温度为 1300~1500℃，气化后产生的富 H_2 合成气从富 H_2 合成气出口流出并经合成气管道送入多流体热交换器内；之后来自燃气储罐的燃气和空气在反应器热夹套中燃烧生成的热烟气通过热烟气管道送入多流体热交换器，热烟气经冷却后从烟气排放口排出；最后 H_2 储罐中的 H_2 和 O_2 储罐中的纯 O_2 送入多流体热交换器，经多流体热交换器加热后的 H_2 和 O_2 送入氢氧燃烧器进行燃烧产生高温水蒸气，流经多流体热交换器降温后的富 H_2 合成气通过风机送入缓存储罐，富 H_2 合成气从缓存储罐进入 H_2 分离器装置，分离后的纯

H_2 进入 H_2 储罐，分离剩余的可燃气体进入燃气储罐。

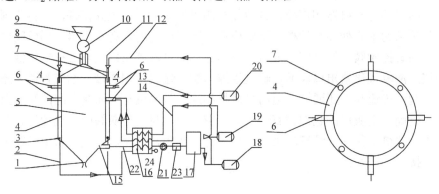

图 3-38　清华大学研发的利用高温水蒸气气化生物质制取氢气装置系统示意图

1.排灰渣口；2.热烟气管道；3.热烟气出口；4.反应器加热夹套；5.高温气化反应器；6.氢氧燃烧器；7.燃气燃烧器；8.水冷通道；9.生物质料仓；10.给料器；11.空气管道；12.燃气管道；13.O_2 管道；14.H_2 管道；15.合成气出口；16.多流体热交换器；17.H_2 分离器装置；18.燃气储罐；19.H_2 储罐；20.O_2 储罐；21.风机；22.合成气管道；23.缓存储罐；24.烟气排放口

参 考 文 献

[1]　孙立，张晓东. 生物质热解气化原理与技术. 北京：化学工业出版社，2013

[2]　李秀金. 固体废物处理与资源化. 北京：科学出版社，2011

[3]　马隆龙，吴创之，孙立. 生物质气化技术及其应用. 北京：化学工业出版社，2003

[4]　Bridgwater A V, Peacocke G V C. Fast pyrolysis processes for biomass. Sustainable and Renewable Energy Reviews. 2000, 4(1): 1-73

[5]　刘汉桥，蔡九菊，包向军. 废弃生物质热解的两种反应模型对比研究. 材料与冶金学报，2003, 2(2)：153-156

[6]　李水清，李爱民，严建华，等. 生物质废弃物在回转窑内热解研究 I. 热解条件对热解产物分布的影响. 太阳能学报，2000, 21(4)：333-340

[7]　王华. 二噁英零排放化城市生活垃圾焚烧技术. 北京：冶金工业出版社，2001

[8]　马承荣，肖波，杨家宽. 生物质热解影响因素分析. 环境技术，2005, 5: 10-12

[9]　袁振宏，吴创之，马隆龙，等. 生物质能利用原理与技术. 北京：化学工业出版社，2005

[10]　Bulushe D A, Ross J R H. Catalysis for conversion of biomass to fuels via pyrolysis and gasification: A review. Catalysis Today, 2011, 171(1): 1-13

[11]　Hellgren R, Linblom M, et al. High temperature pyrolysis of biomass//Klass D L. Energy from biomass and wastes XV. Chicago:Institute of Gas Technology, 1991, (15): 877-894

[12]　Delgado J, Aznar M P, Corella J, et al. Biomass gasification with steam in fluidized bed: Effectiveness of CaO, MgO and CaO-MgO for hot raw gas cleaning. Industrial and Engineering Chemistry Research, 1997, 36(5): 1535-1543

[13]　周劲松，王铁柱，骆仲泱，等. 生物质焦油的催化裂解研究. 燃料化学学报，2003, 31(2)：144-148

[14]　Wang T J, Chang J, Lu P M. Novel catalyst for cracking of biomass tar. Energy&Fuels, 2005, 199(1): 22-27

[15] Ponzio A, Kalisz S, Blasiak W. Effect of operating conditions on tar and gas composition in high temperature air /steam gasification(HTAG) of plastic containing waste. Fuel Processing Technology, 2006, 87(3): 223-233

[16] Lammers G, Beenackers A. Theoretical and experimental investigation on heat transfer in fixed char beds//Proceedings of the conference: 'Developments in Thermochemical Biomass Conversion'. Canada, 1996

[17] Zhang R Q, Brown R C, Suby A, et al. Catalytic destruction of tar in biomass derived producer gas. Energy Conversion and Management, 2004, 45(7/8): 995-1014

[18] Corella J, Toledo J M, Padilla R. Olivine or dolomite as in-bed additive in biomass gasification with air in a fluidized bed: Which is better?. Energy & Fuels, 2004, 18(3): 713-720

[19] 廖艳芬, 王树荣, 骆仲泱, 等. 金属离子催化生物质热裂解规律及其对产物的影响. 林产与化学工业, 2005, 25(2): 25-30

[20] 谭洪, 王树荣, 骆仲泱, 等. 金属盐对生物质热解特性影响试验研究. 工程热物理学报, 2005, 26(5): 742-744

[21] Huang Y Q, Yin X L, Wu C Z, et al. Effects of metal catalysts on CO_2 gasification reactivity of biomass char. Biotechnology Advances, 2009, 27(5): 568-572

[22] Lizzio A A, Radovic L R. Transient kinetics study of catalytic char gasification in carbon dioxide. Industrial and Engineering Chemistry Research, 1991, 30(8): 1735-1744

[23] 江俊飞, 应浩, 蒋剑春, 等. 生物质催化气化研究进展. 生物质化学工程, 2012, 46(4): 52-57

[24] Kong M, Fei J H, Wang S, et al. Influence of supports on catalytic behavior of nickel catalysts in carbon dioxide reforming of toluene as a model compound of tar from biomass gasification. Bioresource Technology, 2011, 102(2): 2004-2008

[25] 刘海波, 陈天虎, 张先龙, 等. 助剂对镍基催化剂催化裂解生物质气化焦油性能的影响. 催化学报. 2010, 31(4): 409-414

[26] 吕涛涛, 张军营, 赵永椿, 等. 基于铈锆改性镍基催化剂的生物质催化气化实验研究. 中国工程热物理学会学术会议论文. 2013

[27] 杨昌炎, 张婷, 雷攀, 等. 改性介孔分子筛 Zn-MCM-41 对纤维素催化热解的影响. 武汉工程大学学报, 2014, 36(3): 8-14

[28] 周志军, 林妙, 匡建平, 等. 制焦温度和停留时间对煤焦气化反应性的影响. 煤炭转化, 2006, 29(3): 21-24

[29] 朱廷钰, 肖云汉, 王洋. 煤热解过程气体停留时间的影响. 燃烧科学与技术, 2001, 7(3): 307-310

[30] 贾永斌, 黄戒介, 王洋. 停留时间对氧化钙催化裂解焦油的影响. 燃烧科学与技术, 2004, 10(6): 549-553

[31] 任强强, 赵长遂. 升温速率对生物质热解的影响. 燃料化学学报, 2008, 36(2): 232-235

[32] 辛星, 程晓磊, 樊腾飞, 等. 不同气氛对生物质热解的影响. 太阳能学报, 2014, 35(4): 681-685

[33] 肖军, 沈来宏, 郑敏, 等. 基于 TG-FTIR 的生物质加压热解试验研究. 太阳能学报, 2007, 28(9): 972-978

[34] 沈永兵, 肖军, 沈来宏. 木质类生物质的热重分析研究. 新能源与新材料, 2005, (3): 23-26

[35] 王明峰. 板栗壳和锯末干馏热解特性研究. 哈尔滨: 东北农业大学, 2007

[36] 贾振航. 新农村可再生能源实用技术手册. 北京: 化学工业出版社, 2009

[37] 肖波, 周英彪, 李建芬. 生物质能循环经济技术. 北京: 化学工业出版社, 2006

[38] 百科知识, 1994 年, 第 11 期

[39] 张磊, 杨久俊, 赵明银, 等. 一种污泥热解干馏气化与陶粒制备一体化技术: 201210434632. X. 2013-01-16

[40] 李来广. 一种生物质和油页岩的蓄热式中低温外热干馏热解炉: 201210250966. 1. 2012-10-24

[41] 陈铁军, 刘梅成, 申家镜, 等. 生物质燃气高温无氧强化干馏热解装置: 201010501843. 1. 2011-02-02

[42] 赵力. 下吸式固定床气化炉的加料装置. 可再生能源, 2009, 27(1): 85-87

[43] 庞赟佶，陈义胜，马黎军，等. 脉冲下吸式固定床高温气化炉：201410055108. 0. 2014-04-30

[44] 生继成，生浩岩. 下吸式气化燃烧生物质炊事采暖炉：201310673959. 7. 2014-04-23

[45] 孙步功，吴建民，石林榕，等. 一种上吸式生物质气化炉：201320444171. 4. 2013-12-25

[46] 王华峰，陈泉，贺恒鲁. 生物质气化生成化工合成气的方法及生物质化工合成气：201310753925. 9. 2014-04-02

[47] 吴得治，武华，武伟，等. 生物质两段式气流床气化装置及气化方法：201310725604. 8. 2014-04-23

[48] 徐鹏举，张兆玲，李景东，等. 光谱组合式生物质气化装置：201320852361. X. 2014-06-04

[49] 钟文琪，赵浩川，金保昇. 一种生物质双快速流化床气化方法与装置：201410004136. X. 2014-04-16

[50] 关冰，张亮，高俊华，等. 生物质半气化炊事采暖通炕炉：201320424779. 0. 2014-01-01

[51] 杨波，赵伟丽，牛振华，等. 一种生物质半气化供暖系统：201410097813. 7. 2014-06-04

[52] 陈天虎，胡孔元. 内燃加热旋叶式生物质气化炉：201410063757. 5. 2014-05-14

[53] 武斌强，郭聪颖，李和平，等. 生物质半气化锅炉的进气系统：201320832169. 4. 2014-06-04

[54] 王学文，刘巾尧，王永福，等. 一种移动式秸秆气化炉：201320783685. 2. 2014-04-30

[55] 吴得治，武华，武伟. 一种生物质固定床纯氧气化装置：201310725420. 1. 2014-04-23

[56] 李清海，张衍国，蒙爱红，等. 一种利用高温水蒸气气化生物质制取氢气的方法及装置：201310690269. 2. 2014-04-09

第4章 生物质气化焦油净化与气化技术应用

生物质热解气化过程还会伴随着很多副产物的产生，如飞灰、NO$_X$、SO$_2$ 和焦油等。而在这些副产物中，焦油所带来的负面影响最大，严重地限制了生物质气化技术的发展。

焦油对生物质气化技术发展的限制主要体现在以下四个方面[1]：①焦油极易在温度降低时发生冷凝，冷凝后的焦油又易与灰尘、焦炭和水等黏结形成极其黏稠的物质，从而堵塞并腐蚀系统管道及终端使用设备，这将严重威胁设备的安全运行，甚至会导致整个系统瘫痪；②由于焦油难以烧尽，并且会在燃烧过程中生成炭黑，所以不对燃气中的焦油进行处理的话，将会严重损害燃气设备；③焦油所含的能量一般占生物质总能量的 5%~15%[2]，所以焦油的存在会降低生物质能源的利用效率[3]；④焦油中含有大量的有毒物质，如苯、甲苯、二甲苯、萘等，这些物质都会严重危害人体健康，同时也会对环境构成威胁。

因此，了解和掌握生物质气化焦油的净化方法非常重要。本章重点介绍焦油的净化方法、净化设备以及目前处理焦油的主要工艺装置。在此基础上，再介绍生物质气化气目前的应用情况。

4.1 焦油的定义、组成与分类

4.1.1 焦油的定义

提到焦油，通常给人的第一感觉是黑色黏稠的液体，并且会在低温区域凝结。早期，美国国家可再生能源实验室的 Milne 和 Evans[4]在一篇关于生物质气化焦油的专项报告中，将有机物在热解或部分氧化(即气化)时生成的所有碳氢化合物统称为焦油，通常为大分子的芳香族化合物。之后，Dayton[5]又将 Milne 和 Evans 提出的定义进行进一步的总结，将焦油定义为有机物气化过程中产生的可凝结物质，通常为包括苯在内的大分子芳香烃。此外，还有学者将焦油定义为可凝结有机物的混合物，包括从单环到五环的芳香族化合物，以及其他含氧碳氢化合物和复杂的多环芳烃[6]。Neeft 等[7]对焦油的定义则是分子量大于 78(苯的分子量)的所有有机污染物。该定义与 1998 年在欧盟/国际教育协会/美国能源部会议(EU/IEA/US-DOE)中提出的焦油定义相同[8]。虽然该定义在当时得到了大部分与会专家的认可，但是该定义并没有把苯包含在内。浙江大学的周劲松等[9]则认为焦油应该是大分子碳氢化合物的混合物，主要成分是苯的衍生物及多环芳烃。而华北电力大学董长青[1]提出焦油定义应该是有机物在气化过程中产生的，且在常温下可凝结的有机物。

综上所述，这些焦油的定义主要是依据产气的最终用途以及如何对焦油进行收集和分析来给出的，并且到目前为止，在这些定义中没有任何一个被完全认可。

4.1.2 焦油的组成

生物质主要由纤维素、半纤维素和木质素三类物质组成，而焦油则是这三类物质经过一系列复杂反应后生成的，如分解反应、解聚反应、氧化反应、聚合反应和环加成反应等[10]。所以源自于不同生物质原料的焦油在化学组成上具有一定的共性，但是具体的化学组成以及焦油在产气中的浓度则受多种因素的影响，如反应器类型、反应条件等。例如，在上吸式气化炉、流化床气化炉和下吸式气化炉中，产气中焦油的浓度分别在 $100g/Nm^3$、$10g/Nm^3$ 和 $1g/Nm^3$ 左右[6]。

到目前为止，国内外各科研机构已对不同生物质原料生成的焦油进行了大量的组分分析，但已辨识出的组分仅有 200 余种。其中主要组分不少于 20 种，并且绝大多数化合物的含量都很低，占 1%以上的仅有 10 余种，主要有萘、苯、菲、甲苯、二甲苯、苯乙烯、苯酚及其衍生物[4]。表 4-1 给出了生物质气化焦油中典型组分的含量。虽然来自于不同生物质原料的焦油在化学组成上存在一定的差异，但是在元素组成上却较为接近，主要包括 C、H、O 以及少量的 N 和 S 等。其中，C、H、O 三种元素的质量含量分别在 54.5%、6.5%和 39%左右[12]。

表 4-1　生物质气化焦油的典型组分[11]

组分	含量/wt%
苯	37.9
甲苯	14.3
其他单环芳香族化合物	13.9
萘	9.6
其他双环芳香族化合物	7.8
三环芳香族化合物	3.6
四环芳香族化合物	0.8
酚类化合物	6.5
杂环类化合物	1.0
其他	4.6

4.1.3　焦油的分类

　　由于焦油组分的多样性，不同学者对焦油的分类也有所不同。美国国家可再生能源实验室的 Evans 和 Milne[13,14]利用分子束质谱技术，考察了温度、停留时间等因素在生物质及其三大组分快速热解时对焦油生成的影响。并将焦油分为四类：①来自于纤维素、半纤维素和木质素的一次产物；②酚类和烯烃类等二次产物；③具有烷基取代基的三次产物，主要是芳香族的甲基衍生物；④缩合后的三次产物，主要是没有取代基的多环芳烃。其中，三次产物通常会在一次产物、纤维素和木质素热解后出现。而高分子量的芳香族化合物则可以较快速地由木质素热解产物通过缩合反应生成。此分类方式主要是为了对生物质在各种反应器中气化后得到的焦油进行比较。除此之外，荷兰能源研究中心(Energy Research Centre of the Netherlands，ECN)、荷兰应用科学研究院(The Netherlands Organization for Applied Scientific Research，TNO)和屯特大学(Universiteit Twente，UT)在"流化床气化炉焦油脱除的主要方法"项目框架中，根据焦油组分的化学性质、可溶性和可凝结性将焦油分成五类，如表 4-2 所示[15,16]。图 4-1 则是各类型焦油的露点温度与浓度的关系[17]。其中第五类焦油对焦油露点温度起着决定性作用，因为即使在其浓度非常低(如<1mg/m³)时，其露点温度也高于 100℃。第二类和第四类焦油对焦油露点温度的影响要比第五类焦油低得多，因为在对第二类和第四类焦油进行适当的脱除后，两类焦油的露点温度即可降到 25℃左右。而第三类焦油对焦油露点温度的影响则最小，因为即使在其浓度高达 10g/m³ 时，其露点温度也只有 0℃。

表 4-2　焦油分类表

类型	类型名称	性质	典型化合物
第一类	气相无法检测焦油	极度重质焦油，无法被气相检测	通过焦油总重减去气相可检测物质的重量进行计算
第二类	杂环芳香烃	含有杂原子的焦油；具有高度水溶性的化合物	吡啶、苯酚、甲酚、喹啉、异喹啉、二苯酚
第三类	轻质芳香烃	具有 1 个苯环的轻质焦油；不会产生凝结和溶解问题	甲苯、乙苯、二甲苯、苯乙烯
第四类	轻质多环芳香烃	具有 2~3 个苯环的化合物；低浓度下在低温环境中会发生凝结	茚、萘、甲基萘、联苯、苊烯、苊、菲、蒽
第五类	重质多环芳香烃	具有多于 3 个苯环的化合物；低浓度下在高温环境中也会凝结	荧蒽、芘、䓛、苝、晕苯

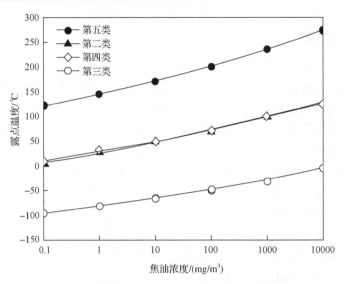

图 4-1　不同类型焦油的露点温度与浓度的关系

　　根据焦油内各组分分子量的不同,又可以将焦油分为轻质焦油和重质焦油[18]。其中,轻质焦油是分子量介于甲醇与联苯(或联苯异构体)之间的有机物,重质焦油则是分子量大于联苯(或联苯异构体)的多环芳烃及含氧碳氢化合物。除了根据焦油内各组分的分子量对焦油进行分类,还可以根据沸点的不同将焦油分为两类[19]。同样是将焦油分为轻质和重质焦油。其中,沸点低于 200℃的组分为轻质焦油,主要是苯、甲苯和二甲苯;沸点高于 200℃的组分为重质焦油,主要是苯环数大于 2 的芳香族化合物。还有学者将焦油分为水溶相和非水溶相[20]。浙江大学的张晓东[21]则借鉴了生物油的分类方法,利用柱层析技术根据极性对焦油进行分类,分别为脂肪类、芳香类、酯类、极性物和沥青质五个不同极性的族分。随后又用气相色谱/质谱分析仪(GC/MS)对各族分进行定性和定量分析,但由于沥青质是多种大分子量聚合物的混合物,所以无法用 GC/MS 对沥青质族分进行分析。

　　综上所述,虽然生物质气化焦油的组分成千上万,但其主要组分是芳香族化合物。而且无论以什么方式对生物质焦油进行分类,都只是从不同方面来诠释焦油的组成结构。同时,受分析技术所限,焦油中还有许多组分仍无法得到确定。

4.2　焦油的生成机理

　　由于焦油是在生物质气化过程中产生的,所以想要掌握焦油的生成机理,首先要对两种常用的生物质气化过程具有一定认识。通常，生物质干馏气化过程主要包括以下四个阶段：①当温度小于 220℃时，主要是水分蒸发；②当温度在 220~315℃时，主要是半纤维素进行分解；③当温度在 315~400℃时，纤维素开始发生分解；④当温度大于 400℃时，主要是木质素进行分解[22]。而生物质空气气化过程则包括预热、干燥、热解、焦炭气化与氧化四个阶段。其中，热解过程通常在 200~500℃发生。此时，生物质会分解成三大类物质，即焦炭、可凝结有机物(即焦油)与气体产物。随后，生成的焦油和焦炭又会进行二次反应，从而生成最终产物。由于热解是生物质气化的第一阶段，所以研究焦油前驱物的热解行为对理解生物质气化焦油的生成机理显得尤为重要。而生物质又是由纤维素、半纤维素和木质素构成的，故焦油的生成无外乎来自于这三类物质。所以本节分别介绍纤维素、半纤维素和木质素焦油的生成机理。

4.2.1　纤维素焦油生成机理

纤维素是由 β-吡喃葡萄糖通过 β-1,4-糖苷键连接而成的聚合物，是自然界中最丰富的天然高分子物质，是构成植物细胞壁的主要成分。纤维素一般可用通式 $(C_6H_{10}O_5)_n$ 表示，n 代表葡萄糖单体数量(即聚合度)。天然纤维素的聚合度随生物质种类的不同会有一定变化，如木材纤维素的聚合度通常在 6000~8000，而棉纤维素的聚合度则在 14000 左右。另外，纤维素在生物质中的含量同样随生物质种类的不同会有一定变化，如在木材中的含量为 40%~55%，在禾本科植物茎秆中的含量为 40%~50%，在亚麻等韧皮纤维中的含量为 60%~85%，在棉花中的含量最高，高达 95%~99%[23]。

由于纤维素是生物质中最主要的组成部分，可以在一定程度上体现整体生物质的热解行为，同时其结构单一且容易获得，所以常用来作为生物质的替代物而得到广泛研究。纤维素的热解过程主要包含以下阶段：①当温度低于 240℃时，纤维素会发生解聚，析出水分、CO 和 CO_2，同时会生成羧基和羰基，还会伴随其他自由基的生成[24,25]；②当温度在 240~400℃时，纤维素中的化学键会发生断裂和重排，还会析出多种挥发分，该过程是纤维素热解的主要阶段[26]；③当温度高于 400℃时，左旋葡聚糖(LG)或纤维素中的 C—C 键和 C—O 键会发生断裂，生成大量的 H_2、CO、CO_2、H_2O 和烃类等小分子产物[27]；④当温度达到 700℃时，纤维素热解焦油的产量会达到最大值[10]。通常情况下，纤维素受热后首先发生解聚反应，生成活性纤维素[28]。活性纤维素又会经历两条并行的反应途径生成多种一次热解产物，如图 4-2 所示。其中，第一条反应途径为活性纤维素通过解聚反应生成脱水低聚糖、脱水单糖及其衍生物、呋喃类、环戊酮类及其他小分子产物；而另一条反应途径则是活性纤维素通过开环反应生成链状醛酮类物质、链状醇和酯类物质及其他小分子产物。图 4-3 为纤维素分子直接转化时可能存在的反应路径。

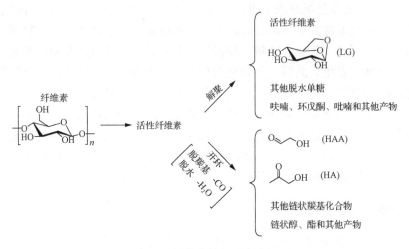

图 4-2　纤维素热解反应途径

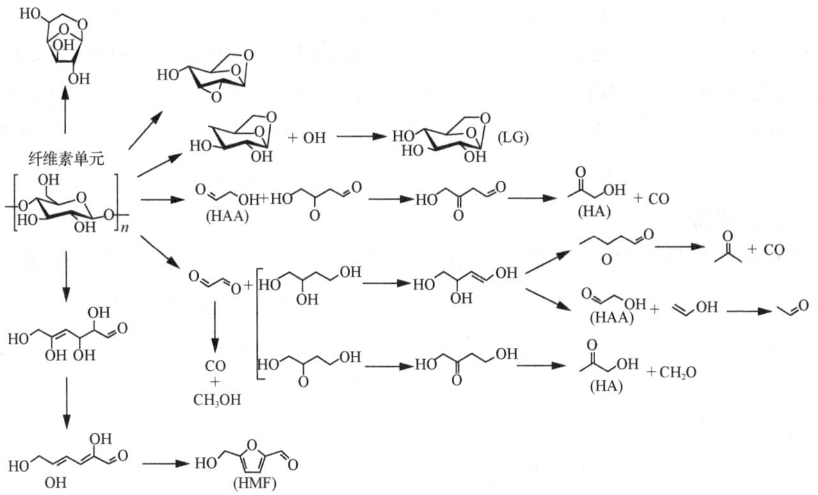

图 4-3　纤维素分子直接转化时可能存在的反应路径

　　Dong 等[29]以杨木为生物质原料，通过 Py-GC/MS 对其进行热解并对热解产物进行在线分析，根据所得实验结果进一步给出了纤维素热解的反应路径，如图 4-4 所示。

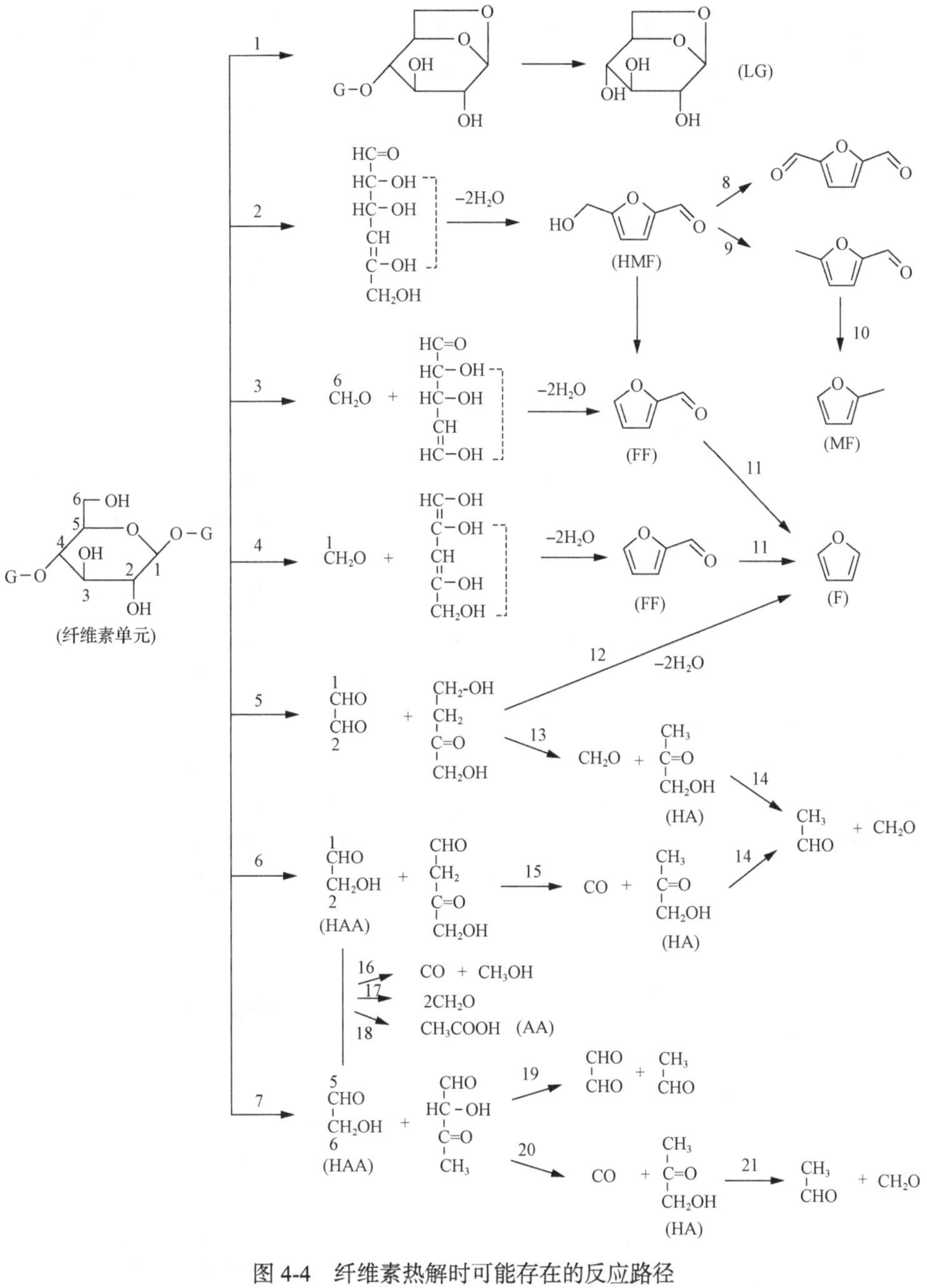

图 4-4　纤维素热解时可能存在的反应路径

廖艳芳等[30]曾对纤维素和 LG 的热解机理进行研究，发现纤维素热解一次产物中除了含有 LG，还含有乙醇醛、1-羟基-2-丙酮、甲苯、3-羟基-2-丁酮、丙醛二乙基乙缩醛等化合物，并且上述化合物的生成与 LG 的生成表现出竞争关系。此外，纤维素热解时还会生成一些呋喃类及小分子醛类物质。其中，呋喃类物质的生成主要是 LG 的生成与其二次分解相竞争所造成的，而小分子醛类物质则是通过无水糖(尤其是 LG)的脱水、开裂、脱羰、脱羧反应生成[31]。除了上述物质，纤维素热解后还会生成甲酸和乙酸等一次焦油。另外，在 300~650℃，纤维素热解后的残余物还会经由炭化、重排等反应生成多环芳烃[32]。多环芳烃是纤维素高温气化焦油中的主要成分，随着气化温度升高，多环芳烃的含量还会增大。在多环芳烃中，萘和苊烯的含量相对较高。并且萘和苊烯的含量也会随着温度升高而逐渐增大，但萘含量的增大要更为显著。除了萘和苊烯，纤维素气化焦油中的主要组分还有苯、苯并呋喃、糠醛、芘、菲、蒽等。

　　其中，苯的生成机理如图 4-5 所示[33]。图中方框内的物质是纤维素热解后的主要产物，箭头代表每种物质的生成过程。同时箭头的粗细分为五个等级，代表每个过程对物质生成的贡献程度。苯主要有两条生成路径，第一条路径是甲苯通过分解反应形成苯，第二条路径是 C₃ 烃类物质(如丙二烯和丙炔)与炔丙基通过化合反应形成苯。在第一条路径中，纤维素热解后生成的丙烯和丁烯会分别通过脱氢和脱甲基生成烯丙基，而纤维素热解后生成的乙烯则会通过脱氢生成乙炔。生成的烯丙基和乙炔又会通过化合反应生成环戊二烯。环戊二烯会通过脱氢生成环戊二烯基。环戊二烯基又会与乙炔发生化合反应生成甲苯。甲苯再经分解后最终生成苯。第二条路径又可以分为两部分，分别是炔丙基之间及丙二烯和炔丙基之间的化合。其中，炔丙基来自于丙炔和丙二烯的脱氢反应及呋喃基的分解反应。丙炔和丙二烯则来自于烯丙基的脱氢反应。在提出纤维素热解过程中苯的生成机理后，Norinaga 等[33,34]又进一步提出了纤维素热解过程中可能存在的芳香族化合物生成路径，如图 4-6 所示。

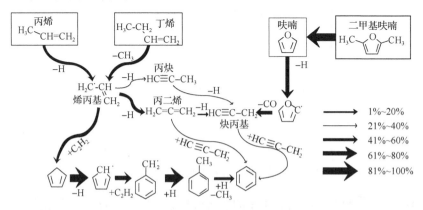

图 4-5　纤维素热解过程中苯的生成机理图

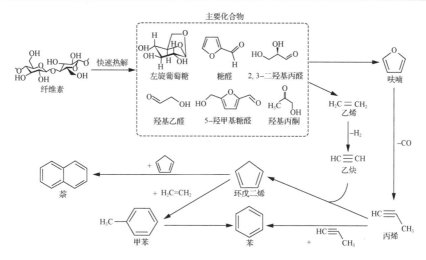

图 4-6　纤维素热解过程中可能存在的芳香族化合物生成路径

4.2.2　半纤维素焦油生成机理

半纤维素是分子量相对较小的高分子化合物，其结构上含有丰富的支链，且具有热稳定性差、热解活化能低和热解焦炭产量高的特点，其反应活性在生物质三大组分中最高[35]。相对于纤维素热解机理的研究而言，对半纤维素热解机理的研究显得相当薄弱。一方面是因为不同生物质材料中的半纤维素在组成上存在很大差异，另一方面是因为想在不改变半纤维素化学结构和物理特性的前提下从生物质中提取半纤维素十分困难。所以，目前都是使用半纤维素的模型化合物来开展研究。在半纤维的多种模型化合物中，木聚糖是较为常用的一种。图 4-7 给出了木聚糖热解时的主要反应途径。从图中可以看出，木聚糖的热解过程与纤维素相似，都包含解聚和开环两大竞争反应途径。木聚糖经解聚后会生成 1,4 脱水-α-D-木聚吡喃糖（ADX）和糠醛（FF）等物质，而经开环后会生成羟基乙醛（HAA）、羟基丙酮（HA）等物质。除此之外，木聚糖中还含有较多的乙酰取代基，所以在热解过程中还会发生支链断裂与取代基脱落，从而形成乙酸等多种小分子产物。通常，木聚糖在受热分解时，其一侧的糖苷键首先发生断裂。此时生成的木聚吡喃糖分子并不能通过分子内酐键的形成达到稳定状态，一般需要与其他木糖分子贡献的羟基发生转糖苷作用后才能形成稳定的物质。而要想通过分子内酐键（1,4-酐键）的形成来获得挥发性产物的话，只有在两侧糖苷键同时断裂时才能实现[36]。

通过对木聚糖进行热解实验，并结合前人的实验结果，Shen 等[37]推测出三种木聚糖单元热解时可能存在的反应途径，分别是 *O*-乙酰基-4-*O*-甲基葡萄糖醛

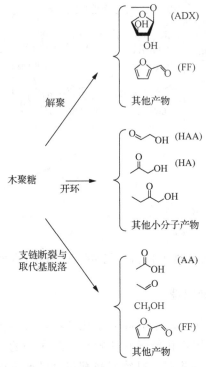

图 4-7　木聚糖热解时的主要反应途径

酸木聚糖的主链部分、*O*-乙酰基木聚糖单元和 4-*O*-甲基葡萄糖醛酸单元，如图 4-8 所示。Dong 等[29]则在前人的研究基础之上，对杨木进行热解实验，并根据实验结果进一步提出了上述三种木聚糖单元热解时可能存在的反应途径，如图 4-9 所示。

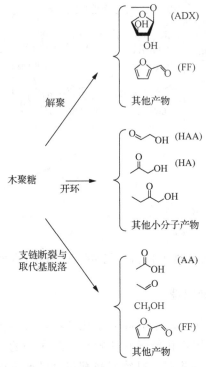

(a)

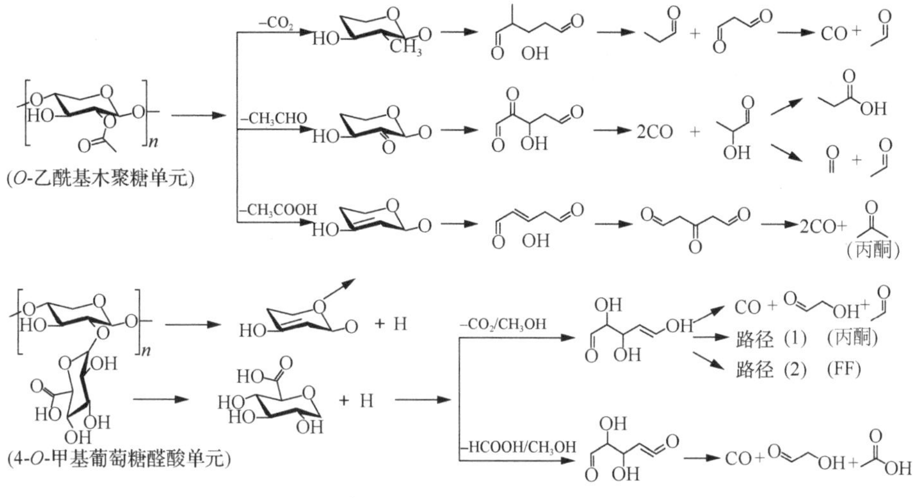

(b)

图 4-8　推测出的木聚糖热解反应途径

　　半纤维素气化焦油与纤维素气化焦油的组成相似，主要成分也是多环芳烃，并且多环芳烃的含量也会随着温度升高而逐渐增大。此外，纤维素和半纤维焦油中的多环芳烃还具有相似的生成途径，都是以苯为前驱物。具体途径如下：纤维素和半纤维素分解产物中的丙烯和丁二烯会先通过双烯合成反应生成苯；苯会再通过氢原子的解吸附反应和乙烯分子的加成反应生成具有二环或多环的芳香烃。另外，苯分子之间也会发生缩合反应生成多环芳烃。半纤维素焦油中的多环芳烃也是以萘和茚烯为主，萘和茚烯的含量也会随着气化温度的升高而逐渐增大，并且也使萘含量的增大更为显著。除了萘和茚烯，半纤维素气化焦油中的主要组分还有苯、二苯并呋喃、糠醛、甲苯、菲、蒽等。另外，半纤维素气化焦油的产率随温度升高和空气当量比增大的变化趋势也与纤维素气化焦油相同[10]。

4.2.3　木质素焦油生成机理

　　由于木质素结构复杂且分离困难，所以报道木质素热解行为的文献不多。与纤维素相比，木质素的热解机理要复杂得多，这也致使当前对木质素热解机理的研究都是从表观上进行的。Qin 等[38]曾用锯屑作为生物质原料来研究焦油的生成机理。并根据实验结果，给出了木质素气化过程中可能存在的焦油生成途径，如图 4-10 所示。图中 S_1 代表分子量从 130~1800u 的物质，用具有侧链的三环芳香族化合物表示，S_2 代表分子量小于 130u 的物质，用单环芳香族化合物表示。作为最终产物，焦油经历了裂解、聚合、开环过程。从图中可以看出，对于大分子量

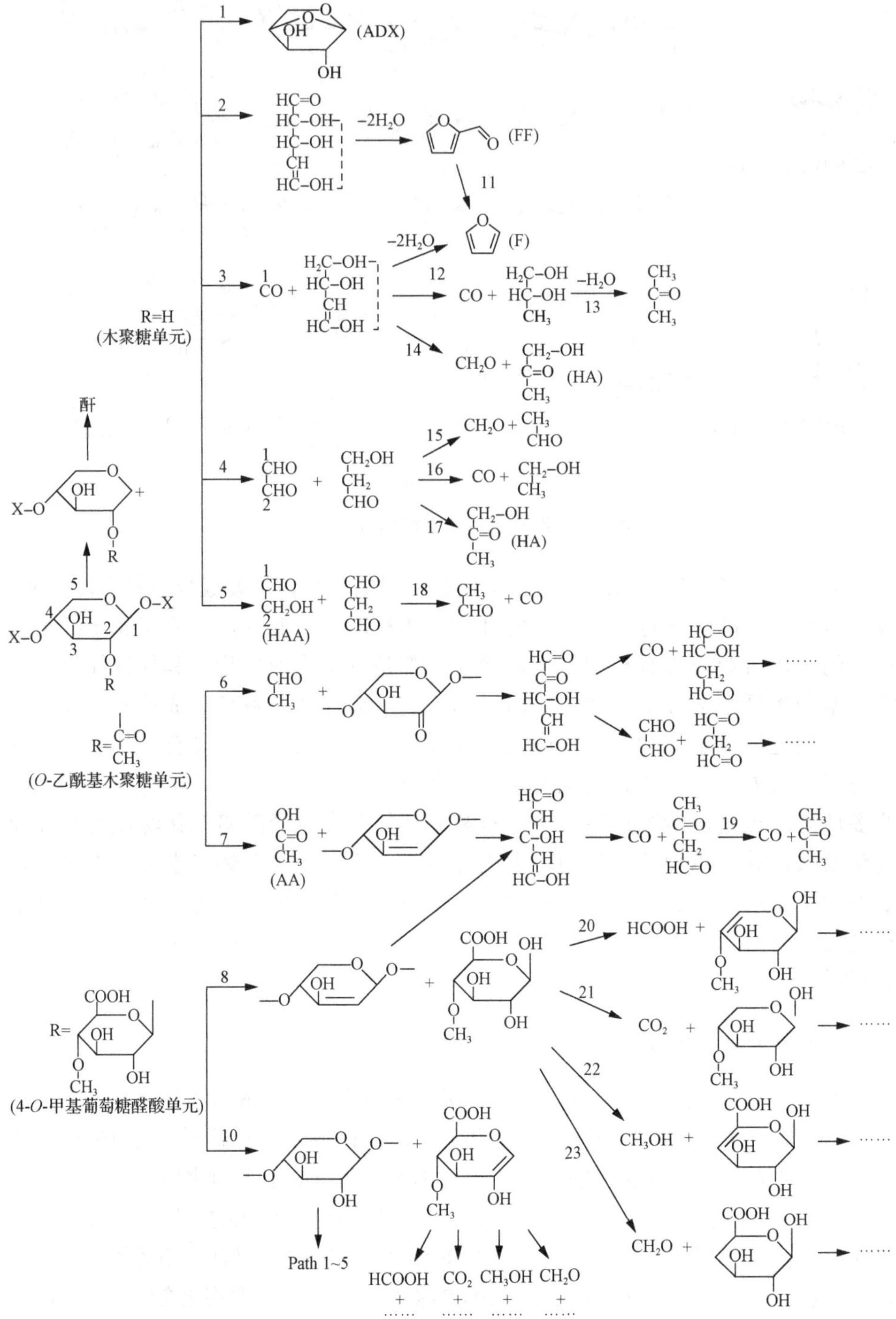

图 4-9　木聚糖热解的反应途径

化合物的形成，S_3 是十分重要的中间产物。如果可以在这一步提供更多的氢自由基，脂肪链则可以转化成更多的可燃气体。

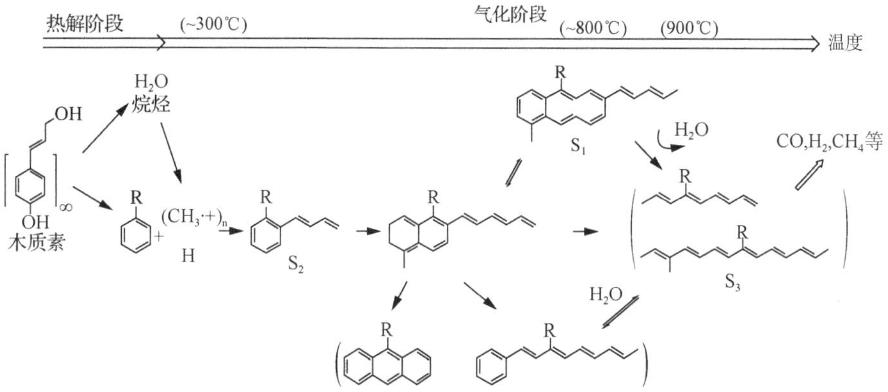

图 4-10　木质素气化焦油形成过程示意图

与纤维素和半纤维素相比，木质素气化焦油的产率是最高的，并且具有热稳定性高的特点。木质素气化焦油的产率随温度升高而减小的程度明显低于纤维素和半纤维素[10]。此外，在较大的空气当量比下升高温度可以显著降低木质素气化焦油的产率，而在较高的温度下增大空气当量比也可以显著降低木质素气化焦油的产率。木质素气化焦油中的主要成分同样是多环芳烃，但木质素气化焦油中多环芳烃的含量要比纤维素和半纤维素焦油高一些。而且随着气化温度升高，多环芳烃的含量会逐渐增大。木质素气化焦油中多环芳烃的生成主要以苯酚为前驱物。具体过程如下：木质素中的醚键会在酸性条件下断裂形成苯酚，然后苯酚会失去一个碳原子和一个氧原子形成环戊二烯。环戊二烯再失去一个氢原子形成环戊二烯自由基，环戊二烯自由基之间则会结合成萘基。萘基会再失去一个氢原子形成一个新的自由基，这个自由基会再与环戊二烯自由基结合，从而生成具有多于二环的芳香族化合物。在木质素气化焦油中，萘和苊烯仍然是多环芳烃中的主要成分。但与纤维素和半纤维素不同的是，随着温度升高，苊烯含量的增加要更为显著。此外，木质素气化焦油中苯酚及其衍生物的含量要比纤维素和半纤维素气化焦油高得多。这是因为木质素的分子结构与纤维素和半纤维素明显不同。木质素是具有高交联度的酚类高分子物质，它含有富电子的甲氧基特征官能团，容易在气化过程中与一些中间产物反应形成含氧化合物，如苯酚及其烷基衍生物(包括甲基苯酚和乙基苯酚)。除了苯酚及其衍生物，木质素气化焦油中还含有较多的菲、芘、荧蒽、蒽等[10]。

4.3　焦油的净化方法

焦油问题一直是限制生物质气化技术大规模应用的主要问题，因为不同的系统对产气中焦油的含量有着严格的限制。例如，对于气化发电系统，要求可燃气中焦油的含量至少要低于 50mg/Nm³；对于内燃系统，要求可燃气中焦油的含量要低于 10mg/Nm³；而对于甲醇合成，则要求气体中焦油的含量要低于 0.1mg/Nm³[39]。因此，要想尽一切办法来脱除焦油。目前，常用的焦油脱除方法主要是物理脱除法和热化学转化法。

4.3.1　物理脱除法

物理脱除法分为湿式净化法和干式净化法。湿式净化法一般只用来脱除冷却后产气(气体温度 20~60℃)中的焦油。而干式净化法则主要用来脱除冷却前产气(气体温度约 500℃)中的焦油，也有学者将其用于脱除冷却后产气(气体温度约 200℃)中的焦油。表 4-3 给出了物理脱除法中常用的设备[40]。

表 4-3　物理脱除法常用设备

方法类型	使用设备
湿式净化法	喷淋塔洗涤器、填料塔洗涤器、冲击除尘器、文丘里洗涤器、湿式静电除尘器、油基气体洗刷器、湿式旋风分离器
干式净化法	旋风分离器、静电除尘器、布袋除尘器、挡板过滤器、陶瓷过滤器、纤维过滤器、砂床过滤器、吸附器

1. 湿式净化法

湿式净化法也称水洗法，包括喷淋法和吹泡法。该方法是目前生物质气化发电厂或气化站中使用最多的一类焦油脱除法。而在湿式净化法的常用设备中，湿式除尘器是较为重要的一类。该类设备通过用水洗涤可燃气来实现固体颗粒和焦油的脱除。通常该类设备可将可燃气中固体颗粒和焦油的含量分别减少到 10~20mg/m³ 和 20~40mg/m³[41, 42]。

湿式除尘器脱除焦油的效果较好，且净化系统价格低廉、结构简单、操作方便。但是，湿式除尘器需用大量的水来清洗产气，再生效率和连续操作性较差。用水作为冲洗介质的最大缺点是会产生皂化现象，并且会在碳氢化合物的低溶解度及表面张力的作用下堵塞设备。另外，在清洗过程中会产生大量污水，引起水的二次污染，同时需要高昂的费用来维护设备和处理污水。最重要的是，经过清洗后，大量焦油会随水流失，而且产气热值也会降低，这会造成能量的浪费，从而导致整个气化工艺的效率降低。为了克服湿式除尘器的缺点，荷兰能源中心开发了油基气体洗刷器(OLGA)，如图 4-11 所示。该装置目前已在实验室规模的生物质气化炉上得到成功应用。结果表明，油基气体洗刷器可以选择性地脱除焦油而不影响主要气体产物的产率。在该装置中，重质焦油可被完全脱除，从而可以降低剩余焦油的露点温度(可低于 25℃)。所以，处理后的焦油不会在气化炉的下游设备中凝结。而且，经过该系统处理后，99％的酚类和 97％的杂环类焦油会被脱除，可有效降低处理被酚类或其他水溶性焦油混合物污染废水的成本[43]。

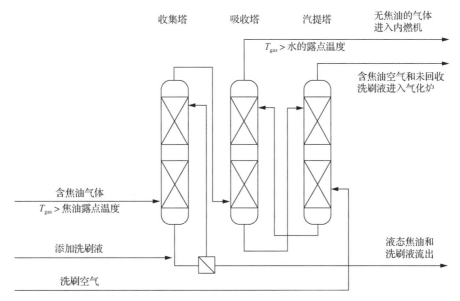

图 4-11　OLGA 工艺原理图

2. 干式净化法

干式净化法又称过滤法，主要通过多级过滤器对焦油进行脱除。可有效避免湿式净化法带来的水污染问题。表 4-3 给出的干式净化法常用设备中，旋风分离器、纤维过滤器、砂床过滤器及吸附器常用来脱除煤气化可燃气中的焦油。但是很少有文献报道用这些设备来脱除生物质气化焦油。对于纤维过滤器，单独使用时对焦油的脱除效果较差，脱除效率只能达到 50％[39]，所以需要与其他焦油脱除设备联合使用。为了克服纤维过滤器和陶瓷过滤器的缺点，有学者提出一种新型的活性炭吸附器。该装置利用装有活性炭的固定床吸附器来吸收可燃气中沸点较高的焦油化合物。这种吸附器不仅可以用于生物质气化焦油脱除，还可以用于污水处理[59]。砂床过滤器也可以用于脱除生物质气化焦油，其对焦油和固体颗粒的脱除率可以达到 90％以上[44]。但是，沉积在过滤器上的焦油难以清理，长时间使用后会造成过滤器堵塞。为了解决上述问题，有学者尝试在过滤器表面涂覆一层催化剂[45,46]，制出一种新型催化烛式过滤器，如图 4-12 所示。该过滤器将固体颗粒的过滤与焦油的催化裂解相结合，可在脱除固体颗粒与焦油的同时提高气体产率，实现了部分焦油的利用。

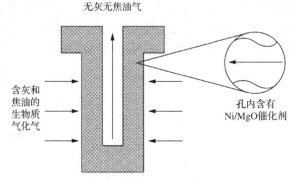

图 4-12　催化烛式过滤器示意图

　　综上所述，虽然干式净化法可以避免湿式净化法带来的水污染问题，但是焦油沉积问题严重，设备相对复杂，操作不便，费用较高，运行寿命短，并且仍然没有解决焦油能量浪费的问题，只有结合焦油催化裂解的催化烛式过滤器可以实现部分焦油的利用。

4.3.2　热化学转化法

　　热化学转化法分为热裂解法和催化转化法。热裂解法是指在一定温度和一定停留时间下，使产气中的焦油裂解为小分子气体[47]。而催化转化法则是指在生物质气化过程中或在下游催化反应器内加入催化剂，对焦油进行催化转化，从而将焦油转化成小分子气体。

1. 热裂解法

　　热裂解法是使焦油分子在高温下通过断键脱氢、脱烷基以及一些其他自由基反应转变成小分子气体或其他化合物。要想实现焦油的高效转化，热裂解温度至少要在 900℃ 以上[48-51]；而要想实现焦油的完全转化，热裂解温度则至少要在 1250℃ 以上[52]。由此可见，在使用热裂解法时，需要在很高的温度下才能实现焦油的完全转化。但过高的温度不仅要求制造设备的材料要具有耐高温的性质，而且还要求设备要具有良好的保温措施。这不仅会增加成本，还会大幅度增加能耗，所以通过单纯升高温度的方法来提高焦油转化率是不经济的。

　　基于上述背景，有学者提出可以在实际操作中通过部分氧化的方法来降低可燃气中焦油的含量[18,53,54]。例如，Houben 等[53]曾通过燃气部分燃烧实验来考察部分氧化对焦油脱除的影响。在该实验中，用萘作为焦油模型化合物，考察了燃气中 H_2 与 CH_4 的浓度以及空气和燃气的比值对焦油脱除的影响。结果表明，在空气和燃气的比值较高或空气和燃气的比值较低但 H_2 的浓度较高时，焦油含量会明显减少。在空气和燃气的比值为 0.2 时，通过部分燃烧可以将燃气中焦油的含量降低 90%。Van der Hoeven 等[54]也曾考察过部分氧化对焦油脱除的影响。其研究表明，在不同气氛下（如 H_2），焦油转化率的变化可能是由于该气体可促使各反应的化学平衡发生移动所造成的。此外，提高燃气中 H_2 的浓度可以加快反应速率、增加自由基生成量以及延长自由基停留时间，从而促进焦油裂解。因此，想要通过部分氧化法来得到较高的焦油转化率，应提高燃气中 H_2 的浓度。Zhang 等[18]曾在 600~1400℃ 进行部分氧化实验，他们发现升高温度可以明显降低产气中焦油的含量。还发现焦油中的苯和甲苯是最难以脱除的组分，无论使用何种气化介质，都要在 1200℃ 以上才能完全脱除。然而，虽然部分氧化法可以明显降低产气中焦油的含量，但是该方法不仅会增加运行成本，而且还会降低产气热值，从而使整套工艺的效率下降。

2. 催化转化法

相对于热裂解法，催化转化法可以在较低温度下实现焦油的高效转化。焦油催化转化从 20 世纪 80 年代中叶就已开始得到研究。催化转化法主要包括催化裂解法和催化水蒸气重整法。催化裂解法是指在生物质气化反应器内加装催化剂或在气化反应器的下游加装一个内置催化剂的裂解反应器，焦油会在催化剂的作用下催化转化成小分子物质。而催化水蒸气重整法则是在催化裂解法的基础上，向装有催化剂的反应器中通入一定量的水蒸气，焦油会在催化剂的作用下与水蒸气快速反应，从而转化成小分子气体产物。相对于催化裂解法，催化水蒸气重整法可以进一步提高生物质气化过程的气体产率及产气中 H_2 的含量，还可以根据产气的用途来调节产气的组成（通过水蒸气的通入量来控制），从而实现生物质的高效利用，所以，催化水蒸气重整法是目前前景最好的生物质焦油脱除方法。在催化水蒸气重整过程中，焦油中的化合物先被吸附到催化剂表面的金属活性中心并发生催化脱氢反应，生成烃类中间产物和氢自由基。与此同时，水会被解离成羟基自由基和氢自由基，羟基自由基会被吸附到催化剂载体上，使载体表面羟基化。在适宜的温度下，羟基自由基会迁移至金属活性中心，将烃类中间产物氧化，从而将催化剂表面的碳转化为 CO，同时生成 H_2[5]。如果通入的水蒸气足够多的话，生成的 CO 又会与水分子发生水煤气变换反应（$CO+H_2O \longleftrightarrow CO_2+H_2$），可以进一步提高 H_2 的产量。

对于催化裂解法和催化水蒸气重整法来说，催化剂的选取至关重要。催化剂的选取标准如下：①能有效脱除焦油；②如果目标产物是合成气，催化剂要对甲烷重整反应具有催化效果；③对于特定的工艺，催化剂要能使最终的气体产物具有适宜的 H_2/CO 比；④具有良好的抗积碳和抗烧结能力；⑤容易再生；⑥具有一定的机械强度；⑦制备成本低[55]。通常情况下，催化剂主要由三个部分组成，即活性组分、可以增加活性或稳定性的助剂以及高比表面积的载体[56]。目前常用的催化剂主要为天然矿石催化剂、碱金属催化剂和镍基催化剂。

1) 天然矿石催化剂

天然矿石催化剂中研究较多的是白云石和橄榄石。其中，白云石是一种钙镁矿石，同时含有一些其他微量金属元素，其一般化学分子式为 $CaMg(CO_3)_2$。白云石既可以作为一次催化剂在生物质气化炉中对焦油进行催化转化（即催化气化），也可以作为二次催化剂在生物质气化炉的下游对焦油进行催化转化[13, 51]。但无论是作为一次催化剂还是二次催化剂，其催化效果并无较大差别[57]。不同地区出产的白云石对焦油催化转化的活性也不尽相同。Yu 等[58]曾用中国不同地区出产的白云石和瑞典出产的白云石进行对比。发现除了安徽出产的白云石，都能很好地催化转化焦油，且瑞典出产的白云石催化效果最好。

经过煅烧后的白云石同样可以用于催化转化生物质焦油，并且其催化活性要优于未煅烧的白云石。虽然白云石催化剂对焦油的催化效果较为理想，但在应用中仍存在一些缺陷：①焦油转化率难以超过 95%，或燃气中的焦油含量难以低于 $500mg/Nm^3$；②经过白云石催化转化后，焦油组分发生了改变，剩余的焦油更加难以处理；③白云石热稳定性较差，在某些工况下会出现相变甚至烧融，致使孔隙结构遭到破坏，比表面积降低，最终导致催化剂活性下降甚至失活；④机械强度较低，在流化床中会发生快速磨损，并会以较细颗粒的形式被气流携带出流化床，导致催化剂大量流失[59]。

天然矿石中除了白云石，橄榄石也是近年来得到较多研究的一类催化剂，其主要由硅酸盐组成，同时含有一定量的镁和铁[60]。天然橄榄石可以用分子式 $(Mg, Fe)_2SiO_4$ 表示，其对焦油的催化活性主要来自于氧化镁和氧化铁。由于橄榄石的成分与大部分矿石相似，所以在焦油脱除过程中发生反应的类型也基本相同。

天然橄榄石对焦油具有较好的催化效果，不仅可以提升生物质气化产气的品质，还可以提高气体的产量及产气中 H_2 的含量[13]，而且其抗积碳能力要高于白云石[61]。橄榄石催化剂的优势在于价格低廉（与白云石价格相当），并且具有优于白云石的抗磨损能力。其机械强度与砂子相当，即使在高温下也具有较高的机械强度，所以橄榄石在流化床中的表现要优于白云石[60]。但是橄榄石的比表面积较低（$<0.5m^2/g$），使用前必须在高温下进行煅烧（如在 900℃下煅烧 10h），并且也会由

于积碳的生成而快速失活[62]。

2)碱金属催化剂

除了天然矿石催化剂,碱金属催化剂也可以促进焦油和轻质烃类的分解及焦炭的气化,在碱金属催化剂中研究较多的是钙基催化剂。钙基催化剂主要分为天然钙基催化剂和人工合成钙基催化剂。这两类钙基催化剂都具有各自的优点。对于天然钙基催化剂,由于其含有少量的铁氧化物,所以对轻质烃类的水蒸气重整反应具有较好的催化效果。而与天然钙基催化剂相比,人工合成钙基催化剂则对焦油转化具有较高的催化活性,并且具有较高的稳定性[63]。

相对于其他类型的催化剂,钙基催化剂可以在低温时吸收 CO_2,促使水煤气变换反应朝着生成 H_2 的方向进行,而且钙基催化剂还会促进焦油裂解以及 CH_4 和其他烃类物质水蒸气重整反应的进行。所以钙基催化剂可以提高 H_2 产量,从而提高产气热值。此外,钙基催化剂还可以降低焦炭分解的起始温度,从而减少焦炭产量[64]。但目前钙基催化剂的使用方式主要是与生物质干混或将其喷洒在生物质上,这两种利用方式都会致使催化剂难以再生,同时还会增加灰分产量,从而限制了钙基催化剂的应用[55]。

3)镍基催化剂

镍基催化剂是目前国内外比较常用的焦油转化催化剂,也是研究最多的一类催化剂。由于烃类物质中的 C—C 键和 C—H 键十分易于在镍表面被活化,所以镍基催化剂对焦油催化转化的活性较高[65]。镍基催化剂在催化转化焦油的同时,还可以催化分解产气中的 NH_3,从而降低产气中 NH_3 的含量[66]。在对镍基催化剂研究的早期,主要使用的是拉尼镍催化剂。拉尼镍是一种商业镍基催化剂,广泛应用于多种有机合成反应中。拉尼镍对不同焦油模型化合物的催化活性会有所不同,其中对苯的催化转化活性最高,对萘的催化转化活性最低[11]。虽然拉尼镍在使用初期可以有效地催化转化焦油,但会由于积碳问题而导致快速失活,从而限制了该类镍基催化剂的使用。

为了在保证催化活性的基础上提高镍基催化剂的抗积碳能力和机械强度,研究人员尝试将不同材料作为催化剂载体。其中,金属氧化物是研究较多的一类载体。而在金属氧化物中,使用最多的则是氧化铝。氧化铝是工业上使用最为广泛的催化剂载体,约有 70%的工业负载型催化剂都以氧化铝为载体。由于氧化铝具有较高的比表面积,可以提高镍在载体表面的分散性,从而提高催化剂的活性。

在后来的研究过程中,学者发现有些金属物质可以与镍一起作为活性组分来制备催化剂,如 Co、Mo 和 Fe。但是在实际应用过程中,催化剂的经济性是决定其能否得到商业化应用的重要条件。而上述镍基催化剂的制备成本都相对较高,所以为了提高镍基催化剂的经济性，学者开始尝试采用一些廉价的天然矿石作为载体来制备镍基催化剂，如白云石[67]、堇青石[68]和橄榄石[69]等。其中，以白云石为载体制备的镍基催化剂可以降低焦油和焦炭的生成速率，同时可以将气体产量提高30%[67]。山东省科学院能源研究所的Zhao等[68]以堇青石为载体制备了镍基催化剂。该团队首先进行甲苯水蒸气重整的热力学平衡模拟，找出甲苯水蒸气重整的最优工况。发现当水/碳比为2、温度在750~900℃时，甲苯转化率最高，同时可以产生较多的H_2。随后，使用镍/堇青石催化剂在上述工况下进行实验。结果表明，产气中H_2的含量随着温度升高只会发生轻微地波动，始终保持在66mol%左右。而甲苯转化率则随着温度升高逐渐增大，在900℃时可达到94.1%。大连理工大学的Yang等[69]则对常规的橄榄石进行了改性，其做法是将橄榄石粉末与铝酸钙黏合之后进行煅烧。之后再以改性的橄榄石作为载体来制备镍基催化剂。

4.4　焦油的净化工艺及装置

根据4.3节介绍，焦油净化方法主要分为物理脱除和热化学转化两种基本方法，现实中各种焦油处理过程都以这些方法为原理。本节主要介绍新型的一些焦油净化工艺及其装置，从实际应用情况可以看出，物理脱除方法的应用远广泛于热化学转化法的应用。

4.4.1　物理法净化焦油工艺及装置

物理脱除法在实际焦油处理中通常以湿法和干法结合的方式，实现多级深度净化焦油，效果也较为显著。除此之外，有个别工艺通过改变焦油流通管道的结构实现净化，也有个别通过电捕方法实现焦油的脱除。

1. 干湿结合多级深度净化焦油工艺

南京工业大学2012年提出冷却和吸收两个环节结合的深度脱除焦油系统及工艺[70]，如图4-13所示。该系统由喷淋冷却塔、焦油吸收塔、闪蒸塔及辅助的换热器和储罐组成。富含焦油的高温生物质燃气首先进入喷淋冷却塔，与重焦油液体进行喷淋接触被冷却凝结为液体，少量粉尘和大部分重质焦油蒸汽得到脱除；被初步净化后的生物质燃气，送入焦油吸收塔，轻质焦油蒸汽被吸收介质充分吸收，进入吸收液的油相，少量水汽、硫化氢和氨被冷却，进入吸收液的水相，净化后的生物质燃气送入后续工段使用；从焦油吸收塔底部出来的吸收液送入闪蒸塔，利用喷淋冷却塔放出的热量进行闪蒸，闪蒸后的液相吸收剂经冷却后循环返回焦油吸收塔，气相产物经冷凝和油水分离。

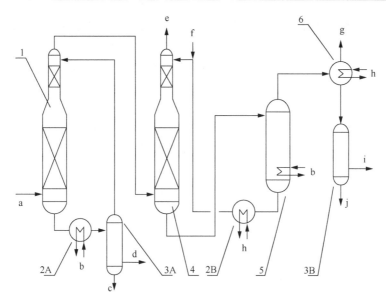

图 4-13 生物质燃气冷却 – 吸收耦合深度脱除焦油的工艺及系统

1. 喷淋冷却塔；2A. 第一换热器；2B. 第二换热器；3A. 重焦油储罐；3B. 轻焦油储罐；4. 焦油吸收塔；5. 闪蒸塔；6. 冷凝器；a. 高温生物质燃气；b. 换热介质；c. 渣油；d. 重焦油；e. 净化后的生物质燃气；f. 吸收剂；g. 循环尾气；h. 冷却介质；i. 轻焦油产品；j. 废氨水

2013 年又提出三级深度脱除工艺[71]，如图 4-14 所示。具体步骤如下：①生物质气化炉产生的富含焦油的高温生物质燃气经除尘后进入喷淋冷却单元，被重焦油液体喷淋至 100~120℃，放出热量，得到初级净化后的生物质燃气，重焦油液体进入静置分离单元，得到重焦油和渣油产品，部分重焦油作为喷淋冷却介质返回喷淋冷却单元；②初级净化后的生物质燃气进入粗孔捕捉单元，经过粗孔材料的毛细凝聚和截留作用，脱除轻多环芳烃化合物焦油，温度降至 80~100℃；③将处理得到的两级净化生物质燃气进入吸附/吸收单元，利用吸附剂或吸收剂的吸着作用，在 30~50℃脱除轻焦油，得到清洁燃气，生物质燃气焦油露点将至–30~0℃。该工艺可以实现焦油多重多效耦合深度脱除，脱焦油成本低，可副产轻、重焦油产品。其中粗孔捕捉单元采用目数 200~3000 目的金属丝网、木炭或木屑填充在塔器，吸附单元的吸附剂为活性炭或分子筛，吸收单元的吸收剂为轻柴油或煤焦油洗油。

【实施案例】生物质气化炉产生的富含焦油的 800℃生物质燃气经除尘后首先进入喷淋冷却单元，焦油含量为 1000mg/Nm³，被重焦油液体喷淋冷却至 120℃。粗孔捕捉单元利用 2800 目金属丝网粗孔的凝结和截留作用，脱除部分轻多环芳烃化合物(2~3 环)焦油，温度降至 80℃。两级净化后的生物质燃气进入吸附单元，利用活性炭吸附剂的吸附作用，在 30℃脱除少量的轻多环芳烃化合物(2~3 环)焦油，以及轻焦油，得到清洁燃气。生物质燃气焦油露点将至–30℃。吸附单元利用喷淋冷却单元放出的热量进行氮气热吹扫解吸，解吸出的轻焦油蒸汽在冷凝分离单元分离出轻焦油液体，不凝性气体作为气化剂返回气化炉。

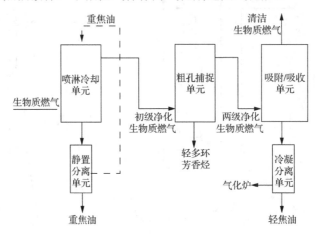

图 4-14　干湿结合三级深度净化焦油工艺原理图

2013 年，冉国朋发明了一种能够长周期运转的焦油脱除装置及方法[72]。该装置依次通过管线串联实现，包括一级冷却装置、二级冷却装置、焦油吸收装置、一级焦油吸附装置和二级焦油吸附装置，如图 4-15 所示。其中，焦油吸收装置内装有与燃气焦油相溶的液体吸收剂，液体吸收剂为醇、矿物油或焦油复合物，一级焦油吸附装置内装有焦油吸附材料。

该装置较大的特点是生物质燃气通过一级/二级冷却装置后脱去绝大部分焦油，燃气与液体吸收剂具有较好的相溶性和较大的接触面积，有相当多的焦油也被吸收，保证了进入一级焦油吸附装置内的燃气的焦油含量较低，避免了焦油含量高而导致的焦油吸附材料易于饱和、很快失效的问题，从而使得整套装置可以长周期运转。

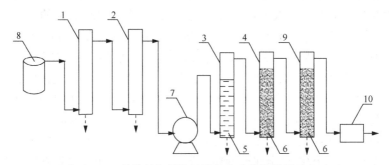

图 4-15　一种能够长周期运转的焦油脱除装置及方法

1.一级冷却装置；2.二级冷却装置；3.焦油吸收装置；4.一级焦油吸附装置；5.液体吸收剂；6.焦油吸附材料；
7.真空泵；8.气化炉；9.二级焦油吸附装置；10.流量计

依托上述焦油脱除装置对生物质燃气脱除焦油的方法，采用三碳醇(异丙醇或正丙醇纯度 50%)作为液体吸收剂，一级焦油吸附装置内装活性炭、二级焦油吸附装置内装秸秆粉，一二级冷却装置为间接冷却。经除焦油过程，分别对一级冷却装置 1 出口处、二级冷却装置 2 出口处、焦油吸收装置 3 出口处、一级焦油吸附装置 4 出口处和二级焦油吸附装置 9 出口处的燃气进行焦油含量的监测，结果如表 4-4 所示。由此可见，该焦油脱除装置脱除生物质燃气中的焦油，具有非常好的效果。

表 4-4　脱除焦油效果检测

初始含量 /(g/Nm³)	一级冷却装置 出口		二级冷却装置 出口		焦油吸收装置 出口		一级焦油吸附装置 出口		二级焦油吸附装置 出口	
	含量 /(g/Nm³)	脱除率 /%	含量 /(g/Nm³)	脱除率 /%	含量 /(g/Nm³)	脱除率 /%	含量 /(mg/Nm³)	脱除率 /%	含量 /(mg/Nm³)	脱除率 /%
157.9	22.2	85.94	5.2	76.58	0.85	83.7	15	98.2	4	73.3
145.5	29.5	79.73	7.5	74.58	1.10	85.33	10	99.09	3	70.0

2015 年，华中科技大学胡松教授等发明了一种基于重油吸收的气化气焦油深度脱除系统[73]，如图 4-16 所示，该系统主要包括冷却塔、鼓泡塔和除雾装置等单元，其中冷却塔用于将富含焦油的气化气执行首次焦油脱除，同时降温至适

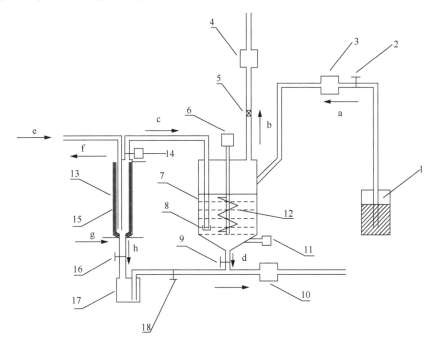

图 4-16　一种基于重油吸收的气化气焦油深度脱除系统

1.重油箱；2.一号阀门；3. 一号泵；4.二号泵；5.除雾装置；6.搅拌器控制单元；7.鼓泡塔；8.气流破碎器；9.二号阀门；10.三号泵；11.检测仪；12.搅拌器；13.换热管盘；14.温度检测及调节单元；15.冷却塔；16.三号阀门；17.焦油收集箱；18.四号阀门；a.管路；b.产气输出管路；c.中间输送管路；d.重油排放管路；e.产气输入管路；f.低参数蒸汽出口；g.冷却水入口；h.冷凝焦油出口

于鼓泡塔操作的温度；鼓泡塔内部储存液态重油，并配备有搅拌器和气流破碎器，由此确保重油与焦油的大面积充分接触以实现脱除；除雾装置则对执行两次脱除处理后的产气进一步净化。发明人对其内部构造的连接设置方式以及关键组件如鼓泡塔、冷却塔等的特定结构和脱除工序等进行了研究设计，同时采用了重油吸收产气焦油的反应机理，测试表明能够很好地执行焦油的深度脱除，系统装置可长时间稳定运行且无废液产生，并具备运行成本低、低污染和适应面广等优势。

2. 优化结构实现焦油净化

2009 年，张振光和赵富荣[74]研制了一种从结构本身入手的焦油净化装置。如图 4-17 所示，在焦油储存箱体的正上方设有焦油沉降及排烟管，在焦油沉降及排烟管的两侧连通设有焦油净化管道，且其分别与气化炉和燃气灶连通的燃气管相连通，焦油净化管道的管径大于燃气管的管径。在风机的两侧设有风道，且其一侧风道与设置在燃气灶上方的抽油烟机罩相连；另一侧风道通过风道分支分别与气化炉的下部和上中部、焦油净化管道、焦油沉降及排烟管的中部相连；并在风道分支上分别设有风道开关。从而解决了现有技术存在的结构复杂、燃烧过程中焦油及烟尘不能净化等缺陷。该装置结构简单、使用方便、实用性强，可广泛用于各种秸秆燃气炉的焦油及其烟气净化。

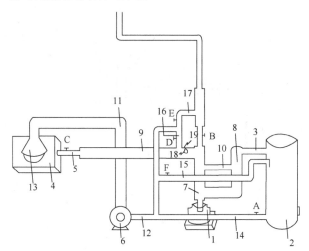

图 4-17　秸秆燃气炉的焦油净化工艺及装置

1.焦油储存箱体；2.气化炉；3、5.燃气管；4.燃气灶；6.风机；7.焦油沉降及排烟管；8、9.焦油净化管道；10.横向细管；11、12.风道；13.抽油烟机罩；14~17.风道分支；18.焦油净化截留块；19.螺丝；A、D、E、F.风道开关；B.管道开关；C.燃气开关

2015 年，湖南人文科技学院[75]提出一种新型气化炉焦油净化装置，如图 4-18 所示。这套气化炉焦油净化装置，包括除油器和保护箱体，除油器安装在保护箱体

内，除油器包括器体、过滤隔油板和焦油收集槽，器体包括圆柱形器身和设置在器身前后两端的前空心圆台和后空心圆台，前后空心圆台和圆柱形器身螺旋连接，过滤隔油板设置在器体内且位于器身和后空心圆台之间位置，焦油收集槽设置在过滤隔油板前端的器身下部，保护箱体进气端连接气化炉排气管，出气端设置有出气管，前空心圆台与气化炉排气管密封连接，后空心圆台与出气管密封连接。

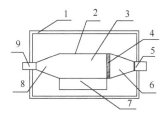

图 4-18　一种新型气化炉焦油净化装置
1.保护箱体；2.除油器；3.圆柱形器身；4.过滤隔油板；5.出气管；6.后空心圆台；
7.焦油收集槽；8.前空心圆台；9.气化炉排气管

该装置的器身空心截面比前后空心圆台空心截面大，除油器为可拆卸安装，过滤隔油板为不锈钢斜纹密纹网。与现有技术相比，该装置将净化器器身设置成圆柱形，而圆柱形器身两端连接设置有空心圆台，空心圆台出口孔径比器身小，在过滤隔油板前端的器身上设置有焦油收集槽，通过这样的设置，当气化炉气化后的气体通过净化器时，气体中的焦油不能通过过滤隔油板，焦油会被截留在器身中的焦油收集槽，具有良好的除油效果，而整个除油器为可拆卸安装，这样方便清洗过滤隔油板和清除焦油收集槽中的焦油。

3. 静电法净化焦油工艺及装置

2009 年章雪梅提出一种在静电沉积中运用变磁通控制技术的磁控式电捕焦油净化装置[76]，包括高压直流电源发生装置和电捕焦油净化塔，高压直流电源发生装置包括控制柜和高压发生器，控制柜经高压发生器和电捕焦油净化塔相连接，控制柜中的恒流变换器由变磁通控制电路组成。所述的变磁通控制电路由两个并联的可控硅与一组可调电抗器串联组成。

该装置的运行效果如下：运行电压、电流显著提高，电晕功率显著增加；电场电压自动跟踪，当粉尘、焦油杂浓度增加时，电场电压同时上升，电晕功率增加；净化效果明显优于其他控制方式，对电极肥大的适应性增加，能有效克服电晕闭塞；运行可靠，维护方便，允许突发短路和持续短路；结构简单，体积小，成本低。

如图 4-19 所示，电源输入端和高压发生器 2 之间接有控制柜 1 中的变磁通控制电路 4，高压发生器 2 包括高压变压器 5 和整流电路 6，输入电压经变磁通控制电路 4 输出交流正弦电流，再经高压变压器 5 升压，最后由整流电路 6 整流后，输出给电捕焦油净化塔3沉积电场。

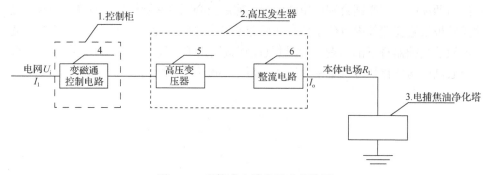

图 4-19　磁控式电捕焦油净化装置

　　2011 年浙江大学提出一种生物质导电炭强制放电脱除气化焦油方法及其装置[77]，如图 4-20 所示。它采用具有良好孔隙特性和导电特性的生物质导电炭，吸附脱除气化气中的焦油，获得高品质的气化气；吸附了气化焦油的生物质导电炭两端加上直流电压，利用振动机械使得生物质导电炭颗粒间产生周期性的分离，从而

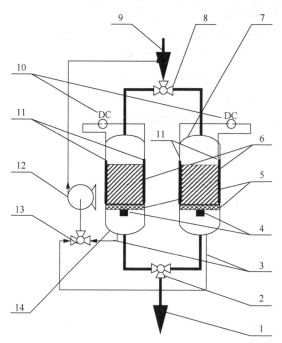

图 4-20　一种生物质导电炭强制放电脱除气化焦油方法及其装置

1.气化气出口；2.出口切换阀门；3.气化焦油裂解气出口；4.振动发生器；5.绝缘多孔板；6.生物质导电炭；
7.第一气化焦油净化器；8.入口切换阀门；9.气化气入口；10.直流电源；11.石墨电极；12.抽气泵；13.切换阀门；
14.第二气化焦油净化器

产生强制放电电弧，电弧激发产生高能离子，促使焦油分子裂解或氧化，生成小分子的可燃气体，同时使得生物质导电炭得到活化，循环使用。该装置生物质导电炭的电阻率为 $0.01\sim1\Omega\cdot cm$，比表面积为 $400\sim900m^2/g$，密度为 $1.5\sim2.0g/cm^3$。可用于深度净化气化气，将气化焦油聚集起来利用放电电弧高效降解，生物质导电炭活化可以循环使用。另外，其焦油脱除效率高、运行能耗低、无污染物排放、净化气化气的资源化品位高，特别适合于高热值生物质气化气的深度净化。

4. 过滤法净化焦油工艺及装置

过滤方法，是干式脱除焦油的方法之一。2009 年于文祥[78]发明了一种干式焦油净化装置，如图 4-21 所示。它包括配有入气口及一级出气口的一级主体、焦油净化片、焦油净化支架、焦油滤材筐及盖板；焦油净化片固接于焦油净化支架上；焦油滤材筐置于一级主体的上部；盖板与一级主体活动相接。装置中还设有一级辅助净化仓；在一级辅助净化仓的上部设有辅助焦油滤材筐；在一级辅助净化仓的底部设有一级辅助出气口；在一级辅助净化仓设有活动盖板。

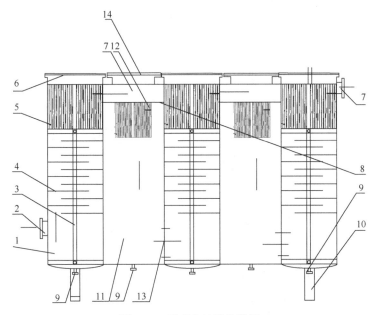

图 4-21　干式焦油净化装置

1.一级主体；2.入气口；3.焦油净化支架；4.焦油净化片；5.焦油滤材筐；6.盖板；7.一级出气口；8.管板；9.焦油排出口；10.支架；11.一级辅助净化仓；12.辅助焦油滤材筐；13.一级辅助出气口；14.活动盖板

5. 旋风分离法净化焦油工艺及装置

常州大学 2010 年提出了一种用于生物质气化可燃气体干法脱除焦油的分离

方法和装置[79]，如图 4-22 所示。来自生物质气化炉的燃气经冷却器冷却后，与部分生物质原料一起混合进入焦油分离器。在该焦油分离器内，燃气进一步冷却，连同冷却器冷凝出来的焦油，液滴间发生聚结、与生物质原料之间发生吸附和黏附。聚结和黏附的颗粒在旋流场中与燃气发生沉降分离。生物质燃料在旋风分离器中沿器壁的旋转运动起到冲刷作用，从而解决了旋风分离器中焦油黏壁的难题，而且吸附焦油的生物质原料可以回到气化炉再行气化，也可作为燃料燃烧。这样既可以使焦油的热值得以回收，同时很大程度上消除了焦油二次污染的问题。

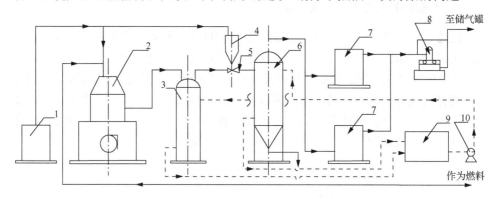

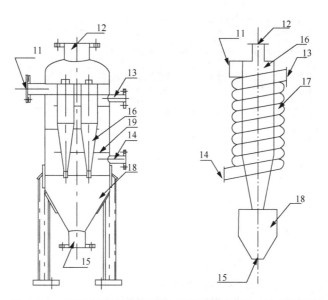

图 4-22　用于生物质气化可燃气体脱除焦油的分离方法和装置

1.料仓；2.气化炉；3.冷却器；4.加料器；5.文丘里管；6.焦油分离器；7.过滤器；8.罗茨风机；9.水槽；10.水泵；11.焦油分离器入口；12.焦油分离器出口；13.冷却水入口；14.冷却水出口；15.焦油分离器排料口；16.旋风分离器；17.冷却盘管；18.料斗

按照图 4-22 的工艺,将稻壳等生物质原料由料仓 1 进入气化炉 2 中进行高温气化,气化产生的可燃气体进入冷却器 3 中进行降温至 150~200℃,冷却后的可燃气在文丘里管 5 中与加料器 4 排下的生物质原料混合,一起进入焦油分离器 6 中。加料器 4 底部采用星形加料器进行加料,能够阻止空气的进入。焦油分离器 6 中带有冷却系统,进入焦油分离器 6 中的可燃气温度低于 200℃以后开始冷凝成液滴。在焦油分离器 6 的离心场中,同时发生焦油的冷凝,焦油液体的聚结、吸附和黏附、离心分离多个过程。在离心力的作用下,吸附和黏附焦油的生物质原料运动到焦油分离器 6 内壁,在这个过程中,部分焦油液滴会吸附和黏附在生物质原料的表面。吸附和黏附焦油的生物质原料分离到焦油分离器内壁以后,会沿着内壁向下进行旋转运动,这样可以对旋风分离器 16 内壁产生冲刷作用,放置壁面结焦。吸附和黏附焦油的生物质原料继续向下运动到焦油分离器底部的料斗 18 中,排出后可以重新进入气化炉 2 进行气化,还可以将其作为燃料,以充分利用焦油的热值。

4.4.2　热化学法净化焦油工艺及装置

热化学净化焦油的方法,就是利用高温条件,在有催化剂或没有催化剂的条件下实现焦油的裂解。所以,热化学净化法主要体现在高温热解和催化裂解两种原理上,更多的时候将高温与催化结合起来,形成高温催化裂解,效果最佳。

2007 年,马加德[80]首先提出了较为简易的高温裂解方法。具体步骤如下:将裂解用废橡塑送入裂解炉,废橡塑经过热裂解反应,产生油气混合物和固体炭;对裂解后产生的油气混合物通过精馏塔进行分离,产生油品和燃气,将 200~350℃馏出物作为废橡塑洗油馏分分离出来;利用废橡塑洗油馏分吸收含有焦油的气化燃气中的焦油。在这个过程中,并没有直接高温裂解焦油,而且通过高温裂解废橡塑,再利用产物吸收焦油,从本质上讲,这种处理焦油的方法属于物理法。

2009 年,扬州工业职业技术学院王武林等分别针对上吸式气化炉和流化床气化炉,提出了不同炉型生物质气化炉焦油净化的方法和装置[81-83]。

图 4-23 为一种户用生物质气化炉燃气焦油净化装置,由气化炉炉体、净化室、回收管、炉内裂解管等组成。气化燃气从炉顶部排出后流入炉膛外设置的净化室,净化室内有多片左折流板、右折流板和纵向隔板,隔板尺寸的选择能使燃气流过的流通面积基本保持相同。燃气在其中经多次折流,随温度降低不断冷凝的焦油和水顺着净化室壁,流入一设有 U 形液封段的回收管,由其收集后循环流入位于气化炉高温氧化区并紧贴炉内胆的一半圆弧形裂解管[81]。

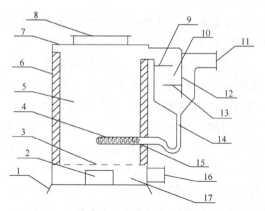

图 4-23　户用生物质气化炉燃气焦油净化装置

1.气化炉支脚；2.排灰口；3.炉箅子；4.炉内裂解管；5.炉膛；6.气化炉炉体；7.炉盖；8.原料进口；9.左折流板；
10.净化室；11.出气口；12.纵向隔板；13.右折流板；14.回收管；15.催化剂；16.空气进口管；17.灰渣室

在此基础上进行了改造，如图 4-24 所示。该净化装置由气化炉炉体、焦油净化器、焦油回收管、垂直输气管和水平输气管组成。气化炉产出燃气经炉顶部侧面出口流入一焦油净化器，净化器外壁为圆柱形，净化器内部中心安装有垂直输气管和与之相连的水平输气管，净化器底部为一圆锥形壁面，底部中心连接焦油回收管。燃气流过净化器内的环形空间时，部分焦油发生催化裂解反应，再进入净化器下部使夹带的焦油滴分离后流入设有 U 形液封段的回收管，由其收集后循环流入气化炉炉内炉箅子上方的高温区进行裂解[82]。

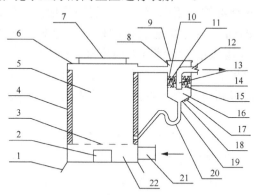

图 4-24　上吸式生物质气化炉及焦油净化装置

1.气化炉支脚；2.排灰口；3.炉箅子；4.气化炉炉体；5.炉膛；6.炉盖；7.原料入口；8.引气腔；9.活动密封盖；
10.保持网；11. 催化剂；12.水平输气管；13.垂直输气管；14.焦油净化器；15.支撑垫；16.空气进口管；17.清灰口；
18.圆锥形壁面；19.焦油回收管；20.U 形液封段；21.空气进口管；22.灰渣室

图 4-25 为一种生物质流化床气化炉焦油净化的方法与装置，由流化床气化炉体、炉内裂解室、旋风分离器、焦油净化器、水夹套、焦油回收管等组成。气化炉内反应生成的燃料气先流入炉内悬浮段上方的裂解室，夹带部分焦油发生催化

裂解反应；随后燃气从炉顶部出口经旋风分离器后再进入焦油净化器，净化器外壁为圆柱形水夹套，内部中心有垂直输气管和水平输气管。燃气流过净化器内环形空间和下部分离室时，夹带的焦油滴被分离后流入一设有 U 形液封段的回收管，由其收集送回气化炉内裂解。该装置可以满足中小型生物质流化床气化炉燃气焦油的净化要求，无二次污染、能提高气化炉产气效率和燃气热值，装置结构简单、系统流动阻力小、易于实施[83]。

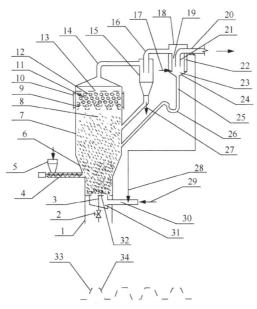

图 4-25　生物质流化床气化炉焦油净化的方法与装置

1.气化炉支脚；2.阀门；3.灰渣管；4.螺旋输送机；5.料斗；6.炉体锥形段；7.流化床气化炉体；8.炉膛；9.梯形网状支撑垫；10.密封盖；11.催化剂；12.炉内裂解室；13.保护网；14.气化炉出口管；15.旋风分离器；16.旋风分离器出口；17.给水；18.焦油净化器；19.环形空间；20.水平输气管；21.垂直输气管；22.水夹套；23.分离室；24.圆锥形底壁；25.焦油回收管；26.U 形液封段；27.旋风排尘管；28.水蒸气进口；29.空气进口；30.气化剂进口管；31.风室；32.气体布风板；33.左梯形边；34.右梯形边

4.5　生物质气化技术的应用

生物质气化技术的多样性决定了其应用类别的多样性。不同的气化炉、不同的工艺路线其最终的用途是不同的；同一气化设备，选用不同的物料、不同的工艺条件，最终的用途也是不同的。因此，在不同的地区，根据不同的条件，选用不同的气化设备、净化设备，不同的工艺线路来决定如何使用生物质燃气是非常重要的。生物质气化技术的基本应用方式主要有五个方面，即用于供热、用于发电、用于供气、用于化学品的合成及多联产。

4.5.1 生物质气化供热装置

生物质气化供热技术，是指生物质经过气化后，利用产生的生物质燃气燃烧释放热量的过程。燃气释放的热量，主要通过换热作用，可以加热需要干燥的物体，可以加热需要升高温度的物体，如烘干木材、提供热水等。因此，气化炉和换热器是生物质气化供热系统中最主要的两个设备。下面以几种典型的生物质气化供热装置为例说明生物质气化供热技术。

2001 年烟台枫林食品有限公司设计了一种气化供热装置[84]，特别涉及一种花生壳气化供热装置，应用在花生食品加工企业，为副产品花生壳提供了应用市场，节约了资源。如图 4-26 所示，上料机 1 在电机 2 的带动下将花生壳输送到燃烧炉 4 内进行不完全燃烧产生可燃气 CO，燃烧炉 4 上设有取杂口 3，燃烧残留物由取

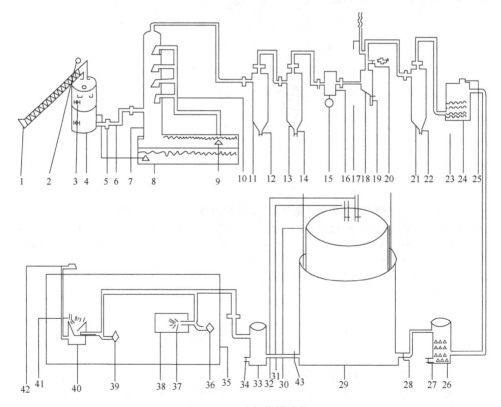

图 4-26　一种气化供热装置

1.上料机；2.电机；3.取杂口；4.燃烧炉；5.法兰盘；6.管道；7.冷却塔；8.水池；9.潜水泵；10.水洗喷头；11.过滤塔；12.开关；13.过滤塔；14.开关；15.电机；16.引风机；17.管道；18.焦油处理器；19.排杂口；20.燃烧器；21.过滤塔；22.开关；23.水位计；24.安全水封塔；25.加水口；26.过滤塔；27.开关；28.储气罐入口；29.储气罐；30.避雷针；31.空气控制阀；32.自动安全阀；33.分流处理器；34.排水口；35.加工车间；36.配风器；37.燃烧器；38.加温柜；39.配风器；40.加热锅；41.燃烧器；42.引风机；43.储气罐出口

杂口 3 排除,产生的气体通过管道 6 进入冷却塔 7,管道 6 上设有若干个法兰盘 5,冷却塔 7 下设有水池 8,水池 8 内设有潜水泵 9;气体经过水洗喷头的水冷后经过管道进入过滤塔进行过滤,过滤塔上设有开关。经过过滤的气体再在电机 15 带动的引风机 16 的作用下进入焦油处理器 18,焦油处理器上设排杂口 19 和燃烧器 20,工作人员可以根据燃烧器 20 的火焰来控制燃烧炉 4 内的燃烧情况;经过焦油处理的气体经过设有开关 22 的过滤塔 21 进入安全水封塔 24。气体再经过过滤塔进入储气罐 29;加工车间 35 需要用气时,打开控制阀 43,经分流处理器 33 分别进入车间 35 内的加热柜 38 和加热锅 40,加热柜和加热锅上分别有燃烧器 37、41 和配风器 36、39,加热锅 40 上还有引风机 42,可燃气 CO 在燃烧器 37、41 中燃烧分别给加热柜 38 和加热锅 40 提供热量。

2002 年合肥天焱绿色能源开发有限公司设计了一套生物质气化供热机组[85],如图 4-27 所示,包括气化炉、旋风除尘器、燃烧炉和引风机,气化炉炉腔横断面为矩形,气化炉下方安装有出灰搅笼,燃烧炉的外周有循环水夹套,燃烧炉的燃烧室尾部接烟管,烟管出口有引风机相连通。燃烧室前部有一缩口并分成葫芦状前燃烧室和后燃烧室,前燃烧室呈葫芦状,前燃烧室外壁装填有耐火材料,使得煤气和空气在其中能充分混合,充分燃烧,燃烧室内温度高,在生物质燃气供应有波动时,保证能自动着火。气化炉、旋风除尘器外均有空气夹套并相互连通,空气经空气夹套和管道进入燃烧炉。这样一套设计,可以采用秸秆、玉米芯等为原料,广泛适用于农村或小城镇居民的集中采暖或热水供应,也可用于温室大棚蔬菜种植、冬季养殖等。

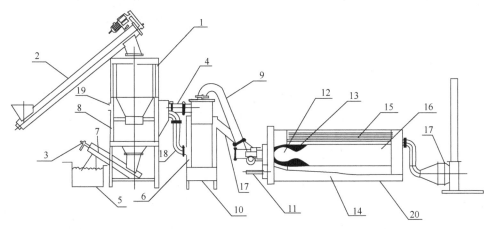

图 4-27　生物质气化供热机组

1.气化炉;2.螺旋上料器;3.出灰搅笼;4.管道;5.水池;6.空气夹套;7.螺旋叶片;8.空气夹套;9.管道;10.旋风除尘器;11.点火器;12.前燃烧室;13.耐火材料;14.循环水夹套;15.烟管;16.后燃烧室;17.引风机;18.管道;19.气孔;20.燃烧炉

吉林大学 2010 年发明了多功能户用生物质气化供热装置[86]，如图 4-28 所示。该装置主要由气化反应室、燃气灶、燃烧室、燃尽除尘室、换热装置组成，气化反应室和燃烧室为两体合一结构，并由水冷炉排隔开，其特征在于所述的气化反应室与燃气灶连接，燃烧室侧面通过火焰旋流口与燃尽除尘室相连通，换热装置设在烟道与燃尽除尘室之间并置于装置腔体内。此装置采用独特的结构措施，提供一种集炊事、采暖、卫浴用热为一体的多功能气化供热装置，它具有洁净燃烧、高强化传热、热效率高、成本低、易推广应用等特点。

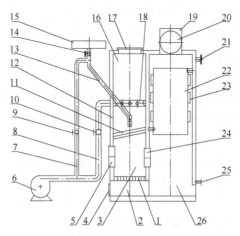

图 4-28　多功能户用生物质气化供热装置

1.炉排；2.灰室；3.燃烧室；4.除灰口；5.燃烧旋流口；6.调速风机；7.配风管道；8.配风管道；9.燃气灶配风调节阀；10.气化剂配风调节阀；11.水冷炉排；12.水夹层；13.燃气管；14.调节门；15.燃气灶；16.气化反应室；17.气化反应室进料口；18.气化剂喷嘴；19.烟道；20.烟道调节门；21.热水出口；22.对流换热面；23.间断肋片；24.火焰旋流口；25.冷水入口；26.燃尽除尘室

4.5.2　生物质气化供气系统

生物质气化供气技术是指气化炉产生的生物质燃气，通过相应的配套设备，为居民提供炊事用气。生物质气化供气又分为集中供气和单独供气(户用)两种类型。

1. 生物质气化集中供气系统

生物质气化集中供气系统由气化、气体净化、气体存储、气体输送以及气体最终应用等部分组成，较为典型的生物质气化集中供气系统如图 4-29 所示。生物质物料由螺旋输送机送入气化炉气化，产出气经过旋风分离器去除飞灰后进入喷淋净化器进行清洗，去除焦油和细灰，再进入气水分离器去除气体中携带的水滴，然后经过过滤器进一步过滤，所得到的洁净气体由罗茨风机送入储气柜，气体依靠储气柜的配重所产生的压力送入供气管网并最终送到用户[87]。

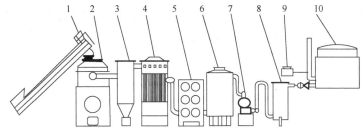

图 4-29　系统工艺流程图

1.螺旋输送机；2.气化炉；3.旋风分离器；4.喷淋净化器；5.气水分离器；6.过滤器；7.罗茨风机；8.水封；
9.灶具；10.储气柜

生物质气化集中供气系统所包含的技术主要有气化技术、气体净化技术和储存技术，而管网设计、辅机选型和燃气应用等其他技术一般都为通用技术，目前应用的各个系统基本没有太多区别。一般气化工艺的选择原则有以下四个方面[88]。

（1）生物质气化集中供气站工艺流程，一般都包括原料预处理、生物质气化、燃气净化、燃气输配、储气设备、输气管网、用户这七个环节。

（2）对于规模较小（500~1000m³/d）的生物质气化集中供气站，宜选用生物质固定床气化工艺，国内常用的有上吸式、下吸式、横吸式气化方法。规模较大（1000~5000m³/d）的生物质气化集中供气站，宜选用流化床气化或干馏热解气化工艺。

（3）燃气净化技术包括旋风分离、沉降、洗涤、吸附、电捕。

（4）寒冷地区储气方式一般选择干式，其他地区可选择干式也可以选择湿式。

据统计，截至 2006 年年底，全国已建造规模秸秆气化站 602 处，比 2000 年增加 214 处，增幅为 55.2%，建设规模比较大的省份是辽宁省、山东省和江苏省。2005 年秸秆气化集中供气户数达到 134544 户，供气量达到 20040.5 万 m³，秸秆利用量达到 137051.06t，每个气化站平均供气农户 250 户[89]。

表 4-5　2006 年全国和主要省份秸秆气化站数量

地区	数量/处	地区	数量/处
全国	602	黑龙江	38
辽宁	151	天津	36
山东	92	河南	36
江苏	65	山西	24
河北	44	重庆	14
北京	41	安徽	14

生物质气化集中供气技术应用遍及一家一户，涉及的集中供气成套设备介绍较少，只看到 2009 年曾有报道 JGH-3160 型生物质气化集中供气成套设备[90]。该成套

设备由气化机、除尘除焦设备、燃气终端设备等组成。该成套设备通过在生物质气化机中采用先进的抛物线炉膛内衬结构装置、中空炉条还原层控制管装置、封闭式冷却液循环内腔装置、自动自控喷雾装置、废水微生物处理装置、反射板集焦装置、红外线无焰式燃烧灶具等装置，降低了可燃气体中的焦油含量，提高了单位物料的产气量、可燃气体的热值和可燃气体的品质，使循环冷却水经微生物处理后再利用，解决了生物质气化机组节能环保问题。该成套设备在正常运行期间，产气稳定，操作灵便，故障率小，容易维修；适应了用户的需求，满足了我国北方地区农作秸秆气化的要求，推进了生物质气化的发展，该成套设备及其技术经山西省科技厅组织有关专家进行科技成果鉴定，给出了"装备结构新颖、性能可靠、经济实用，具有广阔的应用前景，在同类研究中达到国内领先水平"的结论。

2. 户用生物质气化供气系统

该种方式为农村居民在家庭直接使用小型生物质气化炉，将生物质燃气直接接入炉灶使用，其流程如图4-30所示[91]。

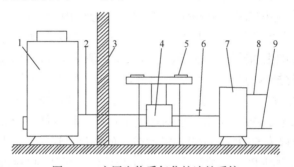

图4-30　户用生物质气化炉连灶系统

1.气化炉；2.出气管；3.隔断墙；4.分气箱；5.燃气灶；6.阀门；7.燃气换热器；8.热水；9.冷水

该系统产气量为 $8\sim10\text{m}^3/\text{h}$，热量为 $4.19\times10^4\sim5.02\times10^4\text{kJ/h}$，燃气热值＞$46000\text{kJ/m}^3$，系统总效率可达 30%～40%。这种户用生物质气化系统体积小，投资少。但这种小型户用气化炉也有显著的缺点：第一，由于气化炉与灶直接相接，生物质燃气不经过任何处理，所以灶具上、连接管及气化炉都有焦油渗出，卫生很差，且易堵塞连接管及灶具；第二，因气化炉较小，气化条件不易控制，产出气体中可燃气成分质量不稳，并且不连续，影响燃用，甚至有安全问题；第三，从点火至产气需要有一定的启动时间，延长了劳动时间，而且该段时间内烟气排放也是个问题。因此，建议在该技术还没有实现突破、在现有技术条件下，慎重使用。

图4-31是美国生物质能基金会研制的一种以木材或其他生物质为原料的气化炉，称为逆流式下吸式气化炉，又称为裂解气化炉，该炉产生的同时可不定期获

得 20%～30%木炭。

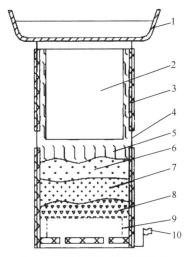

图 4-31　逆流式下吸式气化炉

1.炉具；2.燃气芯；3.绝热层；4.二次空气入口；5.裂解气；6.木炭区；7.燃烧裂解区；8.未气化生物质；
9.炉栅；10.初次空气量控制

4.5.3　生物质气化发电系统

1. 定义及其分类

生物质气化发电是利用生物质气化炉燃气内燃机发电，在不充分燃烧的状况下，将其转化为可燃气体，经净化处理后再使用燃气内燃气发电的利用方式。与生物质直燃发电相比，它有自己的优缺点，如表 4-6 所示[92]。

表 4-6　生物质气化发电与生物质直燃发电的比较

发电形式	利用原理	经济规模	发电效率	优点	缺点
气化	生物质在气化炉内转变成燃气推动燃气轮机或内燃机发电,也可采用联合循环发电	0.1~10MWe	15%~30%	规模灵活,效率稳定,可实现多联产(气、电、热、炭、甲醇、氨)	发电效率较低,处理不当会产生焦油等二次污染
直燃	生物质在锅炉内燃烧产生高温高压水蒸气推动汽轮机发电	10~30MWe	约 30%	发电效率较高,可热电联产	原料收集半径过大造成运行成本高,锅炉存在结渣、腐蚀风险

20 世纪 50 年代初期，在粮食加工厂发展了具有中国特色的"层式下吸式气化器"，稻壳气化发电为加工厂提供电力已经出现。直到 20 世纪 80 年代以后得到了快速发展，期间研制了由固定床气化器和内燃机组组成的稻壳气化发电机组，

形成了 200kW 稻壳气化发电机组的产品并得到推广。中国科学院广州能源研究所研制的固定床和流化床生物质气化器对气化原理、物料反应性能进行了大量实验，开展了 1MW 秸秆气化发电系统的研究。1998 年广州能源研究所设计建造的使用木屑的 1MW 循环流化床生物质气化发电系统已经投入商业运行，并取得了较好的效益[93]。截至 2011 年，我国秸秆气化发电项目有 50 多个，主要为产生秸秆废弃物的工程（如碾米厂）建立的自发自用、间歇性运行的发电站[94]。

　　生物质气化发电技术可以按照气化剂不同进行分类，也可以按照炉型来分[92]。按照气化剂不同，可以分为干馏气化、空气气化、氧气气化、水蒸气气化及复合气化等。由于空气随处可得，空气中的氧气可与部分生物质原料燃烧提供气化热量，因此空气气化设备简单，容易实现，得到广泛应用。按照炉型，可以分为固定床、流化床和气流床三种，最常用的是固定床和流化床，如表 4-7 所示。固定床分为上吸式、下吸式和横吸式，对原料尺寸要求比较宽泛，但是在规模放大时遇到困难，因此只适用于小型气化发电系统。对于大中型生物质气化系统，多采用流化床气化技术。流化床气化炉反应速度快，炉内温度均匀，控制方便迅速，可在 25%~120% 负荷范围内稳定运行，在当前大规模生物质气化发电工程中得到广泛应用。

表 4-7　生物质气化发电用气化炉比较

气化炉形式	上吸式固定床	下吸式固定床	流化床
发电装机规模 /kW	≤200	≤200	200~2000
燃料种类	谷壳、木块等尺寸较大的原料	谷壳、木块等尺寸较大的原料	尺寸小于 5mm 的原料，大尺寸原料需破碎
气化温度/℃	700~800	1100	650~850
燃气热值/ (kJ/Nm³)	4000~4600	4200~5300	4600~6300
冷气化效率/%	约 75	60~70	65~75

　　生物质气化发电模式多种多样，如图 4-32 所示。采用燃气蒸汽锅炉生产高温高压水蒸气推动汽轮机发电技术，可以减少生物质直燃造成锅炉结渣的风险。生物质燃气也可在燃气轮机中做功，推动发电机工作。燃气轮机需要高压燃气才能获得较高效率，需要加压气化炉与之配合，且燃气轮机在我国市场上技术不成熟，造价较高，没有得到大量应用。目前得到最广泛应用的是燃气内燃机技术路线，采用低速内燃机(500r/min)可获得满意的运行效果。对于大中型生物质气化发电，采用联合循环技术可以提高整体发电效率。

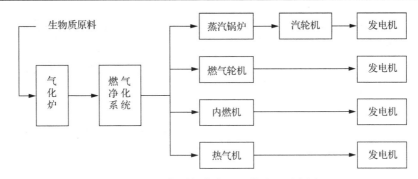

图 4-32　生物质气化发电工艺流程示意图

2. 工艺系统及装置

不同生物质气化发电工艺系统总体原理基本相同，只是预处理、气化、净化、发电机组等中间某个环节有所差别。下面分几种情况介绍一些国内公开的生物质气化发电工艺系统及其装置。

1) 热解气化发电

哈尔滨工大格瑞环保能源科技有限公司在 2009 年公开了一种生物质高温热解气化发电系统[95]，如图 4-33 所示。按系统流程包括生物质物料仓、螺旋给料机、生物质旋风热解气化炉、生物质气排出管、生物质气余热利用蒸汽发生器、生物质气余热利用空气加热器、生物质气除尘器、水环式真空泵、生物质气储气罐、内燃机和发电机，以及高速气体燃烧器、启动阶段燃料气罐、罗茨风机、给水泵

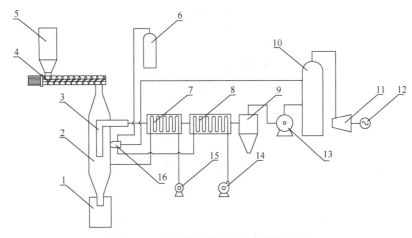

图 4-33　生物质高温热解气化发电系统

1.灰渣池；2.生物质旋风热解气化炉；3.排出管；4.螺旋给料机；5.生物质物料仓；6.燃料气罐；7.余热利用蒸汽发生器；8.余热利用空气加热器；9.除尘器；10.储气罐；11.内燃机；12.发电机；13.水环式真空泵；14.罗茨风机；15.给水泵；16.高速气体燃烧器

和灰渣池等设备。在运行时，被高温生物质气的余热加热的空气和生物质气在高速气体燃烧器内燃烧产生高温低氧烟气，并喷入生物质旋风热解气化炉，与炉内的生物质物料混合，使其发生热解气化，生成 1600℃以上的低焦油含量的生物质气，然后，利用以内燃机为动力的发电机发电。

　　2) 空气气化发电

　　目前气化发电以空气气化发电技术应用最为广泛，但是由于生物质原料的不同，气化发电装置有些区别，下面分别介绍成型颗粒燃料、生物质废料、生活垃圾气化发电工艺装置。

　　成型颗粒燃料气化发电工艺如图 4-34 所示，将生物质材料通过压缩机制成能量块或颗粒，将能量块或颗粒经过工况为高于 1.2 大气压的富氧、温度 1100~1200℃的可燃气体燃烧段，瞬间干燥、预热后落到生物质气化段。在生物质气化段，工况为隔绝空气、温度 900~1000℃，能量块或颗粒被气化成可燃气体。可燃气体直接进入可燃气燃烧段燃烧，使可燃气体燃烧段温度达 1100~1200℃。用生物质气化段和可燃气体燃烧段的热量加热工质。工质至发电装置，产生电能。该生物质气化发电系统是通过汽包产生蒸汽，利用蒸汽推动汽轮机做功，再带动发电机发电，属于联合循环发电[96]。

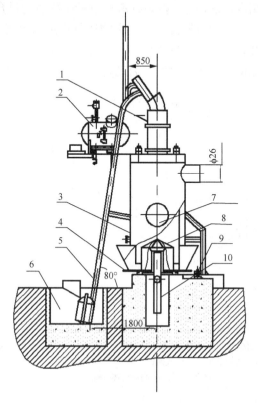

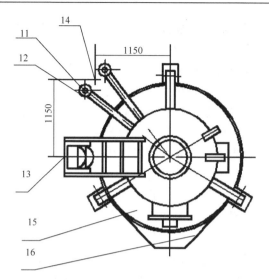

图 4-34　成型颗粒气化发电工艺系统

1.加料口；2.汽包；3.炉体及水夹套；4.底部支撑；5.上料系统；6.原料储存池；7.人孔盖；8.螺旋式燃烧床；9.液压清灰系统；10.富氧进气口；11.进水管；12.蒸汽管道；13.溜料槽；14.集汽包中心；15.耐火层；16.出灰槽

图 4-35 为垃圾高温气化发电系统[97]。系统包括垃圾收集料仓、垃圾粉碎机、垃圾干燥机、干燥垃圾料仓、高温气化喷烧锅炉、汽轮发电机组。

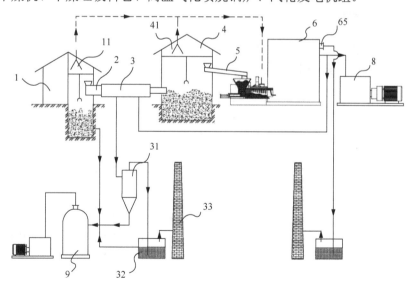

图 4-35　垃圾高温气化发电工艺系统

1.垃圾收集料仓；2.垃圾粉碎机；3.垃圾干燥机；4.干燥垃圾料仓；5.送料装置；6.高温气化喷烧锅炉；8.汽轮发电机组；9.厌氧发酵塔；11.抓料斗；31.旋风分离器；32.过滤水池；33.烟囱；41.干燥垃圾抓料斗；65.锅炉排烟口

垃圾收集料仓，用于收集存放垃圾运输车运送来的垃圾；垃圾粉碎机，接收抓料斗抓取的垃圾,将垃圾袋撕开,将大的塑料垃圾、大的废木材、纺织品垃圾撕裂切断并将垃圾粉碎;垃圾干燥机,用于将粉碎后的垃圾干燥,设置有干燥气体收集装置、干燥气体处理装置,后连接厌氧发酵塔;干燥垃圾料仓,用于存放和储存干燥垃圾,以保证整个系统运行的连续性;高温气化喷烧锅炉,位于送料装置的出料口,通过高温气化将干燥后垃圾高温气化燃烧生产蒸汽,部分蒸汽进入垃圾干燥机,产生烟气通过烟气处理装置;汽轮发电机组,将用于干燥垃圾后剩余的蒸汽转化为电能;厌氧发酵塔,用于收集垃圾集料池底部的垃圾渗滤液,厌氧发酵产生的沼气连接沼气发电机组。

图4-36为胜利油田胜利动力机械集团有限公司发明的生物质熔融气化发电工艺及装置[98]。该工艺包括生物质熔融气化过程,也包括液化气启动燃气发电机组过程。发电机组产生的高温烟气在1300℃下对生物质进行熔融气化反应,产生的气化气进行发电和为气化剂补充能量;气化剂经升温到1000℃后,使生物质进行高温熔融气化;系统启动后,由气化剂提供保持生物质连续熔融气化的能量,无需外界提供能量;生物质熔融气化过程全自动控制。

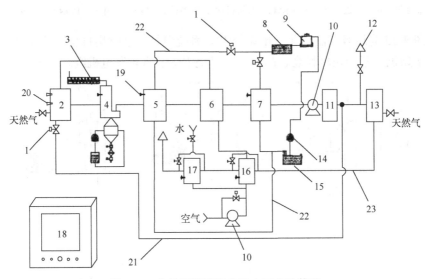

图4-36　生物质熔融气化发电工艺及装置

1.电控阀;2.升温器;3.进料装置;4.熔融气化炉;5.控温器;6.加热器;7.降温器;8.高温水箱;9.风扇水箱;10.风机;11.降温除尘液装置;12.排空装置;13.燃气发电机组;14.水泵;15.低位水箱;16.顶热器;17.蒸汽发生器;18.自动控制显示器;19.温度传感器;20.氧浓度传感器;21.气化气管道;22.控温管道;23.高温烟气管道

装置中物料输送机熔融气化系统、气化剂余热利用系统、气体净化系统、气化气氧化余热利用系统、烟气余热利用系统相互连接在一起,并受自动控制系统的控制。这套装置能量利用率高,启动后生物质熔融气化所需能量无需外界提供,即节能又环保,自动化程度高,可以广泛应用在生物质熔融气化发电工艺中。

4.5.4　生物质气化多联产技术

1. 气化多联产概念

南京林业大学张齐生团队经过近 10 年在生物质固定床气化发电（或供热）、木（或竹）炭、木（或竹）活性有机物和活性炭等方面的研究和应用，提出了"基于生物质固定床气化的多联产技术"。这个概念与"生物质气化热电联产"和"生物质整体气化联合循环发电技术"都有区别，它重点指基于生物质固定床气化的气、固、液三相产品多联产技术，即将生物质可燃气、生物质炭、生物质提取液（活性有机物和焦油）三相产品分别加工开发成多种产品[99]。由于生物质气化发电技术的发展，生物质气化多联产往往也考虑电、热这两种产品。所以更广泛意义的多联产概念如图 4-37 所示。

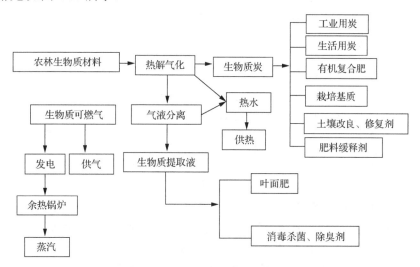

图 4-37　生物质多联产技术示意图

2. 气化多联产工艺系统

图 4-38 是 2011 年公开的一套新型秸秆直接气化多联产制备工艺[100]。这套制备工艺包括气化炉、上料装置、推料装置、压料装置、匀料装置、出炭装置、水洗装置、风机、水封滤清装置、储气柜和控制柜；通过上料、推料、压料和匀料装置将无须加工的秸秆直接送入气化炉内气化，有效控制秸秆联产秸秆炭和秸秆气，配合刮炭炉排和出炭装置收集秸秆炭、迷宫式喷淋水洗装置分离秸秆气和秸秆提取液、水封滤清装置过滤收集秸秆气。

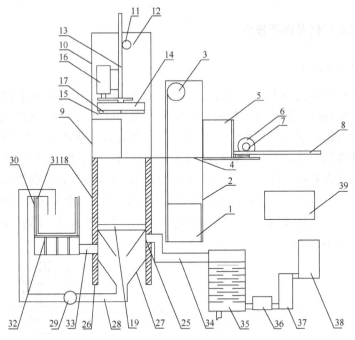

图 4-38　新型秸秆直接气化多联产制备工艺

1.料斗；2.上料轨道；3.上料电机；4.推料轨道；5.推料板；6.推料电机；7.推料齿轮；8.推料齿条；9.推料挡板；10.压料轨道；11.压料电机；12.压料齿轮；13.压料齿条；14.压料盖；15.压力传感器；16.匀料电机；17.米字形匀料器；18.气化炉；19.炉排；25.出气口；26.回水口；27.集炭池；28.出水管；29.泥浆泵；30.出炭池；31.无纺布过滤袋；32.隔网支架；33.回水管；34.出气管；35.迷宫式喷淋水洗装置；36.风机；37.水封滤清装置；38.储气柜；39.控制柜

2014 年广东绿壳新能源有限公司公开了一种生物质气化多联产方法及其装置[101]，如图 4-39 所示。该装置的联产方法如下：气化炉产出的木炭采用间冷方式进行冷却；气化炉产出的生物燃气冷却过程中，将冷凝的木焦油进行收集；生物燃气输送过程中进行气液分离，将分离出的木焦油进行收集；燃烧器中冷凝出的少许木焦油进行收集；将分离出来的生物燃气供锅炉燃烧；收集的木焦油保持在 100~120℃的温度。该装置的特点在于：气化风经过风冷器预热，提高了生物质气化炉的热效率；所产木炭为低水分木炭，木炭水分小于 15%，不需要另外消耗能源对其进行烘干，极大地提高了所产木炭的经济价值；所产木焦油由于有蒸汽加热器进行保温，保持很好的流动性，利于泵送。

2015 年 11 月，南京林业大学提出了四项关于生物质气化多联产的工艺，分别是"一种生物质气化供气联产电、炭、热、肥的工艺方法""块状生物质上吸式固定床气化发电联产电、炭、热的工艺""一种果壳类下吸式固定床气化发电联产活性炭、热的工艺""一种秸秆类流化床气化发电联产电、炭、热的工艺"[102-105]。下面分别介绍这四套工艺系统。

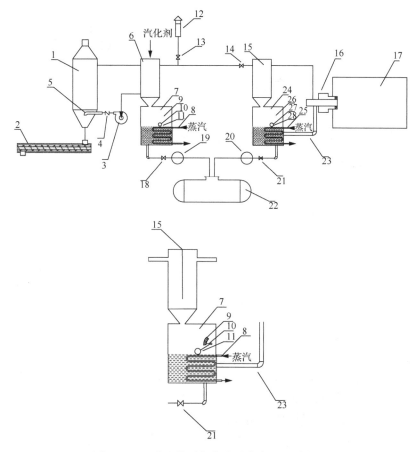

图 4-39　一种生物质气化多联产方法及其装置

1.气化炉；2.水冷螺旋输送机；3.气化风机；4.逆止阀；5.布风管；6.风冷器；7.第一木焦油收集箱；8.第一加热器；
9.第一液位刻度盘；10.第一指针；11.第一浮球；12.放散口；13.放散阀；14.燃气阀；15.气液分离器；16.燃烧器；
17.锅炉；18.逆止阀；19.输送泵；20.输送泵；21.逆止阀；22.储油罐；23.排焦管；24.第二木焦油收集箱；25.第二
加热器；26.第二液位刻度盘；27.第二指针；28.第二浮球

　　图 4-40 为一种生物质气化供气联产电、炭、热、肥的工艺方法示意图[102]。该工艺特征在于利用自干燥、喷动式多联产气化装置，气化制得的热燃气作为锅炉的燃料，锅炉产生的蒸汽推动汽轮机发电，同时得到电、炭、热、粗肥四项产品。其工艺步骤如下：生物质预处理（切片）；生物质在多联产气化装置气化；粗肥收集；气化以后的热燃气通过燃烧器供燃气锅炉；生物质炭冷却收集；锅炉产生的蒸汽带动蒸汽轮机发电、供热。优点如下：采用农林三剩物作为原料，有利于保护环境及农林三剩物资源化利用；工艺运行稳定、热燃气燃烧热效率高、产品多样、经济效益好，可规模化使用。

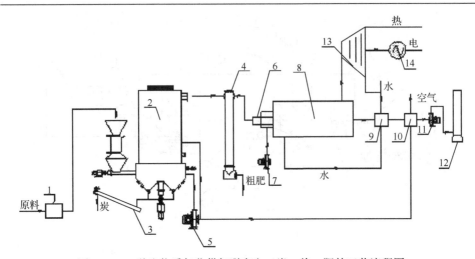

图 4-40　一种生物质气化供气联产电、炭、热、肥的工艺流程图

1.预处理(切片、提升机)；2.自干燥、喷动式多联产气化装置；3.炭冷却收集系统；4.干式粗肥收集器；5.鼓风机；6.热燃气燃烧器；7.燃烧器供空气风机；8.燃气锅炉；9.省煤器；10.空气预热器；11.烟气抽风机；12.排气筒；13.蒸汽轮机；14.发电机；

图 4-41 为块状生物质上吸式固定床气化发电联产电、炭、热的工艺[103]。在这个系统中，用块状生物质上吸式固定床气化制得热燃气作为锅炉的燃料，锅炉产生的蒸汽推动蒸汽轮机发电，同时得炭、热，具体过程是将生物质原料进行收集、削片或破碎，块状生物质原料送入上吸式固定床气化炉进行气化；气化后产生热燃气；热燃气通过燃烧器供燃气锅炉产生中温中压蒸汽；生物质炭通过收集系统冷却收集；锅炉产生的蒸汽推动汽轮机做功，汽轮机带动发电机发电。同时，部分蒸汽进入供热系统实现供热。

利用该工艺，以樟子松为例，可以实现 3MW 以及 3MW 以上的块状生物质上吸式固定床气化发电联产电、炭、热的工艺。

块状燃料经过预处理，木材用鼓式切片机切片至 6cm 左右，水分控制在 20%以下(如果大于 20%，则需经滚筒等干燥设备干燥)，通过皮带输送、提升机送入炉前料斗，进而送入气炭联产上吸式固定床气化炉，以燃气锅炉尾气余热产生热空气作为气化剂，在 600~800℃的温度下发生氧化-还原反应产生热燃气(热燃气热值 1200kcal(1cal=4.18J)左右)，气化后产生热燃气温度在 300℃左右，热燃气由气化炉前供气化剂的鼓风机鼓入带有燃烧器锅炉内燃烧产生中温中压蒸汽，中温中压蒸汽(435℃、3.43MPa)推动蒸汽轮机发电，蒸汽轮机排出蒸汽余热用来供暖，其气炭联产固定床气化炉通过炉排转动产生的生物质炭经过内外轴通水螺旋输送系统冷却同时送出炉外，通过输送带送入炭的加工设备系统(炭热值＞6000kcal/kg，工业分析：固定碳含量 86%左右、挥发分含量 6.5%左右、灰分含量

6.8%左右），适宜于作为活性炭、工业还原剂炭、民用烧烤炭。

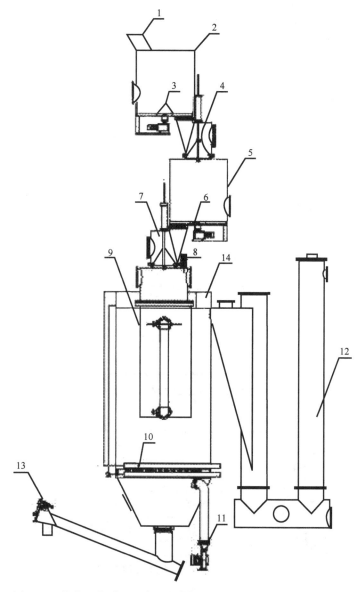

图 4-41　块状生物质上吸式固定床气化发电联产电、炭、热的工艺

1.进料口；2.主料仓；3.主料仓搅拌；4.过渡锥阀筒 A；5.过渡料仓；6.过渡料仓搅拌；7.过渡锥阀筒 B；8.料位计；
9.炉内料筒；10.炉排；11.鼓风机；12.出气缓冲筒；13.出炭冷却器；14.冷却循环水箱

图 4-42 为一种果壳类下吸式固定床气化发电联产活性炭、热的工艺流程原理，
图 4-43 为装置图。其特征在于利用规模化气炭联产下吸式固定床气化炉，用果壳

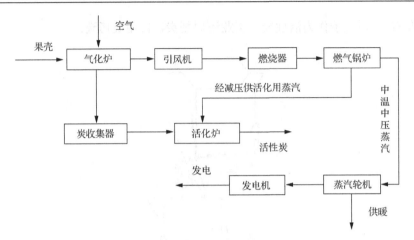

图 4-42　一种果壳类下吸式固定床气化发电联产活性炭、热的工艺流程原理

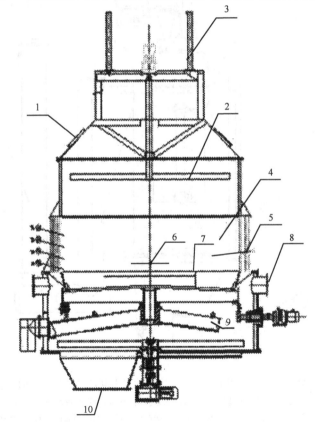

图 4-43　一种果壳类下吸式固定床气化发电联产活性炭、热的装置图

1.进料口；2.平料器；3.液压开降器；4.反应腔；5.二次补气管；6.破桥拨杆；7.炉排；8.可燃抽气口；9.喷淋冷却管；10.果壳炭出口

类生物质气化制得燃气作为燃气锅炉的燃料，燃气锅炉产生的蒸汽推动蒸汽轮机发电，同时得活性炭、热[104]。具体工艺包括以下步骤。

(1)果壳类生物质原料的收集，水分大于 20%，需用滚筒干燥设备，干燥至含水量小于 20%。

(2)果壳类生物质通过皮带输送入规模化下吸式气炭联产固定床气化炉内，果壳类生物质在 600~800℃条件气化产生可燃气，可燃气热值为 950~1300kcal，温度 350℃左右。

(3)果壳类生物质在气化过程中根据生产活性炭要求控制气化强度，得到适合产生活性炭的果壳炭。

(4)气化产生的 350℃左右的热燃气可直接通过燃烧器供燃气锅炉使用；所述热燃气中含焦油，焦油 300℃以上为气态。

(5)蒸汽推动汽轮机进行发电同时供热，锅炉产生的蒸汽部分直接减温减压后供活性炭活化使用。

(6)实现单机 1MW 以及 1MW 以上，其气化反应温度 600~800℃，产气量 1.7~2.5m³/kg，得炭率 20%~30%。

前面三项都是以固定床为炉型的气化多联产技术，第四项设计了流化床气化发电多联产技术[105]，如图 4-44 所示。在该工艺中，生物质原料经切断成 20~30mm 长以后若含水率大于 20%则需要干燥至 20%；送入秸秆类多联产流化床气化炉进行气化；气化以后的热燃气通过燃烧器供燃气锅炉；秸秆炭通过收集系统冷却收集，加入多种化学肥料，再经过造粒成型干燥后制成碳基复合肥；锅炉蒸汽推动汽轮发电机组发电，同时提供热源实现供热。

4.5.5 生物质气化合成化学品技术

自 20 世纪 80 年代末，科研工作者发现了可利用合成气生产乙醇的菌种，开始着手对利用合成气(CO、H_2 和 CO_2)作为唯一碳源和能源的厌氧微生物进行研究与培育，研究结果表明此类菌种的发酵代谢产物主要是有机酸和醇。这些菌株一般为嗜温菌，温度大多控制在 37~40℃，适宜的 pH 为 4.0~7.0[106]。

生物质气化合成甲醇系统(biomass gasification methanol synthesis system，BGMSS)，主要由生物质预处理、热解气化、气体净化、气体重整、H_2/CO 比例调节、甲醇(二甲醚)合成及分离步骤构成，如图 4-45 所示。生物质合成甲醇或二甲醚首先要将生物质转换为富含 H_2 和 CO 的合成气。生物质中碳含量偏低，氧含量较高，生物质的气化与煤的气化明显不同，生物质气化后产物中 CO 和 CO_2 的含量较高，H_2 则明显不足[107]。

生物质气化气中的 H_2/CO 比达不到甲醇或二甲醚合成的要求，H_2 含量过低，CO_2 含量过高，需脱除或部分变换为 CO。空气中含有 70%的氮气，气化后的合

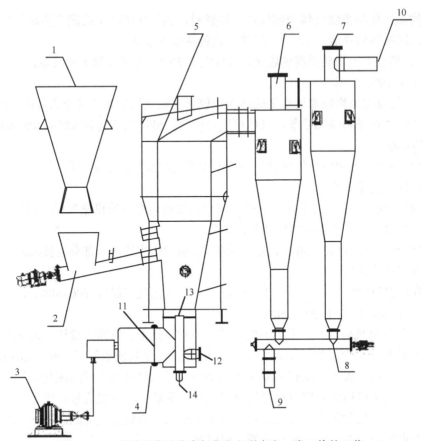

图 4-44　一种秸秆类流化床气化发电联产电、炭、热的工艺

1.进料口；2.进料螺旋；3.鼓风机；4.布气结构；5.炉体；6.一级出炭旋风器；7.二级出炭旋风器；8.带冷却的
出炭螺旋；9.关风机；10.可燃气出口；11.气化剂进口；12.检查孔；13.布风帽；14.排渣口

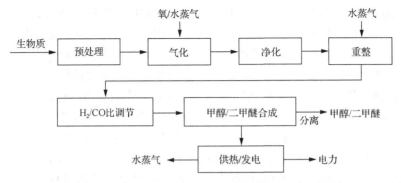

图 4-45　生物质气化合成甲醇/二甲醚典型流程示意图

成气体中含氮量仍高达 55%以上，致使 H_2、CO 和 CO_2 等气体的浓度比例极大地降低，系统效率低。因此，必须采用无氮气的富氧空气作为气化剂，才能实现生

物质气化合成甲醇或二甲醚。

图 4-46 是三菱重工业株式会社提出的利用生物质气化所得的气体合成甲醇或二甲基醚系统工艺。该合成系统包括集尘装置，用于从生物质气化炉的炉主体生成的可燃气中除去灰尘；用于纯化除尘后的气体的气体纯化装置；用于从纯化气体中除去蒸汽的洗涤器；用于调节由此生成的气中 H_2 与 CO 气的组成比的 CO 转换反应装置；用于提高气体的压力的增压装置；用于从加压气体中所含的 H_2 与 CO 制备甲醇或二甲基醚的合成装置；用于分离排出气和甲醇或二甲基醚的气液分离装置[108]。

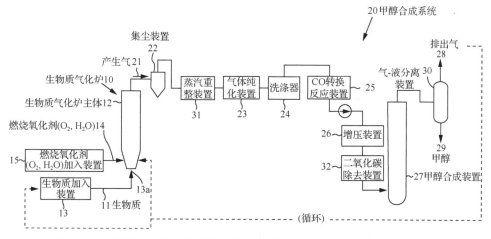

图 4-46　三菱重工业株式会社提出的生物质气化气合成甲醇或二甲基醚工艺

除了日本三菱重工的合成工艺比较成熟，还有美国和瑞典，也有很多早期的生物质气化合成甲醇项目，如美国的 Hynol Process 项目、美国 NREL 生物质制甲醇项目、瑞典 BAL-Fuels 项目、瑞典 BoiMeet 项目、瑞典造纸黑液气化制汽车燃料(BLGMF)项目[107]。

如图 4-47 所示，Hynol Process 生物质气化合成甲醇即通过高温、高压方法将生物质与氢气转化为合成气，进而制成甲醇燃料。该工艺有 3 个特点：①由于富氢气体循环进入加氢气化炉，不需要氧气的外部热量来维持气化炉的温度，热量能自我平衡；②加氢气化炉所产生的富甲烷气和外加的天然气甲烷易于进行水蒸气重整，产生甲醇合成所需的合适 H_2/CO 比；③整个系统是一个完整的循环过程。

美国 NREL 建造的生物质气化制备燃料的示范工厂，该工厂不仅可以气化蔗糖残渣，还可以气化木材切片和废弃木屑等。气化炉为鼓泡流化床，设计压力为 2MPa，气化介质为氧气/水蒸气，加料速率为 100t/d(干基)。项目过程为生物质气化、发电和甲醇合成。该工艺的主要特点是开发了一种一步法催化剂，在除去焦油和碳氢化合物的同时调节 H_2 和 CO 的比例，使其满足甲醇合成的要求，流程如图 4-48 所示。

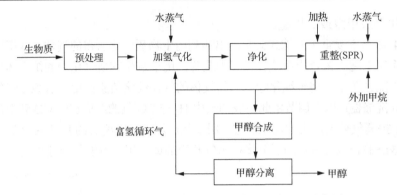

图 4-47　Hynol Process 生物质气化合成甲醇流程示意图

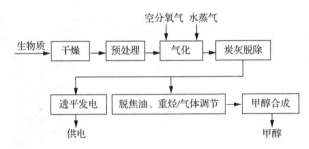

图 4-48　NREL 夏威夷生物质制甲醇工厂流程示意图

　　瑞典 BAL-Fuels 项目仍采用氧气/水蒸气作为气化介质，操作压力 2.7MPa，生物质在流化床气化后产生气化气，气体组成如下：CO 35.6%、H_2 28.6%、CO_2 28.8%、CH_4 6.7%、其他 0.3%（干基）。气化气通过 CO 变换单元，使 H_2/CO 比达到最适合甲醇合成的比例。该项目的主要特点是将甲醇合成反应器的排放气引入一个自热重整器（ATR），使气体中的甲烷与水蒸气重整为 H_2 和 CO，并循环回甲醇合成单元，从而提高甲醇的产量。虽然甲醇合成和 ATR 单元产生一部分水蒸气，但仍需在锅炉中燃烧一部分木柴以产生额外的水蒸气，如图 4-49 所示。

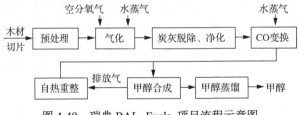

图 4-49　瑞典 BAL- Fuels 项目流程示意图

　　BoiMeet 项目与通常的生物质制甲醇工艺不太相同，该工艺省去了水蒸气变换工段，也没有对气化气中的 H_2/CO 比进行调节，而将原料气直接进入液相甲醇合成反应器，未反应的气体进行联合循环发电，虽然甲醇产量较低，但同时产生热电，整体效率得到提高。主要缺点是碳转化率太低。该工艺采用鼓泡流化床气化炉，使用氧气、水蒸气和循环回的燃气作为气化介质，气化炉操作温度为 900℃，压力为 2MPa，反应产物经分离后得到甲醇产品。未反应气体分为两部分，一部分经压缩后循环回甲醇反应器，另一部分进入气体透平发电，因气体中不参加反应的甲烷循环后浓度提高，热值大约为 14MJ/m³(标准)，很适合气体透平，如图 4-50 所示。

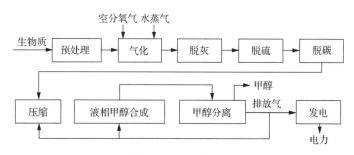

图 4-50　瑞典 BioMeet 项目流程示意图

BLGMF 项目采用 Chemrec 公司的专利喷流式气化炉，与鼓泡式流化床气化炉不同，喷流式气化炉是将原料黑液与氧气从炉顶部向下喷出，经骤冷后分离出粗气化气和冷凝的"绿液"，粗气化气经冷却、洗涤后，进行 CO 变换，再经净化后进入甲醇/二甲醚合成工段，合成甲醇/二甲醚后的排放气和甲醇/二甲醚精馏后的废杂醇有机物一并送到锅炉以产生工艺所需的部分蒸汽，如图 4-51 所示。

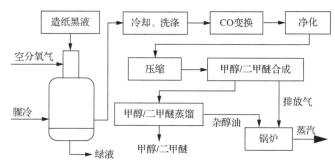

图 4-51　BLGMF 工艺流程图

参 考 文 献

[1]　陶君.镍基催化剂催化转化生物质焦油典型组分的研究.北京：华北电力大学，2015

[2]　李大中，刘晓伟.生物质气化焦油脱除过程参数优化方法节能技术，2008，3（26）：255-258

[3]　Rabou L P L M. Biomass tar recycling and destruction in a CFB gasifier. Fuel, 2005, 84（5）：577-581

[4]　Milne T A, Evans R J. Biomass Gasifier "Tars": Their Nature, Formation and Conversion. Golden: National Renewable Energy Laboratory, 1998

[5] Dayton D. A Review of the Literature on Catalytic Biomass Tar Destruction. Golden: National Renewable Energy Laboratory, 2002

[6] Devi L, Ptasinski K J, Janssen F J J G. A review of the primary measures for tar elimination in biomass gasification processes. Biomass and Bioenergy, 2003, 24 (2): 125-140

[7] Neeft J P A, Knoef H A M, Zielke U, et al. Guideline for Sampling an Analysis of Tar and Particles in Biomass Producer Gas. Netherlands: Energy Research Center of the Netherlands, 1999

[8] Maniatis K, Beenackers A A C M. Tar protocols. IEA bioenergy gasification task. Biomass and Bioenergy, 2000, 18 (1): 1-4

[9] 周劲松, 王铁柱, 骆仲泱, 等.生物质焦油的催化裂解研究.燃料化学学报，2003，31 (2)： 144-148

[10] Yu H, Zhang Z, Li Z, et al. Characteristics of tar formation during cellulose, hemicellulose and lignin gasification. Fuel, 2014, 118: 250-256

[11] Coll R, Salvadó J, Farriol X, et al. Steam reforming model compounds of biomass gasification tars: Conversion at different operating conditions and tendency towards coke formation. Fuel Processing Technology, 2001, 74 (1): 19-31

[12] Thunman H, Niklasson F, Johnsson F, et al. Composition of volatile gases and thermochemical properties of wood for modeling of fixed or fluidized beds. Energy & Fuels, 2001, 15 (6): 1488-1497

[13] Evans R J, Milne T A. Molecular characterization of the pyrolysis of biomass. 1. Fundamentals. Energy & Fuels, 1987, 1 (2): 123-137

[14] Evans R J, Milne T A. Molecular characterization of the pyrolysis of biomass. 2. Applications. Energy & Fuels, 1987, 1 (4): 311-319

[15] Devi L, Ptasinski K. J, Janssen F J J G., et al. Catalytic decomposition of biomass tars: Use of dolomite and untreated olivine. Renewable Energy, 2005, 30 (4): 565-587

[16] Li C S, Suzuki K. Tar property, analysis, reforming mechanism and model for biomass gasification-An overview. Renewable & Sustainable Energy Reviews, 2009, 13 (3): 594-604

[17] Bergman P C A, van Paasen S V B, Boerrigter H. The novel "OLGA" technology for complete tar removal from biomass producer gas. Pyrolysis and Gasification of Biomass and Waste, Expert Meeting, Strasbourg. 2002

[18] Zhang, Y, Kajitani S, Ashizawa M, et al. Tar destruction and coke formation during rapid pyrolysis and gasification of biomass in a drop-tube furnace. Fuel, 2010, 89 (2): 302-309

[19] Storm C, Unterberger S, Hein K R G. Pyrolysis of biomass as pre-treatment for use as reburn fuel in coal-fired boilers. Progress in Thermochemical Biomass Conversion, 2008: 1433-1451

[20] Moersch O, Spliethoff H, Hein K R G. Tar quantification with a new online analyzing method. Biomass and Bioenergy, 2000, 18 (1): 79-86

[21] 张晓东.生物质热解气化及热解焦油催化裂化机理研究.杭州：浙江大学，2003

[22] Yang H P, Yan R, Chen H P, et al. In-depth investigation of biomass pyrolysis based on three major components: Hemicellulose, cellulose and lignin. Energy & Fuels, 2006, 20 (1): 388-393

[23] 陆强.生物质选择性热解液化的研究.合肥：中国科学技术大学，2010

[24] Scheirs J, Camino G, Tumiatti W. Overview of water evolution during the thermal degradation of cellulose. European Polymer Journal, 2001, 37 (5): 933-942

[25] Öztürk Z. Pyrolysis of Cellulose Using a Single Pulse Shock Tube. Kansas: Kansas State University, 1991

[26] Soares S, Camino G, Levchik S. Comparative study of the thermal decomposition of pure cellulose and pulp paper. Polymer Degradation and Stability, 1995, 49 (2): 275-283

[27] Patwardhan P R, Dalluge D L, Shanks B H, et al. Distinguishing primary and secondary reactions of cellulose pyrolysis. Bioresource Technology, 2011, 102 (8): 5265-5269

[28] 刘倩, 王琦, 王健, 等.纤维素热解过程中活性纤维素的生成研究.工程热物理学报, 2007, 28 (5): 897-899

[29] Dong C, Zhang Z, Lu Q, et al. Characteristics and mechanism study of analytical fast pyrolysis of poplar wood. Energy Conversion and Management, 2012, 57: 49-59

[30] 廖艳芬, 王树荣, 骆仲泱, 等.氯化钙催化纤维素热裂解动力学研究.燃料化学学报, 2005, 33 (6): 692-697

[31] Lv G, Wu S. Analytical pyrolysis studies of corn stalk and its three main components by TG-MS and Py-GC/MS. Journal of Analytical and Applied Pyrolysis, 2012, 97: 11-18

[32] McGrath T E, Chan W G, Hajaligol M R. Low temperature mechanism for the formation of polycyclic aromatic hydrocarbons from the pyrolysis of cellulose. Journal of Analytical and Applied Pyrolysis, 2003, 66 (1-2): 51-70

[33] Norinaga K, Shoji T, Kudo S, et al. Detailed chemical kinetic modelling of vapour-phase cracking of multi-component molecular mixtures derived from the fast pyrolysis of cellulose. Fuel, 2013, 103: 141-150

[34] Uemura K, Appari S, Kudo S, et al. In-situ reforming of the volatiles from fast pyrolysis of ligno-cellulosic biomass over zeolite catalysts for aromatic compound production. Fuel Processing Technology, 2014,136:73-78

[35] Di Blasi C, Lanzetta M. Intrinsic kinetics of isothermal xylan degradation in inert atmosphere. Journal of Analytical and Applied Pyrolysis, 1997, 40-41: 287-303

[36] Ponder G R, Richards G N. Thermal synthesis and pyrolysis of a xylan. Carbohydrate Research, 1991, 218: 143-155

[37] Shen D K, Gu S, Bridgwater A V. Study on the pyrolytic behaviour of xylan-based hemicellulose using TG-FTIR and Py-GC-FTIR. Journal of Analytical and Applied Pyrolysis, 2010, 87 (2): 199-206

[38] Qin YH, Feng J, Li WY. Formation of tar and its characterization during air-steam gasification of sawdust in a fluidized bed reactor. Fuel, 2010, 89 (7): 1344-1347

[39] Hasler P, Nussbaumer T. Gas cleaning for IC engine applications from fixed bed biomass gasification. Biomass and Bioenergy, 1999, 16 (6): 385-395

[40] Anis S, Zainal Z A. Tar reduction in biomass producer gas via mechanical, catalytic and thermal methods: areview. Renewable and Sustainable Energy Reviews, 2011, 15 (5): 2355-2377

[41] Jansen J L, Jonsson K, Hagman M. Biological detoxification of tar-water. Water Science and Technology, 2002, 46 (4-5): 59-65

[42] Bhave A G, Vyas D K, Patel J B. A wet packed bed scrubber-based producer gas cooling-cleaning system. Renewable Energy, 2008, 33 (7): 1716-1720

[43] Boerrigter H. "OLGA" Tar Removal Technology. Netherlands: Energy Research Centre of the Netherlands, 2005

[44] Pathak B S, Kapatel D V, Bhoi P R, et al. Design and development of sand bed filter for upgrading producer gas to IC engine quality fuel. International Energy Journal, 2007, 8: 15-20

[45] Draelants D J, Zhao H B, Baron G V. Catalytic conversion of tars in biomass gasification fuel gases with nickel-activated ceramic filters.Studtes in Surface Science & Catalysis, 2000,130(9):1595-1600

[46] Engelen K, Zhang Y, Draelants D J, et al. A novel catalytic filter for tar removal from biomass gasification gas: Improvement of the catalytic activity in presence of H_2S. Chemical Engineering Science, 2003, 58 (3): 665-670

[47] Di Blasi C. Modeling intra- and extra-particle processes of wood fast pyrolysis. Aiche Journal, 2002, 48 (10): 2386-2397

[48] Chen Y, Luo Y, Wu W, et al. Experimental investigation on tar formation and destruction in a lab-scale two-stage reactor. Energy & Fuels, 2009, 23: 4659-4667

[49] El-Rub Z A, Bramer E A, Brem G. Experimental comparison of biomass chars with other catalysts for tar reduction. Fuel, 2008, 87 (10): 2243-2252

[50] Phuphuakrat T, Namioka T, Yoshikawa K. Tar removal from biomass pyrolysis gas in two-step function of decomposition and adsorption. Applied Energy, 2010, 87 (7): 2203-2211

[51] Myrén C, Hörnell C, Björnbom E, et al. Catalytic tar decomposition of biomass pyrolysis gas with a combination of dolomite and silica. Biomass and Bioenergy, 2002, 23 (3): 217-227

[52] Han J, Kim H. The reduction and control technology of tar during biomass gasification/pyrolysis: An overview. Renewable & Sustainable Energy Reviews, 2008, 12 (2): 397-416

[53] Houben M P, de Lange H C, van Steenhoven A A. Tar reduction through partial combustion of fuel gas. Fuel, 2005, 84 (7): 817-824

[54] van der Hoeven T A, de Lange H. C, van Steenhoven A A. Analysis of hydrogen-influence on tar removal by partial oxidation. Fuel, 2006, 85 (7): 1101-1110

[55] Sutton D, Kelleher B, Ross J R H. Review of literature on catalysts for biomass gasification. Fuel Processing Technology, 2001, 73 (3): 155-173

[56] Yung M M, Jablonski W S, Magrini-Bair K A. Review of catalytic conditioning of biomass-derived syngas. Energy & Fuels, 2009, 23 (4): 1874-1887

[57] Aznar M P, Caballero M A, Gil J, et al. Commercial steam reforming catalysts to improve biomass gasification with steam-oxygen mixtures. 2. Catalytic tar removal. Industrial & Engineering Chemistry Research, 1998, 37 (7): 2668-2680

[58] Yu Q Z, Brage C, Nordgreen T, et al. Effects of Chinese dolomites on tar cracking in gasification of birch. Fuel, 2009, 88 (10): 1922-1926

[59] Seshadri K S, Shamsi A. Effects of temperature, pressure, and carrier gas on the cracking of coal tar over a char-dolomite mixture and calcined dolomite in a fixed-bed reactor. Industrial & Engineering Chemistry Research, 1998, 37 (10): 3830-3837

[60] Rapagnà S, Jand N, Kiennemann A, et al. Steam-gasification of biomass in a fluidised-bed of olivine particles. Biomass and Bioenergy, 2000, 19 (3): 187-197

[61] Ammendola P, Piriou B, Lisi L, et al. Dual bed reactor for the study of catalytic biomass tars conversion. Experimental Thermal and Fluid Science, 2010, 34 (3): 269-274

[62] Shen Y, Yoshikawa K. Recent progresses in catalytic tar elimination during biomass gasification or pyrolysis-A review. Renewable and Sustainable Energy Reviews, 2013, 21: 371-392

[63] Xie Y, Xiao J, Shen L, et al. Effects of Ca-based catalysts on biomass gasification with steam in a circulating spout-fluid bed reactor. Energy & Fuels, 2010, 24 (5): 3256-3261

[64] Widyawati M, Church T L, Florin N H, et al. Hydrogen synthesis from biomass pyrolysis with in situ carbon dioxide capture using calcium oxide. International Journal of Hydrogen Energy, 2011, 36 (8): 4800-4813

[65] Koike M, Ishikawa C, Li D, et al. Catalytic performance of manganese-promoted nickel catalysts for the steam reforming of tar from biomass pyrolysis to synthesis gas. Fuel, 2013, 103: 122-129

[66] Xu C B, Donald J, Byambajav E, et al. Recent advances in catalysts for hot-gas removal of tar and NH_3 from biomass gasification. Fuel, 2010, 89 (8): 1784-1795

[67] Corujo A, Yermán L, Arizaga B, et al. Improved yield parameters in catalytic steam gasification of forestry residue; optimizing biomass feed rate and catalyst type. Biomass and Bioenergy, 2010, 34（12）: 1695-1702

[68] Zhao B, Zhang X, Chen L, et al. Steam reforming of toluene as model compound of biomass pyrolysis tar for hydrogen. Biomass and Bioenergy, 2010, 34（1）: 140-144

[69] Yang X.Q, Xu S P, Xu H L, et al. Nickel supported on modified olivine catalysts for steam reforming of biomass gasification tar. Catalysis Communications, 2010, 11（5）: 383-386

[70] 朱跃钊, 陈海军, 吴娟, 等.生物质燃气冷却-吸收耦合深度脱除焦油的工艺及系统: 201210037239.7.2014-06-25

[71] 朱跃钊, 吴娟, 陈海军, 等.生物质燃气焦油多级深度脱除工艺: 201310050680.3.2013-05-08

[72] 冉国朋.一种能够长周期运转的焦油脱除装置及方法: 201310741594.7.2014-03-26

[73] 胡松, 周冲, 向军, 等.一种基于重油吸收的气化气焦油深度脱除系统: 201410723383.2015-03-25

[74] 张振光, 赵富荣.秸秆燃气炉焦油净化装置: 200920006080.6.2010-08-18

[75] 刘海力, 习益彰, 宋祺, 等.一种气化焦油净化装置: 201520571472.2.2016-01-13

[76] 章雪梅.磁控式电捕焦油净化装置 200920085557.4.2010-02-10

[77] 肖刚, 倪明江, 骆仲泱, 等.生物质导电炭强制放电脱除气化焦油方法及其装置: 201110203668.2.2013-08-07

[78] 于文祥.干式焦油净化装置: 200910187682.0.2011-04-27

[79] 付双成, 袁惠新, 王宁.用于生物质化可燃气脱除焦油的分离方法和装置: 201010540221.X.2013-08-14

[80] 马加德.利用废橡塑裂解焦油脱除气化燃气中焦油的方法: 200710156820.X.2012-09-19

[81] 王武林, 王昕明.上吸式生物质气化炉及焦油净化装置: 200920297683.6.2010-11-24

[82] 王武林, 赵东宏.户用生物质气化炉燃气焦油净化装置: 200920153452.8.2010-05-19

[83] 王武林, 赵东宏.生物质流化床气化炉焦油净化的装置: 200910258819.7.2012-08-22

[84] 于录章, 张道友.一种气化供热装置: 01243774.3.2002-05-15

[85] 顾朝光, 刘勇.生物质气化供热机组: 02219698.6.2003-01-29

[86] 苏俊林, 矫振伟.多功能户用生物质气化供热装置: 201020246256.8.2011-03-23

[87] 唐春福, 王莹, 任永志, 等.各种生物质气化集中供气系统的技术特点.可再生能源, 2003,（5）: 24-27

[88] NYJ/T09-2005.生物质气化站集中供气站建设标准.2005-06-01

[89] 中华人民共和国农业部.中国农业统计资料.北京: 中国农业出版社, 2007

[90] 张赛仕, 王曦, 马俊龙.JGH-3160型生物质气化集中供气成套设备.当代农机, 2009,（7）: 59-59

[91] 马隆龙, 吴创之, 孙立.生物质气化技术及其应用.北京: 化学工业出版社, 2003

[92] 甄恩明, 蔡正达, 王文红.浅谈生物质气化发电技术及其应用潜力.云南电力技术, 2012, 40（2）: 16-21

[93] 刘荣厚, 牛卫生, 张大雷.生物质热化学转换技术.北京: 化学工业出版社, 2004

[94] 王志春.农村秸秆能源化利用气化发电产业发展策略.中国高新技术企业, 2011,（10）: 1-5

[95] 董芃.生物质高温热解气化发电系统: 200910071440.5.2009-08-05

[96] 潘凡峰.一种生物质气化发电的方法: 201410414955.1.2014-11-19

[97] 刘国田, 张大鹏, 范北平.垃圾高温气化发电系统: 201510590176.1.2015-12-02

[98] 陈飞, 刘瑞刚, 许峰, 等.生物质熔融气化发电工艺及装置: 201010225720.X.2013-11-13

[99] 张齐生, 马中青, 周建斌.生物质气化技术的再认识.南京林业大学学报（自然科学版）, 2013, 37（1）: 1-10

[100] 顾云江.新型秸秆直接气化多联产制备工艺: 201110206762.3.2012-01-25

[101] 司学明, 李常河, 李锦波, 等.一种生物质气化多联产及其装置: 201410786536.2015-03-04

[102] 章一蒙, 周建斌, 张齐生.一种生物质气化供气联产电、炭、热、肥的工艺方法: 201510851255.3.2016-03-02

[103]章一蒙，周建斌，张守军，等.块状生物质上吸式固定床气化发电联产电、炭、热的工艺：201510850886.3. 2016-03-02

[104]周建斌，张守军，章一蒙，等.一种果壳类下吸式固定床气化发电联产活性炭、热的工艺：2015108520723. 2016-04-20

[105]张齐生，周建斌，张守军.一种秸秆类流化床气化发电联产电、炭、热的工艺：201510851128.3.2016-03-02

[106]胡燕.生物质气化合成气发酵制乙醇工艺分析.郑州：郑州大学，2012

[107]孙晓轩.生物质气化合成甲醇二甲醚技术现状及展望.中外能源，2007，12(4)：29-36

[108]金子祥三，佐藤进，小林由则，等.生物质气化炉和利用通过生物质气化所得的气体的甲醇或二甲基醚合成系统：01800360.5.2005-11-23

第 5 章　生物质热解液化

5.1　生物质热解液化技术概述

生物质热解是指生物质在缺氧状况下受热分解生成液体生物油、固体焦炭以及可燃气体三种产物的过程[1]。通过控制生物质热解反应条件，以最高液体产率为目标的热解技术，就是热解液化技术。该技术自 20 世纪 70 年代末出现开始，发展非常迅速。在生物质热解液化过程中，获得最高的生物油产率所需的反应条件包括极快的加热速率、500℃左右的反应温度、不超过 2s 的气相滞留时间，以及热解气的快速冷凝与收集等。热解产物生物油的用途非常广泛，可以直接作为液体燃料使用，还可以作为化工原料提取或制备多种化学品，经过精制提炼后还可以作为车用燃料。

5.2　生物质快速热解机理

5.2.1　纤维素快速热解机理

1. 纤维素快速热解机理概述

纤维素是由 D-葡萄糖通过 $\beta(1{\to}4)$-糖苷键相连形成的高分子聚合物。由于葡萄糖上带有多个羟基，所以，高分子链间容易形成氢键，从而使分子链易于聚集成为结晶性的原纤结构。纤维素在超过 150℃后就会缓慢地发生热解反应，在低于 300℃的温度范围内，纤维素的热解主要包括聚合度的降低、自由基的形成、分子间或分子内的脱水、CO_2 和 CO 的形成等反应，脱水后的纤维素容易发生交联反应，最终形成焦炭[2-5]。总的来说，纤维素低温热解时的有机液体产物很少。

当温度超过 300℃后，纤维素的热解速度大幅提高，且开始形成较多的液体产物，并在 500℃左右的中温热解区域得到最大的液体产率。总的来说，在热解初期，纤维素聚合度降低形成活性纤维素[6]，而后主要经历两平行竞争途径而形成各种一次热解产物：解聚形成各种脱水低聚糖、以左旋葡聚糖(LG)为主的各种脱水单糖以及其他衍生物；吡喃环的开裂以及环内 C—C 键的断裂而形成以羟基乙醛(HAA)为主的各种小分子醛、酮、醇、酯等产物[7-14]。

2. 纤维素快速热解的产物组成

纤维素快速热解所形成的液体产物种类主要包括以下四类：①脱水糖及其衍生物，以 LG 为主，另外还有一定量的左旋葡萄糖酮(1,6-脱水-3,4-二脱氧-β-D-吡喃糖烯-2-酮，LGO)、1,4:3,6-二脱水-α-D-吡喃葡萄糖(DGP)、1-羟基-3,6-二氧二环[3.2.1]辛-2-酮(LAC)、1,5-脱水-4-脱氧-D-甘油基-己-1-烯-3-阿洛酮糖(APP)等；②呋喃类产物，包括 5-羟甲基糠醛(HMF)、糠醛(FF)、呋喃(F)等；③小分子醛酮类产物，包括 HAA、羟基丙酮(HA)、丙酮(A)等；④其他产物，包括小分子酸、酯、醇类产物、环戊酮类产物、烃类产物等[15-17]。在不同的热解条件下对纤维素进行快速热解时，虽然产物种类没有太大的差别，但产物分布的差别却较大，以微晶纤维素为原料进行快速热解所获得的主要热解产物列于表 5-1。对于一些重要的产物，给出了其结构式及其英文缩写，如图 5-1 所示。

表 5-1　微晶纤维素快速热解的主要产物组成

编号	保留时间/min	化合物	分子式	分子量/(g/mol)
1	2.42	呋喃	C_4H_4O	68
2	2.52	丙酮	C_3H_6O	58
3	2.55	2-丙烯醛	C_3H_4O	56
4	3.11	乙酸	$C_2H_4O_2$	60
5	3.19	2-甲基呋喃	C_5H_6O	82
6	3.42	2,3-丁二酮	$C_4H_6O_2$	82
7	3.49	3-丁烯-2-酮	C_4H_6O	70
8	3.58	羟基乙醛	$C_2H_4O_2$	60
9	4.37	苯	C_6H_6	78
10	4.80	丙酸	$C_3H_6O_2$	74
11	4.99	2-丁烯醛	C_4H_6O	70
12	5.56	1-羟基-2-丙酮	$C_3H_6O_2$	74
13	6.93	甲苯	C_7H_8	92
14	7.25	3-戊烯-2-酮	C_5H_8O	84
15	8.61	1-羟基-2-丁酮	$C_4H_8O_2$	88
16	9.25	丁二酸	$C_4H_6O_4$	118
17	10.11	乙苯	C_8H_{10}	106
18	10.25	丙酮酸甲酯	$C_4H_6O_3$	102

编号	保留时间/min	化合物	分子式	分子量/(g/mol)
19	11.51	糠醛	C$_5$H$_4$O$_2$	96
20	11.75	2,3-二羟基丙酮	C$_3$H$_6$O$_3$	90
21	11.89	2-环戊烯酮	C$_5$H$_6$O	82
22	12.33	2-丙基呋喃	C$_7$H$_{10}$O	110
23	12.92	5-甲基-2(3H)-呋喃酮	C$_5$H$_6$O$_2$	98
24	13.10	1-乙酰氧基-2-丙酮	C$_5$H$_8$O$_3$	116
25	13.18	二氢-4-羟基-2(3H)-呋喃酮	C$_4$H$_6$O$_3$	102
26	14.15	2-甲基环戊酮	C$_6$H$_8$O	96
27	14.39	2-乙酰基呋喃	C$_6$H$_6$O$_2$	110
28	14.73	1,3-二羟基-2-丙酮	C$_3$H$_6$O$_3$	90
29	15.15	1,2-环戊二酮	C$_5$H$_6$O$_2$	98
30	16.32	苯酚	C$_6$H$_6$O	94
31	16.79	5-甲基-糠醛	C$_6$H$_6$O$_2$	110
32	17.10	5-甲基-2(5H)-呋喃酮	C$_5$H$_6$O$_2$	98
33	17.35	3-甲基-2-环戊烯酮	C$_6$H$_8$O	96
34	17.58	3-甲基-2,5-呋喃二酮	C$_5$H$_4$O$_3$	112
35	17.95	5-乙酰基二氢-2(3H)-呋喃酮	C$_6$H$_8$O$_3$	128
36	18.34	2H-吡喃-2,6(3H)-二酮	C$_5$H$_4$O$_3$	112
37	18.59	2H-吡喃-2-酮	C$_5$H$_4$O$_2$	96
38	19.04	2-羟基-3-甲基-2-环戊烯酮	C$_6$H$_8$O$_2$	112
39	19.21	4H-吡喃-4-酮	C$_5$H$_4$O$_2$	96
40	19.28	2-甲基-苯酚	C$_7$H$_8$O	108
41	20.18	4-甲基-苯酚	C$_7$H$_8$O	108
42	21.85	2,5-二甲基-4-羟基-3(2H)-呋喃酮	C$_6$H$_8$O$_3$	128
43	21.91	3-糠酸甲酯	C$_6$H$_6$O$_3$	126
44	23.15	2,5-二甲酰基呋喃	C$_6$H$_4$O$_3$	124
45	23.57	2,3-二氢-3,5-二羟基-6-甲基-4H-吡喃-4-酮	C$_6$H$_8$O$_4$	144
46	24.19	左旋葡聚糖	C$_6$H$_6$O$_3$	126
47	24.91	3,5-二羟基-2-甲基-4-吡喃酮	C$_6$H$_6$O$_4$	142
48	25.17	1,2-二羟基苯	C$_6$H$_6$O$_2$	110

编号	保留时间/min	化合物	分子式	分子量/(g/mol)
49	26.68	3-甲基-2,4(3*H*,5*H*)-呋喃二酮	$C_5H_6O_3$	114
50	27.28	1-羟基-3,6-二氧杂二环[3.2.1]辛烷-2-酮	$C_6H_8O_4$	144
51	27.96	1,4:3,6-二脱水-α-*D*-吡喃葡萄糖	$C_6H_8O_4$	144
52	28.48	5-羟甲基糠醛	$C_6H_6O_3$	126
53	29.53	1,2-二羟基苯	$C_6H_6O_2$	110
54	29.68	2,3-脱水-*D*-甘露糖	$C_6H_8O_4$	144
55	30.26	2,3-脱水-*D*-半乳糖	$C_6H_8O_4$	144
56	31.16	1,5-脱水-4-脱氧-*D*-甘油基-己-1-烯-3-阿洛酮糖	$C_6H_8O_4$	144
57	31.75	2-甲基-1,4-苯二酚	$C_7H_8O_2$	124
58	32.35	1,2,4-环戊三醇	$C_5H_{10}O_3$	118
59	33.44	3,4-脱水-*D*-半乳糖	$C_6H_8O_4$	144
60	36.54	3,4-阿卓糖	$C_6H_{10}O_5$	162
61	38.80	左旋葡聚糖	$C_6H_{10}O_5$	162
62	40.80	1,6-脱水-β-*D*-呋喃葡萄糖	$C_6H_{10}O_5$	162

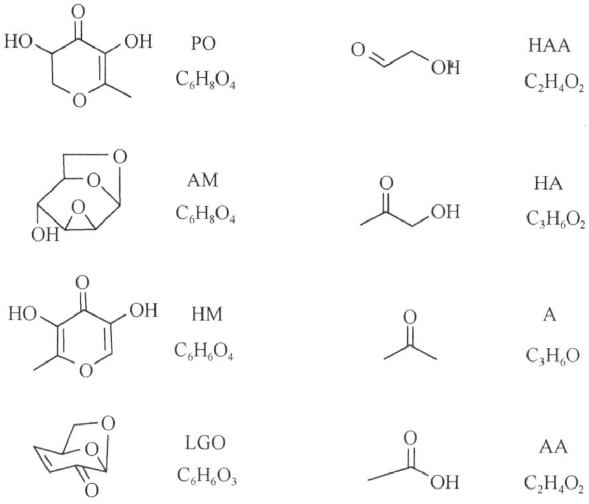

图 5-1　纤维素快速热解的重要产物

3. 纤维素快速热解的整体反应途径

基于纤维素快速热解的实验结果，Shen 和 Gu[9]综合前人的研究，提出了纤维素快速热解过程中形成主要产物的具体反应途径，如图 5-2 所示；之后，Dong 等[18]在前人研究基础之上，基于杨木快速热解的实验结果，进一步提出了纤维素快速热解的反应机理，如图 5-3 所示。

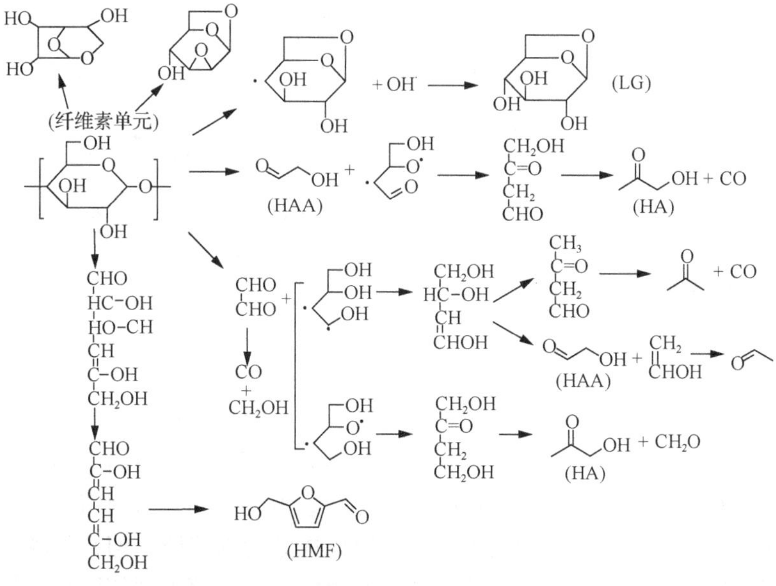

图 5-2　Shen 和 Gu 提出的纤维素快速热解形成主要产物的反应途径

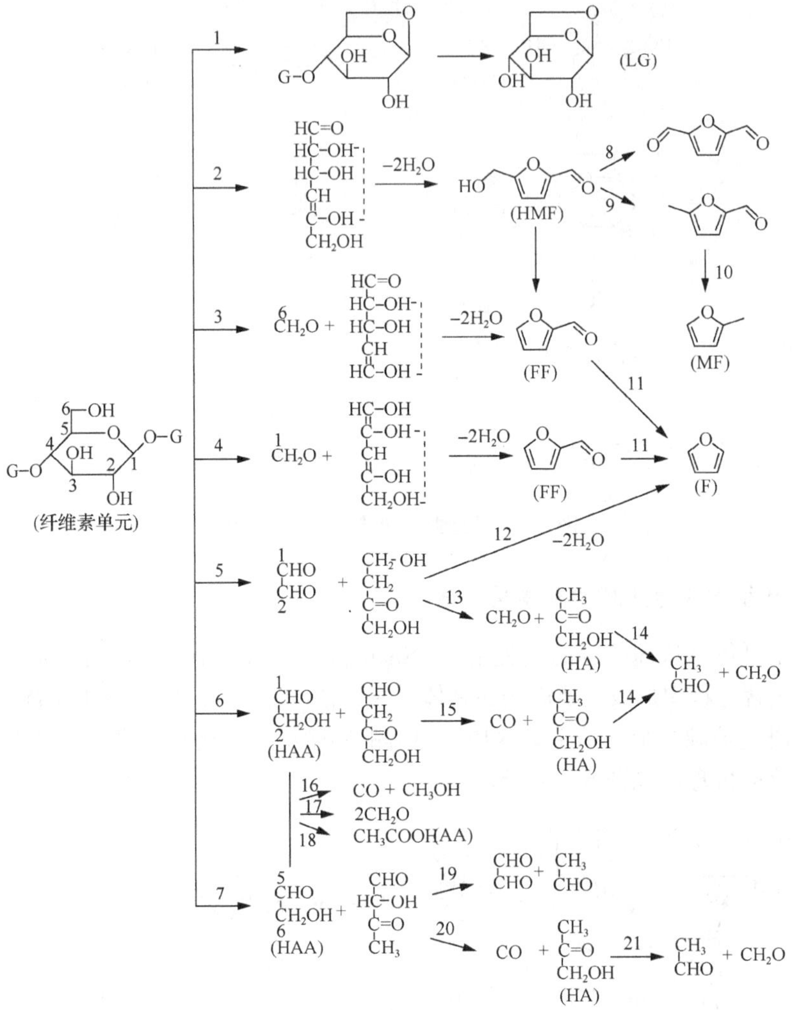

图 5-3　Dong 等提出的纤维素快速热解形成主要产物的反应途径

5.2.2　半纤维素快速热解机理

1. 半纤维素快速热解机理概述

　　和纤维素相比，半纤维素在一般生物质原料中的含量较低，而且组成结构较为复杂(其不是一种均一的聚糖，而是包括一群复合聚糖)。不同生物质原料的半纤维素组成有较大的差别，其中针叶木的半纤维素主要成分为葡萄甘露聚糖和木聚糖，而阔叶木和禾本科植物的半纤维素组成成分为木聚糖。葡萄甘露聚糖和纤维素具有相似的结构和性质，因此大部分对半纤维素热解机理的研究，都是以木聚糖为原料开展的。

对于半纤维素的快速热解，一般都认为具有和纤维素相似的反应机理；但由于半纤维素不存在结晶区，所以其热稳定性比纤维素差。在中温快速热解过程中，半纤维素也会经历解聚和开裂两大互相竞争的反应途径，形成各种一次热解产物；此外，由于半纤维素含有大量的乙酰基等取代基，还会发生取代基的脱落和裂解反应形成多种热解产物。

2. 半纤维素快速热解的产物组成

木聚糖快速热解所形成的液体产物种类主要包括以下五类：①脱水糖及其衍生物，产率较低，以 1,4-脱水-D-吡喃木糖（ADX）为主；②呋喃类产物，包括 FF、F 等；③小分子醛酮类产物，包括 HAA、HA、A 等；④小分子酸类产物，以乙酸（AA）为主；⑤其他产物，包括小分子酯、醇类产物、环戊酮类产物、烃类产物等[19-21]。在不同的热解条件下对木聚糖进行快速热解时，虽然产物种类没有太大的差别，但产物分布的差别却较大，以桦木木聚糖为原料进行快速热解所获得的主要热解产物列于表 5-2。

表 5-2　木聚糖快速热解的主要产物组成

编号	保留时间/min	化合物	分子式	分子量/(g/mol)
1	2.10	甲醇	CH_4O	32
2	2.15	乙醛	C_2H_4O	44
3	2.42	呋喃	C_4H_4O	68
4	2.48	甲酸	CH_2O_2	46
5	2.52	丙酮	C_3H_6O	58
6	2.55	2-丙烯醛	C_3H_4O	56
7	3.20	乙酸	$C_2H_4O_2$	60
8	3.43	2,3-丁二酮	$C_4H_6O_2$	82
9	3.50	2-丁酮	C_4H_6O	70
10	3.60	羟基乙醛	$C_2H_4O_2$	60
11	3.75	3-戊酮	$C_5H_{10}O$	86
12	4.06	1,2-丙二醇	$C_3H_8O_2$	76
13	4.95	丙酸	$C_3H_6O_2$	74
14	5.05	2-丁烯醛	C_4H_6O	70
15	5.52	1-羟基-2-丙酮	$C_3H_6O_2$	74
16	6.60	2,3-羟基-丙醛	$C_3H_6O_3$	90
17	6.91	甲苯	C_7H_8	92
18	7.24	3-戊烯-2-酮	C_5H_8O	84

续表

编号	保留时间/min	化合物	分子式	分子量/(g/mol)
19	7.38	(E)-2-丁烯	C$_4$H$_6$O$_2$	86
20	8.49	1-羟基-2-丁酮	C$_4$H$_8$O$_2$	88
21	9.23	乙酸基乙酸	C$_4$H$_6$O$_4$	118
22	10.25	丙酮酸甲酯	C$_4$H$_6$O$_3$	102
23	10.39	p-二甲苯	C$_8$H$_{10}$	106
24	11.51	糠醛	C$_5$H$_4$O$_2$	96
25	11.89	2-环戊烯酮	C$_5$H$_6$O	82
26	12.57	4-羟基-3-己酮	C$_6$H$_{12}$O$_2$	116
27	13.10	1-乙酰氧基-2-丙酮	C$_5$H$_8$O$_3$	116
28	13.90	2-氧代丁酸甲酯	C$_5$H$_8$O$_3$	116
29	14.13	2-甲基环戊烯酮	C$_6$H$_8$O	96
30	16.33	苯酚	C$_6$H$_6$O	94
31	17.32	3-甲基-2-环戊烯酮	C$_6$H$_8$O	96
32	17.62	3,4-二甲基-2-环戊烯酮	C$_7$H$_{10}$O	110
33	18.33	2H,3H-吡喃-2,6-二酮	C$_5$H$_4$O$_3$	112
34	19.07	2-羟基-3-甲基-2-环戊烯酮	C$_6$H$_8$O$_2$	112
35	19.28	2-甲基苯酚	C$_7$H$_8$O	108
36	19.40	2-羟基-3,4-二甲基-2-环戊烯-1-酮	C$_7$H$_{10}$O$_2$	126
37	19.57	2,3-二甲基-2-环戊烯酮	C$_7$H$_{10}$O	110
38	19.72	2,3,4-三甲基-环戊烯酮	C$_8$H$_{12}$O	124
39	19.92	3-羟基-2(3H)-呋喃酮	C$_4$H$_6$O$_3$	102
40	20.19	4-甲基苯酚	C$_7$H$_8$O	108
41	21.39	3-乙基-2-羟基-2-环戊烯酮	C$_7$H$_{10}$O$_2$	126
42	21.72	3,5-二甲基-2-环己烯酮	C$_8$H$_{12}$O	124
43	22.35	3-乙基-2-羟基-2-环戊烯酮	C$_7$H$_{10}$O$_2$	126
44	22.90	3,4-二甲基苯酚	C$_8$H$_{10}$O	122
45	24.43	2,3-二羟基-苯甲醛	C$_7$H$_6$O$_3$	138
46	25.22	5-乙酰基二氢-2(3H)-呋喃酮	C$_6$H$_8$O$_3$	128
47	28.15	4-羟基苯甲醛	C$_7$H$_6$O$_2$	122
48	28.52	1,4-脱水-α-D-吡喃木糖	C$_5$H$_8$O$_4$	132
49	28.78	2-甲基-1,4-苯二酚	C$_7$H$_8$O$_2$	124
50	30.55	2-羟基-5-甲基-1,3-苯二甲醛	C$_9$H$_8$O$_3$	164
51	31.97	3,4-二氢-6-羟基-2H-1-苯并吡喃-2-酮	C$_9$H$_8$O$_3$	164

3. 木聚糖快速热解的整体反应途径

基于半纤维素快速热解的实验结果，Shen 等[22]综合前人的研究，提出了木聚糖快速热解过程中形成主要产物的具体反应途径，如图 5-4 所示；之后，Dong 等[18]在前人研究基础之上，基于杨木快速热解的实验结果，进一步提出了木聚糖快速热解的反应机理，如图 5-5 所示。

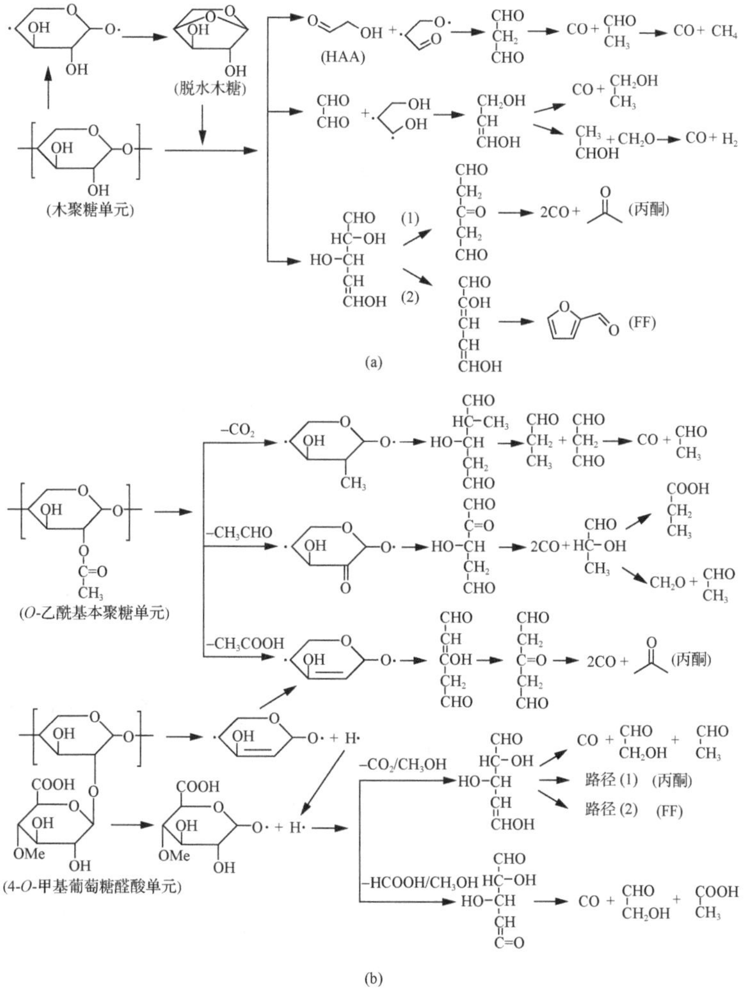

图 5-4　Shen 等提出的木聚糖快速热解形成主要产物的反应途径

(a) *O*-乙酰基-4-*O*-甲基葡萄糖醛酸木聚糖的主链部分，(b) *O*-乙酰基木聚糖单元和 4-*O*-甲基葡萄糖醛酸单元

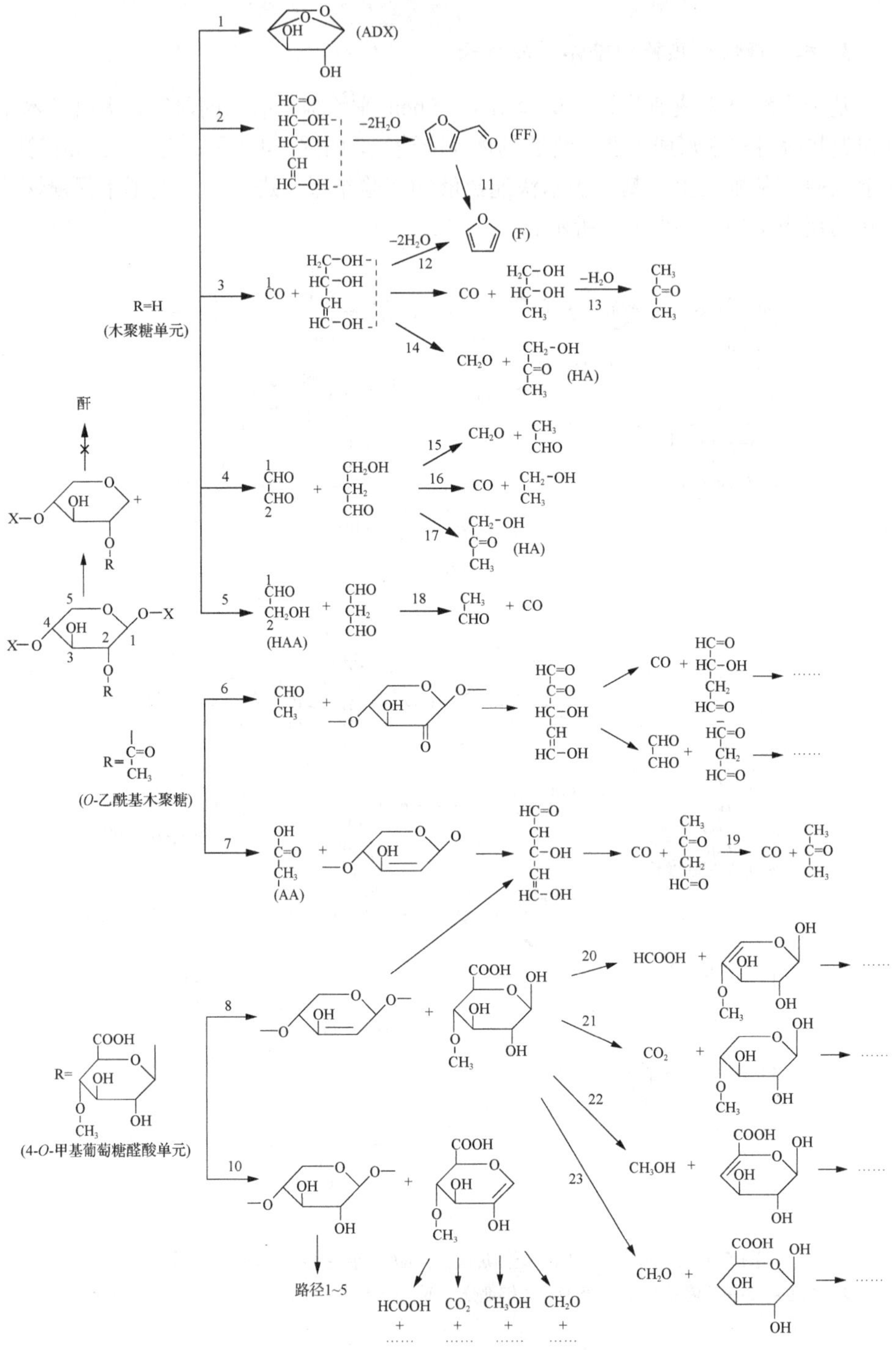

图 5-5　Dong 等提出的木聚糖快速热解形成主要产物的反应途径

5.2.3　木质素快速热解机理

木质素一般占生物质组分的 15%~40%，是由愈创木基丙烷、紫丁香基丙烷和对羟苯基丙烷三种基本结构单元通过醚键(C—O)和碳碳键(C—C)连接形成的一种复杂的、非结晶性的、三维网状高分子聚合物。木质素结构单元之间的连接方式主要有 β-O-4、α-O-4、4-O-5、5-5、β-5、β-1 等，分别如图 5-6 所示，其中，β-O-4 连接通常占 50%以上[23-25]。在生物质的三种主要组分中，由于木质素结构最为复杂，前人对其热解机理的研究很少。

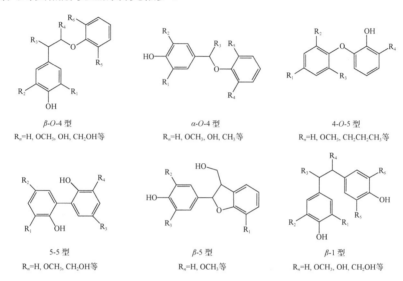

β-O-4 型　　　　　　　　　　α-O-4 型　　　　　　　　　　4-O-5 型
R_n=H, OCH$_3$, OH, CH$_2$OH等　　R_n=H, OCH$_3$, OH, CH$_3$等　　R_n=H, OCH$_3$, CH$_2$CH$_2$CH$_3$等

5-5 型　　　　　　　　　　β-5 型　　　　　　　　　　β-1 型
R_n=H, OCH$_3$, CH$_2$OH等　　R_n=H, OCH$_3$等　　R_n=H, OCH$_3$, OH, CH$_2$OH等

图 5-6　木质素模型化合物的主要连接方式

木质素的初始热解一般在 200 ℃左右发生，但其大量热解需要较高的温度，比纤维素大量热解的温度高，所以木质素一般作为生物质三种主要组分中热稳定性最好的组分。

木质素的快速热解会形成较高产率的焦炭，这是由于木质素是一种芳香族高分子化合物，其裂解比纤维素和半纤维素中糖苷键的断裂要困难得多。木质素快速热解形成的液体产物可以分为三类：①大分子木质素热解低聚物(也称热解木质素，pyrolytic lignins)；②单分子挥发性酚类物质；③小分子物质(如甲醇、乙酸等)。其中低聚物的产率最高，一般在常规生物油中含量可达 13.5 wt%~27.7 wt%(干基状态)[26-29]。由于这些低聚物无法直接通过 GC/MS 进行定性分析，在前人的研究中采用多种化学方法对其进行分析，确定了其平均分子量为 650~1300 g/mol，并进而确认了其二聚物的基本结构，推测了三聚物、四聚物等各种不同聚合度的低聚物的结构式[30-32]，分别如图 5-7 和图 5-8 所示。

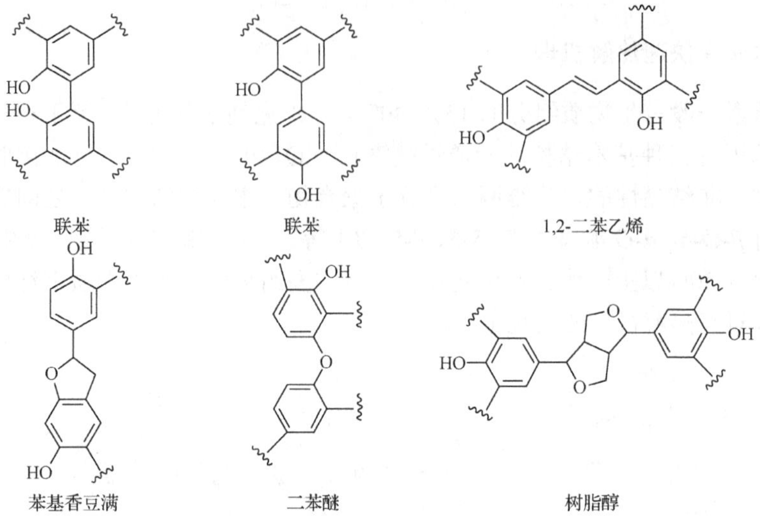

图 5-7 热解木质素中的二聚体

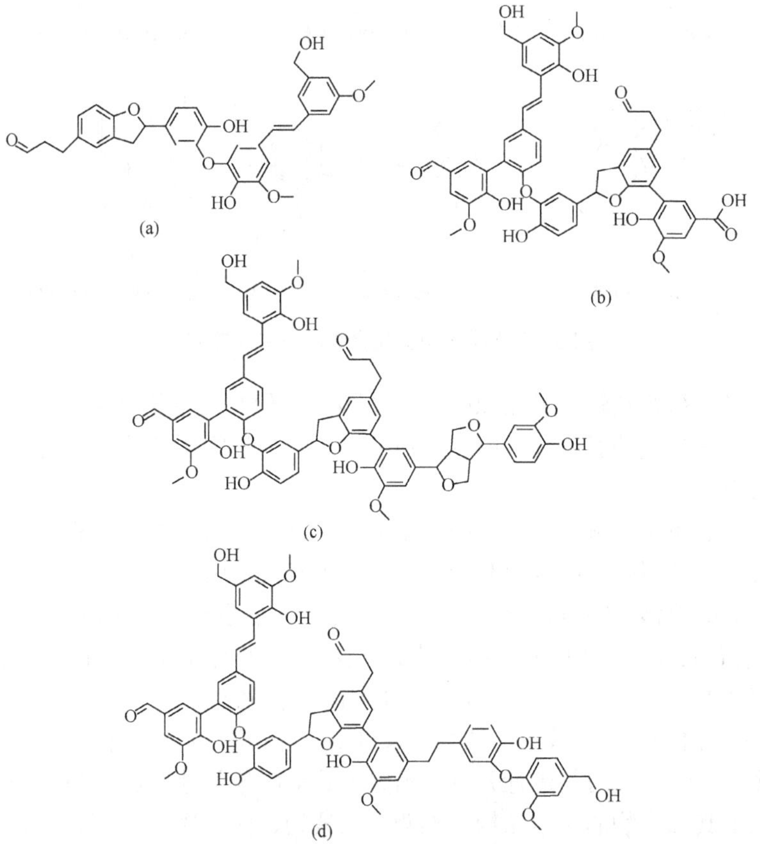

图 5-8 热解木质素中的四聚体(a)、六聚体(b)、七聚体(c)和八聚体(d)

　　和纤维素、半纤维素相比，木质素的分离较为困难，迄今为止还没有办法能分离到一种完全代表原本木质素的木质素制备物，因此，难以采用纯木质素进行热解实验以揭示其热解反应机理。目前，大部分对木质素热解机理的研究，都是以不同连接形式的木质素模型化合物为原料展开的。其中，最为典型的是 β-O-4 型木质素二聚体模型化合物。在中温快速热解过程中，β-O-4 型木质素二聚体模型化合物会经历化学键均裂(主要是 C_β—O 和 C_α—C_β 键均裂)和协同断裂两大互相竞争的反应路径，形成各种一次热解酚类产物，整体热解反应机理如图 5-9 所示[33-36]。

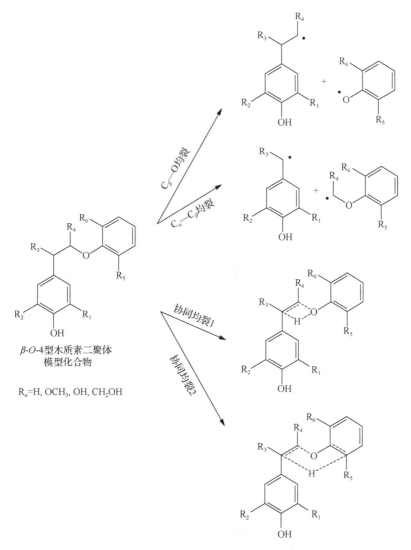

图 5-9　β-O-4 型木质素二聚体模型化合物的热解反应机理

5.3　生物质热解液化工艺与装置

5.3.1　生物质热解液化工艺介绍

生物质热解液化工艺包括五大基本环节：①原料预处理；②进料；③快速热解；④气固热解产物分离；⑤热解气冷凝与生物油收集。

1) 原料预处理

破碎和干燥是生物质作为热解液化原料所需的基本预处理。快速热解要求生物质颗粒在反应过程中迅速升温，因此颗粒粒径越小，越有利于颗粒的快速升温；此外，生物质颗粒表面受热后首先生成炭，炭的存在会阻碍热量向颗粒内部传递，这也要求裂解使用小颗粒原料。生物质原料水分含量越少，越有利于颗粒的快速升温。原料大量的水分进入生物油中，会降低生物油的热值、导致生物油出现分层(水分含量上限一般为 30%左右)、使生物油点火困难、着火滞燃期延长并降低燃烧火焰温度。为了控制生物油的水分含量并考虑原料的干燥成本，一般要求热解原料水分含量为 5%～10%。

2) 进料

生物质的挥发分很高，受热后极易软化黏结从而堵塞进料系统，因此进料系统设计的关键问题是防止生物质物料受热软化。螺旋进料器是最常用的进料装置，早期采用单级螺旋的进料方式一般有两种。第一种方法是螺旋进料器出口设在反应器内部，生物质物料在螺旋内的停留时间是由螺旋转速(也就是反应器的处理能力)所决定的，如果停留时间过长达到软化温度就会堵塞进料系统。第二种方法是螺旋进料器出口连接一个斜管或竖管，物料在惰性气体的吹扫下进入反应器。这种进料方式存在的问题主要有：①进料系统变得复杂；②吹扫气体影响反应器内的流化状态和反应器内的温度；③物料容易在管道中架桥；④当反应器内压力变化时，会导致进料不稳定。基于以上问题，目前国内外各科研单位都研发了由两级螺旋进料器构成的进料系统，第一级为低速螺旋，控制生物质的进料速率，第二级为高速螺旋，将第一级螺旋送来的物料在没有充分升温之前送入反应器。实验表明，两级螺旋进料器进料稳定，反应器内工作压力正常，没有气体反串等问题。

3) 快速热解

快速热解是生物质热解液化技术中最关键的步骤，直接决定了生物油的产率和品位以及热解液化系统的工作特性。快速热解过程的两大关键问题是热量的供应和热量的传递。生物质热解是一个吸热过程，需要源源不断地向反应器内提供热量。不同的研究表明，生物质热解所需的热量是比较少的，完全可以利用热解副产物燃烧来为生物质热解提供能量，从而实现自热式的热解液化。副产物燃烧给热解提供热量的方式众多，可以通过固壁传热、载气或载体携带热量等方式实现。生物质是一种热的不良导体，如何将反应器内的热量传递给生物质使得生物质快速受热分解是另一个重要的问题，不同的热解反应器会通过不同的强制传热方式，实现生物质的快速升温分解。

4) 气固热解产物分离

高温热解产物在快速冷凝之前要进行气固分离。最常用的气固分离装置是旋风分离器。一般而言，旋风分离器对 10μm 以下颗粒的分离效率较差(<90%)，而且随着装置规模的扩大，旋风分离器的效率会逐渐下降。然而，由于炭粒对木质素裂解物的吸附作用，常规冷态生物油过滤很难进行。解决方法一般有两种：一种是在冷态过滤情况下，添加甲醇等助剂对生物油进行稀释，但该方法仍不可避免地会损失部分生物油组分；另一种是直接对经过旋风分离器后的热解气进行高温气体过滤，高温热解气过滤器(类似于传统的袋式除尘器)和静电除尘器等仪器都显示出了很好的过滤效果，但是静电除尘由于投资和运行成本都比较高，应用较少。

5) 热解气冷凝与生物油收集

目前，最适合生物油冷凝的方式是喷雾冷凝与降膜冷凝相结合的冷凝方式，该方法首先将成品生物油雾化后直接喷洒到高温热解气中，与热解气接触，胶质颗粒和生物油液滴相接触后被收集，热解气迅速降温从而抑制聚合和缩聚等反应的发生；然后采用降膜冷却将冷凝产生的热量透过液膜被冷凝管另一侧的冷却水带出冷凝器，同时让低沸点的组分在液膜气液界面进一步发生冷凝。目前这种冷凝方式得到大部分研究者的认可并大规模应用，对热解气中可冷凝部分的收率很高。冷凝器设计的关键问题在于合理地匹配喷雾冷凝和降膜冷凝过程：首先冷凝速度的快慢决定了热解气发生聚合和缩聚反应的程度，故一定程度上决定了生物油的收率与品质；其次，生物油本身也是一种不稳定的液体，其雾化液滴在与高温热解气接触之后升温会使老化反应加快。生物油的变性温度约为 80℃，而超过 100℃后生物油则迅速老化。因此，在喷雾冷凝过程中，增加冷凝液体的流量显然对快速降低热解气温度和控制成品油温度升高有利；但是，过多冷凝液进入降膜冷凝阶段会增大降膜过程中的液膜厚度，从而增加降膜冷凝的负荷，如果降膜冷凝效果太差，不仅低沸点组分不能得到充分冷凝，生物油收率降低，而且作为冷凝液的生物油长时间处于较高温度也会加剧老化。

5.3.2　生物质热解液化装置介绍

生物质热解液化系统一般应包括原料预处理设备、进料装置、快速热解反应器、气固分离装置、快速冷却装置和气体输送设备等，其中快速热解反应器是核心部件，它的运行方式决定了热解液化技术的类型。

针对生物质快速热解获取高产率生物油所需的反应条件，经过多年的发展，各国研究机构已开发出了多种类型的热解技术和热解反应器，主要包括流化床式反应器、烧蚀式反应器、旋转锥反应器、螺旋反应器、真空热解反应器等，见表 5-3[37]。

表 5-3　国内外生物质热解液化工艺研发情况（2014 年统计）

序号	研发单位	国家	技术	规模/(kg 干料/h)	应用	现状
1	Ensyn/Fibria	巴西	循环流化床	16667	燃料	设计阶段
2	Fortum	芬兰	流化床	10000	燃料	运行
3	BTG BioLiquids/ EMPYRO	荷兰	旋转锥	5000	燃料	试运行
4	Ensyn Technologies	加拿大	循环流化床	2500	燃料	运行
5	Genting	马来西亚	旋转锥	2000	燃料	停用
6	ABRI Tech.	加拿大	螺旋	2000	燃料	停用
7	Red Arrow/Ensyn	美国	循环流化床	1667	分离化学品&燃料	运行
8	Red Arrow/Ensyn	美国	循环流化床	1250	分离化学品&燃料	运行
9	Ensyn Technologies	加拿大	循环流化床	625	燃料&化学品	运行
10	Agri-Therm/Univ Western Ontario	加拿大	流化床(可移动)	420	化学品原料	运行
11	Valmet	芬兰	流化床	300	燃料	运行
12	Biomass Engineering Ltd	英国	流化床	250	燃料&化学品	停用
13	Pytec	德国	烧蚀式	250	燃料	停用
14	Virginia Tech	美国	流化床	250	燃料	停用
15	BTG	荷兰	旋转锥	200	燃料&化学品	运行
16	中国科学技术大学	中国	流化床	120	燃料	运行
17	Fraunhofer UMSICHT	德国	烧蚀式	100	燃料&化学品	试运行

1. 流化床式热解反应器

流化床式反应器主要依靠流化载气和(或)固体热载体(一般使用石英砂)通过对流和传导的方式将热量传递给生物质颗粒，热解过程的主要限制因素是生物质颗粒从表面向内部的传热，因此，流化床式反应器一般需要小粒径的颗粒(<3mm)。常用的流化床式反应器主要有鼓泡流化床反应器、携带床反应器和循环流化床反应器等。流化床式反应器的优点主要是不含运动部件，结构较为简单、

工作可靠性大、运行寿命长等；但缺点是能量损失大。由于流化床式反应器应用极为广泛，研发单位也较多，在此就不一一对各单位研发的流化床式生物质热解液化系统进行详细介绍。

在各种流化床式反应器中，鼓泡流化床(bubbling fluid bed)的开发应用最早，也是一种比较成熟的热解反应器，基于鼓泡流化床的生物质热解液化工艺如图5-10所示。采用鼓泡流化床反应器作为生物质快速热解反应器的研究单位较多，包括加拿大 Waterloo 大学、加拿大 Dynamotive 公司、西班牙 Union Fenosa、英国 Wellman 公司等。鼓泡流化床的应用广泛，主要优点在于：①结构简单、运行可靠；②床内温度控制比较简单；③容易进行规模扩大。缺点在于：①需要使用小颗粒的生物质原料；②由于生物质热解所需的热量只能通过间接换热的方式向反应器内提供，热量传递速率限制了反应器的处理能力，这是目前采用这种热解工艺开发大规模液化装置所面临的最大的技术问题。

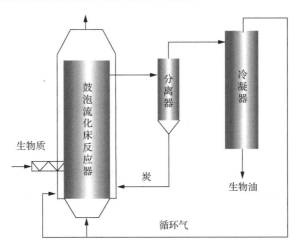

图 5-10　基于鼓泡流化床的生物质热解液化工艺

携带床(entrained bed)反应器的最大特点是不使用热载体砂子，热解所需的全部热量由流化载气带入，仅通过载气与生物质颗粒之间的对流实现热量的传递。开展基于携带床反应器热解技术研发的单位比较少，主要是美国 GTRI 和比利时 Egemin。携带床反应器的工作特性比较简单，缺点是不能实现良好的热量传递。

循环流化床(circulating fluid bed)反应器目前应用比较广泛。在循环流化床反应器中，热载体砂子随着热解副产物焦炭一起被吹出反应器，然后进入焦炭燃烧室，焦炭燃烧释放的热量加热砂子，热砂子返回液化反应器提供热解所需的能量，就构成了循环流化床热解过程,基于该过程的生物质热解液化工艺如图5-11所示。加拿大 Ensyn、希腊 CRES 和 CPERI、芬兰 VTT 等单位均基于循环流化床反应器研发了生物质热解液化装置。和鼓泡流化床反应器相比，循环流化床反应器的主要优点有：①装置的处理能力显著提高；②可以使用稍大一些的生物质颗粒。循环流化床热解技术的主要缺点有：①反应动力学复杂，热解过程难控制；②使用大量的流化载气，给热解气的冷凝带来很大的困难，同时导致大量的能量损失；③反应器磨损严重；④砂子循环和反应器温度控制较为困难。

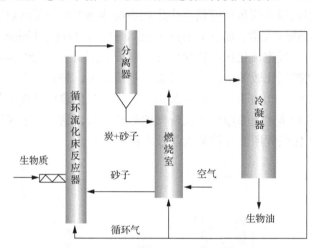

图 5-11　基于循环流化床的生物质热解液化工艺

2. 烧蚀式热解反应器

烧蚀式热解反应器(ablative pyrolysis reactor)的特点是具有相对运动速度的生物质颗粒和高温壁面接触热解，热解产生的焦炭被壁面摩擦剥落，内部的生物质则继续和高温壁面接触热解，因此，烧蚀式反应器允许的最高生物质颗粒粒径可高达 2～6cm。烧蚀式热解工艺中的传热限制在于维持高温壁面热解所需的温度。烧蚀式热解工艺的技术关键是使生物质颗粒和高温壁面在具有相对运动速度的情况下紧密接触而不脱离，一般是通过机械力或离心力的作用使颗粒紧紧贴住高温壁面。烧蚀式反应器的优点是系统的运行能耗较低，而且装置结构比较紧凑；缺点是反应器含有运动构件且需要在高温和高粉尘环境下作悬臂旋转，因此对材料和轴承的耐热性、耐磨性、密封性等要求相当高。英国 Aston 大学、美国 NREL、加拿大 BBC 等单位开发了基于不同类型的烧蚀式反应器的生物质热解液化装置。烧蚀式热解工艺的传热限制因素在于如何维持壁面的温度，因此装置的处理能力也是由高温壁面决定的。加拿大 Castle Capital 公司在 BBC 开发的连续烧蚀式热解工艺的基础上，建立了一套日处理 50t 原料的连续烧蚀式热解装置，系统示意图如图 5-12 所示。

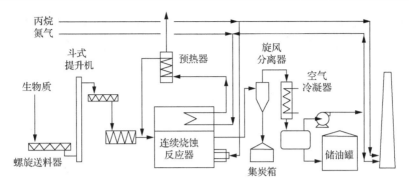

图 5-12　Castle Capital 开发的烧蚀式生物质热解液化系统

3. 旋转锥反应器

　　旋转锥反应器(rotating cone reactor)主要由内外两个同心锥共同组成,内锥固定不动,外锥绕轴旋转,由荷兰 BTG 公司研发。生物质颗粒和热载体经由内锥中部的孔道喂入两锥的底部后,由于旋转离心力的作用,它们均会沿着锥壁作螺旋上升运动。同时,又由于生物质和砂子的质量密度差异很大,所以,它们作离心运动时的速度也会相差很大,两者之间的动量交换和热量交换由此得以强烈进行,从而使得生物质颗粒在沿着锥壁作离心运动的同时也在不断地发生热解反应,当到达锥顶时刚好反应结束而成为炭粒,砂子和炭粒旋离锥壁后落入反应器底部,热解气引出反应器后立即进行淬冷而获得生物油。基于旋转锥反应器的生物质热解液化工艺如图 5-13 所示。旋转锥热解反应器结构紧凑,不需要惰性流化载体气,避免了载体气对热解气体的稀释,从而有效降低了工艺能耗和液化成本。但缺点是外旋转锥必须由一悬臂的外伸轴支撑作旋转运动,而支持外伸轴的轴承必须能

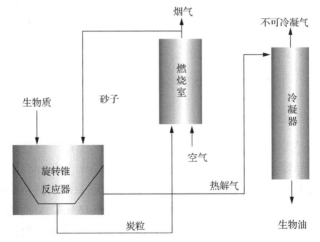

图 5-13　基于旋转锥反应器的生物质热解液化工艺

够在高温和高粉尘工况下长时间可靠地工作，难度较大。此外，惰性热载体不停地在两锥壁面之间作螺旋运动，它对高温壁面的摩擦磨损也非常严重。近年来，旋转锥反应器由于技术上难以克服的缺陷，其发展已经极度受限。

4. 螺旋热解反应器

螺旋热解反应器(screw pyrolysis reactor)采用壁面加热或者固体热载体加热生物质，依靠带有螺旋叶片的轴在封闭料槽中旋转推动生物质进行热解。螺旋热解反应器的优点是理论简单、能耗低、操作连续和热效率高，缺点是温度分布不均、螺杆和壁面温差大、热解颗粒软化分解黏附在螺杆上，易造成堵塞。固体热载体加热的方式可以降低温差和堵塞现象。和其他类型的热解反应器相比，螺旋热解反应器的研发较晚，但近期获得了很多的关注，发展迅速。加拿大 ABRI tech.、德国 Lurgi LR、KIT(FZK)、美国 Renewable Oil Intl、荷兰能源研究中心、德国 Forschungszentrum Karlsruhe 等单位都开发了基于螺旋热解反应器的生物质热解液化系统。图 5-14 为荷兰能源研究中心开发的螺旋热解装置[37]；图 5-15 为 KIT(FZK)开发的基于螺旋热解反应器的生物质热解液化系统[38]。

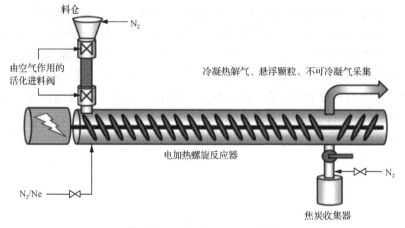

图 5-14　荷兰能源研究中心开发的螺旋热解装置

5. 真空热解反应器

真空热解反应器(vacuum pyrolysis reactor)实际上是一种慢速至中速热解反应器，生物油产率较低(35%~40%)，由加拿大 Pyrovac Institute Inc.所研发。生物质经干燥和粉碎后在真空下导入热解反应系统，反应系统由两块高温水平夹板构成，采用融盐混合物进行加热并使温度维持在一定值(530℃)，而融盐则由热解产生的不可冷凝气体燃烧加热。生物质热解气体由真空泵从反应器内抽出后冷凝。Pyrovac 在 2000 年建立了日处理 93 t 物质原料的工业示范装置，但由于真空热解生物油产率较低，生物油黏度大，使用困难，缺乏相应的应用市场，在 2002 年之后，Pyrovac 中止了这项技术的推广应用。目前基于真空热解反应器的生物质热解液化技术，已经鲜有研究。

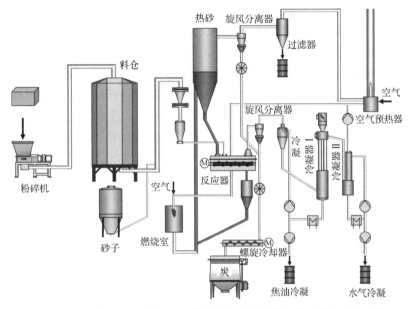

图 5-15　KIT(FZK)开发的基于螺旋热解反应器的生物质热解液化系统

5.4　生物油的化学组成、理化特性、应用领域和精制方法

5.4.1　生物油的化学组成

常规生物油是由水分和数百种有机物(主要是含氧有机物)所组成的混合物，还含有少量的固体灰分杂质。生物油中的主要有机物种类在前述热解反应机理中已经介绍，基于不同生物质原料和热解反应工艺所获得的生物油，有机物种类及其含量会有显著的差别。目前，生物油中检测出的有机物已超过 400 种[39,40]。然而，即使综合利用现有的各种分析方法，还是很难对生物油的所有有机物进行精确的测定。一般而言，干基状态下的生物油含有 50wt%可被 GC/MS 分析的组分、25 wt%可被 HPLC/MS(高效液相色谱/质谱联用)分析的组分(主要是脱水糖类组分)以及 25wt%很难被检测的组分(主要是木质素裂解低聚物)。为了高效分析生物油的化学组成，一般需要对生物油进行分离预处理，常用的分离方法有溶剂萃取法[41,42](常以水、乙醚、二氯甲烷等为溶剂)、柱色谱分离法[43,44]、膜分离[45]、分子蒸馏[46]、超临界萃取[47,48]等，由此将生物油分离成多个部分，再根据各组分的特点逐一进行分析。生物油和石油的最大区别在于生物油中的高氧含量(45%～60%，湿基)，这也是生

物油和石油在物理性质和化学组成上有着巨大差异的根本原因[49]。

　　水是生物油中含量最多的单个组分，来源于原料中水分和热解过程反应所生成的水分，一般含量为15%～30%。生物油中含有大量的水溶性有机物，因此，水分是分散在生物油中的，但是这种存在形式并不是非常稳定的，如果生物油中水分含量增加，木质素裂解低聚物会以沉淀的形式析出，从而导致生物油发生相分离，形成水相和油相。生物油中的水分很难除去，主要是生物油中含有较多的低沸点组分，而且生物油的热稳定性较差，使得常规的加热除水方法对生物油不可行。

　　生物油中的固体颗粒主要是炭和流化介质（如石英砂等），以多种形式存在于生物油中：吸附到有机物上，或者以沉淀的形式存在。生物质原料中的灰分在热解过程中基本都留在炭粒中，而灰分中含有多种金属元素，因此生物油炭粒中的金属含量是生物质原料的6～7倍[50]。

5.4.2　生物油的理化特性

　　生物油是一种具有微观多相性的液体，其中存在固体颗粒、蜡状物质、水相颗粒和重质胶团。品质较好的生物油从宏观上看是一种均相的液体，而实际上是一种两相液体，水和水溶性组分形成了连续相，不溶于水的木质素裂解物以微乳液的形式悬浮于生物油中，一些水油两亲的组分以乳化剂的作用保持了生物油的这种两相稳定性，图5-16是Perez等[51]提出的生物油微观多相性的物理模型，SWBR和HWRF分别为由软木树皮残渣和富含纤维的硬木制备的生物油。

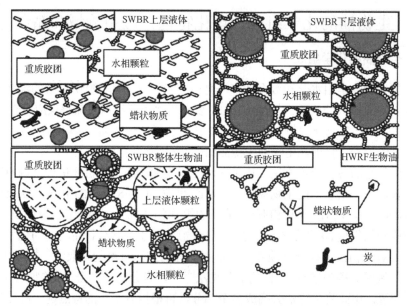

图 5-16　Perez 等提出的生物油微观多相性的物理模型

　　生物油是一种高极性的液体，因此和一些极性溶剂具有一定的相溶性。生物油在一定范围内可以溶解一定的外加水，但加水量超过一定范围时，任何生物油都会发生水相和油相的分离。和常规生物油相溶性最好的溶剂是小分子醇类物质，主要是甲醇和乙醇，这两种溶剂几乎可以将常规生物油全部溶解，不溶物仅为固体颗粒。此外，和常规生物油具有相溶性的溶剂还包括异丙醇、丙酮等溶剂（相溶性不如甲醇和乙醇）。常规生物油和烃类液体（如己烷和柴油等）则基本上完全不溶。

　　生物油由于含有大量的水分和含氧有机物，其热值远低于化石燃油，高位热值一般为 15~18MJ/kg。生物油多数为牛顿流体，其黏度受水分和重质组分的含量影响极大，不同生物油的黏度差别极大。生物油是一种酸性的液体，其 pH 值一般为 2~4，酸度为 50~100mgKOH/g，会对 Al、Fe、Zn 等活泼金属产生严重的腐蚀；耐生物油腐蚀的材料主要有不锈钢和各种聚合物如聚乙烯、聚丙烯和聚酯等。生物油是一种非热力学平衡产物，含有大量不稳定的组分（醛类组分等），稳定性较差，在保存和使用的各种不同条件下会继续发生各种反应，在宏观上表现为生物油黏度和平均分子量的增大，并最终发生水油两相的分离。

5.4.3　生物油的应用领域

1. 生物油的化工应用

　　生物油的主要化工应用如下：①提取特定官能团组分；②提取特定化学品；③制备化学品；④气化制备合成气；⑤重整制备氢气。

　　从生物油中可提取的特定官能团组分主要有两类，一是熏液（生物油水相部分），作为食品添加剂；二是酚类物质（木质素热解产物），用于替代苯酚制备酚醛树脂。

　　生物油的化学组成极为复杂，其中含有多种高附加值的化学品，因此从生物油中提取特殊化学物质的潜力是巨大的。然而生物油中绝大部分物质的含量都很低，分离提取困难，针对常规生物油，现阶段仅有少数物质的分离在技术上和经济上是比较有前景的，主要是乙酸（AA）[52,53]、羟基乙醛（HAA）[54]、左旋葡聚糖（LG）[55-59]等。为了能够获得更多高附加值的化学品，需要对生物质热解过程进行定向调控，获得特殊的富含特定高附加值化学品的生物油，相关工作在第 6 章中详细介绍。

　　生物油作为一种非热力学平衡产物，化学性质活泼，一些学者开展了直接利用生物油制备化学品的研究，例如，利用生物油制备木材防腐剂[60,61]、缓释氨基肥料[62]、脱硫脱硝剂[63]、羧酸钙盐路面除冰剂[64]等。

　　生物油可作为一种原材料，经直接气化[65]或催化气化[66,67]后制备合成气（以 CO 和 H$_2$ 为主的混合气体，可以合成甲醇、二甲醚、汽油等高品位的液体燃料）。以生物油为原料进行气化制备合成气，和生物质直接气化相比，具有特定的优势：

①流化床生物质气化由于温度较低，气化气体中 H_2 含量较低，并且焦油和甲烷含量较多，需要进行复杂的催化重整；而携带床反应器由于温度过高，对原料的预处理和反应器的材料要求都比较高，如果生物质不经过脱灰处理就会发生灰分的熔融，而且该反应需要极细的原料颗粒；另外，如果气化过程中引入了氮气，产物气体就会被稀释。②生物油容易存储和运输，便于分散式热解液化，再将生物油集中气化合成制取高品位的液体燃料，而直接将生物质气化再合成液体燃料，规模不易扩大。③生物油气化反应器可以建立起统一的规范，而生物质气化反应器随原料不同需要有不同的设计。④生物油加压气化较为容易实现，而生物质加压气化则非常困难。生物油常规气化需要很高的温度，为了提高转化效率以及合成气中 CO 和 H_2 的含量，一些学者开展了生物油催化气化的研究，其中的关键在于催化剂的筛选，目前所使用的催化剂主要是镍基催化剂。

除了气化制备合成气，生物油还可经重整制备氢气，包括水蒸气重整制氢[68,69]和干重整制氢[70]。目前研究较多的是生物油水蒸气重整制氢，这是一个两阶段反应，生物油首先在催化剂的作用下发生如下反应：

$$C_nH_mO_k+(n-k)\,H_2O \longrightarrow nCO+(n+m/2-k)\,H_2 \tag{5.1}$$

然后 CO 和 H_2O 再进一步进行变换反应：

$$CO+H_2O \longrightarrow CO_2+H_2 \tag{5.2}$$

对于干重整制氢，由于生物油的热稳定性很差，极易在催化剂表面积炭导致催化剂失活，目前还少有研究。和生物油气化制备合成气相似，生物油重整制氢的关键也在于催化剂，镍基催化剂也是最为广泛使用的重整催化剂。

2. 生物油的燃烧应用

意大利 IstitutoMotori CNR、美国 Sandia 实验室分别研究了单滴生物油的燃烧特性，发现生物油在常压下的燃烧是一个多阶段过程，可分为着火、静态燃烧（蓝色火焰）、微爆、碎片燃烧（明亮的黄色火焰）、微型颗粒（炭黑）的形成和燃烧。生物油燃烧过程中有两个显著的现象：一是液滴在燃烧初期的体积迅速增加并进而破碎，这个过程称为生物油的微爆；另一个是生物油燃烧非常容易形成炭黑粒子。

雾化燃烧是生物油基本的应用方式，雾化质量直接影响燃烧特性，影响雾化颗粒粒径大小的因素包括雾化条件、油料性质和喷嘴结构，其中的油料性质主要是黏度和表面张力。生物油的黏度一般介于柴油和重油之间，不同生物油的黏度差别比较大，随着温度升高，黏度迅速下降；生物油的表面张力一般为 $28\sim40\text{mN/m}$（高于柴油），随温度升高而缓慢下降。与汽油、柴油相比，生物油的着火特性很差，然而一旦点燃，就可以稳定地燃烧，和柴油燃烧相比，生物油雾化燃烧的最高火焰温度较低，火焰长度较短，但宽度较大，如图 5-17 所示。

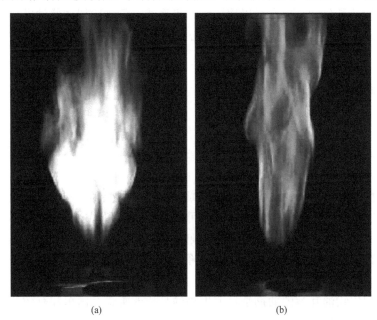

(a)　　　　　　　　　　　　　　　(b)

图 5-17　生物油(a)和柴油(b)燃烧的火焰形状比较

生物油的燃烧应用如下：①和化石燃料共燃[71]；②单独在锅炉或窑炉中燃烧[72,73]；③和柴油乳化后在内燃机中燃烧[74,75]。共燃是生物油最简单的燃烧应用，对生物油品质要求较低、燃烧技术相对简单，并且对现有热力设备的改造较少。

锅炉和窑炉等热力设备对燃料的要求比较低，生物油经过简单的提质处理后即可作为锅炉/窑炉燃料，经过多年的发展，生物油在锅炉和窑炉上的雾化燃烧技术已经比较成熟[72,73,76-81]。该燃烧技术的一大关键技术是点火：生物油不仅点火困难，而且燃烧初期的火焰稳定性较差。生物油中含有大量的水分，水分的蒸发增加了着火热，延迟了着火时间；而且在点火初期，燃烧室温度较低，火焰散热损失严重，容易熄灭。生物油的成功点火决定于多方面的因素，如燃烧室温度、是否有辅助火源、雾化颗粒的粒径、喷雾速度、喷雾特性(如雾化锥角等)、高温回流区大小、燃烧空气温度等，需要合理组织各个因素。

内燃机(包括汽油机、柴油机和燃气轮机)对液体燃料的品质要求比较高。前人对生物油直接应用于内燃机系统开展了大量的研究工作，但无一例外都以失败告终，归根结底在于常规生物油的品质较差，远达不到内燃机对燃料的要求。因此，现阶段，不同的研究单位一方面通过对内燃机进行改进以期适应低品位的生物油燃料，另一方面通过生物油的精制实现品位的提升后用于内燃机。将生物油和柴油乳化后用于内燃机，是最为常见的手段。不同学者的研究结果均表明，生物油和柴油的乳化油，完全可以用于内燃机系统，但现阶段生物油乳化技术还不成熟，因此，将乳化油用于内燃机系统必须同时开发生物油/柴油乳化技术以及燃烧技术。

5.4.4　生物油的精制方法

1. 生物油的物理精制

生物油的物理精制方法主要包括选择性热解气冷凝[82]、添加助剂[83]、和柴油乳化[84]、和焦炭混合制备油浆[85,86]等。

选择性热解气冷凝，也称为分级冷凝，主要通过控制不同的冷凝温度，将热解气分别冷凝成不同的液体组分，从而可将部分水分和轻质组分从主体生物油中移除。芬兰 VTT 等单位通过选择性冷凝的研究发现，在 45~55℃对热解气进行冷凝，获得的主体生物油水分含量大幅降低，刺激性气味减弱，热值增加，闪点增高，稳定性提高。

添加和生物油互溶的助剂是目前生物油品质改善最为简单和有效的方法，小分子的有机溶剂如甲醇、乙醇等是最常用的助剂。在生物油中添加醇类，不仅可以提高热值、降低黏度、改善着火和燃烧特性，更重要的是醇类组分可以和生物油中的一些不稳定组分，如醛类组分等发生可逆反应，从而抑制老化反应的发生而提高生物油的稳定性，有利于生物油的存储。

将生物油和柴油乳化后的乳化油，其燃料性能远优于生物油，可望直接应用于内燃机系统。生物油和柴油是不能相溶的，通过添加表面活性剂降低液体的表面能可以使其中一种液体均匀地分散在另一种液体中，比例高的液体呈连续相，比例低的液体呈离散相，乳化油的性质和离散相的粒径及其分布有关。不同学者已经对超过 100 种的表面活性剂进行了生物油的乳化实验，发现生物油组分复杂，分子量跨度大，使得表面活性剂的选择非常困难，一般只能靠经验选择合适的乳化剂。将生物油和柴油乳化后部分地替代柴油应用于柴油机是现阶段避免生物油应用新技术的开发所需的大量资金投入和漫长时间的一个有效的过渡手段，但乳化技术以及乳化油的应用目前还存在一些问题：①乳化油成本过高，主要来自于表面活性剂的成本和乳化过程中的能量输入；②乳化油容易分层，因而不能长期放置；③乳化油的黏度一般远大于柴油，不能满足部分内燃机的要求。

此外，还有学者提出了将生物油和煤、炭等混合后制备油浆，作为燃料或者气化原料。

2. 生物油的化学精制

生物油的化学精制方法主要包括催化裂解[87,88]、催化酯化[89,90]、催化加氢[91,92]以及其他新方法。

催化裂解是在催化剂的作用下将生物油或热解气进一步裂解成较小的分子，其中的氧元素以 H_2O、CO 和 CO_2 的形式除去。早期的催化裂解研究是对生物油进行的，但由于生物油的热稳定性差及大分子物质无法进入微孔分子筛的孔道内，目前更好的催化裂解方式则直接对热解气开展。催化裂解的核心在于催化剂，目前研究最多的是以 HZSM-5 为代表的沸石分子筛催化剂，但存在着催化剂积炭失活严重、产物产率低等问题。除此之外，还有各种其他催化剂用于生物油的催化裂解，如 Na_2CO_3[93]、磁铁矿[88]、MCM-41、$Co\text{--}MoS_2/Al_2O_3$[94]、Pd/C[94]等。

催化酯化是在生物油中加入醇类助剂，在催化剂的作用下发生酯化等反应，从而将生物油的羧基等组分转化为酯类物质，改善生物油的性质。主要采用的催化剂包括硫酸、固体酸、固体碱、离子液体等，都能够成功将羧酸转化为相应的酯。然而，酯化工艺存在两个技术缺陷：一是羧酸发生酯化反应会形成水，这些水分很难移除，大量的水分会给生物油的应用带来不利的影响；二是酯化反应需要消耗较多的醇类助剂，但只能处理羧酸这一类组分，使其应用价值不高。目前，很多学者致力于开发多功能的催化剂，在对生物油催化加氢的同时，也实现催化酯化，而不单独对生物油进行酯化处理。

催化加氢是在高压(7~20MPa)和存在供氢溶剂的条件下，生物油在催化剂的作用下发生加氢、脱氧和重整等多种反应，其中的氧元素以水的形式脱除，从而得到高碳氢含量的液体燃料。和催化裂解相比，催化加氢过程的运行费用极大地增加，除了苛刻的反应条件，加氢过程还会消耗大量的氢气，每千克生物油完全脱氧需要消耗 600~1000L 的氢气。但催化加氢也具有一定的优势，主要表现为液体产物产率较高、产物的 H/C 比较高、产物的品质较好。现阶段，生物油的催化加氢精制获得了广泛关注，已是最为主流的生物油精制方式。

除了上述传统方法，不同学者还提出了多种新型的生物油精制方法，如高压热处理法[95]、水热脱氧法[96]、光催化降解聚合物法[97]、非催化超临界醇处理法[98]等。

5.5　生物质定向热解制备高品质生物油

常规生物油化学组成极为复杂，且具有氧含量高、热值低、腐蚀性强、稳定性差等缺点，一般只能作为低品位液体燃料应用于锅炉和窑炉等热力设备中[99,100]。为了获得高品质的生物油，除了对常规生物油进行精制处理，还可以通过原料筛选与预处理、热解过程定向调控(引入催化剂实现催化热解)、热解气相产物定向调控(引入催化剂实现催化转化)等方法控制热解产物的分布，从而直接获得高品质的生物油。

在生物质热解反应体系中引入催化剂，是获得高品位生物油的最为有效的手段[101]，具体有两种实施方式：①生物质直接快速催化热解，即将生物质原料和催化剂混合后进行快速热解；②生物质快速热解产物在线催化裂解，即先对生物质进行快速热解，而后利用催化剂对热解气进行催化转化。这两种实施方式，各有优缺点：催化热解的优点在于催化剂可以直接调控生物质快速热解反应途径，其缺点在于无法分别控制热解和催化的反应条件，而且催化剂分离回收困难；在线催化裂解的优点在于热解和催化过程可以分别控制，避免了催化剂回收困难等问题，其缺点在于初级热解产物已经形成，对催化转化的要求较为严格。

无论是催化热解还是在线催化裂解，其核心都是催化剂。到目前为止，不同学者已研究或开发了多种催化剂用于制备高品质生物油，主要包括金属盐类催化剂、金属氧化物类催化剂、微孔和介孔分子筛类催化剂、贵金属基催化剂、类贵金属催化剂(过渡金属碳化物、氮化物)等。

1. 金属盐类催化剂

金属盐在催化反应过程中可以提供大量的酸位点(质子酸位点或路易斯酸位点)或其他活性位点，有利于热解过程的调控。在生物质催化热解研究中常用的金属盐类有金属氯盐、碳酸盐及磷酸盐。通常用金属盐溶液浸渍处理生物质，之后对负载金属盐的生物质进行催化热解研究，也有研究直接将金属盐与生物质原料机械混合，或让生物质热解气相产物通过金属盐类催化剂层进行在线催化裂解。

对于各种不同的金属氯盐，目前已有较多的研究。例如，陆强等[102]考察了KCl、$CaCl_2$、$FeCl_3$、$ZnCl_2$ 等四种金属氯化物对纤维素快速热解的影响，发现其可以提高羟基乙醛、丙酮、糠醛、5-羟甲基糠醛、左旋葡萄糖酮等产物的产率；然而，四种金属氯盐催化之后热解产物产率有不同程度下降，同时还促进了脱水反应以及酸类产物的形成，大量水分和酸会降低生物油热值并增加其腐蚀性，对生物油的燃料品质有不利影响。此外，陆强等[103]还用 $ZnCl_2$ 浸渍的杨木、玉米芯、木聚糖等开展催化热解实验，发现该催化剂更适用于选择性制备糠醛同时联产乙酸和活性炭两种副产物，而非高品位的生物油。其他学者[104]针对金属氯盐对生物质催化热解作用的研究也证实了该类催化剂对于生物油品位的提升极为有限。

K_2CO_3、Na_2CO_3 等碳酸盐也常用于生物质热解反应体系。杨海平等[104]将 K_2CO_3、Na_2CO_3 等分别与生物质三大基本组分(纤维素、半纤维素、木质素)机械混合后进行快速热解实验，发现 Na_2CO_3 会抑制综纤维素(纤维素和半纤维素的总称)分解，同时促进木质素分解，使得生物油的燃料品质有一定提升；而 K_2CO_3 能够降低综纤维素的热解温度，降低反应难度，节约反应成本。K_3PO_4、K_2HPO_4、KH_2PO_4 等磷酸盐在生物质热解反应体系中也有一定的应用，且具有较好的效果。例如，Lu 等[105]发现利用 K_3PO_4 浸渍处理杨木、松木、玉米秆等生物质原料后进行催化热解时，可制备富酚生物油，其燃料品位显著优于常规生物油；而且三种不同的金属磷酸盐(K_3PO_4、K_2HPO_4、KH_2PO_4)均具有相似的催化效果，其中 K_3PO_4 的催化活性最佳[105]。

2. 金属氧化物类催化剂

金属氧化物在生物质热解体系中，多数表现出温和的催化性能，能够在一定程度或者某些性质方面提高生物油的品质，如降低生物油的黏度、氧含量、提高热值等。常用的金属氧化物类催化剂主要有 ZnO、NiO、CaO、MgO、Al_2O_3 等。

Nokkosmaki 等[106]利用 ZnO 对松木屑进行了催化热解实验，实验结果表明，ZnO 对于木质素衍生物类物质并无明显的催化作用，但是可以分解综纤维素中的糖类物质，并对生物油样品进行了老化处理，测定黏度和水含量的变化，发现经过 ZnO 催化的生物油老化后黏度增加 55%，而常规生物油黏度增加 129%，这说明 ZnO 对生物油稳定性的提高有良好的效果。Putun[107]通过对棉秆进行热解实验，发现 MgO 能够提高生物油热值、增加烃类含量以及促进含氧官能团脱除，使生物油中含氧量从 9.56%降低到 4.90%；此外，B_2O_3 能够促进羟基的脱除，形成烷烃，从而降低生物油中的氧含量。Lim 和 Andresen[108]发现 B_2O_3 在棕榈叶的催化热解过程中能够降低生物油中 50%~80%的羟基和甲氧基，同时增加了水和炭的产率，表明 B_2O_3 促进了生物质中 C—O 键的断裂，使得生物油中有机组分的氧含量降低。

金属氧化物用于生物质热解产物的在线催化裂解研究同样也引起了学者的关注。例如，Lu 等[109]考察了 CaO、ZnO、MgO、NiO、TiO_2 及 Fe_2O_3 六种纳米金属氧化物对杨木热解气的催化裂解效果，发现催化裂解后，化学组成发生了不同的变化。总的来说，经催化裂解后生物油的品质有一定提升。此外，介孔金属氧化物 ZrO_2、TiO_2、SiO_2 等也用于生物质热解气相产物的在线催化裂解反应，其中介孔 ZrO_2 对生物油品质的提升效果最为明显：可显著促进小分子酮类、呋喃类、烃类及环酮类产物的产率，同时抑制脱水糖类、醛类、小分子酸类的产率[110]。除了单一金属氧化物，复合金属氧化物也有一定的研究应用，例如，生物质热解气相

产物经 ZrO_2&TiO_2 催化转化后，生物油的品质也有明显的改善[111]。

3. 微孔和介孔分子筛类催化剂

常用的分子筛催化剂包括微孔分子筛（主要是沸石分子筛，如 HZSM-5、HY、H-β 等）、介孔分子筛（SBA-15、MCM-41、MSU-S 等）及其改性催化剂。不同的分子筛催化剂都具有规律的孔道结构，其中沸石分子筛催化剂还具有优异的择形性及脱氧效果，当应用于生物质热解反应体系中时，表现出良好的催化效果，可制备富含芳烃类产物的高品位生物油。

在各类沸石分子筛催化剂中，HZSM-5 应用最为广泛，该催化剂用于生物质催化热解时可抑制酸、醛、酮类产物的生成，并促进芳香烃的形成，从而改善生物油的氧含量、热值、黏度、闪点等性能指标，显著提高生物油品质[112]。H-β、HY、丝光沸石、Re-USY 分子筛等具有和 HZSM-5 相似的催化性能，但在高品位生物油产率和品质方面均不如 HZSM-5 催化剂[113-115]。如前所述，HZSM-5 等沸石分子筛催化剂也常用于生物油的催化裂解精制[116]。然而，无论是直接用于生物质热解反应体系还是生物油精制体系，沸石类分子筛在具有高效脱氧的优异催化效果时，也存在着严重的问题，主要表现如下：催化剂极易积炭失活且水热稳定性差，而且液体芳烃产物中多环芳烃的含量很高（多环芳烃最多可占芳香烃总含量的将近一半），给催化剂的工业应用带来极大的问题。基于此，不同学者纷纷对 HZSM-5 等分子筛进行改性研究，主要的改性方式包括单金属负载改性（如 Ni、Co、Mo、Ga 等[117,118]）和双金属负载改性（如 Mo-Cu[119]）等。分子筛经负载改性后，催化性能有了一定的提升；然而沸石分子筛催化剂容易积炭失活和水热稳定性差等问题，是其自身的结构所决定的，难以通过简单的改性方式进行弥补。

将沸石分子筛用于生物质热解反应体系时，催化剂容易积炭失活的一个重要原因如下：生物质快速热解过程中会形成大量的大分子低聚物，微孔分子筛孔径较小（通常小于 2 nm），大分子低聚物无法进入微孔孔道内而在催化剂表面聚合积炭，从而导致催化剂快速失活。鉴于此，近年来一些学者提出了将介孔催化剂（孔径 2~50 nm）用于热解气的催化裂解。介孔材料具有很大的比表面积、单一的孔径分布及有序的孔道结构，在很多有大分子参加的催化反应中都显示出了较为优异的催化性能。然而，目前开发与应用比较成熟的介孔材料，大都是硅基材料（SBA-15、MCM-41 等），骨架主要由无定形 SiO_2 组成，具有和 SiO_2 一样的化学性质，缺少催化活性。为制备高活性的介孔催化剂，需要通过各种途径在介孔材料的孔壁或者孔道中引入催化活性中心，即对介孔材料进行化学改性。不同学者针对不同改性后的介孔催化剂开展了较多的性能测试，例如，对 MCM-41 进行 Al 改性，发现生物质热解产物经 Al-MCM-41 催化裂解后，纤维素产物中主要解聚产物左旋葡聚糖彻底消失,木质素热解形成的大分子酚类物质大幅减少,而乙酸、糠醛、呋喃以及烃类含量都有所增加,有利于提高生物油的燃料品质[120]。金属 Cu、Fe 和 Zn 改性的 Al-MCM-41 也用于生物质热解产物的催化裂解研究,在 Fe-Al-MCM-41 和 Cu-Al-MCM-41 催化剂作用下可以得到较高的酚产率,而 Zn-Al-MCM-41 在促进酚类产物的形成方面效果较差,但其抗积炭能力最好[121]。此外,对 SBA-15 进行 Pd 改性后,该催化剂具有优异的催化功效,可促进木质素热解低聚物的分解,并对生物质热解产物进行加氢和脱氧的改性,从而显著提升生物油的品位[122,123]。MSU 系列介孔材料也用于生物质热解产物催化裂解研究中,但其对生物油产率的提升及油品质的提升效果均较差[124]。总的来说,介孔催化剂在处理生物质热解产生的大分子低聚物方面,具有一定的优势;然而介孔催化剂却不具备沸石分子筛类催化剂的择形和脱氧功效,无法获得芳烃类产物,从而无法大幅度地提升生物油品位;此外,各种介孔载体材料,目前还无法实现大规模的工业生产,导致价格昂贵,而且 MCM-41 等催化剂也存在着水热稳定性差等问题。

4. 贵金属基催化剂

由于贵金属 d 电子轨道未填满,其颗粒表面易吸附反应物,并有利于形成中间“活性化合物”,在催化反应中表现出较高的催化活性,成为重要的催化剂材料。Pd、Pt、Ru、Rh 等贵金属基催化剂在生物油催化加氢等精制工艺中,已有广泛应用,且表现出了优异的加氢脱氧性能,可显著提升生物油的品位。然而,在生物质热解体系中,贵金属基催化剂的应用还较少。Lu 等[111,123,125]分别以 TiO$_2$、TiO$_2$&ZrO$_2$、SBA-15 等载体制备了 Pd 负载的贵金属基催化剂,当应用于生物质快速热解产物的在线催化转化时,均表现出了优异的加氢脱氧性能。然而,由于贵金属储量有限、价格昂贵,所以该类催化剂难以获得大规模的工业应用。

5. 类贵金属催化剂

过渡金属碳化物、氮化物、磷化物等是由 C、N、P 等原子嵌入 W、Mo、V 等过渡金属原子晶格结构中所形成的“间充型化合物”。作为新型涉氢催化剂,碳化物、氮化物、磷化物等在一系列反应中表现出了与 Pt、Pd、Ir 等贵金属相似的催化性能,因此被誉为“类贵金属催化剂”。近来,将碳化物、氮化物、磷化物等类贵金属催化剂应用于生物质催化转化领域的研究逐渐引起了人们的关注,但在生物质热解领域,到目前为止,仅有朱锡锋团队[34,126]考察了 W$_2$C/MCM-41 及 Mo$_2$N/γ-Al$_2$O$_3$ 催化工业碱木质素制备芳香烃,发现其对芳香烃具有较好的选择性,同时对多环芳烃的抑制效果显著。除此之外,尚未见到其他关于类贵金属催化剂在生物质热解反应体系中的应用报道。

参 考 文 献

[1] Bridgwater A V, Peacocke G V C. Fast pyrolysis processes for biomass. Renewable & Sustainable Energy Reviews, 2000, 4(1): 1-73

[2] Shafizadeh F. Introduction to pyrolysis of biomass. Journal of Analytical and Applied Pyrolysis, 1982, 3(4): 283-305

[3] Shafizadeh F. Pyrolytic reactions and products of biomass. New York: Elsevier Applied Science Publishers, 1985

[4] Evans R, Milne T A. Molecular characterization of the pyrolysis of biomass Ⅱ:Applications. Energy and Fuels, 1987, 1: 311-319

[5] Soltes E J, Wiley A T, Lin S C K. Biomass pyrolysis-towards an understanding of its versatibility and potentials. Biotech & Bioengineering symposium, 1981, 11: 125-136

[6] 刘倩，王琦，王健，等.纤维素热解过程中活性纤维素的生成研究.工程热物理学报，2007，28(5)：897-899

[7] Collard F X, Blin J. A review on pyrolysis of biomass constituents: Mechanisms and composition of the products obtained from the conversion of cellulose, hemicelluloses and lignin. Renewable and Sustainable Energy Reviews, 2014, 38: 594-608

[8] Shen D K, Jin W, Hu J, et al. An overview on fast pyrolysis of the main constituents in lignocellulosic biomass to valued-added chemicals: Structures, pathways and interactions. Renewable & Sustainable Energy Reviews, 2015, 51: 761-774

[9] Shen D, Gu S. The mechanism for thermal decomposition of cellulose and its main products. Bioresource Technology, 2009, 100(24): 6496-6504

[10] Lu Q, Yang X C, Dong C Q, et al. Influence of pyrolysis temperature and time on the cellulose fast pyrolysis products: Analytical Py-GC/MS study. Journal of Analytical and Applied Pyrolysis, 2011, 92(2): 430-438

[11] Piskorz J, Radlein D, Scott D S. On the mechanism of the rapid pyrolysis of cellulose. Journal of Analytical and Applied Pyrolysis, 1986, 9(2): 121-137

[12] Richards G N. Glycolaldehyde from pyrolysis of cellulose. Journal of Analytical and Applied Pyrolysis, 1987, 10(3): 251-256

[13] Radlein D, Piskorz J, Scott D S. Fast pyrolysis of natural polysaccharides as a potential industrial process. Journal of Analytical and Applied Pyrolysis, 1991, 19: 41-63

[14] 王树荣，廖艳芬，谭洪，等.纤维素快速热裂解机理试验研究 II.机理分析.燃料化学学报，2003，31(4)：317-321

[15] Stefanidis S D, Kalogiannis K G, Iliopoulou E F, et al. A study of lignocellulosic biomass pyrolysis via the pyrolysis of cellulose, hemicellulose and lignin. Journal of Analytical and Applied Pyrolysis, 2014, 105: 143-150

[16] Muley P D, Henkel C, Abdollahi K K, et al. A critical comparison of pyrolysis of cellulose, lignin, and pine sawdust using an induction heating reactor. Energy Conversion and Management, 2016, 117: 273-280

[17] Fabbri D, Torri C, Mancini I. Pyrolysis of cellulose catalysed by nanopowder metal oxides: production and characterisation of a chiral hydroxylactone and its role as building block. Green Chemistry, 2007, 9(12): 1374-1379

[18] Dong C Q, Zhang Z F, Lu Q, et al. Characteristics and mechanism study of analytical fast pyrolysis of poplar wood. Energy Conversion and Management, 2012, 57: 49-59

[19] Wang S R, Liang T, Ru B, et al. Mechanism of xylan pyrolysis by Py-GC/MS. Chemical Research in Chinese Universities, 2013, 29(4): 782-787

[20] Werner K, Pommer L, Broström M. Thermal decomposition of hemicelluloses. Journal of Analytical and Applied Pyrolysis, 2014, 110: 130-137

[21] 辛善志，杨海平，米铁，等.木聚糖与果胶热解液化特性研究.太阳能学报，2015，(08)：1939-1946

[22] Shen D K, Gu S, Bridgwater A V. The thermal performance of the polysaccharides extracted from hardwood: Cellulose and hemicellulose. Carbohydrate Polymers, 2010, 82(1): 39-45

[23] Zakzeski J, Bruijnincx P C A, Jongerius A L, et al. The Catalytic Valorization of Lignin for the Production of Renewable Chemicals. Chemical Reviews, 2010, 110(6): 3552-3599

[24] Kim S, Chmely S C, Nimlos M R, et al. Computational Study of Bond Dissociation Enthalpies for a Large Range of Native and Modified Lignins. The Journal of Physical Chemistry Letters, 2011, 2(22): 2846-2852

[25] Parthasarathi R, Romero R A, Redondo A, et al. Theoretical Study of the Remarkably Diverse Linkages in Lignin. Journal of Physical Chemistry Letters, 2011, 2(20): 2660-2666

[26] Oasmaa A, Kuoppala E. Fast pyrolysis of forestry residue. 3. Storage stability of liquid fuel. Energy & Fuels, 2003, 17(4): 1075-1084

[27] Sipila K, Kuoppala E, Fagernas L, et al. Characterization of biomass-based flash pyrolysis oils. Biomass & Bioenergy, 1998, 14(2): 103-113

[28] Garcia-Perze M, Chaala A, Pakdel H, et al. Characterization of bio-oil in chemical families. Biomass & Bioenergy, 2007, 31(4): 222-242

[29] Garcia-Perez M, Wang S, Shen J, et al. Effects of temperature on the formation of lignin-derived oligomers during the fast pyrolysis of Mallee woody biomass. Energy & Fuels, 2008, 22(3): 2022-2032

[30] Scholze B, Hanser C, Meier D. Characterization of the water-insoluble fraction from fast pyrolysis liquids (pyrolytic lignin) Part II. GPC, carbonyl goups, and C_{13}NMR. Journal of Analytical and Applied Pyrolysis, 2001, 58: 387-400

[31] Bayerbach R, Meier D. Characterization of the water-insoluble fraction from fast pyrolysis liquids (pyrolytic lignin). Part IV: Structure elucidation of oligomeric molecules. Journal of Analytical and Applied Pyrolysis, 2009, 85: 98-107

[32] Bayerbach R, Nguyen V D, Schurr U, et al. Characterization of the water-insoluble fraction from fast pyrolysis liqiuds (pyrolytic lignin)-Part III. Molar mass characteristics by SEC, MALDI-TOF-MS, LDI-TOF-MS, and PyFIMS. Journal of Analytical and Applied Pyrolysis, 2006, 77(2): 95-101

[33] Elder T, Beste A. Density Functional Theory Study of the Concerted Pyrolysis Mechanism for Lignin Models. Energy & Fuels, 2014, 28(8): 5229-5235

[34] Chen Y X, Zheng Y, Li M, et al. Arene production by W_2C/MCM-41-catalyzed upgrading of vapors from fast pyrolysis of lignin. Fuel Processing Technology, 2015, 134: 46-51

[35] Zhang J J, Jiang X Y, Ye X N, et al. Pyrolysis mechanism of a β-O-4 type lignin dimer model compound. Journal of Thermal Analysis and Calorimetry, 2016, 123(1): 501-510

[36] Huang J, Liu C, Wu D, et al. Density functional theory studies on pyrolysis mechanism of β-O-4 type lignin dimer model compound. Journal of Analytical and Applied Pyrolysis, 2014, 109: 98-108

[37] Elliott D. IEA Bioenergy. Task 34. Newsletter: Update on standardisation of fast pyrolysis bio-oils from lignocellulosic biomass. http://www.pyne.co.uk/Resources/user/Pyne%20Newsletter%2037%20FINAL.pdf, 2015

[38] Elliott D. IEA bioenergy implementing agreements[R]. Task 34. Newsletter：Pyrolysis of Biomass. http://www.pyne.co.uk/Resources/user/IEA%20Bioenergy%20Task%2034%20Pyrolysis%20PyNe%20Issue%2027%20v2.pdf, 2010

[39] Pütün A E, Özcan A, Pütün E. Pyrolysis of hazelnut shells in a fixed-bed tubular reactor: yields and structural analysis of bio-oil. Journal of Analytical and Applied Pyrolysis, 1999, 52(1): 33-49

[40] Branca C, Giudicianni P, Di Blasi C. GC/MS characterization of liquids generated from low-temperature pyrolysis of wood. Industrial & Engineering Chemistry Research, 2003, 42(14): 3190-3202

[41] Kanaujia P K, Naik D V, Tripathi D, et al. Pyrolysis of Jatropha Curcas seed cake followed by optimization of liquid-liquid extraction procedure for the obtained bio-oil. Journal of Analytical and Applied Pyrolysis, 2016, 118: 202-224

[42] Li H, Xia S Q, Ma P S. Upgrading fast pyrolysis oil: Solvent-anti-solvent extraction and blending with diesel. Energy Conversion and Management, 2016, 110: 378-385

[43] Cao J P, Zhao X Y, Morishita K, et al. Fractionation and identification of organic nitrogen species from bio-oil produced by fast pyrolysis of sewage sludge. Bioresource Technology, 2010, 101(19): 7648-7652

[44] Sensoz S, Angin D. Pyrolysis of safflower (Charthamus tinctorius L.) seed press cake in a fixed-bed reactor: Part 2. Structural characterization of pyrolysis bio-oils. Bioresource Technology, 2008, 99(13): 5498-5504

[45] Pinheiro A, Hudebine D, Dupassieux N, et al. Membrane Fractionation of Biomass Fast Pyrolysis Oil and Impact of its Presence on a Petroleum Gas Oil Hydrotreatment. Oil & Gas Science and Technology-Revue D Ifp Energies Nouvelles, 2013, 68(5): 815-828

[46] Guo Z G, Wang S R, Gu Y L, et al. Separation characteristics of biomass pyrolysis oil in molecular distillation. Separation and Purification Technology, 2010, 76(1): 52-57

[47] Cheng T T, Han Y H, Zhang Y F, et al. Molecular composition of oxygenated compounds in fast pyrolysis bio-oil and its supercritical fluid extracts. Fuel, 2016, 172: 49-57

[48] Feng Y, Meier D. Extraction of value-added chemicals from pyrolysis liquids with supercritical carbon dioxide. Journal of Analytical and Applied Pyrolysis, 2015, 113: 174-185

[49] Oasmaa A, Leppamaki E, Koponen P, et al. Physical characterisation of biomass-based pyrolysis liquids. Application of standard fuel oil analyses. Espoo: Technical Research Centre of Finland, 1997

[50] Elliott D C. Water, alkali and char in flash pyrolysis oils. Biomass and Bioenergy, 1994, 7(1–6): 179-185

[51] Perez M G, Chaala A, Pakdel H, et al. Multiphase structure of bio-oils. Energy & Fuels, 2006, (20): 364-375 A.

[52] Zhang X S, Yang G X, Jiang H, et al. Mass production of chemicals from biomass-derived oil by directly atmospheric distillation coupled with co-pyrolysis. Scientific Reports, 2013, 3: 1-7

[53] Elkasabi Y, Mullen C A, Boateng A A. Distillation and Isolation of Commodity Chemicals from Bio-Oil Made by Tail-Gas Reactive Pyrolysis. Acs Sustainable Chemistry & Engineering, 2014, 2(8): 2042-2052

[54] Stradal J A, Underwood G L. Process for producing hydroxyacetaldehyde. U.S. Patent 5252188, 1993-10-12

[55] Li Q, Steele P H, Mitchell B, et al. The Addition of Water to Extract Maximum Levoglucosan from the Bio-oil Produced via Fast Pyrolysis of Pretreated Loblolly Pinewood. BioResources, 2013, 8(2): 1868-1880

[56] Dobele G, Rossinskaja G, Telysheva G, et al. Levoglucosenone—a product of catalytic fast pyrolysis of cellulose. Progress in Thermochemical Biomass Conversion, Blackwell Science, Oxford, 2001

[57] Carlson J L. Process for preparation of levoglucosan. U.S. Patent 3235541 , 1963

[58] Peniston P Q. Separating levoglucosan and carbohydrate derived acids from aqueous mixtures containing the same by treatment with metal compounds. U.S. patent 3374222, 1968

[59] Moens L. Isolation of levoglucosan from lignocellulosic pyrolysis oil derived from wood or waste newsprint. U.S.Patent 5432276, 1995

[60] Badger P, Badger S, Puettmann M, et al. Techno-economic analysis: preliminary assessment of pyrolysis oil production costs and material energy balance associated with a transportable fast pyrolysis system. BioResources, 2011, 6(1): 34-47

[61] Freel B, Graham R G. Bio-oil preservatives. U.S. Patent 6485841, 2002-11-26

[62] Radlein D, Piskorz J, Majerski P. Method of producing slow-release nitrogenous organic fertilizer from biomass. U.S. Patent 5676727, 1997-10-14

[63] Oehr K H, Simons G A, Zhou J. Reduction of acid rain and ozone depletion precursors. U.S. Patent 5645805, 1997-7-8

[64] Oehr K H, Scott D S, Czernik S. Method of producing calcium salts from biomass. U.S. Patent 5264623, 1993-11-23

[65] van Rossum G, Kersten S R A, van Swaaij W P M. Catalytic and noncatalytic gasification of pyrolysis oil. Industrial & Engineering Chemistry Research, 2007, 46(12): 3959-3967

[66] Chen G Y, Yao J G, Liu J, et al. Biomass to hydrogen-rich syngas via catalytic steam gasification of bio-oil/biochar slurry. Bioresource Technology, 2015, 198: 108-114

[67] Chakinala A G, Chinthaginjala J K, Seshan K, et al. Catalyst screening for the hydrothermal gasification of aqueous phase of bio-oil. Catalysis Today, 2012, 195(1): 83-92

[68] Yao J G, Liu J, Hofbauer H, et al. Biomass to hydrogen-rich syngas via steam gasification of bio-oil/biochar slurry over $LaCo1-xCuxO_3$ perovskite-type catalysts. Energy Conversion and Management, 2016, 117: 343-350

[69] Yao D D, Wu C F, Yang H P, et al. Hydrogen production from catalytic reforming of the aqueous fraction of pyrolysis bio-oil with modified Ni-Al catalysts. International Journal of Hydrogen Energy, 2014, 39(27): 14642-14652

[70] Davidian T, Guilhaume N, Iojoiu E, et al. Hydrogen production from crude pyrolysis oil by a sequential catalytic process. Applied Catalysis B-Environmental, 2007, 73(1-2): 116-127

[71] Tzanetakis T, Moloodi S, Farra N, et al. Comparison of the Spray Combustion Characteristics and Emissions of a Wood-Derived Fast Pyrolysis Liquid-Ethanol Blend with Number 2 and Number 4 Fuel Oils in a Pilot-Stabilized Swirl Burner. Energy & Fuels, 2011, 25(10): 4305-4321

[72] Beran M, Axelsson L U. Development and Experimental Investigation of a Tubular Combustor for Pyrolysis Oil Burning. Journal of Engineering for Gas Turbines and Power-Transactions of the Asme, 2015, 137(3): 031508-1-031508-7

[73] Zheng J L, Kong Y P. Spray combustion properties of fast pyrolysis bio-oil produced from rice husk. Energy Conversion and Management, 2010, 51(1): 182-188

[74] 张斌, 胡恩柱, 刘天霞, 等.生物质燃油碳烟颗粒的形貌、结构与组分表征.化工学报, 2015, 1: 441-448

[75] 牛淼淼, 黄亚继, 金保昇, 等.生物油/柴油乳化油制备及其在柴油机上的燃烧试验研究.中国电机工程学报, 2012, 20: 96-101+145

[76] Daily J W. Sprays and spray combustion. Biomass Pyrolysis Oil Properties and Combustion Meeting, Estes Park, Colorado, 1994

[77] Shihadeh A, Lewis P, Manurung R. Combustion characterization of wood-derived flash pyrolysis oils in industrial-scale turbulent diffusion flmaes. Biomass Pyrolysis Oil Properties and Combustion Meeting, , Estes Park, Colorado, 1994

[78] Baxter L, Jenkins J. Baseline NOx emissions during combustion of wood-derived pyrolysis oils. Biomass Pyrolysis Oil Properties and Combustion Meeting, Estes Park, Colorado, 1994

[79] Rossi C. Bio-oil combustion tests at ENEL. Biomass Pyrolysis Oil Properties and Combustion Meeting, Estes Park, Colorado, 1994

[80] Oasmaa A, Kytö M and Sipilä K. Pyrolysis oil combustion test in an industrial boiler. Progress in Thermochemical Biomass Conversion(ed A. V. Bridgwater), 2001, Blackwell Science Ltd, Oxford, UK. doi: 10.1002/9780470694954

[81] 朱锡锋, 郭涛, 陆强, 等.生物油雾化燃烧特性试验.中国科学技术大学学报, 2005, 35(6): 856-860

[82] 隋海清, 李攀, 王贤华, 等.生物质热解气分级冷凝对生物油特性的影响.化工学报, 2015, (10): 4138-4144

[83] 吴小武, 刘荣厚, 尹仁湛, 等.不同浓度的两种添加剂对生物油稳定性的影响.太阳能学报, 2014, 1: 1-7

[84] Lin B J, Chen W H, Budzianowski W M, et al. Emulsification analysis of bio-oil and diesel under various combinations of emulsifiers. Applied Energy, 2016, 178: 746-757

[85] Gao W R, Zhang M M, Wu H. Fuel properties and ageing of bioslurry prepared from glycerol/methanol/bio-oil blend and biochar. Fuel, 2016, 176: 72-77

[86] Trinh T N, Jensen P A, Dam-Johansen K, et al. Properties of slurries made of fast pyrolysis oil and char or beech wood. Biomass and bioenergy, 2014, 61: 227-235

[87] Saad A, Ratanawilai S, Tongurai C. Catalytic Cracking of Pyrolysis Oil Derived from Rubberwood to Produce Green Gasoline Components. BioResources, 2015, 10(2): 3224-3241

[88] Kastner J R, Hilten R, Weber J, et al. Continuous catalytic upgrading of fast pyrolysis oil using iron oxides in red mud. Rsc Advances, 2015, 5(37): 29375-29385

[89] Zhang Q, Xu Y, Li Y P, et al. Investigation on the esterification by using supercritical ethanol for bio-oil upgrading. Applied Energy, 2015, 160: 633-640

[90] Tanneru S K, Parapati D R, Steele P H. Pretreatment of bio-oil followed by upgrading via esterification to boiler fuel. Energy, 2014, 73: 214-220

[91] Yang T H, Jie Y F, Li B S, et al. Catalytic hydrodeoxygenation of crude bio-oil over an unsupported bimetallic dispersed catalyst in supercritical ethanol. Fuel Processing Technology, 2016, 148: 19-27

[92] Reyhanitash E, Tymchyshyn M, Yuan Z S, et al. Hydrotreatment of fast pyrolysis oil: Effects of esterification pre-treatment of the oil using alcohol at a small loading. Fuel, 2016, 179: 45-51

[93] Mancio A A, da Costa K M B, Ferreira C C, et al. Thermal catalytic cracking of crude palm oil at pilot scale: Effect of the percentage of Na_2CO_3 on the quality of biofuels. Industrial Crops and Products, 2016, 91: 32-43

[94] Mortensen P M, Grunwaldt J D, Jensen P A, et al. A review of catalytic upgrading of bio-oil to engine fuels. Applied Catalysis a-General, 2011, 407(1-2): 1-19

[95] Mercader F D, Groeneveld M J, Kersten S R A, et al. Pyrolysis oil upgrading by high pressure thermal treatment. Fuel, 2010, 89(10): 2829-2837

[96] Richard C J, Patel B, Chadwick D, et al. Hydrothermal deoxygenation of pyrolysis oil from Norwegian spruce: Picea abies. Biomass & Bioenergy, 2013, 56: 446-455

[97] Li W Z, Zhang M J, Zhang T F, et al., Photocatalytic Degradation of bio-oil's oligomers by Pd/TiO_2. Energy Procedia, 2014, 61: 1080-1084

[98] Prajitno H, Insyani R, Park J, et al. Non-catalytic upgrading of fast pyrolysis bio-oil in supercritical ethanol and combustion behavior of the upgraded oil. Applied Energy, 2016, 172: 12-22

[99] Lu Q, Li W Z, Zhu X F. Overview of fuel properties of biomass fast pyrolysis oils. Energy Conversion and Management, 2009, 50(5): 1376-1383

[100]Bridgwater A V. Principles and practice of biomass fast pyrolysis processes for liquids. Journal of Analytical and Applied Pyrolysis, 1999, 51(1): 3-22

[101]潘其文，肖睿，张会岩.生物油改性及催化热解技术研究进展.能源研究与利用，2009，5：1-4

[102]陆强，张栋，朱锡锋.四种金属氯化物对纤维素快速热解的影响（Ⅰ）.Py-GC/MS 实验.化工学报，2010，4：1018-1024

[103]Lu Q, Dong C-q, Zhang X-m, et al. Selective fast pyrolysis of biomass impregnated with ZnCl₂ to produce furfural: Analytical Py-GC/MS study. Journal of Analytical and Applied Pyrolysis, 2011, 90(2): 204-212

[104]杨海平，陈汉平，杜胜磊，等.碱金属盐对生物质三组分热解的影响.中国电机工程学报，2009，17：70-75

[105]Lu Q, Zhang Z B, Yang X C, et al. Catalytic fast pyrolysis of biomass impregnated with K_3PO_4 to produce phenolic compounds: Analytical Py-GC/MS study. Journal of Analytical and Applied Pyrolysis, 2013, 104: 139-145

[106]Nokkosmaki M I, Kuoppala E, Leppamaki E, et al. Catalytic conversion of biomass pyrolysis vapours with zinc oxide. Journal of Analytical and Applied Pyrolysis, 2000, 55: 119~131

[107]Putun E. Catalytic pyrolysis of biomass: Effects of pyrolysis temperature, sweeping gas flow rate and MgO catalyst. Energy, 2010, 35(7): 2761-2766

[108]Lim X Y, Andresen J M. Pyro-catalytic deoxygenated bio-oil from palm oil empty fruit bunch and fronds with boric oxide in a fixed-bed reactor. Fuel Proccess. Technol., 2011, 92: 1796-1804

[109]Lu Q A, Zhang Z F, Dong C Q, et al. Catalytic Upgrading of Biomass Fast Pyrolysis Vapors with Nano Metal Oxides: An Analytical Py-GC/MS Study. Energies, 2010, 3(11): 1805-1820

[110]Lu Q, Zhang Z B, Wang X Q, et al. Catalytic Upgrading of Biomass Fast Pyrolysis Vapors Using Ordered Mesoporous ZrO_2, TiO_2 and SiO_2. Energy Procedia, 2014, 61: 1937-1941

[111][111] Lu Q, Zhang Y, Tang Z, et al. Catalytic upgrading of biomass fast pyrolysis vapors with titania and zirconia/titania based catalysts. Fuel, 2010, 89(8): 2096-2103

[112]Pan P, Hu C W, Yang W Y, et al. The direct pyrolysis and catalytic pyrolysis of Nannochloropsis sp residue for renewable bio-oils. Bioresource Technology, 2010, 101(12): 4593-4599

[113]Aho A, Kumar N, Eranen K, et al. Catalytic pyrolysis of woody biomass in a fluidized bed reactor: Influence of the zeolite structure. Fuel, 2008, 87(12): 2493-2501

[114]Lappas A A, Bezergianni S, Vasalos I A. Production of biofuels via co-processing in conventional refining processes. Catalysis Today, 2009, 145(1-2): 55-62

[115]张会岩，肖睿，肖刚，等.玉米芯流化床快速热解制取生物油试验研究.工程热物理学报，2009，10：1779-1782

[116]Lorenzetti C, Conti R, Fabbri D, et al. A comparative study on the catalytic effect of H-ZSM5 on upgrading of pyrolysis vapors derived from lignocellulosic and proteinaceous biomass. Fuel, 2016, 166: 446-452

[117]Vichaphund S, Aht-ong D, Sricharoenchaikul V, et al. Production of aromatic compounds from catalytic fast pyrolysis of Jatropha residues using metal/HZSM-5 prepared by ion-exchange and impregnation methods. Renewable Energy, 2015, 79: 28-37

[118]Cheng Y T, Jae J, Shi J, et al. Production of Renewable Aromatic Compounds by Catalytic Fast Pyrolysis of Lignocellulosic Biomass with Bifunctional Ga/ZSM-5 Catalysts. Angewandte Chemie-International Edition, 2012, 51(6): 1387-1390

[119]Huang Y B, Wei L, Crandall Z, et al. Combining Mo-Cu/HZSM-5 with a two-stage catalytic pyrolysis system for pine sawdust thermal conversion. Fuel, 2015, 150: 656-663

[120] Adam J, Blazso M, Meszaros E, et al. Pyrolysis of biomass in the presence of Al-MCM-41 type catalysts. Fuel, 2005, 84(12-13): 1494-1502

[121] Antonakou E V, Lappas A A, Nilsen M H, et al. Evaluation of various types of Al-MCM-41 materials as catalysts in biomass pyrolysis for the production of bio-fuels and chemicals. Fuel, 2006, (85): 2202-2212

[122] Lu Q, Li W Z, Zhang D, et al. Analytical pyrolysis-gas chromatography/mass spectrometry (Py-GC/MS) of sawdust with Al/SBA-15 catalysts. Journal of Analytical and Applied Pyrolysis, 2009, 84(2): 131-138

[123] Lu Q, Tang Z, Zhang Y, et al. Catalytic Upgrading of Biomass Fast Pyrolysis Vapors with Pd/SBA-15 Catalysts. Industrial & Engineering Chemistry Research, 2010, 49(6): 2573-2580

[124] Triantafyllidis K S, Iliopoulou E F, Antonakou E V, et al. Hydrothermally stable mesoporous aluminosilicates (MSU-S) assembled from zeolite seeds as catalysts for biomass pyrolysis. Microporous and Mesoporous Materials, 2007, 99(1-2): 132-139

[125] Zhang Z B, Lu Q, Ye X N, et al. Selective production of 4-ethyl phenol from low-temperature catalytic fast pyrolysis of herbaceous biomass. Journal of Analytical and Applied Pyrolysis, 2015, 115: 307-315

[126] Zheng Y, Chen D Y, Zhu X F. Aromatic hydrocarbon production by the online catalytic cracking of lignin fast pyrolysis vapors using $Mo_2N/gamma-Al_2O_3$. Journal of Analytical and Applied Pyrolysis, 2013, 104: 514-520

第6章 生物质选择性热解制备高附加值化学品

6.1 引 言

随着化石资源的日益短缺，生物质资源的开发利用获得了全球的广泛关注[1,2]。在众多的生物质利用技术中，快速热解液化技术极具前景。该技术是在中温缺氧条件下，使生物质迅速受热分解并对产物进行快速冷凝，从而将生物质主要转化为液体产物生物油[3-6]。生物油是一种具有潜力的石油替代品，可作为液体燃料或者化工原料应用于多个领域[7-9]。常规生物油中含有多种高附加值的化学品，包括多种难以通过常规手段进行合成的物质，如左旋葡聚糖、左旋葡聚糖酮、糠醛、5-羟甲基糠醛、麦芽酚、香草醛等；然而生物质常规热解过程中的选择性很差，会形成超过400种的有机物，因而常规生物油中绝大部分物质的含量都很低，使得分离提取技术困难，没有很好的经济效益，很难作为化工原料使用。在现阶段，从常规生物油中提取化学品只集中在某一类含特定官能团的组分，如酚类物质（包括低聚物）[10-13]、熏液[14]，或者少数几种相对含量较高的物质，如左旋葡萄糖[15-18]、羟基乙醛（HAA）[19]、乙酸（AA）[20]。

为了获得某些特定的高附加值产物，必须通过适当的手段对生物质热解过程实现定向控制，如调整热解条件，或者引入适当的催化剂，促进某些特定反应途径，并抑制其他反应途径，从而实现选择性的生物质热解液化而获得预期的目标产物，以提高目标产物的产率及其在生物油中的含量。

6.2 左旋葡聚糖的生成机理与制备技术

6.2.1 左旋葡聚糖简介

左旋葡聚糖，又称脱水内醚糖（LG），即 1,6-脱水-β-D-吡喃葡萄糖。熔点182~184℃，沸点384℃，闪点186℃，其结构如图 6-1 所示，C1 和 C6 间含有一个内缩醛环。LG 主要由生物质中的纤维素热解获得[21]。一般来说，纤维素在中温条件下进行快速热解时，主要经历解聚和开裂两个平行竞争途径形成各种一次热解产物，其中解聚反应主要生成 LG[22-25]，产率可高达 40%，因此 LG 是最容易通过生物质选择性热解制备的目标产物之一。

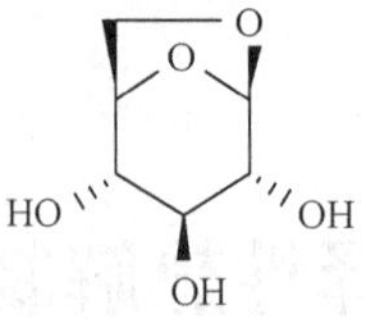

图 6-1　LG 的结构

6.2.2　LG 生成机理的实验研究

　　现阶段，不同学者基于实验研究，提出了不同的 LG 生成途径，但还没有形成定论，总结如图 6-2 所示。综合这些研究结果，可以将 LG 生成途径分为 4 类：通过糖苷键均裂反应生成 LG、通过糖苷键异裂反应生成 LG、通过葡萄糖中间体生成 LG、通过协同反应生成 LG。

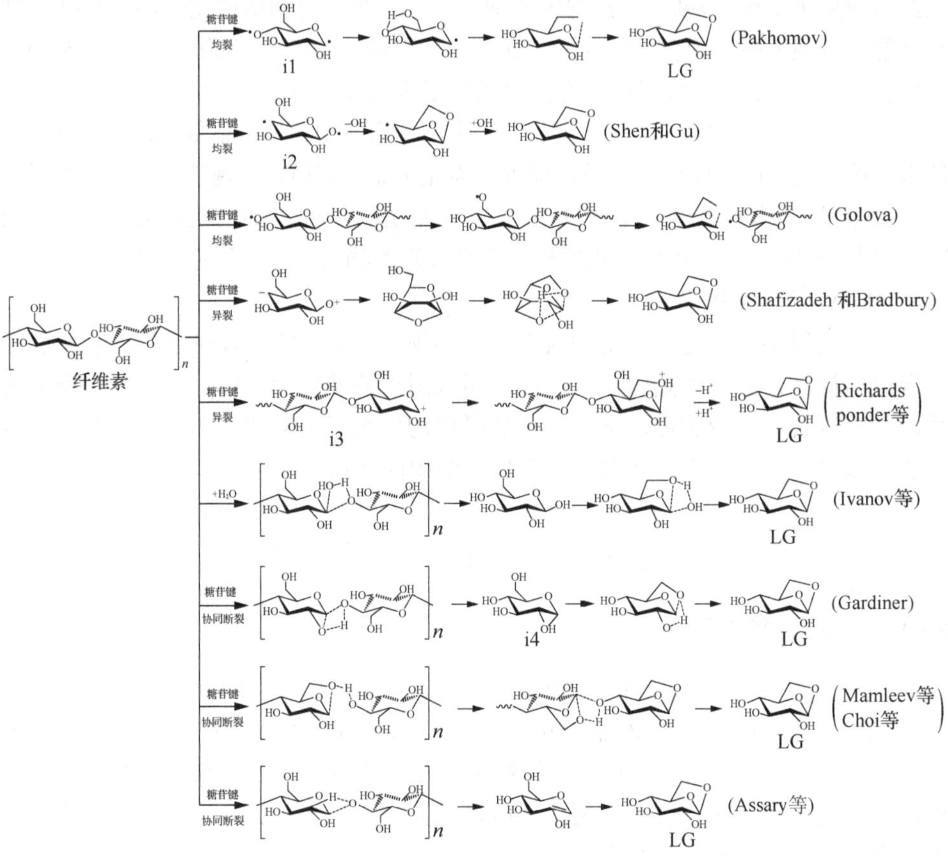

图 6-2　纤维素快速热解过程中 LG 的生成路径

1. 糖苷键均裂反应生成 LG

对于糖苷键均裂反应生成 LG，Pakhomov[26]认为，纤维素中葡萄糖单元两侧的 β-1,4-糖苷键的 C1 位与 O 之间均裂断开，形成两端各具有一个单电子的双自由基葡萄糖中间体(如图 6-2 中 i1 所示)，之后该中间体羟甲基上的羟基氢转移到 C4 位氧原子处，形成羟基，羟基氧则与 C1 位成键形成 LG。

Shen 和 Gu [27]提出的 LG 生成路径中也有双自由基葡萄糖中间体，不同之处在于他们认为 β-1,4-糖苷键中 C4 位与 O 之间更容易断裂，形成如图 6-2 所示的双自由基中间体 i2；该中间体在 C6 位与 C1 位形成 C1—C6 醚键，同时失去一个羟基自由基；之后，在 C4 位捕获一个羟基自由基形成 LG。

Golova[28]详细叙述了纤维素热解生成 LG 的过程中主要原子的运动和纤维素分子以及中间产物空间结构的转变。其提出的 LG 形成途径中没有形成双自由基葡萄糖中间体，如图 6-2 所示。首先，纤维素分子中一个葡萄糖单体 C4 位相连的 β-1,4-糖苷键均裂断开，形成如图 6-2 所示的自由基；随后，其 C6 位的羟基氢转移至 C4 位的氧原子处，C6 位羟基氧随后和 C1 位结合，形成 LG，并造成该葡萄糖单体 C1 位置 β-1,4-糖苷键均裂断开，所形成的自由基按照上述反应而形成下一分子 LG。纤维素上的葡萄糖单元依次进行上述反应，生成 LG。Golova[28]还通过实验手段，向纤维素热解反应中加入自由基清除剂(2-β-萘苯二胺)，证明了自由基中间体存在的可能性；结果表明当自由基清除剂的浓度为 2.25 mol%时，LG 的产量下降了 50%，而当浓度为 4.5 mol%时，几乎完全抑制了 LG 的生成。

2. 糖苷键异裂反应生成 LG

Kilzer 和 Broido[29]在对己糖以及纤维素等聚糖进行热解时发现，其热解产物与各物质在水溶液中经过酸催化反应得到的产物相似，因此他们认为纤维素的热解反应机理也与其水解机理类似，并推断在热解过程中纤维素糖苷键经过异裂形成离子基中间体。

Shafizadeht 和 Bradbury[30]发现产物的电子密度会受到糖苷键取代基的影响，并推断纤维素热解过程中糖苷键异裂断裂；同时认为纤维素糖苷键的异裂反应需要通过分子结构的改变以增加其灵活性，这可以在高温条件下通过氢键的断裂以及玻璃化转变而实现。根据纤维素热解产物分布，Shafizadeh 和 Bradbury [30]提出葡萄糖单元在糖苷键异裂后，通过分子内的转糖苷反应，形成 1,2-脱水吡喃葡萄糖和 1,4-脱水吡喃葡萄糖，之后快速重整形成 LG，如图 6-2 所示。然而，Gardiner[31]采用 2,3,6-三甲基纤维素进行热解实验研究，发现并没有生成 1,4-脱水-2,3,6-三甲基葡萄糖，并因此对 Shafizadeh 和 Bradbury[30]提出的 LG 生成路径产生了质疑[31]。

　　Richards [32]认为，纤维素中葡萄糖单体一侧糖苷键异裂断开，形成共振稳定的离子基葡萄糖中间体(如图 6-2 中 i3 所示)，在易于生成 LG 的环境下，C6 位的羟基与 C1 位形成离子环氧中间体；之后，多余的一个氢离子脱出，另一侧糖苷键异裂并结合一个氢离子，释放出 LG 分子，并伴随产生另一个阳离子，然后以类似的方式继续反应生成 LG。Ponder 等[33]认为糖苷键的异裂只有在空间中有可利用的羟基时才可能发生，并通过实验验证了这一论点。Ponder 等[33]同时利用 β-1,6-糖苷键连接的多糖进行热解反应，并没有检测到 LG 的生成，因此证实了 C6 位的羟基对 LG 的生成具有重要作用；基于该实验结果，其提出了与 Richard 相同的 LG 生成途径。

3. 通过葡萄糖中间体生成 LG

　　在对纤维素热解的初期研究中，一些学者提出了纤维素首先解聚生成葡萄糖分子之后再形成 LG 的机理：纤维素糖苷键结合水分子而断裂释放出葡萄糖；葡萄糖经过 C1 与 C6 位上的脱水反应，直接形成 LG，如图 6-2 所示。为了验证这一路径是否正确，Ivanov 等[34]采用纤维素和葡萄糖的混合物进行热解实验，发现 LG 的产量大幅下降；另外，还有学者采用纯葡萄糖进行热解实验，发现 LG 的产率也较低[29]。这些实验结果表明，虽然 LG 可由葡萄糖转化而来，但该路径不是纤维素热解过程中生成 LG 的主要路径。实际上，大部分研究都表明，纤维素在热解过程中更倾向于发生脱水反应而不是水解反应；并且在纤维素的热解产物中，也没有检测到稳定存在的葡萄糖。

4. 协同反应生成 LG

　　Gardiner [31]和 Byrne 等[35]提出了纤维素经协同反应生成 LG 的路径，如图 6-2 所示。纤维素中的葡萄糖单体首先从椅型结构转变为船型结构，之后发生协同反应，糖苷键断开，C2 位上的羟基氢转移到糖苷键的氧原子上，C2 位的羟基氧和 C1、C2 位形成环氧结构，生成 1,2-环氧中间体(图 6-2 中 i4)，之后再迅速重整形成 LG。

　　Mamleev 等[36]认为纤维素单元中 C6 位羟甲基中的羟基可与糖苷键经历一个四元环过渡态，糖苷键经过协同反应而断裂，从而直接形成 LG，如图 6-2 所示。在该过程中，糖苷键 C1 位与 O 原子之间距离增加，C6 位的羟基氢向糖苷键氧移动，C6 位羟基氧向 C1 位移动，最终造成糖苷键的断开，释放出 LG。Choi 等[37]基于 β-D-吡喃葡萄糖和纤维素分别在有无甲基化剂的条件下的热解实验，提出了和 Mamleev 等相似的 LG 形成途径，两者的差别在于：Mamleev 等[36]认为在热解过程中纤维素中葡萄糖单元两侧的糖苷键同时发生协同反应，一次性释放出 LG 分子；而 Choi 等[37]则认为协同反应从一端开始，依次释放出 LG。

Assary 和 Curtiss[38]提出了另外一种基于协同反应的 LG 形成途径,如图 6-2 所示。纤维素糖苷键断裂的同时,C2 位上的氢原子向糖苷键的氧原子移动,最终一侧形成不饱和双键,另一侧形成羟基;单个葡萄糖单元两侧同时发生上述协同反应,即得到 1,2-脱水葡萄糖,该物质不稳定,经重整形成 LG。

上述 LG 形成途径,均是前人基于热解实验结果所提出的反应;然而,常规的实验研究,由于实验条件与仪器设备的局限性,无法对快速热解这种在极短时间内发生的反应进行透彻分析,也就无法获取反应过程的中间产物,因此也就难定论 LG 的形成路径。

6.2.3 LG 生成机理的理论研究

相较于常规的实验研究,密度泛函理论计算能够在分子和原子层面模拟化学反应,揭示反应机理,现已经成功应用于生物质热解机理的研究。Assary 和 Curtiss[38]、黄金保等[39]、Zhang 等[40]、Mayes 和 Broad belt [41]分别基于密度泛函理论,通过 Gaussian 软件计算了 LG 可能的形成途径,结果有相同之处,但也有差异。

黄金保等[39]以纤维二糖为纤维素模型化合物,计算了不同的 LG 生成途径,如图 6-3 所示。糖苷键 C—O 键均裂,形成两个自由基,自由基 IM1 进一步反应生成 LG 和一个氢原子;该过程中,C—O 键解离能为 321kJ/mol;以均裂反应形成的自由基 IM1 为基础,再通过一个反应能垒为 203kJ/mol 的协同反应生成 LG;综合上述两步反应,由纤维二糖通过均裂反应生成 LG 的总能垒为 524kJ/mol。在糖苷键协同断裂途径中,通过一步协同反应直接得到葡萄糖和 LG 分子,能垒仅为 378 kJ/mol。比较可知,纤维二糖通过协同反应生成 LG 的能垒要低于通过糖苷键均裂反应生成 LG 的能垒。

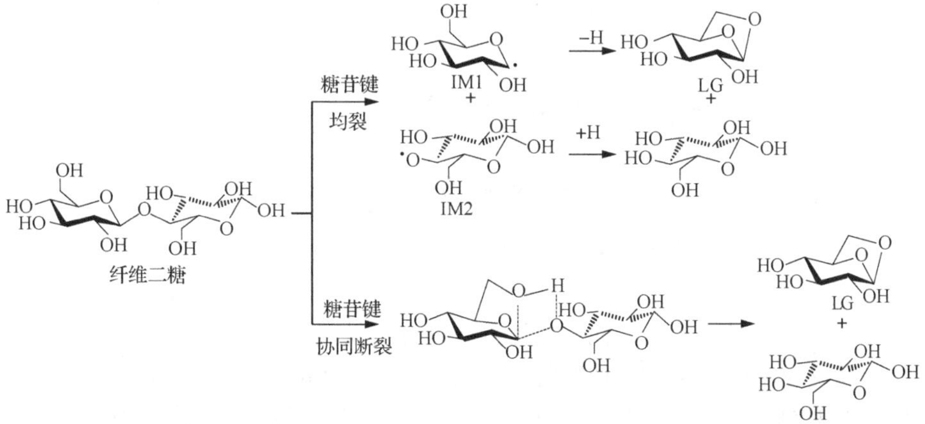

图 6-3 黄金保等计算的 LG 形成路径

Zhang 等[40]同样采用纤维二糖作为纤维素模型化合物, 计算了不同的 LG 生成途径, 如图 6-4 所示。其首先计算了纤维二糖糖苷键发生均裂和异裂的键解离能, 结果表明糖苷键均裂解离能为 331kJ/mol, 而异裂解离能高达 659kJ/mol 以及925kJ/mol, 表明糖苷键更容易发生均裂反应; 其进一步计算了由糖苷键均裂产生的双自由基中间体经由 Pakhomov[26]所提出的反应路径(图 6-2)生成 LG 的过程, 反应能垒为 93kJ/mol; 因此整体上纤维素经过均裂反应生成 LG 的过程的决速步为糖苷键的均裂反应, 整条反应路径的反应能垒为 331kJ/mol。Zhang 等[40]随后计算了纤维二糖经水解和协同反应生成 LG 的途径, 确定了两种途径的反应能垒分别为 264kJ/mol 和 195kJ/mol, 这说明糖苷键经过协同反应生成 LG 的途径具有最低的反应能垒, 因此判定纤维素经过协同反应直接生成 LG 是能量较优路径。Zhang 等[40]的计算工作使用同一基组, 在相同条件下全面比较了纤维二糖均裂、异裂、水解和协同反应的能垒高低, 具有一定的代表性。

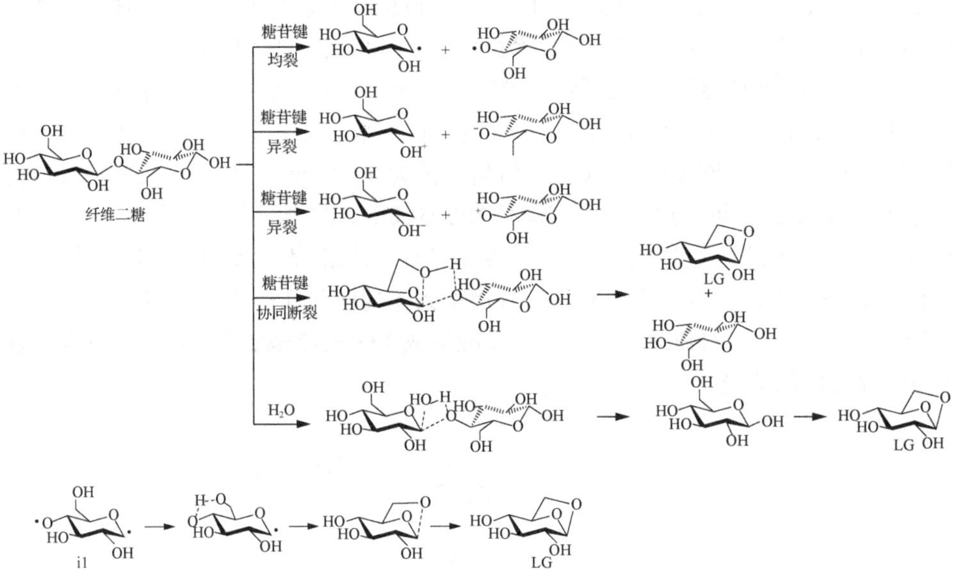

图 6-4　Zhang 等计算的 LG 形成路径

综合黄金保等[39]和 Zhang 等[40]的计算结果可知他们得到了相同的结论: 纤维二糖通过协同反应直接生成 LG 的途径反应能垒最低, 步骤最少, 是纤维二糖生成 LG 的最优路径。然而, 他们的计算数据有明显差别, 主要体现在对于纤维二糖的协同反应, 黄金保等[39]计算的反应能垒为 378kJ/mol, 而 Zhang 等[40]的计算结果则为 195kJ/mol。该差异一方面可能是由于计算基组选择的不同而引起的, 另一方面则可能是由于反应物以及过渡态的空间结构不同而造成的, 所以, 还需要做进一步的研究计算, 得到令人信服的数据。

Assary 和 Curtiss[38]针对图 6-2 中所提出的协同反应路径，报道了纤维二糖生成葡萄糖和 1,2-脱水葡萄糖的反应能垒为 248kJ/mol，但由脱水葡萄糖重整为 LG 过程的反应能垒作者没有报道。

上述研究均使用纤维二糖为纤维素模型化合物，研究其热解形成 LG 的途径；由于纤维二糖中的葡萄糖单元只在一侧具有糖苷键，与纤维素的实际结构有较大差别，所以，纤维二糖热解生成 LG 的机理与途径不能完全代表纤维素热解产生 LG 的机理与途径。

Mayes 和 Broadbelt[41]模拟了纤维素热解过程中 LG 的生成过程以及葡萄糖单元两侧糖苷键的断裂情况，如图 6-5 所示。首先以甲基纤维二糖为模型化合物，计算了糖苷键经过协同反应断裂生成一分子葡萄糖和一分子甲基左旋葡聚糖的过程，模拟了纤维素中末端糖苷键的断裂情况；随后，以 1,6-脱水甲基纤维二糖分子为模型化合物，计算了其经过一个协同反应，生成了一分子 LG 和一分子甲基左旋葡聚糖的过程。计算结果表明，上述两个反应在 500℃下的反应能垒分别为 228kJ/mol 和 238kJ/mol。上述反应过程较为详细地模拟了 LG 的生成过程，但是只计算了一种协同反应机理，缺少对比性数据。

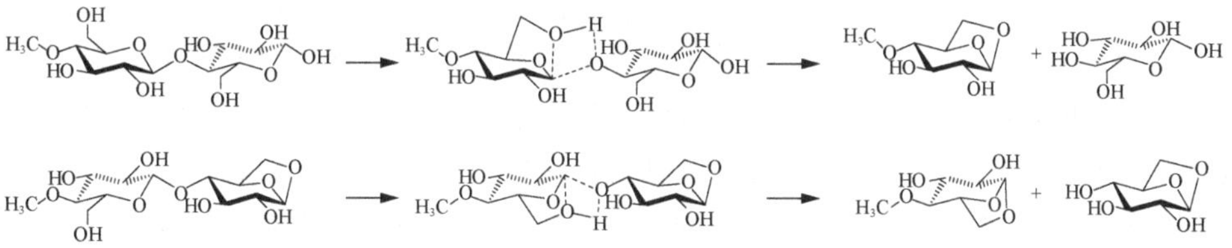

图 6-5　Mayes 和 Broadbelt 计算的 LG 形成路径

6.2.4　纤维素/生物质快速热解制备 LG

当以纯纤维素为原料进行快速热解时，控制合适的热解反应条件，由此获得的生物油中已经高度富含 LG，可用于后续分离提纯 LG，因此一般情况下无需再通过原料预处理或引入催化剂等方式去调控热解反应过程。

然而，当以生物质为原料制备 LG 时，纤维素热解生成 LG 的过程会受到半纤维素、木质素和灰分等的影响，极易造成 LG 产率的大幅下降。杨昌炎等[42]利用喷动流化床快速热解实验装置进行了麦秸快速热解的实验研究，发现液体产物中 LG 的含量为 5%~10%。龚维婷[43]分别利用棉秆、玉米秆和稻壳直接微波热解，发现棉秆和玉米秆热解油中 LG 相对含量较高，峰面积百分比达到 22%，而稻壳热解油中没有检测到 LG。董长青等[44]研究发现，杨木和松木两种木材经脱灰预处理后，热解产物中 LG 的含量都大幅增加，如表 6-1 所示，分析其原因在于灰分能够抑制纤维素的解聚反应，同时促进吡喃环的开裂反应。胡海涛等[45]总结了国内外各种生物质预处理技术及其对热解产物的影响的研究现状，同样指出脱灰预处理能加快生物质热解速率，并实现糖类组分的富集。

表 6-1　杨木和松木快速热解产物中糖类产物与 LG 的含量

参数	杨木	松木	脱灰杨木	脱灰松木
脱水糖类总含量/%	10.32	13.77	19.24	20.98
LG 含量/%	8.03	10.83	14.12	16.19

6.2.5　小结

　　纤维素/生物质快速热解过程中，LG 是最重要的脱水糖衍生物。对于纤维素热解生成 LG 的机理与途径，众多学者基于对实验现象的观察和解释，提出了多种反应路径，但是由于缺少有效的验证方法，无法形成定论。密度泛函理论是一种行之有效的理论研究方法，但现阶段所开展的研究工作还相对较少，不同学者通过初步的理论研究结果虽然获得了一些相似结论，但在具体的数据上存在着较大的差别。因此，在今后的研究工作中，应当基于现已提出的反应路径，在统一的计算标准(计算方法、基组)的基础上，采用更为准确的纤维素模型化合物，对各反应路径进行全面准确的分析，最终确定出纤维素热解生成 LG 的反应途径。此外，还应该加强实验验证，通过对热解中间产物的实时监测分析，以验证反应途径。对于 LG 的选择性制备，纯纤维素在常规快速热解条件下就能获得高度富含 LG 的生物油，可直接用于后续的分离提纯；然而，以生物质为原料时，LG 的产率和含量都会大幅降低，通过对原料进行脱灰预处理，可提高 LG 的产率和含量。

6.3　脱水糖衍生物的生成机理与制备技术

6.3.1　脱水糖衍生物简介

　　纤维素/生物质在快速热解过程中会生成多种脱水糖衍生物[46-48]，以 LG 为主，一般还有少量的左旋葡萄糖酮(LGO，1,6-脱水-3,4-双脱氧-β-D-吡喃-2-酮)、1,4:3,6-二脱水-α-D-吡喃葡萄糖(DGP)、1,5-脱水-4-脱氧-D-甘油基-己-1-烯-3-阿洛酮糖(APP)和 1-羟基-3,6-二氧二环[3.2.1]辛-2-酮(LAC)等脱水糖衍生物[25, 49, 50]，各脱水糖衍生物的结构如图 6-6 所示。无论是纤维素还是生物质，常规快速热解过程中 LGO、DGP、APP 和 LAC 的产率都很低，为了实现这四种物质的选择性制备，需要首先了解各产物的热解形成机理，在此基础上开发合适的选择性热解制备技术。

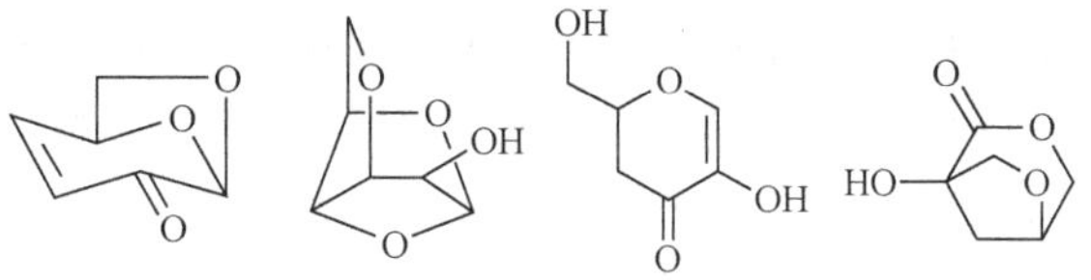

图 6-6　纤维素热解生成的四种高附加值脱水糖衍生物

6.3.2　纤维素/生物质热解生成 LGO 的机理

1. LGO 生成特性研究

LGO 的结构于 1973 年首次确定[51]，其独特的化学结构，使其成为有机合成的重要原料，如合成河豚毒素、硫糖和 RAS 活化抑制剂[52, 53]，因此具有很高的应用价值。在常规的生物质快速热解过程中，几乎难以检测到 LGO 的存在；以纯纤维素为原料进行热解，可以在其产物中检测到少量的 LGO。LGO 主要在纤维素的热解初期生成，根据 Lu 等[25]研究，在较低温度下对纤维素热解较短的时间后，即可得到 LGO；在 550℃以前，延长热解时间，LGO 仅有少量增加；而在 450℃之后，升高热解温度，LGO 的产率明显下降，这表明高温不利于 LGO 的生成。

2. LGO 生成机理的实验研究

在早期的研究中，有学者认为 LGO 是直接由 LG 脱水形成的，这是由于 LG 作为纤维素热解最重要的产物，容易发生二次裂解而形成多种与纤维素直接热解相似的产物[49]。Halpern 等[51]通过实验发现在酸催化条件下，纤维素及其热解生成的 LG 容易进一步反应生成 LGO，并提出了如图 6-7 所示的 LGO 生成路径；然而，该机理仅是基于酸催化条件下的 LGO 生成机理，不具有普遍性。

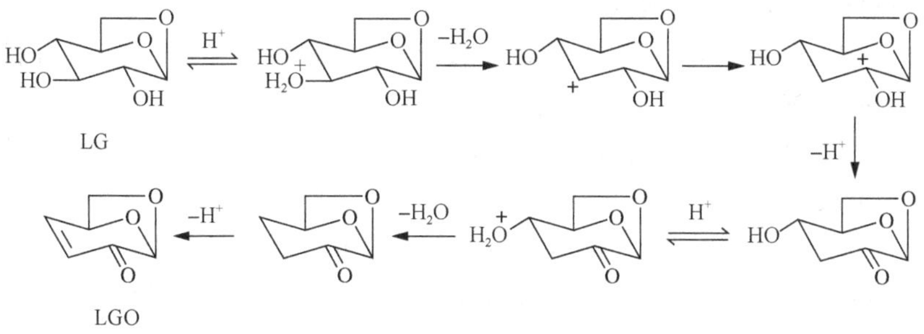

图 6-7　Halpern 等提出的酸催化 LG 生成 LGO 的路径

鉴于 LGO 需要纤维素经历解聚和脱水两种反应而生成，Ohnishi 等[54]认为

LGO 可以通过不止一种反应途径生成，即可由纤维素先解聚生成 LG 后脱水生成，也可由纤维素先脱水而后再解聚生成，如图 6-8 所示，视脱水和解聚反应发生的先后顺序不同，纤维素会经历不同的中间产物形成 LGO，LG 是 LGO 生成的前驱体之一，但不是唯一前驱体。

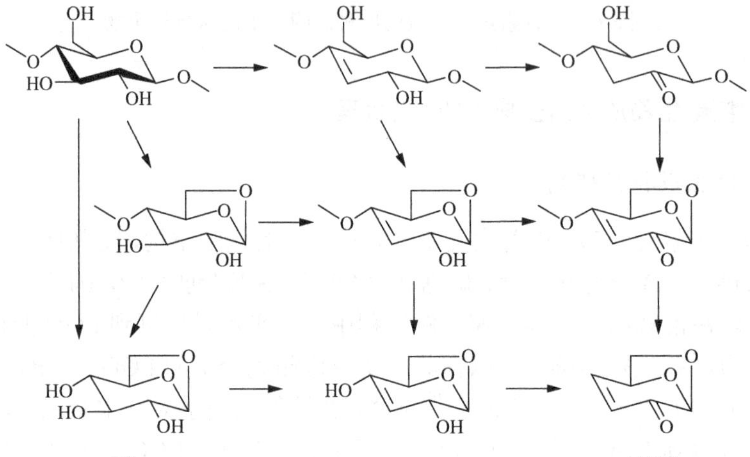

图 6-8　Ohnishi 等提出纤维素热解生成 LGO 的路径

　　为了确定 LGO 是否直接来自于 LG 的脱水反应，Lu 等[25]分别以纤维素和纯 LG 为原料进行了热解实验，通过对纤维素进行不同热解温度和时间下的实验结果分析发现，LG 与 LGO 的生成特性完全不同：升高热解温度能促进 LG 的生成但会抑制 LGO 的生成；此外，对纯 LG 的热解实验表明 LG 具有很好的热稳定性，即使在较高的热解温度下，也仅有少量分解，而且分解产物中 LGO 极少。这一实验结果说明了在纤维素的热解过程中，LGO 基本不来源于 LG 的二次分解反应。基于上述结论和前人的研究结果[54]，Lu 等[25]确定 LGO 主要是由纤维素先脱水再发生糖苷键断裂等反应生成的。

　　此外，Shafizadeh 等[55]提出 LGO 不仅可以由 LG 脱水生成，还可以由另一种脱水糖衍生物 DGP 脱水生成；并通过酸催化热解 DGP 实验，发现其产物中含有数量可观的 LGO[55]。基于实验结果，Shafizadeh 等[55]提出了由纤维素的热解产物 DGP 进一步反应生成 LGO 的路径，如图 6-9 所示。除了上述生成 LGO 的前驱体，Lin 等[56]还提出 LG 的同分异构体 1,6-脱水-β-D-呋喃葡萄糖（AGF）也可以脱水生成 LGO，因此 Lin 等[56]将纤维素热解生成 LGO 的机理总结如图 6-10 所示。

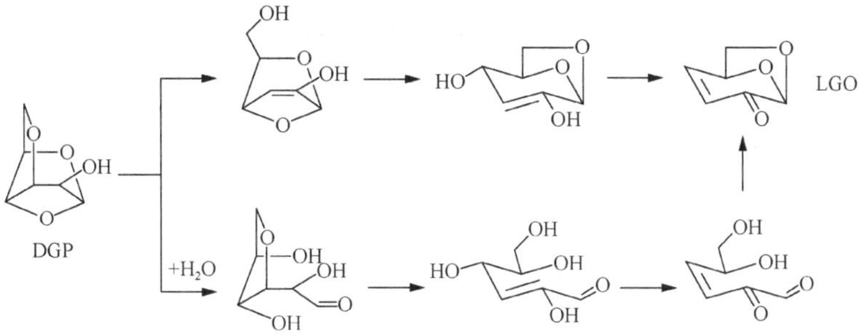

图 6-9　Shafizadeh 等提出的 DGP 分解生成 LGO 的反应路径

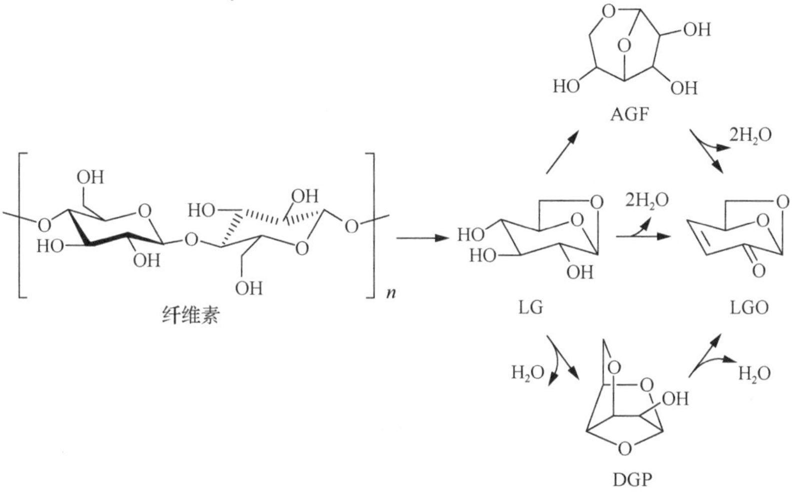

图 6-10　Lin 等提出的 LGO 生成机理

3. LGO 生成机理的理论研究

由于实验条件和检测方法的限制，常规的实验研究难以从微观层面揭示反应机理；而密度泛函理论方法可以在分子水平上模拟化学反应，深入揭示热解反应机理。Lu 等[57]利用密度泛函理论方法和 Gaussian09 软件对纤维素的两种模型化合物(吡喃葡萄糖和纤维二糖)热解生成 LGO 的路径进行了全面计算，详细分析了多条可能的 LGO 生成路径，并确定了两种模型化合物各自热解生成 LGO 的最优路径，如图 6-11 所示。通过计算，Lu 等[57]发现不论是葡萄糖还是纤维二糖，经由 LG 生成 LGO 的路径能垒都较高，不是生成 LGO 的最优路径，因此进一步证实了 LG 不是生成 LGO 的必经的中间体，与此前的实验结果相吻合[25]；葡萄糖和纤维二糖热解生成 LGO 的最优路径基本一致，由此，Lu 等[57]进一步推断了纤维素热解生成 LGO 的反应机理，如图 6-11 所示，在纤维素的热解过程中，其单体两侧糖苷键的断裂均可以生成双键；并发生脱水等反应生成 LGO。在今后的研究中，还需要进一步对该反应机理的正确性进行验证。

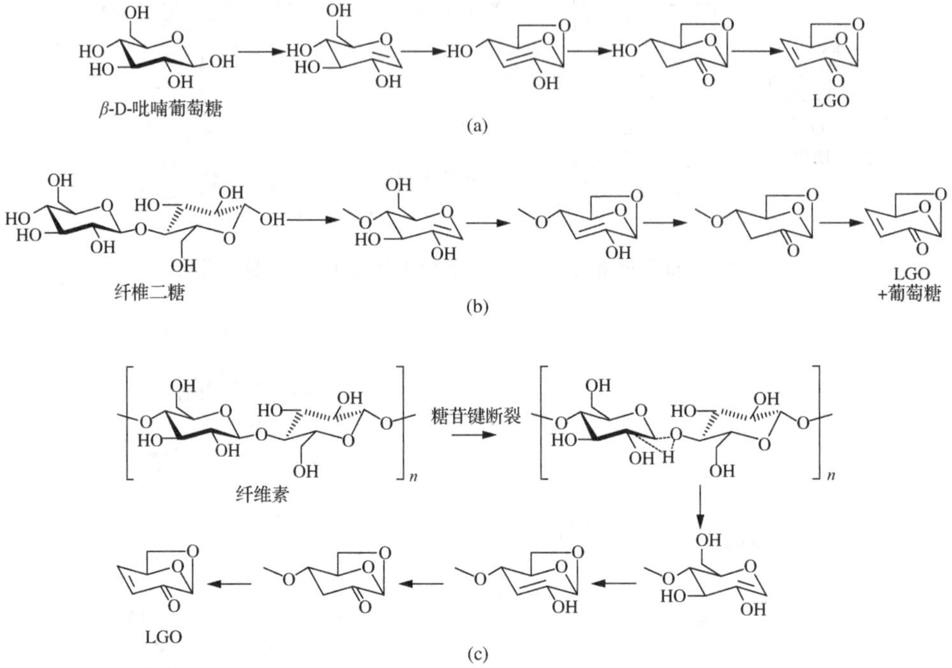

图 6-11　Lu 等提出的葡萄糖生成 LGO 的最优路径(a)、纤维二糖生成 LGO 的最优路径(b)、
纤维素生成 LGO 的路径(c)

6.3.3　纤维素/生物质热解生成 DGP、APP 和 LAC 的机理

1. DGP、APP 和 LAC 的生成特性

DGP、APP 和 LAC 是另外三种重要的脱水糖产物，但目前对其生成机理的研究还都较少。早前的研究中就已经确定了 DGP 和 APP 的结构，而 LAC 的结构于 1988 年才首次确定[58]。根据 Lu 等[57]的研究，在纤维素热解过程中，DGP 和 APP 的生成特性与 LGO 既有相同之处，也有不同之处。相同之处在于，随着热解温度的升高，DGP 和 APP 的产率均是先增后减，说明高温不利于两者的生成；不同之处在于，LGO 仅在纤维素的热解初期生成，而 DGP 和 APP 则在整个热解过程中都会生成，且随着热解时间的延长，DGP 和 APP 的产率会有明显的增加。对于 LAC，其生成特性与 LGO 相差很大，升高热解温度和延长热解时间均有利于 LAC 的生成，通常在 500℃ 以上 LAC 的产率明显增加，说明充分的热解条件可以促进 LAC 的生成。

2. DGP 的生成机理

Shafizadeh 等[55]基于实验结果提出，DGP 是由纤维素单体经过分子内的转糖苷作用和醚化反应生成的，其前驱体可能是 1,4-脱水-α-D-吡喃葡萄糖；并提出了如图 6-12 所示的 DGP 生成机理。在如图 6-12 所示的路径中，LG 也是生成 DGP 的前驱体之一，即 LG 首先异构生成 1,4-脱水-α-D-吡喃葡萄糖，然后进一步发生脱水反应生成 DGP。这一观点也得到了 Lin 等[56]的支持。

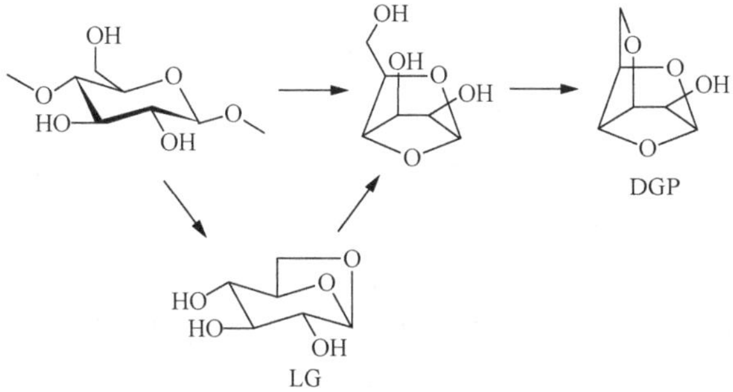

图 6-12　Shafizadeh 等提出的 DGP 生成机理

3. APP 和 LAC 的生成机理

Shafizadeh 等[60]还对热解过程中 APP 的生成进行了研究，并基于实验结果提出了可能的 APP 生成机理，如图 6-13 所示，纤维素热解过程中，经历两次连续的糖苷键断裂形成 APP。对于 LAC 的生成机理，Furneaux 等[58]则提出了 APP 是生成 LAC 的前驱体这一观点，APP 通过苄基重排反应生成 LAC，如图 6-13 所示。很显然，高温有利于解聚和重排反应的发生，与 LAC 的生成特性相吻合。

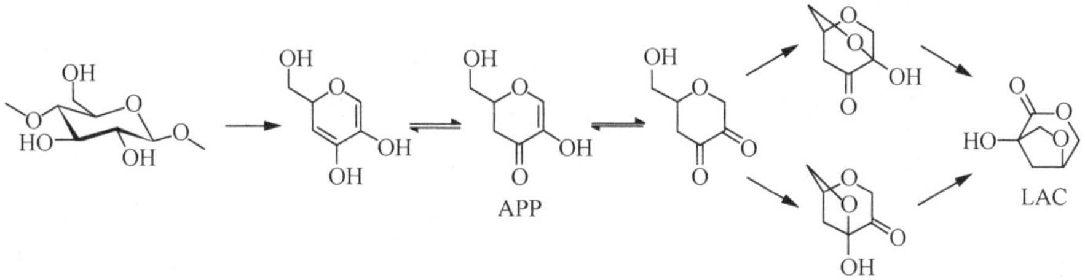

图 6-13　Shafizadeh 等和 Furneaux 等提出的 APP 和 LAC 的生成路径

6.3.4　纤维素/生物质选择性热解制备 LGO

在纤维素或生物质的常规热解过程中，LGO 的产率非常低。研究人员发现，在热解过程中引入合适的酸催化剂，并控制较低的热解反应温度，可以不同程度地提高 LGO 的产率[61]。基于此，不同学者对各种酸催化剂进行了筛选，并根据催化剂的特性选用合适的热解方式(酸催化剂直接浸渍负载于生物质原料，或者和生物质原料机械混合)，发现了多种有效的酸催化剂，在此基础上开发了不同的纤维素/生物质选择性热解制备 LGO 的技术。

1. 纤维素/生物质浸渍负载酸催化剂后选择性热解制备 LGO

1)金属盐催化剂

不同学者在对金属盐催化热解纤维素/生物质的研究中发现，多种金属氯化物均对 LGO 的生成有一定的促进作用，包括 $CuCl_2$、$AlCl_3$、$MgCl_2$、$FeCl_3$ 以及 $ZnCl_2$[62-65]，其中 $ZnCl_2$ 的催化效果相对较好[66-68]。当在纤维素/生物质上浸渍负载少量的 $ZnCl_2$ 时，即可抑制综纤维素的开裂反应形成各种小分子物质(如羟基乙醛、羟基丙酮等)，并显著促进多种脱水糖衍生物(包括 LGO)以及呋喃类产物(以糠醛为主)的生成；然而，随着 $ZnCl_2$ 负载量的进一步增加，$ZnCl_2$ 对 LGO 的选择性逐渐降低，取而代之的是高纯度的糠醛，这是因为 LGO 等脱水糖衍生物在过量的 $ZnCl_2$ 存在下，二次分解生成了糠醛[62]。此外，不同学者还发现其他一些金属盐对 LGO 的生成也有一定的促进作用，包括 K_2CO_3[64,69]、$Fe_2(SO_4)_3$[70]等。总的来说，金属盐对 LGO 的生成虽然有一定的促进作用，但一般会同时促进多种脱水糖衍生物和呋喃类产物的生成，对 LGO 的选择性并不高。

2)无机酸催化剂

在众多无机酸催化剂中，对 LGO 选择性最高的是磷酸。Dobele 等[71-73]在研究中发现，将纤维素或生物质浸渍磷酸后快速热解可获得富含 LGO 的液体产物，并详细考察了磷酸负载量、热解温度、热解时间、纤维素结构等对 LGO 形成的影响；以微晶纤维素为原料，浸渍 2%的磷酸后在 500℃下快速热解，获得的热解产物中 LGO 的相对含量最高可达 34%，远高于纯纤维素热解的结果；以桦木为原料，浸渍 2.5%的磷酸后在 500℃下快速热解获得的液体产物中 LGO 的相对含量达到 17%。Fu 等[74]将磷酸浸渍于铬化砷酸铜处理过的松木后热解也获得了很好的效果，在热解温度为 350℃以及 6wt%磷酸负载量的条件下，其热解产物中 LGO 的相对含量达到 22%；但当继续增加磷酸浸渍量时，LGO 的产率呈下降趋势。Nowakowski 等[75]分别将磷酸和磷酸铵以 2wt%的负载量浸渍于纤维素后，在 350℃下进行热解，发现浸渍磷酸和磷酸铵后，热解获得的液体产物中 LGO 的相对含量分别增加为纤维素直接热解液体产物中 LGO 相对含量的 10 倍和 5 倍。Zhang 等[76]采用 Py-GC/MS 技术，分别以微晶纤维素和杨木为原料，浸渍负载不同含量的磷酸后进行快速热解，确定了负载磷酸含量为 5wt%和热解温度为 300℃时，LGO 的产率最高，分别达到 14.9wt%和 7.5wt%。

除了磷酸，硫酸对 LGO 也有较好的选择性。Branca 等[77]在研究中发现以玉米芯为原料，硫酸的浸渍量小于 0.5%时，催化热解主要促进 LG 和 HMF 的生成；当浸渍量为 1%~3%时，LGO 和糠醛的生成得到大幅促进。Sui 等[78]详细考察了生物质浸渍硫酸后在较低温度下热解生成 LGO 的特性，发现以甘蔗渣为原料，在硫酸负载量为 3wt%，热解温度为 270℃时，LGO 的产率最高可达 7.58wt%。此外，Kawamoto 等[79]利用硫酸在环丁砜溶剂中对纤维素进行了催化热解，负载 0.1wt%硫酸在 200℃下热解 6min，热解产物中 LGO 的相对含量可达 42.2%。然而，由于硫酸的酸性较强，极易促进 LGO 的二次分解反应，以其为催化剂时，需要严格控制负载量和热解反应条件，尽量抑制二次反应的发生。

3) 其他液体催化剂

Kudo 等[80]考察了离子液体对纤维素催化热解的影响，发现以离子液体(1-丁基-2,3-二甲基咪唑三氟甲磺酸酯)为催化剂热解纤维素，在离子液体浓度为 50%，温度为 250℃的条件下，热解产物中 LGO 的相对含量达到了 20%。然而离子液体作为催化剂，在热稳定性、价格等方面还有一定的欠缺。

2. 纤维素/生物质与固体酸催化剂机械混合后催化热解制备 LGO

上述磷酸、硫酸、氯化锌等作为催化剂时，需要通过浸渍的方式负载到纤维素或生物质上，虽然可以显著提高 LGO 的选择性，但在实际应用过程中却会存在一定的问题。首先，LGO 的产率极易受这些强酸性催化剂负载量的影响，因此需要严格控制负载量，这会导致原料的预处理过程较为复杂；其次，经热解反应后，催化剂附着于固体焦炭上，不仅难以回收利用，而且也影响了焦炭的使用；再次，这些催化剂的热稳定性多数较差，而且极易进入热解液体产物中，以催化剂的形式促进 LGO 的二次反应，导致液体产物中 LGO 难以稳定存在。基于此，一些学者提出了采用热稳定性好的固体酸催化剂，与纤维素/生物质机械混合后进行热解制备 LGO。

多种固体酸催化剂在与纤维素/生物质机械混合后进行热解时，均能够促进 LGO 的生成，包括 M/MCM-41 (M=Sn,Zr,Ti,Mg 等)[81]、蒙脱石 K10[82]、金属氧化物 (TiO_2、Al_2O_3、MgO、CrO_3)[83-85]等。然而，和金属氯化物相似，这些固体酸催化剂可同时促进多种产物的生成，对 LGO 的选择性并不高。Wang 等[86]首先报道了以固体超强酸(SO_4^{2-}/ZrO_2)为催化剂，和纤维素机械混合后进行快速热解，可以实现高选择性地制备 LGO；在原料与催化剂比例为 1∶1、催化热解温度为 335℃时，LGO 的产率高达 8.1wt%。Lu 等[87]将纤维素与 SO_4^{2-}/TiO_2 型固体超强酸机械混合后进行催化热解，发现在原料与催化剂比例为 1∶1、催化热解温度为 350℃时，热解产物中 LGO 的相对含量超过 50%。为了便于催化剂的回收再利用，Lu 等[88]进一步制备了磁性固体超强酸催化剂(SO_4^{2-}/TiO_2-Fe_3O_4)，分别用于催化热解微晶纤维素和杨木,当原料与催化剂比例为 1 : 1、催化热解温度为 300℃时,LGO 的产率分别高达 14.9wt%和 7.5wt%。

除了固体超强酸,Zhang 等[76]还报道了固体磷酸催化剂也对 LGO 有着很高的选择性,其以微晶纤维素和杨木为原料,催化热解制备 LGO,并在温度为 300℃,原料与催化剂比例为 1 : 1 的条件下,获得了最高的 LGO 产率,分别为 16.1wt%和 8.2wt%。

综合前人的研究可知,无论是固体超强酸还是固体磷酸,用于催化热解纤维素/生物质时,LGO 的产率及其在热解液体产物中的纯度都已经较高,选择性热解技术已经较为完善,可望后续进一步优化后进行工业示范,以实现 LGO 的工业化生产。一些纤维素/生物质催化热解选择性制备 LGO 的研究结果见表 6-2。

表 6-2　纤维素/生物质催化热解选择性制备 LGO 的研究结果

原料	催化剂	LGO 在热解液中的相对含量/%	LGO 的真实产率/wt%
纤维素	KCl,CaCl$_2$,FeCl$_3$,ZnCl$_2$[68]	15~20	—
纤维素	K$_2$CO$_3$、ZnCl$_2$、CuCl$_2$、AlCl$_3$[64]	—	3.61
纤维素 松木	Fe^{3+}[70]	40.7 25.7	—
纤维素 桦木	H$_3$PO$_4$[71-73]	34 17	—
纤维素 杨木	H$_3$PO$_4$[76]	—	14.9 7.5
特殊处理后的松木	H$_3$PO$_4$[74]	22	—
纤维素	H$_3$PO$_4$[75] (NH$_4$)$_3$PO$_4$[75]	51 30.9	—
玉米芯	H$_2$SO$_4$[77]	—	4.5
甘蔗渣	H$_2$SO$_4$[78]	—	7.58
特殊处理后的纤维素	H$_2$SO$_4$[79]	42.2	—
纤维素	[BMMIM]CF$_3$SO$_3$(离子液体)[80]	19~22	—
纤维素	蒙脱石 K10[82]	—	2.9
纤维素	SO$_4^{2-}$/ZrO$_2$ 固体超强酸[86]	—	8.1
纤维素	SO$_4^{2-}$/TiO$_2$ 固体超强酸[87]	50	—
纤维素 杨木	SO$_4^{2-}$/TiO$_2$-Fe$_3$O$_4$ 磁性固体超强酸[88]	—	15.43 7.06
纤维素 杨木	固体磷酸[76]	—	16.1 8.2

6.3.5 纤维素/生物质选择性热解制备 LAC

与 LGO 的选择性制备相似，LAC 也需要在特定的催化热解条件下进行制备。Furneaux 等[58]发现特定的路易斯酸催化剂能够促进 LAC 的形成，同时还证明了质子酸催化剂并不能大幅促进 LAC 的形成。随后，Fabbri 等[84, 85]考察了多种沸石以及纳米氧化物对纤维素热解的影响，结果发现纳米钛酸铝催化剂能够选择性促进纤维素热解生成 LAC，从而获得富含 LAC 的生物油，并确定了 LAC 的产率可高达6wt%。Torri 等[89]考察了纤维素、淀粉、α-D-葡萄糖、D-甘露糖、D-半乳糖、乳糖、LG 及其 4-O-乙酰基衍生物等碳水化合物催化热解的产物分布，进一步确认了纳米钛酸铝对 LAC 的高选择性，同时还发现了以非还原糖为原料催化热解获得的 LAC 显著高于还原糖原料。此外，由于路易斯酸位的数量在很大程度上决定了 LAC 的形成，Torri 等[81]制备了多种金属改性的 MCM-41 催化剂以提高催化剂的路易斯酸位，结果发现 Sn(IV) 和 Zr(IV) 的引入显著提高了催化剂的路易斯酸位，在催化热解纤维素过程中，对 LAC 表现出了较好的选择性。Zhang 等[90]成功开发了利用锌铝双金属复合氧化物(Zn-Al-LDO)催化热解纤维素制备 LAC 的工艺技术，发现热解产物中 LAC 的含量(GC/MS 峰面积含量)可达 21.9%。此外还有一些催化剂也表现出了对 LAC 的选择性，如锌盐[66,91]、蒙脱土 K10[82]等，但选择性低于纳米钛酸铝、Sn-MCM-41 和 Zn-Al-LDO 催化剂。最近，Mancini 等[92]在前人的研究基础上采用 ^{1}H NMR 和傅里叶变换红外光谱(FT-IR)技术对 Sn-MCM-41、纳米钛酸铝和蒙脱土 K10 催化热解纤维素获得的 LAC 进行了定量分析，结果表明在 500℃下，以 Sn-MCM-41 为催化剂催化热解纤维素获得了最大的 LAC 产率，为 7.6wt%。

综合前人的研究可知，现阶段已初步筛选获得了一些有效的催化剂，可实现 LAC 的选择性制备，但现有的研究均以纤维素为原料，尚未有以生物质为原料催化热解制备 LAC 的报道，这可能是因为现有催化剂不能有效抑制半纤维素和木质素对 LAC 生成的不利影响。由于 LAC 选择性制备的核心是催化剂，所以，今后的研究还需要开发高效的催化剂(含有较多路易斯酸位的纳米催化剂)以提高生物质催化热解生成 LAC 的产率。

现阶段针对 APP 以及 DGP 的选择性制备的报道很少，主要是因为现阶段所研究的催化剂均没有表现出对这两种产物的选择性，因此，今后的研究还需要在明确 APP 和 DGP 生成机理的基础上开发对 APP 和 DGP 具有高选择性的催化剂以及催化热解工艺。

6.3.6 小结

纤维素/生物质快速热解过程中会生成多种少量的脱水糖衍生物，其中 LGO、

DGP、APP 和 LAC 四种脱水糖衍生物均具有较高的化工应用附加值。LGO 是纤维素经历解聚和脱水反应而形成的产物，不同学者基于实验研究提出了纤维素经由不同的解聚和脱水反应方式(不同的中间体)生成 LGO 的反应途径，并证实了 LGO 基本不来源于 LG 的脱水反应；然而常规的实验研究无法确定 LGO 的主要生成途径。此外，还有学者基于密度泛函理论计算方法，深入研究并确定了纤维素模型化合物(吡喃葡萄糖和纤维二糖)热解生成 LGO 的最优路径，并据此推断出了纤维素热解生成 LGO 的主要途径；今后还需要对该反应机理的正确性进行验证。对于 DGP、APP 和 LAC 的生成机理，目前还只有简单的实验研究，还需在今后的研究中采用密度泛函理论计算等手段进一步确认。

纤维素/生物质常规热解过程中，上述脱水糖衍生物的产率都很低；对于 LGO 和 LAC，目前已有一些高效的选择性制备技术。以磷酸、硫酸、固体超强酸、固体磷酸等作为催化剂，对纤维素/生物质进行催化热解，可以实现 LGO 的高选择性制备，特别是以固体酸为催化剂制备 LGO 时，工艺技术较为简单，可望后续进一步优化后进行工业示范以实现 LGO 的工业化生产。此外，以纳米钛酸铝、Sn-MCM-41、Zn-Al-LDO 等作为催化剂，对纤维素进行催化热解，可以实现 LAC 的选择性制备；但目前还无法以生物质为原料选择性制备 LAC，因此，今后还需要开发用于催化热解生物质选择性制备 LAC 的高效催化剂。对于 APP 和 DGP，现阶段还没有开发出高效的选择性制备催化剂；在今后的研究中，还需要进一步明确其热解生成机理，并在此基础上开发合适的催化剂以及催化热解工艺，实现其高选择性制备。

6.4 5-羟甲基糠醛的生成机理与制备技术

6.4.1 5-羟甲基糠醛简介

5-羟甲基糠醛(HMF)熔点 30~34℃，沸点 114~116℃，闪点 79℃，折射率 1.5627，其结构如图 6-14 所示。在众多的生物质基化学品中，HMF 是一种新型的平台化合物[93, 94]，化学性质比较活泼，具有高活性的呋喃环、芳醇、芳醛结构，可以通过氧化、氢化和缩合等反应制备多种衍生物，其衍生物广泛地作为抗真菌剂、腐蚀抑制剂、香料，也可以代替由石油加工得到的苯系化合物作为合成高分子材料的原料。因此，HMF 是重要的精细化工原料,具有广泛的应用前景[95]。现阶段，HMF 主要以果糖[96]、葡萄糖[97, 98]、蔗糖[99]、纤维素[100]等为原料，通过水解法进行制备。

图 6-14　HMF 的结构

除了采用水解法制备 HMF，糖类/生物质原料在热解过程中也会或多或少地生成 HMF，可望提供另一种 HMF 制备方法。现阶段，通过热解法制备 HMF 的研究工作还相对较少，除了果糖等少数原料可直接通过热解高选择性地制备 HMF，多数糖类/生物质原料热解形成 HMF 的选择性较低。为此，本节将总结不同糖类/生物质原料热解过程中 HMF 的形成特性，以及不同原料热解形成 HMF 的机理与途径，为糖类/生物质原料选择性热解制备 HMF 提供一定的资料依据。

6.4.2　糖类/生物质原料热解过程中 HMF 的生成特性

热解形成 HMF 的原料主要是各种六碳糖或者含有六碳糖的原料，包括单糖（葡萄糖、果糖）、二糖（蔗糖、纤维二糖）、多糖（纤维素、半纤维素等）以及木质纤维素类生物质等。不同原料热解形成 HMF 的特性，存在着很大的差别。总的来说，具有呋喃结构的六碳糖（果糖、蔗糖和菊糖）原料热解过程中容易形成较多的 HMF，而不具有呋喃结构的六碳糖（如葡萄糖、麦芽糖、纤维二糖、纤维素、淀粉等）也能够通过异构等反应生成 HMF，但 HMF 的产率及其在液体产物中的含量均不高[101]。

1. 呋喃糖热解形成 HMF 的特性

最早关于糖类原料热解生成 HMF 的研究见于 Gardiner[31]的报道，其对葡萄糖、果糖以及蔗糖进行真空热解，HMF 在所收集产物中的摩尔分数分别为 2.1%、24.7%以及 35.4%，说明果糖和蔗糖热解能够形成较多的 HMF。此后，Schlotzhauer 等[102]对果糖和蔗糖在马弗炉中进行了热解实验，发现在相当大的温度范围内（350~850℃），HMF 均是热解液体中最主要的产物；但定量结果表明 HMF 的质量产率只有 2%，与 Gardiner 的研究结果有较大差别。Ponder 和 Richards[103]对菊糖、果糖和葡萄糖在 240℃下进行真空热解，上述三种原料 HMF 质量产率分别为 8.9%、1.3%以及 3.2%。上述研究均说明呋喃糖热解能够得到较高的 HMF 产率。Sanders 等[101]总结了前人对于糖类热解的研究，也认为呋喃糖更容易生成 HMF。

近年来，随着仪器设备与分析方法的进步，可以对热解过程进行更为精确的控制。陆强等[104]采用 Py-GC/MS（热解-气相色谱/质谱）方法对果糖进行快速热解，并深入考察了热解反应温度对热解产物分布的影响，发现在低温下对果糖

进行快速热解，可以高选择性地制备 HMF，在 250℃下进行快速热解时，HMF
在热解产物中的含量(GC/MS 峰面积含量)高达 81.2%，并由此提出了低温快速
热解果糖制备 HMF 的工艺技术。

2. 吡喃糖热解形成 HMF 的特性

对于葡萄糖、纤维素等吡喃糖原料的热解特性，目前已有大量的研究。
Patwardhan 等[49]使用重力进料式热解反应器在 500℃下对多种糖类原料进行了
热解研究，结果表明 HMF 在麦芽糖和纤维二糖热解中质量产率较高，分别为
8.87%与 8.74%，在葡萄糖热解中略低，为 7.70%，其他糖类原料(纤维素、凝
胶多糖、淀粉等)热解时 HMF 的产率均小于 4%。Liao 等[105]通过 Py-GC/MS 研
究并比较了葡萄糖、纤维二糖和纤维素热解形成 HMF 的特性，在 500℃下热解
20s 时，三种原料热解产物中 HMF 的含量(GC/MS 峰面积含量)分别为 7.78%、
8.96%和 3.09%，与 Patwardhan 等所报道的结果相类似。其他学者的研究也都
证实了葡萄糖、纤维素等吡喃糖热解过程中均会形成 HMF，但产率不高[106]。
对于木质纤维素类生物质，其热解形成的 HMF 主要来自于纤维素或者半纤维
素中的六碳糖(如葡萄-甘露聚糖等)。Dong 等[50]系统考察了热解温度和热解时
间对杨木热解产物的影响，发现 HMF 产率在 550℃下达到最大，并推测 HMF
在形成过程中需要经过糖苷键断裂、分子内部脱水和半缩醛等反应。

鉴于葡萄糖、纤维素等吡喃糖热解过程中 HMF 选择性较低，以此为原料实
现 HMF 的选择性制备技术难度较大，目前也还没有很好的选择性热解技术。即
便如此，很多学者深入研究了 HMF 的形成特性以及热解制备 HMF 的最佳工艺
条件。Shen 和 Gu[27]采用自制的热解设备对纤维素进行热解，在热解温度 630℃、
停留时间 0.44s 的工况下得到了最大的 HMF 产率。Lu 等[25]通过 Py-GC/MS 实验，
详细分析了热解温度和热解时间对 HMF 生成的影响，在热解温度为 600℃、热
解时间为 30s 的工况下，获得了最大的 HMF 产率。此外，也有学者通过催化热
解等手段，试图提高 HMF 的产率和选择性。Kawamoto 等[79]报道了环丁砜溶解
的纤维素在酸催化热解下 HMF 的产量略有上升。Lu 等[107]报道了通过固体超强
酸催化剂对纤维素快速热解产物进行在线催化转化，HMF 的产率有所增加，但
不是很显著。

6.4.3　糖类/生物质原料热解过程中 HMF 的生成机理

1. HMF 生成机理的实验研究

Sanders 等[101]、Shen 和 Gu[27]基于实验研究结果，各自提出了可能的 HMF
生成路径，总结如图 6-15 所示。Sanders 等[101]认为，吡喃葡萄糖在热解过程中

可通过链式葡萄糖和链式果糖这两种中间产物异构成为呋喃果糖;该异构过程中的中间产物(链式葡萄糖、链式果糖)以及最终产物(呋喃果糖)均可以通过后续的反应生成 HMF。Shen 和 Gu[27]认为纤维素热解过程中首先生成脱水链式葡萄糖中间产物,再通过羟基间的脱水反应生成 HMF。需要说明的是,上述机理的提出源自于实验推断,缺少有力的验证。

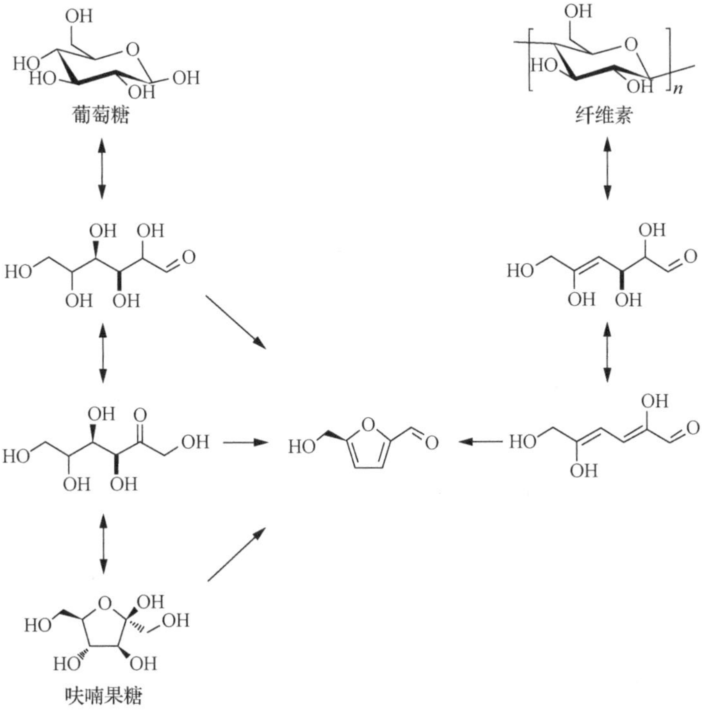

图 6-15 Sanders 等、Shen 和 Gu 提出的 HMF 生成路径

近年来一些学者开展了同位素示踪的热解实验,以期更准确地确定热解反应途径。Locas 和 Yaylayan[108]通过 Py-GC/MS 实验对蔗糖、果糖和葡萄糖进行分析,得到了与 Sanders 等相同的结论,即果糖更易热解生成 HMF;其中蔗糖在 250℃下热解时,产物中的 HMF 90%以上来自蔗糖中的果糖部分;根据上述实验结果,提出了果糖热解过程中 HMF 的生成路径,详见图 6-16。在该机理中,蔗糖糖苷键断开,形成葡萄糖和呋喃果糖离子,呋喃果糖离子通过后续脱水过程直接形成 HMF,葡萄糖分子需首先生成 3-脱氧葡萄糖酮醛(3-DG),再形成 HMF。Locas 和 Yaylayan 还对蔗糖、葡萄糖、果糖和 3-DG 进行热解实验,对比发现蔗糖、果糖热解产物中 HMF 含量分别是 3-DG 热解产物中 HMF 含量的 4.5 倍和 2.4 倍,而葡萄糖热解产物中 HMF 产量仅是其 0.16 倍,说明 3-DG

较葡萄糖更易生成 HMF，其可能是葡萄糖热解生成 HMF 过程中的中间产物。此外，为了验证蔗糖热解过程中呋喃果糖离子的存在，使用甲醇处理蔗糖，甲醇能够和呋喃果糖离子产生甲基呋喃果糖[109]，阻碍后续反应的发生，实验结果表明热解产物中 HMF 含量大幅度降低，并且所有 HMF 均来自蔗糖分子的葡萄糖部分，该实验结果支持了呋喃果糖离子是蔗糖热解生成 HMF 的中间产物这一结论。

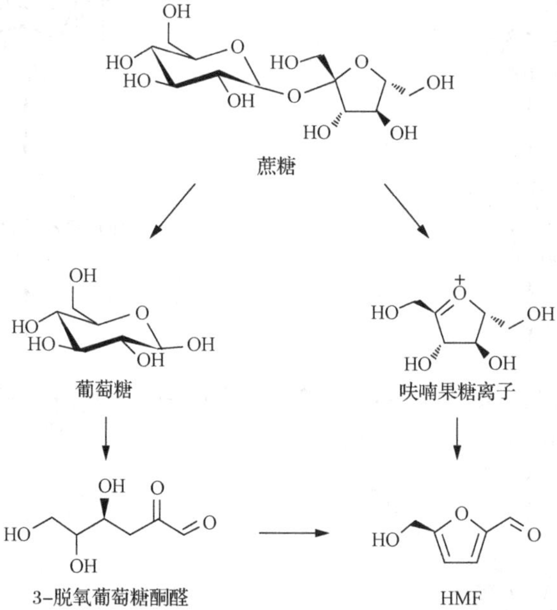

图 6-16　Locas 和 Yaylayan 提出的蔗糖热解过程中 HMF 的生成路径

在对葡萄糖水解生成 HMF 的研究中，Jadhav 等[110]验证了 3-DG 是重要的中间产物。与使用同位素标记的葡萄糖进行水解实验，也得出了相同的结论。

Paine 等[111]使用 C[13] 标记的葡萄糖展开热解实验，发现 HMF 中的醛基碳原子来源于葡萄糖 C1 位碳原子，羟甲基碳原子来源于葡萄糖 C6 位碳原子。由此推测了相应的 HMF 生成路径，如图 6-17 实线箭头所示。该机理认为葡萄糖首先经过 Sanders 等[101]提出的异构过程异构成为呋喃果糖，再经历脱水形成 HMF；其中包括详细的呋喃果糖脱水机理：呋喃果糖首先受呋喃环上氧原子电子的影响脱去 C2 位的羟基，形成带有烯醇结构的中间产物 1；该中间产物烯醇结构的羟基氢能够与 C3 位置的羟基发生协同作用脱除水分子，形成 C1 位具有醛基，C2 与 C3 之间具有双键的中间产物 3；该中间产物失去 C4 位的羟基，形成离子；C5 位 H 受呋喃环上氧原子电子的影响而断裂，最终形成 HMF。

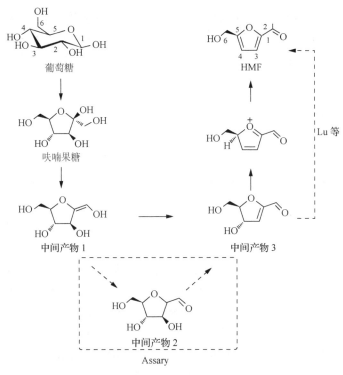

图 6-17   Paine 等、Lu 等、Assary 等提出的 HMF 生成路径

Ponder 和 Richards[112]在 D-葡萄糖的热解产物中分离出了果糖，证明了在热解过程中葡萄糖和果糖存在异构反应，支持了葡萄糖热解经历果糖这一中间产物的结论。Paine 等[111]对 D-葡萄糖与 D-果糖的异构过程提出了两条路径，详见图 6-18。路径之一是葡萄糖通过烯醇结构和酮式结构的异构形成一种带有烯二醇基的中间产物，再异构成为链式果糖；路径之二是链式果糖直接发生质子转移反应，其 C1 位醛基与 C2 位羟基互换位置，生成链式果糖。

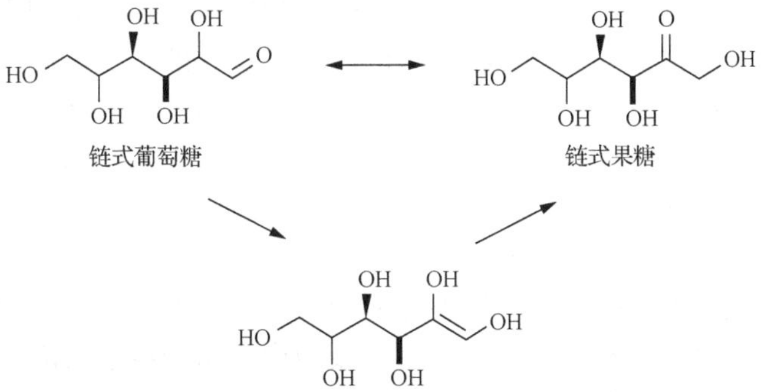

链式葡萄糖

链式果糖

图 6-18   Paine 等提出的链式葡萄糖与链式果糖的异构过程

　　总体来说，葡萄糖热解生成 HMF 的反应路径比果糖更为复杂；已有的实验结论还不足以确定 HMF 形成机理，特别是对于葡萄糖热解形成 HMF 过程中的关键中间产物，到底是 3-DG 还是呋喃果糖，还存在争议，还需要进一步更系统的研究以确定。

2. HMF 生成机理的理论研究

　　采用密度泛涵理论(density functional theory, DFT)方法对 HMF 生成机理开展研究工作的主要有陆强等[104]、黄金保等[23,113]和郭秀娟[114]。

　　对于果糖热解形成 HMF 的机理，陆强等[104]通过 DFT 手段详细分析了呋喃果糖热解脱水生成 HMF 的 5 条可能路径，并对比得出了能量最优路径，如图 6-17 所示。该路径与 Paine 提出的路径类似，主要差别之处在于在脱除最后一个水分子时不经历呋喃环结构的离子中间体(虚线箭头标示)。路径中涉及的 3 个基元反应的反应能垒分别为 245.2kJ/mol、182.9kJ/mol 以及 253.5kJ/mol，脱除 C4 位羟基和 C5 位 H 是整个反应的决速步。此外，Assary 等[115]对溶液体系中果糖转化为 HMF 的路径研究所获得的结论，对于热解机理的研究也具有一定的借鉴意义，其提出的反应路径详见图 6-17。该路径与陆强等[104]提出的路径不同之处在于中间产物 1 需要经过烯醇-醛基异构形成的中间产物 2，再经过脱水形成中间产物 3，该路径中决速步为中间产物 1 与中间产物 2 的异构过程，反应能垒为 342.7kJ/mol。由此可知，对于果糖热解形成 HMF 的机理研究，还需要更为周全地考虑所有可能的途径，以最终确定 HMF 的形成机理与途径。

　　对于葡萄糖热解形成 HMF 的 DFT 理论研究，黄金保等[23,113]通过 DFT 手段提出了 β-D-吡喃葡萄糖热解生成 HMF 的可能路径(图 6-19 路径 1)。该路径中，葡萄糖分子首先开环，形成链状葡萄糖，再经过两次脱水过程在 C2 和 C3 以及 C4 和 C5 之间形成两个双键，最后通过 C2 和 C5 上的两个羟基之间的脱水反应，闭环形成呋喃环状结构，最终产物为 HMF。该路径中四个基元反应能垒依次为 156.52KJ/mol、264.50/kJ/mol、246.84/kJ/mol、277.47kJ/mol；羟基间脱水是整条路径的决速步。此外，郭秀娟[114]也通过 DFT 方法对 HMF 的生成路径进行了研究，提出了另一条可能的路径(图 6-19 路径 2)。该路径中，吡喃葡萄糖开环形成的链式葡萄糖通过 C2 和 C5 上的羟基脱水缩合成呋喃环状中间产物，再经过后续两次脱水过程，最终生成 HMF。该路径中四个基元反应能垒依次为 160.03/kJ·mol、281.07kJ/mol、207.70kJ/mol、190.5kJ/mol；链状葡萄糖羟基间脱水过程是此路径的决速步。上述两人所提出的葡萄糖热解形成 HMF 的途径中的决速步均为羟基间脱水形成呋喃环的过程，这是由于在该反应中，由于羟基间位置较远，C—C 单键需要进行旋转，因此需要消耗大量能量。

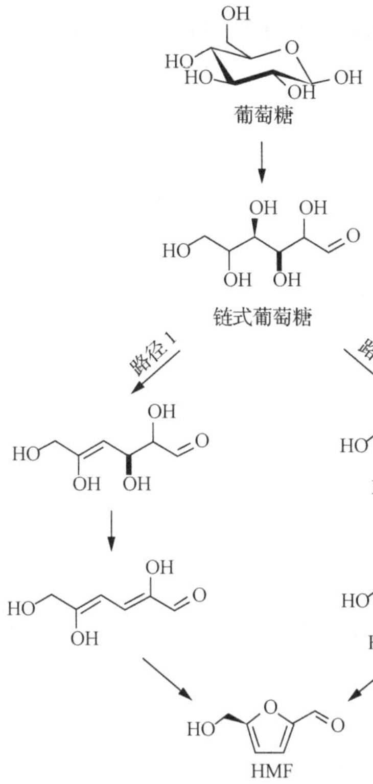

图 6-19 　黄金保等、郭秀娟提出的葡萄糖热解过程 HMF 生成路径

需要指出的是，黄金保等和郭秀娟通过研究提出的葡萄糖热解生成 HMF 的路径，均没有涉及呋喃果糖和 3-DG 这两种最具有争议的中间产物，因此还需要进一步深入研究。后续研究可以借鉴已有的一些葡萄糖水解生成 HMF 的机理研究[116,117]。例如，Assary 和 Curtiss[118]通过 DFT 理论计算了葡萄糖和果糖的异构过程，其计算的反应路径与 Paine 等[111]提出的路径相同，研究发现，在含水介质中，直接转化的反应能垒为 171.2kJ/mol，间接转化经过两次过渡态，反应能垒分别为 167.86kJ/mol 和 205.11kJ/mol，由此看出直接异构反应步骤更少，能垒更低，因此更容易发生。

总的来说，对于果糖热解生成 HMF 的机理与途径，Lu 等较为系统性地通过 DFT 理论计算了不同的生成路径，但还需要进一步考虑 Paine 等[111]和 Assary 等[115]提出的路径的可能性。对于葡萄糖热解生成 HMF 的机理与途径，现阶段的研究主要提出了三类可能的反应：葡萄糖通过中间产物果糖生成 HMF、通过中间产物 3-DG 生成 HMF、通过羟基间脱水成呋喃环生成 HMF；还需要进一步分析比较这三类反应，以最终确定葡萄糖热解形成 HMF 的途径。对于蔗糖热解生成 HMF 的机理与途径，目前已经确定了 HMF 主要由蔗糖分子的果糖侧形成，但还需要基于果糖和葡萄糖的热解机理，全面考虑热解过程中糖苷键的断裂形式，以最终确定蔗糖热解形成 HMF 的途径。

6.4.4　小结

果糖、葡萄糖以及以其为基本结构单元的二糖和多糖，均有望通过选择性热解高效制备 HMF。众多学者基于实验研究，对不同糖类/生物质原料热解生成 HMF 的特性有了深入了解，并基于此提出了多种可能的 HMF 生成路径；但由于缺乏有效的验证方法，无法形成定论。基于密度泛函理论计算的机理分析工作，现阶段还比较有限；在今后的研究中，应尽可能全面考虑所有可能的 HMF 生成路径，从而确定不同原料热解生成 HMF 的机理与路径。对于 HMF 的制备，果糖等呋喃糖直接快速热解即可获得高度富含 HMF 的液体，可直接用于后续的分离提纯；但是葡萄糖等吡喃糖热解生成 HMF 的选择性还较低，有待于后续开发高效的调控技术，促进 HMF 的形成。

6.5　糠醛的生成机理与制备技术

6.5.1　糠醛简介

糠醛(FF)，学名为 α-呋喃甲醛，是呋喃 C2 位上的氢原子被醛基取代的衍生物。糠醛的颜色为无色或浅黄色，在空气中易变成黄棕色，有苦杏仁的味道，相对密度 1.1594，折光率 1.5261，闪点 60℃，能溶于许多有机溶剂，如丙酮、苯、乙醚、甲苯等，能与水部分互溶。糠醛是呋喃环系最重要的衍生物，分子结构比较特殊，有不饱和双键、氧醚键、二烯等官能团，因此化学性质比较活泼，可以发生氢化、氧化、氯化、硝化和缩聚等反应，在合成橡胶、合成纤维、合成树脂、石油加工、食品、香料、医药、染料、涂料、燃料等领域有着广泛的应用。

工业制备糠醛的原料主要是玉米芯、甘蔗渣、棉籽壳、稻壳等各种富含戊聚糖的生物质原料，在酸性介质中水解可得到戊糖，戊糖失水环化从而形成糠醛。目前，世界上生产糠醛的方法主要有硫酸法、盐酸法、醋酸法和无机盐法，我国是目前世界上糠醛生产和出口量最大的国家，在我国分布着几百家大大小小的工厂，这些生产厂 95%以上采用硫酸催化法。现有生产糠醛的方法存在着生产成本高、能耗大、产率低、腐蚀与污染严重、分离与循环利用困难、反应时间周期长等缺点，极大制约了这些企业的发展。

生物质快速热解会生成多种呋喃类产物，糠醛是其中一种重要的产物，同时来自纤维素和半纤维素；不同学者均发现采用合适的催化剂调控热解反应过程，可以显著提高糠醛的产率[17]，可望提供一种新型的糠醛生产工艺。

6.5.2 糠醛生成机理

1. 纤维素快速热解生成糠醛

1) 纤维素热解生成糠醛的常规实验研究

纤维素热解时，一般在 300℃左右开始生成糠醛。根据 Lu 等[25]的研究，随热解温度升高和时间延长，300~550℃时糠醛的绝对含量明显增加，到 600℃以后含量增加趋于平稳；但糠醛在液体产物中的相对含量却表现出了不同的变化趋势，随着热解温度的升高以及时间的延长其相对含量反而降低。

不同的学者基于各自的实验研究结果，提出了不同的糠醛形成机理。Dong 等[50]提出，纤维素经过解聚、开环、C—C 键断裂，最终由 C1~C5 或 C2~C6 缩醛、脱水形成糠醛，如图 6-20 所示。Shen 和 Gu[27]则基于实验结果，认为糠醛主要来自于 HMF 和 1-羟甲基糠醛的分解，具体形成途径如图 6-21 所示，纤维素经过解聚、开环、脱水、环化首先生成 HMF，再脱去一分子甲醛生成糠醛。比较图 6-20 和图 6-21 的糠醛生成路径，主要不同点在于 C—C 键断裂和呋喃环生成的先后顺序。

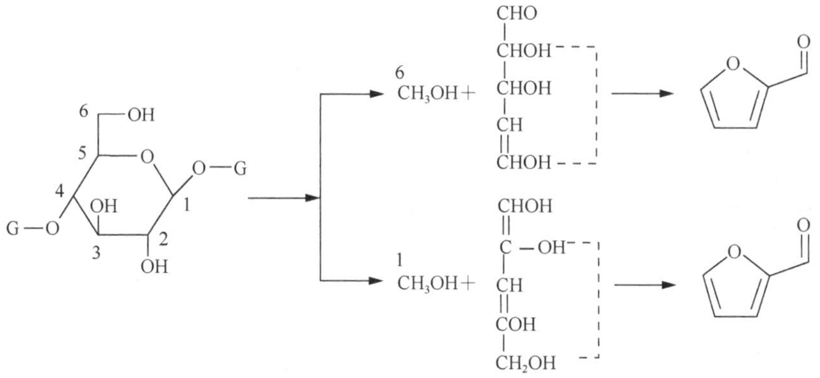

图 6-20　Dong 等提出的纤维素热解生成糠醛的路径

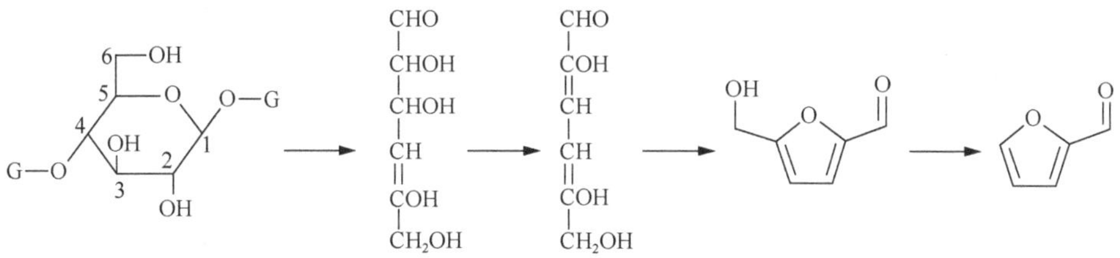

图 6-21　Shen 和 Gu 提出的纤维素热解生成糠醛的路径

除了多数学者认为的纤维素单体需先开环后形成糠醛的反应途径，也有学者提出了其他观点。Collard 和 Blin[119]提出的糠醛生成路径如图 6-22 所示，该路径中 HMF 仍为生成糠醛的前驱物，但与此前报道不同的是纤维素单体不再经过开环反应，而是直接由吡喃环收缩异构为呋喃环，之后脱水生成 HMF，最后脱去一分子的甲醛生成糠醛。

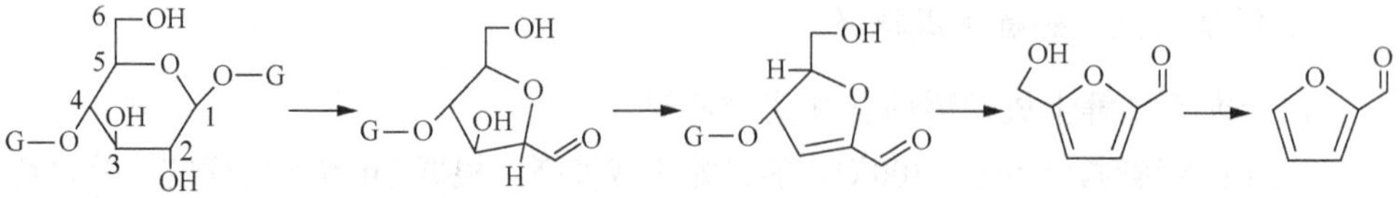

图 6-22　Collard 和 Blin 提出的纤维素热解生成糠醛的路径

2)纤维素热解生成糠醛的同位素示踪实验研究

在纤维素热解过程中，常规实验无法验证糠醛是由葡萄糖单元 6 个碳原子中哪 5 个形成的。为此，Paine 等[120]利用同位素标记的葡萄糖进行了热解实验，发现所有的糠醛产物中，90%左右来自葡萄糖的 C1~C5，剩余 10%含有 C6；这说明大部分的糠醛是由葡萄糖单分子脱去 C6 生成的，然而纤维素热解时还会发生葡萄糖分子间的缩合反应，缩合产物再分解生成的糠醛就可能包含 C6 原子。Paine 等[120]还对糠醛的离子碎片进行了分析，证明了约有 3/4 的糠醛的醛基侧链由 C1 生成，其余 1/4 则来自于 C5 和其他的干扰反应。基于此，Paine 等提出了以下的糠醛生成路径，如图 6-23 所示。

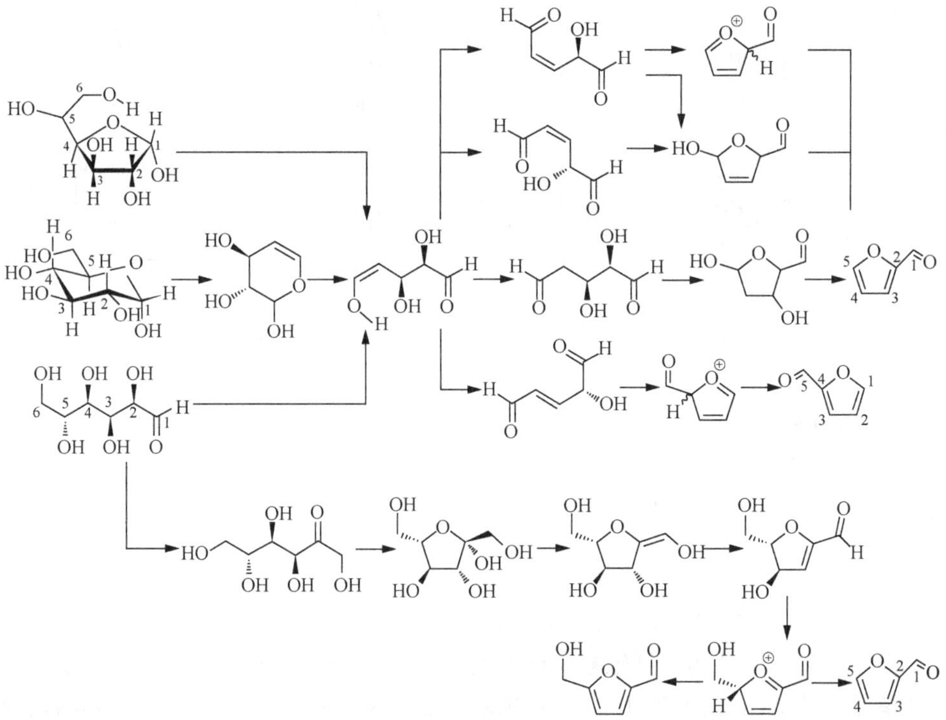

图 6-23　Paine 等提出的 D-葡萄糖热解生成糠醛的路径

3）纤维素热解生成糠醛过程的关键中间体

纤维素热解生成糠醛的反应路径中，涉及了一些关键中间体，对这些中间体的确认有助于深入了解糠醛的形成机理。一些学者提出，纤维素热解生成糠醛过程中，会经历呋喃果糖中间体，并且通过实验证实了果糖比葡萄糖更易热解生成糠醛[120]。与葡萄糖相比，果糖热解生成糠醛的路径反应步数较少，这应该是果糖比葡萄糖更易热解生成糠醛的主要原因之一；然而这并不能确定呋喃果糖一定是纤维素热解生成糠醛的必经中间体。

与呋喃果糖中间体观点相比，HMF 中间体的观点得到了更普遍的认同[49, 121]。Wang 等[122]还对 HMF 进行了热解实验，证明了糠醛是 HMF 进一步热解（热解温度为 600℃，停留时间为 10s）的主要产物。

也有一些学者对 HMF 中间体的观点持怀疑态度。根据 Shin 等[123]和 Lu 等[25]的实验研究，HMF 热解的产物主要是 2,5-呋喃二甲醛和 5-甲基糠醛，只有少部分会进一步分解生成糠醛；这一结果与 Wang[122]等的实验结论相反，主要原因是 Wang 等的实验反应时间较长，促使 HMF 的一次热解产物发生二次分解而形成较多的糠醛。基于此，可以确定纤维素快速热解生成的 HMF 会部分分解生成糠醛，但这并不是主要的糠醛生成路径。

4）纤维素热解生成糠醛的理论研究

常规的实验研究受限于检测手段，难以从微观层面揭示热解反应机理；近年来，密度泛函理论计算通过在分子和原子层面模拟化学反应，已初步实现对生物质热解机理的研究。Wang 等 [122] [图 6-24（a）]、Zhang 等[124] [图 6-24（b）]和 Huang 等[125] [图 6-24（c）]利用密度泛函理论方法和 Gaussian 软件包，各自研究了 β-D-吡喃葡萄糖热解的反应机理，其中提出的糠醛生成路径分别如图 6-24所示。三者提出的糠醛生成路径虽然各不相同，但都以 HMF 为中间体。

通过对上述路径进行计算，三者得到了相近的生成 HMF 的反应能垒（过渡态和参与反应的反应物或中间产物的能量差），分别为 281.1kJ/mol、293.1 kJ/mol 和 284.5kJ/mol；Wang 等[122]和 Zhang 等[124]的进一步计算显示由 HMF 生成糠醛的能垒，分别为 313.3kJ/mol 和 360.6kJ/mol。由此可知，HMF 生成糠醛的能垒较高，反应较为困难。

总的来说，密度泛函理论方法对糠醛生成机理的研究，目前还不够全面，只考虑了经由 HMF 这一中间体生成糠醛的可能路径，对于其他可能的路径还没有涉及。在今后的研究中，应尽可能全面考虑所有可能的糠醛生成路径，通过对各路径反应能垒的比较，确定纤维素热解生成糠醛的能量最优路径。

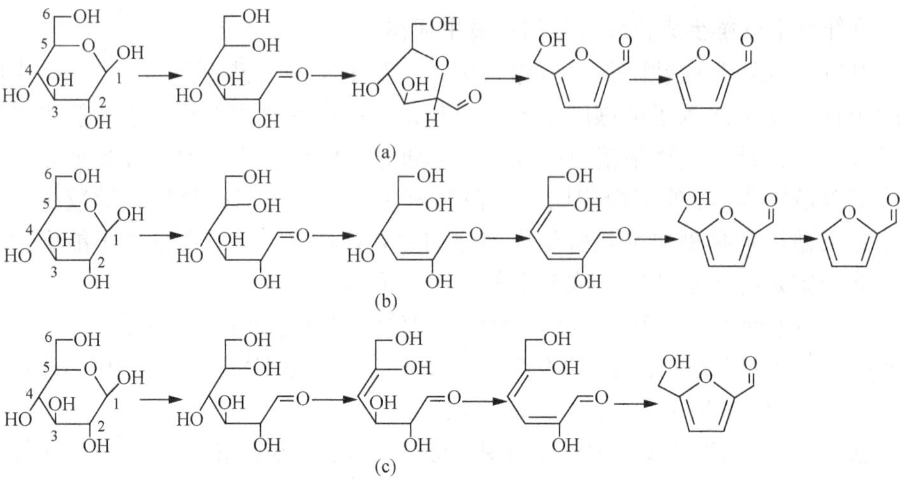

图 6-24　通过计算得出的吡喃葡萄糖热解生成糠醛或 HMF 的路径

2. 半纤维素快速热解生成糠醛

与纤维素相比，半纤维素组成结构复杂，为一种或多种糖单元(葡萄糖、半乳糖、甘露糖、木糖、阿拉伯糖和葡萄糖醛酸等)构成的带有支链的无定形结构[126]，分子链较短且不具有结晶区，热解稳定性较差，初始热解温度低于纤维素[47]。

1)木聚糖热解生成糠醛的实验研究

木聚糖是阔叶木类和禾本科类生物质中半纤维素的主要成分，也是针叶木类生物质中半纤维素的重要成分之一。木聚糖快速热解过程中，也会形成多种呋喃类产物，其中糠醛一般是最为重要的产物。Shen 和 Gu[27]在 425~690℃考察了木聚糖的热解特性，发现随着热解温度的升高，糠醛的产率不断增加，并且在 690℃时达到最大。

木聚糖中一般都含有取代基(O-乙酰基)和支链(4-O-甲基葡萄糖醛酸等)，因此对木聚糖热解机理的研究，往往需要针对含有不同取代基和支链的原料进行。Wang 等[127]对含有 β-D-吡喃木糖聚合而成的木聚糖、O-乙酰基木聚糖和带有 4-O-甲基葡萄糖醛酸支链的木聚糖的原料进行了热解实验，根据实验结果，提出了如图 6-25 所示的糠醛生成路径。根据木聚糖和纤维素组成结构的差别，可推断戊糖基原料(木聚糖)热解生成糠醛和己糖基原料(纤维素)热解生成 HMF 具有相似性[128]；然而木聚糖中的取代基和支链的存在会影响糠醛的生成。根据 Huang 等[129]对 O-乙酰基木糖的热解机理的研究，C2 位上 O-乙酰基的存在使得 O-乙酰基木糖难以经过脱水反应后生成糠醛。

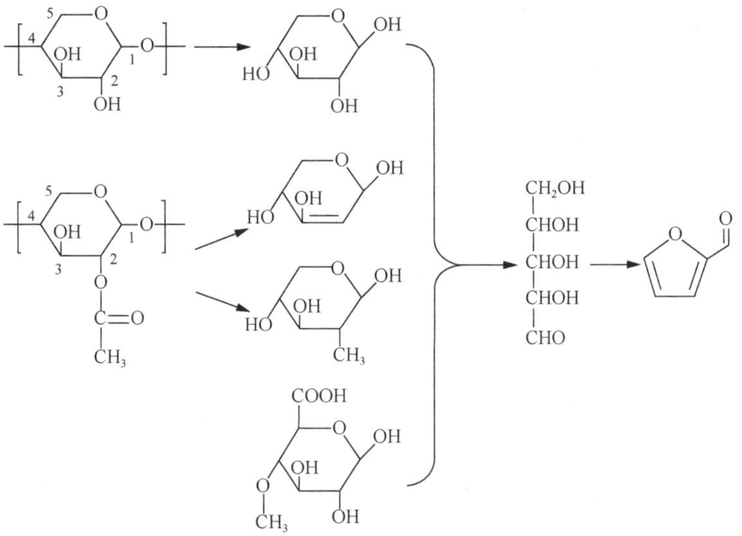

图 6-25　Wang 等提出的木聚糖热解路径

2) 木聚糖热解生成糠醛的理论研究

也有学者采用密度泛函理论计算的方法探究了木聚糖的热解机理。Huang 等[129]和 Wang 等[130]分别对 β-D-吡喃木糖热解生成糠醛的反应路径进行了理论计算，两者提出的糠醛生成路径分别如图 6-26 所示，并得到其速控步的反应能垒分别为 277.9kJ/mol（以链式木糖为能量零点）和 307.4kJ/mol。由于设计的路径和计算的标准不同，Wang 等[130]的结果比 Huang 等[129]的略高一些；总体而言，这个能垒与吡喃木糖其他热解竞争路径相比是较低的，因此糠醛是木聚糖的最主要热解产物之一。然而，现阶段对木聚糖热解生成糠醛的理论分析还不够全面，无法确定所研究路径的唯一性和合理性。

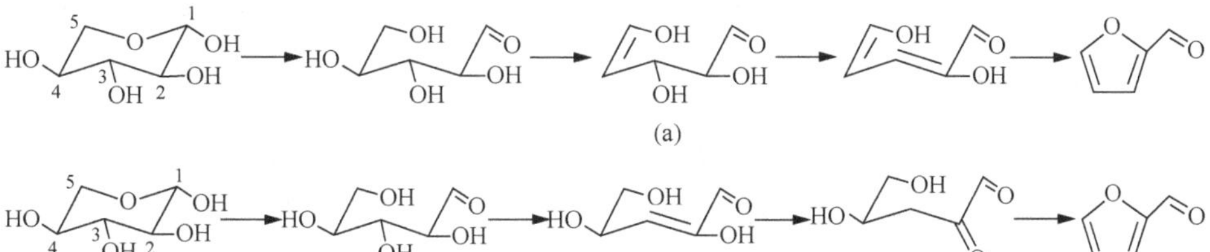

图 6-26　通过计算得出的木糖热解生成糠醛的路径

3) 其他半纤维素组分热解生成糠醛的研究

除了木聚糖，对于半纤维素的其他成分及其所对应的单糖，目前已有一定的热解研究，但专门对其热解形成糠醛的研究还很少。有学者指出，甘露糖和半乳糖均为六碳糖，和葡萄糖具有相似的结构；因此葡萄-甘露聚糖和半乳聚糖这两种半纤维素成分快速热解生成糠醛的特性，与纤维素相似[131]。今后还需要开展更多的研究以深入了解半纤维素不同组分的热解特性以及糠醛的形成机理。

3. 生物质快速热解生成糠醛

生物质快速热解过程中，纤维素和半纤维素都会形成糠醛，已有不同学者对数百种生物质原料进行了热解研究[3]，发现糠醛的最终产率和含量，会受到多种因素的影响。Dong 等[50]针对杨木开展了系统的热解实验，发现糠醛产率在 500℃之前迅速增长，在 500~700℃保持较高水平，之后有所下降。这一结果，与之前报道的生物质单组分[75]的热解结果都有一定的差异：纤维素[123]和木聚糖[47]热解过程中，糠醛产率在 500~600℃还有一定的增长。这种差异，一方面是由于杨木等生物质热解过程中，糠醛是纤维素和多种半纤维素成分共同热解形成的；另一方面是由于生物质各组分在热解过程中存在着交互作用，各组分的热解产物分布与其单独热解时不同。为了确定这种交互作用对热解产物分布的影响，Liu 等[132]采用纤维素、半纤维素、木质素开展交互热解实验，发现热解时三组分之间均存在相互影响，使得生物质热解的结果和三组分各自热解的叠加结果不同，其中木质素对半纤维素以及半纤维素对纤维素的影响最为明显；糠醛的生成会受到这种交互作用的显著影响，木质素的存在会显著抑制半纤维素热解生成糠醛。Greenhalf 等[133]在两种不同的加热速率下进行了柳木热解实验，结果表明在相同温度下，提高加热速率会增加糠醛的产率。Shen 等[134]探究了不同粒径的油桉树原料对热解产物的影响，结果表明，随着原料粒径的增大，包括糠醛在内的呋喃类产物的含量逐渐降低。

6.5.3 生物质选择性热解制备糠醛

生物质直接快速热解生成的液体产物中，糠醛的含量相对较低；只有对热解过程进行定向调控，才能显著提高糠醛的选择性，从而实现糠醛的选择性制备。

1. 原料的选择

原料是影响糠醛制备的首要因素。为此，有学者采用不同的原料进行热解实验，重点关注糠醛产率，并发现玉米芯、玉米秆、杏仁壳以及榛子壳等生物质的热解产物中糠醛的产率均较高，表明糠醛的产率与生物质原料中戊聚糖的含量直接相关[134]。此外，还有学者发现，果糖在热解时较易生成糠醛[135]，因此采用富含果糖提取物的生物质原料，也有利于糠醛的制备。

2. 工艺技术的选择

实现糠醛的选择性制备，关键在于大幅促进生物质热解生成糠醛的反应路径，并抑制其他的竞争路径；为此，选用合适的催化剂对热解过程进行定向调控，是最为有效的方法。研究表明，多种酸催化剂，均有利于综纤维素热解生成糠醛，包括金属氯化物($ZnCl_2$、$NiCl_2$、$MgCl_2$)、酸(H_2SO_4、H_3PO_4)、磷酸盐$[(NH_4)_3PO_4]$、硫酸盐$[Fe_2(SO_4)_3$、$(NH_4)_2SO_4]$、沸石分子筛(ZSM-5、Al-MCM-41、Al-MSU-F、BRHA)等。

在众多的催化剂中，$ZnCl_2$催化热解生物质选择性制备糠醛的效果最佳[136]。Lu等[67]、Branca 等[137]以及 Wan 等[138]均对此开展了大量的研究，证实了将$ZnCl_2$浸渍负载于生物质后进行中低温快速热解时，可以实现糠醛的选择性制备。Lu 等[67]的实验结果表明，在$ZnCl_2$催化热解条件下糠醛的最高产率可达 8wt%，而常规热解过程中糠醛的产率仅为 0.49wt%。此外，在$ZnCl_2$催化热解作用下，木质素主要发生炭化反应形成焦炭，从而确保在液体产物中以糠醛为主，实现糠醛的选择性制备。Lu 等[67]还提出，$ZnCl_2$是一种很好的化学活化剂，对负载$ZnCl_2$的生物质进行快速热解获得富含糠醛的液体产物后，还可以对固体残炭直接活化获得活性炭，从而实现糠醛和活性炭的联产。

下面以 Lu 等[67]提出的工艺为例，对$ZnCl_2$催化热解生物质制备糠醛工艺进行深入介绍。图 6-27 给出了不同$ZnCl_2$负载量的纤维素和木聚糖在 500℃下快速热解所得到的产物的离子总图[139]。由此可以看出，$ZnCl_2$催化热解纤维素形成了以糠醛、LGO、LAC、DGP 为主的热解产物，随着$ZnCl_2$负载量的增加，糠醛的产率和纯度增加，其他产物则减少。$ZnCl_2$催化热解木聚糖则形成了糠醛唯一一种主要产物。因此，$ZnCl_2$催化热解纤维素和木聚糖生成糠醛的具体反应过程可概括为图 6-28[139]。

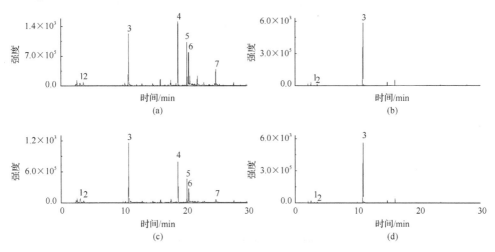

图 6-27　$ZnCl_2$催化热解纤维素和木聚糖的离子总图

(a) 500℃下负载 8.34wt% $ZnCl_2$快速热解纤维素；(b) 500℃下负载 17.71wt% $ZnCl_2$快速热解纤维素；
(c) 500℃下负载 10.44wt% $ZnCl_2$快速热解木聚糖；(d) 500℃下负载 18.30wt% $ZnCl_2$快速热解木聚糖

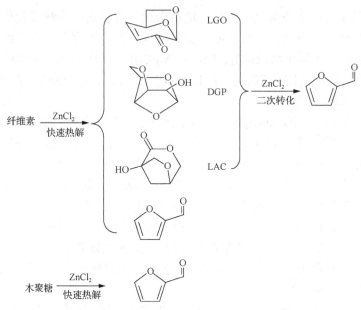

图 6-28　ZnCl₂ 催化热解纤维素和木聚糖生成糠醛

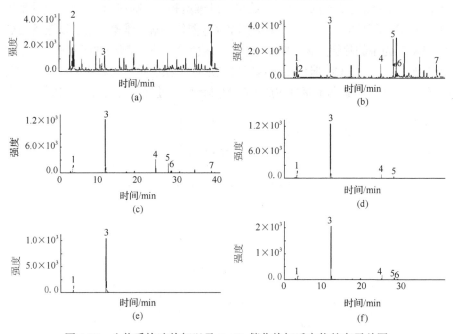

图 6-29　生物质快速热解以及 ZnCl₂ 催化热解后产物的离子总图

(a) 600℃下杨木快速热解；(b) 400℃下杨木负载 3.90 wt%ZnCl₂ 快速热解；(c) 400℃下杨木负载 18.86wt%ZnCl₂
快速热解；(d) 400℃下杨木负载 33.14wt% ZnCl₂ 快速热解；(e) 350℃下杨木负载 42.24wt%ZnCl₂ 快速热解；
(f) 400℃下杨木负载 20.86 wt%ZnCl₂ 快速热解

1.乙酸（AA）；2.羟基乙醛（HAA）；3.糠醛；4.LGO；5.LAC；6.DGP；7.LG

图 6-29 为杨木快速热解以及 ZnCl$_2$ 催化热解后产物的典型离子总图；表 6-3 为杨木直接快速裂解与催化裂解产物的化学组成[139]。陆强[139]分析图 6-29 和表 6-3 可知：①当在生物质上负载少量的 ZnCl$_2$ 后，酚类产物的产率就大幅下降，说明 ZnCl$_2$ 的存在能够抑制木质素的热解液化，由于酚类物质很难转化为永久性气体，所以 ZnCl$_2$ 的催化必定促进了木质素热解形成焦炭；②在 ZnCl$_2$ 的催化作用下，HAA、HA 等产物也大幅减少，说明 ZnCl$_2$ 的催化还能抑制综纤维素的开环断裂；③对于综纤维素的解聚产物，LG 在催化作用下大幅降低或完全消失，但与此同时，糠醛、LGO、DGP、LAC 等几种脱水产物则大幅增加，说明 ZnCl$_2$ 的催化能够促进综纤维素解聚产物的脱水反应；④除了上述产物，值得关注 AA，AA 主要来自半纤维素的乙酰基，ZnCl$_2$ 的催化对 AA 产率的影响不大，然而当 ZnCl$_2$ 的负载量较高时，除了糠醛，其他的产物都有大幅的下降，此时 AA 就成为仅次于糠醛的第二重要的产物(也是除糠醛外的唯一重要产物)；⑤从各大类产物的含量来看，随着 ZnCl$_2$ 负载量的增加，酚类和小分子醛酮产物的含量大幅降低，呋喃类产物的含量大幅增加，糖类产物的含量先增后减，酸类产物的含量则先减后增。

表 6-3　杨木直接快速裂解与催化裂解产物的化学组成(GC 峰面积%)

ZnCl$_2$ 负载量/wt%	温度/℃	呋喃类/%	糖类/%	酸类/%	醛酮类/%	酚类/%	其他/%
0	600	7.94	14.10	10.16	13.11	32.55	5.27
	350	32.23	33.93	12.58	0	0	0
3.90	400	22.85	39.02	9.04	1.93	2.98	1.53
	500	22.91	36.32	7.67	2.83	10.49	2.07
	350	36.29	31.40	16.33	0.87	0	0
8.38	400	29.58	39.58	10.89	1.60	4.22	0
	500	26.49	36.43	8.40	2.54	8.41	2.1
	350	44.01	27.34	17.57	0.80	0	0
18.86	400	43.98	26.80	15.07	1.36	2.18	0
	500	39.94	25.85	12.29	2.19	4.33	2.08
	350	64.76	7.34	21.44	0.58	0	0
33.14	400	63.41	7.92	19.19	1.11	0.23	0
	500	60.25	8.20	19.19	1.83	1.18	0
	350	75.78	1.98	19.72	0.45	0	0
42.24	400	71.14	3.88	19.18	1.00	0	0
	500	68.23	3.64	19.42	1.50	0.68	0

6.5.4　小结

生物质快速热解过程中，糠醛是综纤维素热解的重要产物之一。众多学者基于不同的热解实验结果，提出了多种可能的糠醛生成路径，并分析了综纤维素热解生成糠醛过程中的关键中间体；然而，由于缺少有效的验证方法，目前还没有形成定论。基于密度泛函理论计算的理论分析，现阶段考虑还不够全面。在今后的研究中，应尽可能全面考虑所有可能的糠醛生成路径，统一计算标准，并配合实验验证，深入揭示糠醛的生成机理。

以富含戊聚糖的生物质为原料，并采用 $ZnCl_2$ 等催化剂对生物质进行催化热解，可以实现糠醛的选择性制备。然而，现阶段糠醛选择性制备的工艺技术均是基于实验研究开发的，受限于对糠醛生成机理以及生物质催化热解反应机理的认识，后续优化缺乏理论指导依据。因此，在今后的研究中，还需要进一步根据糠醛的生成机理以及生物质催化热解的反应机理，寻找更有效的催化剂以及催化热解工艺，优化糠醛的选择性制备技术。

6.6　酚类物质的生成机理与制备技术

6.6.1　酚类物质简介

酚类物质主要来源于木质素热解，一般是由几十甚至上百种的单体酚类组成的混合物。根据单体酚类所含甲氧基的数量可将混合酚类物质分为 3 类，即苯酚类、愈创木酚类和紫丁香酚类。3 种酚类的典型结构如图 6-30 所示。目前，酚类混合物最主要的应用是替代苯酚用于酚醛树脂的合成[140]。酚类混合物还可以作为原料提取单酚，进而制备精细化学品、药物以及食品添加剂等[141]。此外，酚类混合物还可以作为原料经催化加氢制备液体燃料[142]。

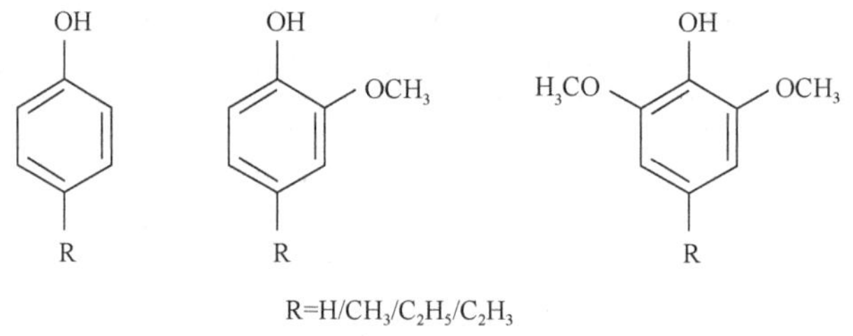

R=H/CH$_3$/C$_2$H$_5$/C$_2$H$_3$

图 6-30　不同酚类的结构

6.6.2　酚类物质生成机理

酚类物质作为木质素热解的主要产物，其生成机理与木质素密切相关。但由于木质素结构极为复杂，常规快速热解机理尚不完全清楚，目前广为认可的是 Britt 等提出的自由基理论[143]：在木质素热解过程中，木质素基本结构单元的不同键连接以及芳香环的侧链、甲氧基、羟基等发生异裂均会生成自由基，这些自由基随后会发生各种竞争反应形成焦炭或者酚类产物。当木质素热解过程存在氢自由基时，不稳定的木质素热解中间体能够与自由基结合形成稳定的酚类产物。而缺少氢自由基时，这些中间体会发生耦合、重排以及聚合反应生成低聚物，进而形成焦炭。随后多位学者以木质素或者木质素模型化合物为原料研究了酚类产物的形成特性[144-151]，结果表明，酚类的组成主要受木质素组成结构的影响，而各种酚类的含量则主要受热解反应条件的影响。

6.6.3　生物质选择性热解制备酚类混合物

酚类混合物可以由生物油中直接提取获得，但由于一般生物质中木质素含量不高，常规快速热解获得的生物油中酚类的含量较低。此外在分离提取过程中需要使用大量有机溶剂，极大地制约了提取过程的经济性[152]。为了提高过程的经济性，就需要提高液体生物油中酚类产物的含量。采用富含木质素的生物质为原料进行热解是最为简便的方法。例如，Park 等[153]以红辣椒秆为原料进行快速热解，获得有机液体中酚类的含量超过 50%（由 GC/MS 计算）；Kim 等[154]和 Asadullah 等[155]以油棕榈壳为原料进行快速热解，酚类混合物约占有机液体含量的 70%，并且酚类产物以苯酚为主。此外，也有学者直接以木质素为原料制备酚类混合物。例如，Peng 等[156]以造纸黑液中提取的木质素为原料进行快速热解，有机液体产物以酚类为主，主要包括 4-甲基苯酚、3,4-二甲氧基苯酚、烷基愈创木酚和烷基苯酚；Zhang 等[157]以三种不同种类的木质素为原料进行快速热解，结果发现热解产物中相对含量大于 2%的全部都是酚类产物，并且这些酚类混合物的总含量为 50%左右。左宋林等[158]详细研究了酸沉淀工业木质素在 400~700 ℃下快速热解的液体产物分布，各个温度下获得的有机液体产物主要是苯酚、愈创木酚、紫丁香酚以及它们的甲基、乙基或丙基的取代衍生物。娄瑞等[159]以毛竹酸温和水解木质素为原料在不同温度下进行快速热解，当热解温度为 400~800℃时产物主要为酚类，在热解温度为 600℃时获得了最大的酚类产物含量，为 62.58%。在此基础上 Lou 等[160]对木质素 600℃下热解产物中的酚类进行了定量研究，结果发现液体产物中三种主要的组分为苯酚、4-甲基愈创木酚和香草醛，产率分别为 28.47mg/g、24.84mg/g 和 15.01mg/g。为了进一步提高酚类混合物的含量，一些学者研究了催化剂对木质素热解的影响。Wang 等[161]发现在木质素热解过程中引入氯化物能够小幅促进酚类的形成，并且对酚类的促进性能为 CaCl$_2$>KCl>FeCl$_3$。木质素常规热解酚类的含量为 55.98%，而 CaCl$_2$ 作用下增加为 67.18%。Peng 等[156]考察了四种碱性催化剂(NaOH、KOH、Na$_2$CO$_3$ 和 K$_2$CO$_3$)对不同木质素原料(碱木质素、纸浆黑液木质素)热解制备酚类产物的影响,结果发现四种催化剂均能促进木质素的脱羧反应、脱羰反应以及侧链不饱和烷基官能团的脱除。木质素催化热解产物以 2-甲氧基苯酚、2,6-二甲氧基苯酚、烷基苯酚以及 2-甲氧基-烷基苯酚为主；弱碱性催化剂（Na_2CO_3 和 K_2CO_3）主要促进了甲氧基酚类的形成，而强碱性催化剂（NaOH、KOH）则能够显著促进热解过程中甲氧基的脱除从而形成高含量的烷基单酚产物。虽然以特定的生物质或者木质素为原料热解能够获得较高的酚类产物含量，但该工艺受原料限制，不具有普适性，难以大规模应用。

对于常规生物质原料，为了选择性地获得酚类混合物，就需要在生物质热解过程中选择性地控制热解路径，以促进木质素的裂解同时抑制综纤维素的分解。引入合适的催化剂进行催化热解是一种有效的控制方式。对此，不同学者也进行了大量的研究。Auta 等[162]考察了 K_2CO_3、$Ca(OH)_2$ 和 MgO 的加入对油棕榈果穗热解的影响，结果发现 $Ca(OH)_2$ 的加入使酚类的含量从 16.7%提高到 27.7%。Zhou 等[163]在研究木质素催化热解过程中也发现了相似的实验现象，他们认为 $Ca(OH)_2$ 的加入能够抑制热解过程中木质素的受热融化和团聚，同时促进木质素的热解形成单酚以及二聚体。Bu 等[164,165]提出了一种生物质微波催化热解制备酚类混合物的工艺，以活性炭为催化剂、花旗松为生物质原料，经微波催化热解后产物中酚类混合物的含量高达 66.9%（由 GC/MS 计算）。随后，Bu 等[166]通过优化热解反应条件获得了最高 74%的酚类产物含量。除了热解反应条件，活性炭的种类也对酚类混合物有较大的影响，虽然煤基活性炭和木材基活性炭对酚类混合物表现出了相似的催化性能，获得的液体产物中酚类的含量相差不大，但是木材基活性炭对于苯酚的促进作用更加明显[166]。此外，Bu 等[167]还考察了活性炭对木质素微波热解的影响，结果发现液体产物中酚类混合物和苯酚的含量分别达到 78%和 45%。活性炭的加入能够显著促进木质素热解形成酚类，Bu 等认为这是活性炭上大量存在的羧酸酐官能团与生物质热解生成的水蒸气反应后形成羧酸，羧酸进一步作为供氢体提供木质素热解所需的氢源，从而提高了酚类产物的产率[167]。Salema 和 Ani 在研究微波热解棕榈壳、油棕榈果穗时得到了与 Bu 等相似的实验结果，活性炭的加入降低了生物油的产率但显著提高了酚类，尤其是苯酚的含量[168,169]。搅拌速度、活性炭加入量以及微波功率均对酚类混合物的含量有明显的影响。在微波功率为 800W、微波吸附剂为 25%以及搅拌速度为 100r/min 的条件下酚类混合物的含量达到最大，其中苯酚的含量更是高达 85%[169]。考虑目前酚类混合物的主要应用是制备酚醛树脂，并且苯酚的反应活性高于其他酚类[140]，酚类混合物中苯酚的含量较高有利于酚类混合物作为原料制备酚醛树脂。

此外，研究发现磷酸盐是另一种对酚类混合物有较好选择性的催化剂。将 K_3PO_4 浸渍负载于生物质后进行快速热解，能够获得以酚类混合物为主的有机液体产物，在较高的 K_3PO_4 浸渍量下酚类混合物的含量超过 60%[170]。与此同时酚类的组成主要取决于所采用的生物质种类，以杨木为原料时产物以苯酚和 2,6-二甲氧基苯酚为主；以松木为原料时产物以 2-甲氧基苯酚和 2-甲基-4-乙烯基苯酚为主；以玉米秆为原料时产物以苯酚和 4-乙烯基苯酚为主[170]。在此基础上还比较了三种磷酸盐（K_3PO_4、K_2HPO_4 和 KH_2PO_4）的催化性能，结果发现 K_3PO_4 和 K_2HPO_4 具有相似的催化性能，均能大幅促进生物质热解形成酚类混合物[171]。当 K_3PO_4 负载量为 50%时，酚类混合物的含量达到最大，为 68.8%。虽然该工艺技术能够实现生物质选择性热解制备酚类混合物，但由于磷酸盐需要首先浸渍负载于生物质，预处理过程十分复杂并且催化剂无法回收。针对这一问题，研究人员进一步制备了磁性固体磷酸钾催化剂用于生物质催化热解制备酚类混合物[171]。实验结果表明该催化剂表现出了与液体磷酸钾相似的催化性能，最大的酚类含量达到68.5%。通过对主要的酚类产物进行定量分析，可以发现 12 种主要酚类产物的产率由 29.0 mg/g（非催化热解）增加到 43.9mg/g（催化热解）。催化剂经两次循环使用后对酚类的选择性仅降低了 0.5%。

6.6.4　生物质选择性热解制备单种酚类物质

通常情况下酚类混合物组成复杂并且没有绝对主要的产物，导致以酚类混合物为原料提取单酚不仅技术困难并且经济性不佳，因此也有一些学者致力于生物质热解直接制备特定单体酚类。汪志[172]在研究甘蔗渣快速热解过程中发现其低温热解产物较为简单，以 4-乙烯基苯酚和 4-乙烯基愈创木酚为主。在此基础上，Qu等[173]考察了多种生物质原料（甘蔗渣、玉米秆、竹子、稻壳、杨木）低温热解的产物分布，并提出了禾本科生物质低温热解制备 4-乙烯基苯酚的工艺，在最佳反应工况下，4-乙烯基苯酚的最大产率可达 7.03wt%。Wang 等[174]进一步发现经产甲烷菌预处理的玉米秆中木质素含量明显增加，该原料热解产物中 4-乙烯基苯酚的含量明显高于未经处理的玉米秆原料。该预处理过程有利于禾本科生物质选择性热解制备 4-乙烯基苯酚。针对禾本科生物质原料独立的化学组成，Zhang 等[175]在大量探索实验的基础上提出了一项贵金属催化热解禾本科生物质制备 4-乙基苯酚的工艺技术，以 Pd/SBA-15 为催化剂催化热解甘蔗渣能获得最大 2.0wt%的 4-乙基苯酚。此外，将该工艺用于催化热解阔叶木和针叶木生物质原料可选择性地获得 4-乙基紫丁香酚和 4-乙基愈创木酚。

6.6.5　小结

酚类物质主要来源于木质素的热解，木质素组成结构极为复杂且受生物质种类影响巨大，现阶段对于木质素的热解机理还不够深入，因此对于各种酚类产物的生成机理还知之甚少。以木质素或富含木质素的生物质为原料，可制备富酚生物油；以常规生物质为原料，通过引入活性炭、K_3PO_4 等催化剂，亦可制备富酚生物油。此外，针对禾本科等特殊生物质原料，通过低温热解或催化热解等手段，还可以制备 4-乙烯基苯酚、4-乙基苯酚等单酚类产物。

6.7　芳香烃的生成机理与制备技术

6.7.1　芳香烃简介

　　芳香烃按结构可以分为单环芳香烃和多环芳香烃。常见的单环芳香烃有苯、甲苯和二甲苯(BTX)。多环芳香烃是分子中含有两个以上苯环的碳氢化合物，包括萘、蒽、菲、芘等 150 余种化合物。芳香烃是合成纤维、合成橡胶和合成树脂的重要化工原料，我国芳香烃年消耗量已经超过 2000 万 t。目前工业上生产芳香烃的主要原料有石油脑、煤焦油等。

6.7.2　生物质催化热解生成芳香烃机理

　　生物质常规热解难以生成芳香烃类产物，只有在催化条件下，热解产物才可能发生芳构化反应生成芳香烃。一般来说，综纤维素快速热解生成的各种小分子产物，在 HZSM-5 等具有择形和芳构化性能的催化剂(主要是沸石分子筛类催化剂)作用下，可通过一系列脱水、聚合、脱羰、脱羧反应得到芳香烃[176, 177]。和综纤维素相比，木质素则含有丰富的苯源；常规快速热解过程中，木质素经历单体之间的醚键、碳碳键以及单体上的支链和取代基的断裂，主要生成各种酚类物质和小分子产物；酚类物质在加氢或脱氧催化剂作用下，发生取代基和侧链的脱落或加氢脱氧，就可以转化为芳香烃；而小分子产物则需要在芳构化催化剂的作用下形成芳香烃。

6.7.3　生物质催化热解制备芳香烃

　　生物质催化热解制备芳香烃产物的关键在于催化剂，常用的催化剂主要是沸石分子筛催化剂，包括 HZSM-5、H-β、USY[178]、ReY 和 HY[179]等，其中 HZSM-5 的性能最佳，主要表现为脱氧效果好，芳香烃选择性高。Shen 等[180]选用了 HZSM-5、H-β 和 H-USY 三种催化剂对黑液木质素进行催化热解，发现 HZSM-5 催化剂促进单环芳烃生成的效果最佳，而 H-USY 对 BTX 的选择性较好。此外，他们还发现硅铝比对催化剂的催化效果也有很大影响，其中硅铝比为 25 的 HZSM-5 在整个 HZSM-5 系列催化剂中效果最好。需要说明的是，虽然沸石分子筛催化剂对于芳香烃具有很好的选择性，但其使用过程中也存在着一些技术难题，主要是催化剂容易积炭失活、水热稳定性差、再生困难、芳烃产物中含有大量多环芳烃等。近年来，价格相对低廉的类贵金属催化剂(金属氮化物、磷化物和碳化

物等)也逐渐引起学者的注意。Zheng 等[181]采用 Mo₂N/γ-Al₂O₃ 催化剂、Chen 等[182]
采用 W₂C/MCM-41 催化剂,均能够显著促进芳香烃的生成,且芳烃产物以单环芳
烃为主,但类贵金属催化剂对于芳烃产物的选择性远不如 HZSM-5 等沸石分子筛
催化剂。此外,还有学者尝试将生物质和一些辅料进行共混催化热解。Zhang 等[183]
将木材和醇类共混、Zhang 等[184]将玉米秆和高密度聚乙烯(HDPF)共混后进行催
化热解实验,发现这些辅料的引入均有利于芳香烃的生成。

6.7.4　小结

　　生物质常规热解难以形成芳香烃,采用具有芳构化效果的 HZSM-5 等沸石分
子筛催化剂对生物质进行催化热解,可实现芳香烃产物的选择性制备,但同时也
存在着催化剂积炭失活等技术问题;类贵金属催化剂也具有一定的效果,但对芳
香烃的选择性远不如沸石分子筛;此外,将生物质和醇类、塑料等进行共热解,
也有利于芳香烃的选择性制备。

参 考 文 献

[1]　Huber G W, Iborra S, Corma A. Synthesis of transportation fuels from biomass: Chemistry, catalysts, and engineering. Chemical Reviews, 2006, 106(9): 4044-4098

[2]　蒋剑春. 生物质能源转化技术与应用(Ⅰ). 生物质化学工程, 2007, 3: 59-65

[3]　Bridgwater A V. Review of fast pyrolysis of biomass and product upgrading. Biomass and bioenergy, 2012, 38: 68-94

[4]　徐俊明, 戴伟娣, 许玉, 等. 生物质快速热解技术及产物提质改性研究进展. 生物质化学工程, 2011, 6: 43-48

[5]　王予, 马文超, 朱哲, 等. 生物质快速热解与生物油精制研究进展. 生物质化学工程, 2011, (05): 29-36

[6]　刘守新, 张世润. 生物质的快速热解. 林产化学与工业, 2004, 3: 95-101

[7]　Czernik S, Bridgwater A V. Overview of applications of biomass fast pyrolysis oil. Energy & Fuels, 2004, 18(2): 590-598

[8]　李允超, 王贤华, 杨海平, 等. 生物油分离精制技术的研究进展. 生物质化学工程, 2010, 6: 46-51

[9]　顾帅, 杨洪雪, 苗玮, 等. 生物油精制技术研究进展. 林产化学与工业, 2012, 02: 55-60

[10]　Achladas G E. Analysis of biomass pyrolysis liquids: separation and characterization of phenols. Journal of Chromatography A, 1991, 542: 263-275

[11]　Amen-Chen C, Pakdel H, Roy C. Separation of phenols from Eucalyptus wood tar. Biomass and bioenergy, 1997, 13(1-2): 25-37

[12]　Deng L, Yan Z, Fu Y,et al. Green Solvent for Flash Pyrolysis Oil Separation. Energy & Fuels, 2009, 23: 3337-3338

[13]　Roy C, Lu X, Pakdel H. Process for the production of phenolic-rich pyrolysis oils for use in making phenol-formaldehyde resole resins. US6143856, 2000-11-7

[14]　Underwood G, Garham R G. Method of using fast pyrolysis liquids as liquid smoke. US Patent 4876108, 1989-10-24

[15]　Howard J, Longley C, Morrison A, et al. Process for isolating levoglucosan from pyrolysis liquids. C. A. Patent 2084906, 1993-9-19

[16] Moens L. Isolation of levoglucosan from pyrolysis oil derived from cellulose. U.S. Patent 5371212, 1994-1-1

[17] S.Scott D, Piskorz J, Radlein D, et al。Process for the production of anhydrosugars from lignin and cellulose containing biomass by pyrolysis. U. S. Patent 5395455, 1995-3-7

[18] Bennett N M, Helle S S, Duff S J B. Extraction and hydrolysis of levoglucosan from pyrolysis oil. Bioresource Technology, 2009, 100 (23): 6059-6063

[19] Stradal J A, Underwood G L. Process for producing hydroxyacetaldehyde. U. S. Patent 5252188, 1993-10-12

[20] Mahfud F H, van Geel F P, Venderbosch R H, et al. Acetic acid recovery from fast pyrolysis oil. An exploratory study on liquid-liquid reactive extraction using aliphatic tertiary amines. Separation Science and Technology, 2008, 43 (11-12): 3056-3074

[21] 刘军利. 木质纤维类生物质定向热解行为研究. 北京：中国林业科学研究院，2011

[22] Piskorz J, Radlein D, Scott D S. On the mechanism of the rapid pyrolysis of cellulose. Journal of Analytical and Applied Pyrolysis, 1986, 9 (2): 121-137

[23] Jinbao H, Chao L, Shunan W, et al. Density functional theory studies on pyrolysis mechanism of d-glucopyranose. Journal of Molecular Structure: THEOCHEM, 2010, 958 (1-3): 64-70

[24] 黄承洁, 姬登祥, 于凤文，等. 生物质热解动力学研究进展. 生物质化学工程，2010，1: 39-43

[25] Lu Q, Yang X C, Dong C Q, et al. Influence of pyrolysis temperature and time on the cellulose fast pyrolysis products: Analytical Py-GC/MS study. Journal of Analytical and Applied Pyrolysis, 2011, 92 (2): 430-438

[26] Pakhomov A M. Free-radical mechanism of the thermodegradation of cellulose and formation of levoglucosan. Russian Chemical Bulletin, 1957, 6 (12): 1525-1527

[27] Shen D, Gu S. The mechanism for thermal decomposition of cellulose and its main products. Bioresource Technology, 2009, 100 (24): 6496-6504

[28] Golova O P. Chemical effects of heat on cellulose. Russian Chemical Reviews, 1975, 44 (8): 687-697

[29] Kilzer F J, Broido A. Speculations on the nature of cellulose pyrolysis. Pyrodynamics, 1965, 2 (2): 151-163

[30] Shafizadeh F, Bradbury A G W. Thermal degradation of cellulose in air and nitrogen at low temperatures. Journal of Applied Polymer Science, 1979, 23 (5): 1431-1442

[31] Gardiner D. The pyrolysis of some hexoses and derived di-, tri-, and poly-saccharides. Journal of the Chemical Society C: Organic, 1966: 1473-1476

[32] Richards G N. Glycolaldehyde from pyrolysis of cellulose. Journal of Analytical and Applied Pyrolysis, 1987, 10 (3): 251-256

[33] Ponder G R, Richards G N, Stevenson T T. Influence of linkage position and orientation in pyrolysis of polysaccharides. A study of several glucans. Journal of Analytical and Applied Pyrolysis, 1992, 22 (3): 217

[34] Ivanov V I, Golova O P, Pakhomov A M. Main direction of reaction in the thermal decomposition of cellulose in a vacuum. Russian Chemical Bulletin, 1956, 5 (10): 1295-1296

[35] Byrne G A, Gardiner D, Holmes F H. The pyrolysis of cellulose and the action of flame-retardants. Journal of Applied Chemistry, 1966, 16 (3): 81-88

[36] Mamleev V, Bourbigot S, Le Bras M, et al. The facts and hypotheses relating to the phenomenological model of cellulose pyrolysis. Interdependence of the steps. Journal of Analytical and Applied Pyrolysis, 2009, 84 (1): 1-17

[37] Choi S S, Kim M C, Kim Y K. Influence of silica on formation of levoglucosan from carbohydrates by pyrolysis. Journal of Analytical and Applied Pyrolysis, 2011, 90 (1): 56-62

[38] Assary R S, Curtiss L A. Thermochemistry and Reaction Barriers for the Formation of Levoglucosenone from

Cellobiose. ChemCatChem, 2012, 4 (2): 200-205

[39] 黄金保, 刘朝, 魏顺安, 等. 纤维素热解形成左旋葡聚糖机理的理论研究. 燃料化学学报, 2011, 8: 590-594

[40] Zhang X, Li J, Yang W, et al. Formation mechanism of levoglucosan and formaldehyde during cellulose pyrolysis. Energy and Fuels, 2011, 25 (8): 3739-3746

[41] Mayes H B, Broadbelt L J. Unraveling the reactions that unravel cellulose. Journal of Physical Chemistry A, 2012, 116 (26): 7098-7106

[42] 杨昌炎, 丁一刚, 刘生鹏, 等. 麦秸快速热解的试验研究. 化学与生物工程, 2005, 08: 13-15+27

[43] 龚维婷. 生物质微波热解制取高附加值产品的实验研究. 武汉: 华中科技大学, 2011

[44] 董长青, 张智博, 廖航涛, 等. 基于 Py-GC-MS 的杨木和松木快速热解比较研究. 林产化学与工业, 2013, 6: 41-47

[45] 胡海涛, 李允超, 王贤华, 等. 生物质预处理技术及其对热解产物的影响综述. 生物质化学工程, 2014, 01: 44-50

[46] 黄金保, 刘朝, 魏顺安. 纤维素单体热解机理的热力学研究. 化学学报, 2009, 18: 2081-2086

[47] Ma L, Wang T, Liu Q, et al. A review of thermal–chemical conversion of lignocellulosic biomass in China. Biotechnology Advances, 2012, 30 (4): 859-873

[48] Shen D K, Gu S, Bridgwater A V. The thermal performance of the polysaccharides extracted from hardwood: Cellulose and hemicellulose. Carbohydrate Polymers, 2010, 82 (1): 39-45

[49] Patwardhan P R, Satrio J A, Brown R C, et al. Product distribution from fast pyrolysis of glucose-based carbohydrates. Journal of Analytical and Applied Pyrolysis, 2009, 86 (2): 323-330

[50] Dong C Q, Zhang Z F, Lu Q, et al. Characteristics and mechanism study of analytical fast pyrolysis of poplar wood. Energy Conversion and Management, 2012, 57: 49-59

[51] Halpern Y, Riffer R, Broido A. Levoglucosenone (1,6-Anhydro-3,4-dideoxy-△3-β-D-Pyranosen-2-one). A Major Product of the Acid-Catalyzed Pyrolysis of Cellulose and Related Carbohydrates. The Journal of Organic Chemistry, 1973, 38: 204-209

[52] 卫新来, 隋先伟, 俞志敏, 等. 生物质催化热解制备左旋葡萄糖酮的研究进展. 化工进展, 2014, 04: 873-877

[53] Urabe D, Nishikawa T, Isobe M. An efficient total synthesis of optically active tetrodotoxin from levoglucosenone. Chemistry-an Asian Journal, 2006, 1 (1-2): 125-135

[54] Ohnishi A, Kato K, Takagi E. Curie-point pyrolysis of cellulose. Polymer Journal, 1975, 7 (4): 431-437

[55] Shafizadeh F, Furneaux R H, Stevenson T T, et al. Acid-catalyzed pyrolytic synthesis and decomposition of 1,4:3,6-dianhydro-α-d-glucopyranose. Carbohydrate Research, 1978, 61 (1): 519-528

[56] Lin Y C, Cho J, Tompsett G A, et al. Kinetics and mechanism of cellulose pyrolysis. Journal of Physical Chemistry C, 2009, 113 (46): 20097-20107

[57] Lu Q, Zhang Y, Dong C Q, et al. The mechanism for the formation of levoglucosenone during pyrolysis of β-d-glucopyranose and cellobiose: A density functional theory study. Journal of Analytical and Applied Pyrolysis, 2014, 110: 34-43

[58] Furneaux R H, Mason J M, Miller I J. A novel hydroxylactone from the Lewis acid catalysed pyrolysis of cellulose. Journal of the Chemical Society, Perkin Transactions 1, 1988, 1: 49-51

[59] F S. Saccharification of lignocellulosic materials. Pure and Applied Chemistry, 1983, 55 (4): 705-720

[60] Shafizadeh F, Furneaux R H, Stevenson T T, et al. 1,5-Anhydro-4-deoxy-d-glycero-hex-1-en-3-ulose and other pyrolysis products of cellulose. Carbohydrate Research, 1978, 67 (2): 433-447

[61] Ohtani H, Komura T, Sonoda N, et al. Evaluation of acidic paper deterioration in library materials by pyrolysis-gas chromatography. Journal of Analytical and Applied Pyrolysis, 2009, 85 (1–2): 460-464

[62] Rutkowski P. Pyrolysis of cellulose, xylan and lignin with the K_2CO_3 and $ZnCl_2$ addition for bio-oil production. Fuel Processing Technology, 2011, 92 (3): 517-522

[63] Di Blasi C, Branca C, Galgano A. Products and global weight loss rates of wood decomposition catalyzed by zinc chloride. Energy & Fuels, 2008, 22 (1): 663-670

[64] Rutkowski P. Chemical composition of bio-oil produced by co-pyrolysis of biopolymer/polypropylene mixtures with K_2CO_3 and $ZnCl_2$ addition. Journal of Analytical and Applied Pyrolysis, 2012, 95: 38-47

[65] Klampfl C W, Breuer G, Schwarzinger C, et al. Investigations on the effect of metal ions on the products obtained from the pyrolysis of cellulose. Acta Chimica Slovenica, 2006, 53 (4): 437-443

[66] Lu Q, Dong C Q, Zhang X M, et al. Selective fast pyrolysis of biomass impregnated with $ZnCl_2$ to produce furfural: Analytical Py-GC/MS study. Journal of Analytical and Applied Pyrolysis, 2011, 90 (2): 204-212

[67] Lu Q, Wang Z, Dong C Q, et al. Selective fast pyrolysis of biomass impregnated with $ZnCl_2$: Furfural production together with acetic acid and activated carbon as by-products. Journal of Analytical and Applied Pyrolysis, 2011, 91 (1): 273-279

[68] 陆强, 张栋, 朱锡锋. 四种金属氯化物对纤维素快速热解的影响（II）机理分析. 化工学报, 2010, 4: 1025-1032

[69] Rutkowski P. Catalytic effects of copper (II) chloride and aluminum chloride on the pyrolytic behavior of cellulose. Journal of Analytical and Applied Pyrolysis, 2012, 98: 86-97

[70] Dobele G, Rossinskaja G, Dizhbite T, et al. Application of catalysts for obtaining 1,6-anhydrosaccharides from cellulose and wood by fast pyrolysis. Journal of Analytical and Applied Pyrolysis, 2005, 74 (1–2): 401-405

[71] Dobele G, Rossinskaja G, Telysheva G, et al. Cellulose dehydration and depolymerization reactions during pyrolysis in the presence of phosphoric acid. Journal of Analytical and Applied Pyrolysis, 1999, 49 (1–2): 307-317

[72] Dobele G, Meier D, Faix O, et al. Volatile products of catalytic flash pyrolysis of celluloses. Journal of Analytical and Applied Pyrolysis, 2001, 58–59: 453-463

[73] Dobele G, Dizhbite T, Rossinskaja G, et al. Pre-treatment of biomass with phosphoric acid prior to fast pyrolysis: A promising method for obtaining 1,6-anhydrosaccharides in high yields. Journal of Analytical and Applied Pyrolysis, 2003, 68–69: 197-211

[74] Fu Q, Argyropoulos D S, Tilotta D C, et al. Understanding the pyrolysis of CCA-treated wood: Part II. Effect of phosphoric acid. Journal of Analytical and Applied Pyrolysis, 2008, 82 (1): 140-144

[75] Nowakowski D J, Woodbridge C R, Jones J M. Phosphorus catalysis in the pyrolysis behaviour of biomass. Journal of Analytical and Applied Pyrolysis, 2008, 83 (2): 197-204

[76] Zhang Z B, Lu Q, Ye X N, et al. Selective Production of Levoglucosenone from Catalytic Fast Pyrolysis of Biomass Mechanically Mixed with Solid Phosphoric Acid Catalysts. BioEnergy Research, 2015, 8 (3): 1263-1274

[77] Branca C, Galgano A, Blasi C, et al. H_2SO_4-Catalyzed Pyrolysis of Corncobs. Energy & Fuels, 2011, 25: 359-369

[78] Sui X W, Wang Z, Liao B, et al. Preparation of levoglucosenone through sulfuric acid promoted pyrolysis of bagasse at low temperature. Bioresource Technology, 2012, 103 (1): 466-469

[79] Kawamoto H, Saito S, Hatanaka W, et al. Catalytic pyrolysis of cellulose in sulfolane with some acidic catalysts. Journal of Wood Science, 2007, 53 (2): 127-133

[80] Kudo S, Zhou Z, Norinaga K, et al. Efficient levoglucosenone production by catalytic pyrolysis of cellulose mixed with ionic liquid. Green Chemistry, 2011, 13 (11): 3306-3311

[81] Torri C, Lesci I G, Fabbri D. Analytical study on the pyrolytic behaviour of cellulose in the presence of MCM-41 mesoporous materials. Journal of Analytical and Applied Pyrolysis, 2009, 85(1-2): 192-196

[82] Rutkowski P. Pyrolytic behavior of cellulose in presence of montmorillonite K10 as catalyst. Journal of Analytical and Applied Pyrolysis, 2012, 98: 115-122

[83] Fu Q, Argyropoulos D S, Tilotta D C, et al. Understanding the pyrolysis of CCA-treated wood: Part I. Effect of metal ions. Journal of Analytical and Applied Pyrolysis, 2008, 81(1): 60-64

[84] Fabbri D, Torri C, Mancini I. Pyrolysis of cellulose catalysed by nanopowder metal oxides: production and characterisation of a chiral hydroxylactone and its role as building block. Green Chemistry, 2007, 9(12): 1374-1379

[85] Fabbri D, Torri C, Baravelli V. Effect of zeolites and nanopowder metal oxides on the distribution of chiral anhydrosugars evolved from pyrolysis of cellulose: An analytical study. Journal of Analytical and Applied Pyrolysis, 2007, 80(1): 24-29

[86] Wang Z, Lu Q, Zhu X F, et al. Catalytic fast pyrolysis of cellulose to prepare levoglucosenone using sulfated zirconia. Chemsuschem, 2011, 4(1): 79-84

[87] Lu Q, Zhang X M, Zhang Z B, et al. Catalytic Fast Pyrolysis of Cellulose Mixed with Sulfated Titania to Produce Levoglucosenone: Analytical Py-GC/MS Study. BioResources, 2012, 7(3): 2820-2834

[88] Lu Q, Ye X N, Zhang Z B, et al. Catalytic fast pyrolysis of cellulose and biomass to produce levoglucosenone using magnetic SO_4^{2-}/TiO_2-Fe_3O_4. Bioresource Technology, 2014, 171: 10-15

[89] Torri C, Lesci I G, Fabbri D. Analytical study on the production of a hydroxylactone from catalytic pyrolysis of carbohydrates with nanopowder aluminium titanate. Journal of Analytical and Applied Pyrolysis, 2009, 84(1): 25-30

[90] Zhang Z B, Lu Q, Ye X N, et al. Selective Analytical Production of 1-Hydroxy-3,6-dioxabicyclo 3.2.1 octan-2-one from Catalytic Fast Pyrolysis of Cellulose with Zinc-Aluminium Layered Double Oxide Catalyst. BioResources, 2015, 10(4): 8295-8311

[91] Eibner S, Broust F, Blin J, et al. Catalytic effect of metal nitrate salts during pyrolysis of impregnated biomass. Journal of Analytical and Applied Pyrolysis, 2015, 113: 143-152

[92] Mancini I, Dosi F, Defant A, et al. Upgraded production of (1R,5S)-1-hydroxy-3,6-dioxa-bicyclo 3.2.1-octan-2-one from cellulose catalytic pyrolysis and its detection in bio-oils by spectroscopic methods. Journal of Analytical and Applied Pyrolysis, 2014, 110: 285-290

[93] 王军，张春鹏，欧阳平凯. 5-羟甲基糠醛制备及应用的研究进展. 化工进展，2008，5: 702-707

[94] 姜楠，齐威，黄仁亮，等. 生物质制备 5-羟甲基糠醛的研究进展. 化工进展，2011，9: 1937-1945

[95] Rosatella A A, Simeonov S P, Frade R F M, et al. 5-Hydroxymethylfurfural (HMF) as a building block platform: Biological properties, synthesis and synthetic applications. Green Chemistry, 2011, 13(4): 754-793

[96] Roman-Leshkov Y, Chheda J N, Dumesic J A. Phase modifiers promote efficient production of hydroxymethylfurfural from fructose. Science, 2006, 312(5782): 1933-1937

[97] 石宁，刘琪英，王铁军，等. 葡萄糖催化脱水制取 5-羟甲基糠醛研究进展. 化工进展，2012，4: 792-800

[98] Ohara M, Takagaki A, Nishimura S, et al. Syntheses of 5-hydroxymethylfurfural and levoglucosan by selective dehydration of glucose using solid acid and base catalysts. Applied Catalysis A: General, 2010, 383(1-2): 149-155

[99] Moreau C, Finiels A, Vanoye L. Dehydration of fructose and sucrose into 5-hydroxymethylfurfural in the presence of 1-H-3-methyl imidazolium chloride acting both as solvent and catalyst. Journal of Molecular Catalysis A: Chemical, 2006, 253(1-2): 165-169

[100] Su Y, Brown H M, Huang X, et al. Single-step conversion of cellulose to 5-hydroxymethylfurfural (HMF), a versatile platform chemical. Applied Catalysis A: General, 2009, 361(1-2): 117-122

[101] Sanders E B, Goldsmith A I, Seeman J I In a model that distinguishes the pyrolysis of D-glucose, D-fructose, and sucrose from that of cellulose. Application to the understanding of cigarette smoke formation, Elsevier: 2003: 29-50

[102] Schlotzhauer W S, Martin R M, Snook M E, et al. Pyrolytic studies on the contribution of tobacco leaf constituents to the formation of smoke catechols. Journal of Agricultural and Food Chemistry, 1982, 30(2): 372-374

[103] Ponder G R, Richards G N. Pyrolysis of inulin, glucose, and fructose. Carbohydrate Research, 1993, 244(2): 341-359

[104] 陆强, 廖航涛, 张阳, 等. 果糖低温快速热解制备 5-羟甲基糠醛的机理研究. 燃料化学学报, 2013, 9: 1070-1076

[105] Liao H T, Zhang Y, Lu Q, et al. In Analytical fast pyrolysis of glucose, cellubiose and cellulose: Comparison of the pyrolytic product distribution, 2013 International Conference on Advances in Energy and Environmental Science, ICAEES 2013, July 30, 2013 - July 31, 2013, Guangzhou, China, Trans Tech Publications Ltd: Guangzhou, China, 2013: 186-190

[106] Ohnishi A, Katō K. Thermal Decomposition of Tobacco Cell-wall Polysaccharides. 1977, 9:147-152

[107] Lu Q, Xiong W M, Li W Z, et al. Catalytic pyrolysis of cellulose with sulfated metal oxides: A promising method for obtaining high yield of light furan compounds. Bioresource Technology, 2009, 100(20): 4871-4876

[108] Locas C P, Yaylayan V A. Isotope labeling studies on the formation of 5-(hydroxymethyl)-2-furaldehyde (HMF) from sucrose by pyrolysis-GC/MS. Journal of Agricultural and Food Chemistry, 2008, 56(15): 6717-6723

[109] Moody W, Richards G N. Formation and equilibration of d-fructosides and 2-thio-d-fructosides in acidified dimethyl sulfoxide: synthetic and mechanistic aspects. Carbohydrate Research, 1983, 124(2): 201-213

[110] Jadhav H, Pedersen C M, Solling T, et al. 3-deoxy-glucosone is an intermediate in the formation of furfurals from D-glucose. Chemsuschem, 2011, 4(8): 1049-1051

[111] Paine Iii J B, Pithawalla Y B, Naworal J D. Carbohydrate pyrolysis mechanisms from isotopic labeling. Part 2. The pyrolysis of d-glucose: General disconnective analysis and the formation of C1 and C2 carbonyl compounds by electrocyclic fragmentation mechanisms. Journal of Analytical and Applied Pyrolysis, 2008, 82(1): 10-41

[112] Ponder G R, Richards G N. Pyrolysis of some 13C-labeled glucans: a mechanistic study. Carbohydrate Research, 1993, 244(1): 27-47

[113] 黄金保, 童红, 李伟民, 等. 吡喃葡萄糖热解机理的量子化学理论研究. 化学研究与应用, 2013, (04): 479-484

[114] 郭秀娟. 生物质选择性热裂解机理研究. 杭州: 浙江大学, 2011

[115] Assary R S, Redfern P C, Greeley J, et al. Mechanistic insights into the decomposition of fructose to hydroxy methyl furfural in neutral and acidic environments using high-level quantum chemical methods. Journal of Physical Chemistry B, 2011, 115(15): 4341-4349

[116] Antal M J Jr, Mok W S, Richards G N. Mechanism of formation of 5-(hydroxymethyl)-2-furaldehyde from D-fructose an sucrose. Carbohydrate Research, 1990, 199(1): 91-109

[117] Van Dam H E, Kieboom A P G, Van Bekkum H. The Conversion of Fructose and Glucose in Acidic Media: Formation of Hydroxymethylfurfural. Starch - Stärke, 1986, 38(3): 95-101

[118] Assary R S, Curtiss L A. Comparison of sugar molecule decomposition through glucose and fructose: A high-level quantum chemical study. Energy and Fuels, 2012, 26(2): 1344-1352

[119] Collard F X, Blin J. A review on pyrolysis of biomass constituents: Mechanisms and composition of the products obtained from the conversion of cellulose, hemicelluloses and lignin. Renewable and Sustainable Energy Reviews,

2014, 38: 594-608

[120] Paine Iii J B, Pithawalla Y B, Naworal J D. Carbohydrate pyrolysis mechanisms from isotopic labeling. Part 4. The pyrolysis of d-glucose: The formation of furans. Journal of Analytical and Applied Pyrolysis, 2008, 83 (1): 37-63

[121] Isahak W N R, Hisham M W M, Yarmo M A, et al. A review on bio-oil production from biomass by using pyrolysis method. Renewable and Sustainable Energy Reviews, 2012, 16 (8): 5910-5923

[122] Wang S, Guo X, Liang T, et al. Mechanism research on cellulose pyrolysis by Py-GC/MS and subsequent density functional theory studies. Bioresource Technology, 2012, 104: 722-728

[123] Shin E J, Nimlos M R, Evans R J. Kinetic analysis of the gas-phase pyrolysis of carbohydrates. Fuel, 2001, 80 (12): 1697-1709

[124] Zhang Y, Liu C, Xie H. Mechanism studies on β-d-glucopyranose pyrolysis by density functional theory methods. Journal of Analytical and Applied Pyrolysis, 2014, 105: 23-34

[125] Huang J, Liu C, Wei S, et al. Density functional theory studies on pyrolysis mechanism of β-d-glucopyranose. Journal of Molecular Structure: THEOCHEM, 2010, 958 (1–3): 64-70

[126] 关情, 蒋剑春, 徐俊明, 等. 木质纤维生物质热化学转化预处理技术研究进展. 生物质化学工程, 2014, 6: 56-61

[127] Wang S R, Liang T, Ru B, et al. Mechanism of xylan pyrolysis by Py-GC/MS. Chemical Research in Chinese Universities, 2013, 29 (4): 782-787

[128] Shen D K, Gu S, Bridgwater A V. The thermal performance of the polysaccharides extracted from hardwood: Cellulose and hemicellulose (vol 82, pg 39, 2010). Carbohydrate Polymers, 2011, 83 (3): 1415

[129] Huang J B, Liu C, Tong H, et al. Theoretical studies on pyrolysis mechanism of O-acetyl-xylopyranose. Journal of Fuel Chemistry and Technology, 2013, 41 (3): 285-293

[130] Wang S, Ru B, Lin H, et al. Degradation mechanism of monosaccharides and xylan under pyrolytic conditions with theoretic modeling on the energy profiles. Bioresource Technology, 2013, 143: 378-383

[131] Wang S, Zhou Y, Liang T, et al. Catalytic pyrolysis of mannose as a model compound of hemicellulose over zeolites. Biomass and bioenergy, 2013, 57: 106-112

[132] Liu Q, Zhong Z, Wang S, et al. Interactions of biomass components during pyrolysis: A TG-FTIR study. Journal of Analytical and Applied Pyrolysis, 2011, 90 (2): 213-218

[133] Greenhalf C E, Nowakowski D J, Harms A B, et al. Sequential pyrolysis of willow SRC at low and high heating rates - Implications for selective pyrolysis. Fuel, 2012, 93: 692-702

[134] Shen J, Wang X S, Garcia Perez M, et al. Effects of particle size on the fast pyrolysis of oil mallee woody biomass. Fuel, 2009, 88 (10): 1810-1817

[135] Zhang J J, Liao H T, Lu Q, et al. Mechanistic study on low-temperature fast pyrolysis of fructose to produce furfural. Ranliao Huaxue Xuebao/Journal of Fuel Chemistry and Technology, 2013, 41 (11): 1303-1309

[136] Branca C, Di Blasi C, Galgano A. Catalyst screening for the production of furfural from corncob pyrolysis. Energy and Fuels, 2012, 26 (3): 1520-1530

[137] Branca C, Di Blasi C, Galgano A. Pyrolysis of corncobs catalyzed by zinc chloride for furfural production. Industrial and Engineering Chemistry Research, 2010, 49 (20): 9743-9752

[138] Wan Y, Chen P, Zhang B, et al. Microwave-assisted pyrolysis of biomass: Catalysts to improve product selectivity. Journal of Analytical and Applied Pyrolysis, 2009, 86 (1): 161-167

[139] 陆强. 生物质选择性热解液化的研究. 合肥: 中国科学技术大学, 2010

[140] Kim J-S. Production, separation and applications of phenolic-rich bio-oil – A review. Bioresource Technology,

2015, 178: 90-98

[141] 吴晓娜, 赵炜, 闫彩辉, 等. 酚类化合物在生物质利用中的研究进展. 化工中间体, 2012, 1: 10-14

[142] Bu Q, Lei H, Zacher A H, et al. A review of catalytic hydrodeoxygenation of lignin-derived phenols from biomass pyrolysis. Bioresource Technology, 2012, 124: 470-477

[143] Britt P F, Buchanan Iii A C, Thomas K B, et al. Pyrolysis mechanisms of lignin: surface-immobilized model compound investigation of acid-catalyzed and free-radical reaction pathways. Journal of Analytical and Applied Pyrolysis, 1995, 33: 1-19

[144] 陈磊, 陈汉平, 陆强, 等. 木质素结构及热解特性. 化工学报, 2014, 9: 3626-3633

[145] Patwardhan P R, Brown R C, Shanks B H. Understanding the Fast Pyrolysis of Lignin. Chemsuschem, 2011, 4(11): 1629-1636

[146] Bai X, Kim K H, Brown R C, et al. Formation of phenolic oligomers during fast pyrolysis of lignin. Fuel, 2014, 128: 170-179

[147] Brebu M, Tamminen T, Spiridon I. Thermal degradation of various lignins by TG-MS/FTIR and Py-GC-MS. Journal of Analytical and Applied Pyrolysis, 2013, 104: 531-539

[148] Chen L, Wang X, Yang H, et al. Study on pyrolysis behaviors of non-woody lignins with TG-FTIR and Py-GC/MS. Journal of Analytical and Applied Pyrolysis, 2015, 113: 499-507

[149] Wang S, Ru B, Lin H, et al. Pyrolysis behaviors of four lignin polymers isolated from the same pine wood. Bioresource Technology, 2015, 182: 120-127

[150] Zhao J, Wang X W, Hu J, et al. Thermal degradation of softwood lignin and hardwood lignin by TG-FTIR and Py-GC/MS. Polymer Degradation and Stability, 2014, 108: 133-138

[151] Zhou S, Garcia-Perez M, Pecha B, et al. Effect of the Fast Pyrolysis Temperature on the Primary and Secondary Products of Lignin. Energy & Fuels, 2013, 27(10): 5867-5877

[152] Patel R N, Bandyopadhyay S, Ganesh A. Extraction of cardanol and phenol from bio-oils obtained through vacuum pyrolysis of biomass using supercritical fluid extraction. Energy, 2011, 36(3): 1535-1542

[153] Park Y K, Yoo M L, Lee H W, et al. Effects of operation conditions on pyrolysis characteristics of agricultural residues. Renewable Energy, 2012, 42: 125-130

[154] Kim S J, Jung S H, Kim J S. Fast pyrolysis of palm kernel shells: Influence of operation parameters on the bio-oil yield and the yield of phenol and phenolic compounds. Bioresource Technology, 2010, 101(23): 9294-9300

[155] Asadullah M, Ab Rasid N S, Kadir S A S A, et al. Production and detailed characterization of bio-oil from fast pyrolysis of palm kernel shell. Biomass and bioenergy, 2013, 59: 316-324

[156] Peng C, Zhang G, Yue J, et al. Pyrolysis of black liquor for phenols and impact of its inherent alkali. Fuel Processing Technology, 2014, 127: 149-156

[157] Zhang M, Resende F L P, Moutsoglou A, et al. Pyrolysis of lignin extracted from prairie cordgrass, aspen, and Kraft lignin by Py-GC/MS and TGA/FTIR. Journal of Analytical and Applied Pyrolysis, 2012, 98: 65-71

[158] 左宋林, 于佳, 车颂伟. 热解温度对酸沉淀工业木质素快速热解液体产物的影响. 燃料化学学报, 2008, 2: 144-148

[159] 娄瑞, 武书彬, 董浩亮, 等. 毛竹酶解/温和酸水解木质素的快速热解研究. 燃料化学学报, 2015, 1: 42-47

[160] Lou R, Wu S, Lyu G. Quantified monophenols in the bio-oil derived from lignin fast pyrolysis. Journal of Analytical and Applied Pyrolysis, 2015, 111: 27-32

[161] Wang W L, Ren X Y, Li L F, et al. Catalytic effect of metal chlorides on analytical pyrolysis of alkali lignin. Fuel

Processing Technology, 2015, 134: 345-351

[162] Auta M, Ern L M, Hameed B H. Fixed-bed catalytic and non-catalytic empty fruit bunch biomass pyrolysis. Journal of Analytical and Applied Pyrolysis, 2014, 107: 67-72

[163] Zhou S, Brown R C, Bai X. The use of calcium hydroxide pretreatment to overcome agglomeration of technical lignin during fast pyrolysis. Green Chemistry, 2015, 17(10): 4748-4759

[164] Bu Q, Lei H, Ren S, et al. Phenol and phenolics from lignocellulosic biomass by catalytic microwave pyrolysis. Bioresource Technology, 2011, 102(13): 7004-7007

[165] Bu Q, Lei H, Ren S, et al. Production of phenols and biofuels by catalytic microwave pyrolysis of lignocellulosic biomass. Bioresource Technology, 2012, 108: 274-279

[166] Bu Q, Lei H, Wang L, et al. Renewable phenols production by catalytic microwave pyrolysis of Douglas fir sawdust pellets with activated carbon catalysts. Bioresource Technology, 2013, 142: 546-552

[167] Bu Q, Lei H, Wang L, et al. Bio-based phenols and fuel production from catalytic microwave pyrolysis of lignin by activated carbons. Bioresource Technology, 2014, 162: 142-147

[168] Salema A A, Ani F N. Microwave-assisted pyrolysis of oil palm shell biomass using an overhead stirrer. Journal of Analytical and Applied Pyrolysis, 2012, 96: 162-172

[169] Salema A A, Ani F N. Pyrolysis of oil palm empty fruit bunch biomass pellets using multimode microwave irradiation. Bioresource Technology, 2012, 125: 102-107

[170] Lu Q, Zhang Z B, Yang X C, et al. Catalytic fast pyrolysis of biomass impregnated with K_3PO_4 to produce phenolic compounds: Analytical Py-GC/MS study. Journal of Analytical and Applied Pyrolysis, 2013, 104: 139-145

[171] Zhang Z B, Lu Q, Ye X N, et al. Selective Production of Phenolic-rich Bio-oil from Catalytic Fast Pyrolysis of Biomass: Comparison of K_3PO_4, K_2HPO_4, and KH_2PO_4. BioResources, 2014, 9(3): 4050-4062

[172] 汪志. 选择性催化热解生物质制备高附加值化学品. 合肥: 中国科学技术大学，2011

[173] Qu Y C, Wang Z, Lu Q, et al. Selective Production of 4-Vinylphenol by Fast Pyrolysis of Herbaceous Biomass. Industrial & Engineering Chemistry Research, 2013, 52(36): 12771-12776

[174] Wang T, Ye X, Yin J, et al. Effects of biopretreatment on pyrolysis behaviors of corn stalk by methanogen. Bioresource Technology, 2014, 164: 416-419

[175] Zhang Z B, Lu Q, Ye X N, et al. Selective production of 4-ethyl phenol from low-temperature catalytic fast pyrolysis of herbaceous biomass. Journal of Analytical and Applied Pyrolysis, 2015, 115: 307-315

[176] Klampfl C W, Breuer G, Schwarzinger C, et al. Investigations on the effect of metal ions on the products obtained from the pyrolysis of cellulose. Acta Chimica Slovenica, 2006, 54(4): 437-443

[177] Jae J, Tompsett G A, Foster A J, et al. Investigation into the shape selectivity of zeolite catalysts for biomass conversion. Journal of Catalysis, 2011, 279(2): 257-268

[178] Yan Z, Shurong W, Xiujuan G, et al. In Catalytic Pyrolysis of Cellulose with Zeolites, 2011 World Congress on Sustainable Technologies (WCST), 7 Nov.-10 Nov. 2011, Piscataway: IEEE: 163-166

[179] 邓淑梅. 生物质催化裂解制取三苯的研究. 合肥: 中国科学技术大学，2014

[180] Shen D, Zhao J, Xiao R, et al. Production of aromatic monomers from catalytic pyrolysis of black-liquor lignin. Journal of Analytical and Applied Pyrolysis, 2015, 111: 47-54

[181] Zheng Y, Chen D, Zhu X. Aromatic hydrocarbon production by the online catalytic cracking of lignin fast pyrolysis vapors using $Mo_2N/\gamma\text{-}Al_2O_3$. Journal of Analytical and Applied Pyrolysis, 2013, 104: 514-520

[182] Chen Y X, Zheng Y, Li M, et al. Arene production by W_2C/MCM-41-catalyzed upgrading of vapors from fast

pyrolysis of lignin. Fuel Processing Technology, 2015, 134: 46-51

[183] Zhang H, Carlson T R, Xiao R, et al. Catalytic fast pyrolysis of wood and alcohol mixtures in a fluidized bed reactor. Green Chemistry, 2012, 14(1): 98-110

[184] Zhang B, Zhong Z, Ding K, et al. Production of aromatic hydrocarbons from catalytic co-pyrolysis of biomass and high density polyethylene: Analytical Py-GC/MS study. Fuel, 2015, 139: 622-628

第7章 生物质化学液化

7.1 引　言

化学液化是一种高效的生物质综合利用技术，它是在适当的温度、压力、溶剂和催化剂的作用下，将生物质转化为液体产物的一种热化学过程。根据生物质转化为液体产物的途径，化学液化可分为直接液化和间接液化，根据液化过程压力大小，化学液化又可分为高压液化和常压液化。

7.2　生物质高压液化

生物质高压液化技术是指在反应温度为 200~400℃、反应压力为 5~25MPa、反应时间为 2min~数小时的条件下，生物质在溶剂作用下经过复杂的物理化学过程转变为液体产物的技术[1]。高压液化的主要目的为得到液体产物——生物油。

生物质液化最早开始于 1925 年，Fierz 模拟煤的液化过程，直接将木粉进行液化，制备出了液体燃料[2]。20 世纪 70 年代，美国匹兹堡能源研究中心(Pittsburgh Energy Research Center)的 Appell 等[3]对生物质高压液化进行了大量卓有成效的研究，成为该领域的先行者。他们在 350℃下，以 Na_2CO_3 为催化剂，在水和高沸点溶剂(蒽油、甲酚等)混合物中，用 CO/H_2 混合气加压至 28MPa，将木片液化为重油，这就是著名的 PERC 法。由于上述液化过程要求压力较高，实现起来比较困难，且成本高。后来人们一直在积极寻求相对温和的条件下(反应温度为 100~200℃，压力低于 10MPa)进行生物质液化的方法，并取得了显著进展。将生物质经过改性处理后再液化，是改善液化条件的研究方向之一。20 世纪 90 年代，日本资源环境技术综合研究所(Lovwreme Berkeley Laboratory)Yokoyama 等[4]先对木材用硫酸进行前处理，再用与 Appell 等相同的方法进行液化，此法称为 LBL 法。在煤液化和生物质研究的基础上，鉴于两者的液化方法和理论的相似性，人们提出了煤与生物质共液化的设想。Stiller 等[5]以 1,2,3,4-四氢化萘作为溶剂，在 350℃和 14.5MPa 氢气压力下，将煤与木屑和各种牲畜粪便共液化，产物为燃油和沥青。研究表明：1,2,3,4-四氢化萘是一种较好的液化剂，能提高转化率；燃油及燃气的得率与木质素有关；沥青的得率与半纤维素有关。Minowa 等[6]在前人的基础上在 300℃约 10MPa 下，以 Na_2CO_3 为催化剂，水为反应介质，将 18 种木材液化成了重油，油的得率在 21%~36%，黏度大于 10mPa·s。我国对生物质直接液化的研究开始时间相对较晚，且主要是借鉴国外的液化工艺，也取得了一定的经验。于树峰和仲崇立[7]以高压釜为反应设备，蒸馏水为溶剂，以 K_2CO_3 为催化剂，研究了五种农作物秸秆的液化过程。研究结果表明，重油得率取决于反应时间和加入的物料量，且在 300~340℃时重油得率在 21%~28%，热值分析显示产物热值较高。刘孝碧[8]也以高压釜为设备，研究了玉米秸秆在亚/超临界乙醇-水混合溶剂中的液化过程，考察了反应温度、反应时间、固液比和乙醇摩尔分数对液化率和转化率的影响，并利用三因子二次正交组合实验探讨了反应条件与液化结果的关系。结果表明在温度为 262~265℃、乙醇的摩尔分数为 0.3~0.5、液固比为 10~13 时液化效果最好。

7.2.1　高压液化原理

纤维素、半纤维素和木质素是生物质的三大主要成分。生物质的高压液化过程主要是这三大组分的解聚和脱氧过程，首先被降解为低聚体，然后这些低聚体经脱羟基、脱羧基、脱氧或脱水等反应形成小分子化合物。这些小分子化合物稳定性较差，还会发生缩合、缩聚、环化等反应而生成新的化合物。

在高压液化过程中，生物质中的纤维素和半纤维素主要发生了两种类型的降解反应：一种是高温下伴随着左旋葡聚糖形成的快速挥发；一种是在低温下，大分子发生逐步降解、分解和结焦的过程。由于化学性质上的相似性，半纤维素和纤维素的降解机理是相似的，过程如下。

解聚反应：$(C_6H_{10}O_5)_x \longrightarrow xC_6H_{10}O_5$

脱水反应：$C_6H_{10}O_5 \longrightarrow 2CH_3COCHO + H_2O$

加氢反应：

$$CH_3COCHO + H_2 \longrightarrow CH_3COCH_2OH$$

$$CH_3COCH_2OH + H_2 \longrightarrow CH_3CHOHCH_2OH$$

$$CH_3CHOHCH_2OH + H_2 \longrightarrow CH_3CHOHCH_3 + H_2O$$

木质素是由苯丙烷结构单元以 C—C 键和 C—O 键连接而成的十分复杂的芳香族聚合物，其主要热解产物是芳香族化合物以及少量的酸、醇等。研究认为，木质素在高温高压下主要发生自由基反应而降解，其过程如下。

降解过程：

$$lignin \longrightarrow 2R$$

$$R\cdot + DH_2 \longrightarrow RH + DH\cdot$$

$$R\cdot + DH \longrightarrow RH + D\cdot$$

自由基缩聚反应：

$$Ar \cdot + ArH \longrightarrow Ar_2 + H \cdot$$
$$ArO \cdot + ArO \cdot \longrightarrow ArOOAr（二聚体）$$

7.2.2 影响高压液化的因素

1. 生物质原料

不同生物质原料的化学成分及其比例各不相同，同一生物质的不同部位也有很大差异，见表 7-1[9] 和表 7-2[10]。这些差异导致不同生物质原料高压液化的液化物产率以及液化物成分存在很大差异，见图 7-1[11]。总的来说，生物质的主要成分中半纤维素最容易液化，主要降解产物为甲酸、乙酸、糠醛等；纤维素次之，主要产物为左旋葡聚糖；木质素最难液化，主要产物为芳香族化合物。研究表明纤维素对生物质液化及其产物特性影响最大，纤维素含量越高，生物油的产率越高。原料的物理特性包括粒径、含水率等，对液化过程也有十分明显的影响，所以原料在液化前都要经粉碎、干燥和筛分等处理。

表 7-1　不同生物质的化学组成　　　　（单位：wt/%）

种类	纤维素	半纤维素	木质素	水溶性成分	灰分
玉米秆	38.5	28.0	15.0	5.6	4.2
麦秆	38.6	32.6	14.1	4.7	5.9
稻秆	36.5	27.7	12.3	6.1	13.3
甘蔗渣	39.2	28.7	19.4	4.0	5.1
西班牙草	35.8	28.7	17.8	6.1	6.5
焦麻纤维	60.4	20.8	12.4	3.7	2.5

表 7-2　玉米秆不同部位的化学组成[10]　　　　（单位：wt/%）

名称	工业分析				三大组分测定		
	灰分	含水率	挥发物	固定炭	半纤维素	纤维素	木质素
秆皮	3.18	5.07	72.77	18.99	21.8	41.4	7.5
苞叶	2.75	4.55	75.46	17.24	37.3	38.7	3.4
茎髓	3.56	6.53	73.28	16.62	24.8	36.9	4.8
叶子	8.79	6.40	69.59	15.22	23.7	38.8	7.2
全秆	9.60	3.38	69.23	17.79	25.7	37.2	6.8

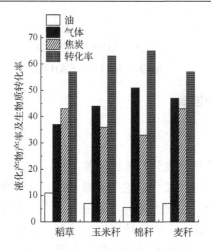

图 7-1　四种生物质的液化特性

2. 液化溶剂

溶剂是化学液化工艺中的主要原料，直接关系液化产率和液化物的特性和成本，是目前热化学液化研究的重点。其主要作用如下[12, 13]：①分散生物质原料；②抑制液化中间产物缩聚；③可作为供氢剂向反应体系提供氢。常用的溶剂有水、芳香烃混合物、苯酚、高沸点杂环烃、酯、醚、醛和酮等。

不但溶剂的种类对高压液化有重要影响（图 7-2[14]），而且溶剂的用量也与液化产率及产物特性直接相关。一般说来，随着溶剂与生物质的质量比升高，即加大溶剂用量，液化反应速率加快，生物质转化率升高，产物中高聚物的聚合度及含量降低。

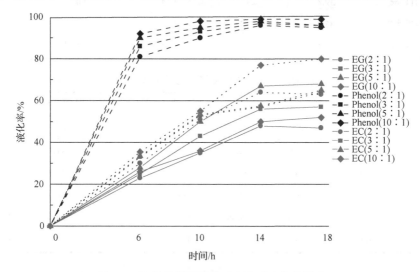

图 7-2　溶剂种类及用量对生物质液化的影响

3. 催化剂

催化剂在改善化学反应过程具有十分重要的作用。在高压液化过程加入催化剂可显著提高生物质的降解速率，抑制中间产物的缩聚反应和液体产物的二次分解，减少固体产物的生成，增加生物油的产率和品质，见图 7-3[15]。常用的催化剂包括碱(NaOH)、酸(盐酸、硫酸、磷酸、高氯酸、醋酸和乙二酸等)、碱金属的碳酸盐和碳酸氢盐以及甲酸盐，另外还有钴钼和镍钼系列的加氢催化剂。碱催化研究得比较多，碱是生物质液化过程中有效的催化剂，因为碱可以促使纤维素润涨，破坏纤维素的晶体结构，提高化学反应速率，在高温下，纤维素大分子断裂、裂解，最终达到液化的目的。到目前为止采用的碱有 KOH、NaOH、LiOH、$Ca(OH)_2$、K_2CO_3、Na_2CO_3、Cs_2CO_3、$KHCO_3$、$NaHCO_3$、CH_3ONa 等。

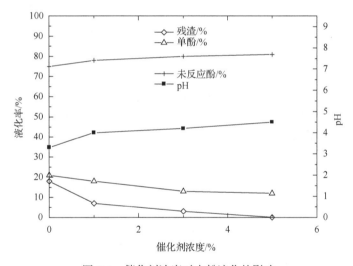

图 7-3　催化剂浓度对木粉液化的影响

4. 反应温度

反应温度是对影响生物质液化至关重要的因素，对生物质的转化率、产物分布等都具有十分重要的作用，见图 7-4[16]。在生物质的主要组分中，半纤维素比纤维素更易降解，而纤维素又比木质素容易降解。在碱催化液化过程中，当温度超过 170℃时，纤维素中的糖苷键就会断裂而分解成以酸为主的小分子物质。当温度超过 200℃时木质素单元间的键开始断裂形成小分子物质，但温度过高会导致液体产品二次降解形成焦炭。适当提高反应温度对液化是有利的，同时较高的升温速率有利于液体产物的生成，但过高的反应温度又会促使中间产物分解转化为气体物质或焦炭，导致液体产物产率降低。当然，温度对生物质液化过程的影响还受溶剂种类和用量、催化剂、反应时间和气氛等其他反应条件的制约。

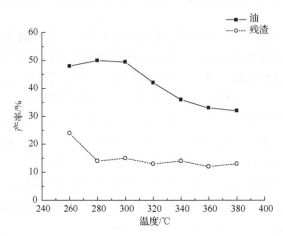

图 7-4　反应温度对稻草液化的影响

5. 反应时间

反应时间也是影响生物质高压液化的关键因素之一。在液化过程中，反应时间短会导致反应不完全，反应时间长会导致中间产物发生缩聚、分解等反应，使液体油产率降低和品质下降，见图 7-5[16]。

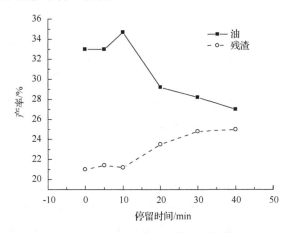

图 7-5　停留时间对生物质液化的影响

6. 反应压力和气氛

反应压力对生物质高压液化过程有重要影响。提高压力有助于加快液化反应，减少中间产物的再次反应，进而减少焦炭的生成，提高液体油的产量。在液化过程中使用还原性气体有利于生物质降解，但成本较高；惰性气氛能够避免液化过程氧化反应发生。

7.2.3　高压液化的研究进展

Demirbas[17]以水和苯为混合溶剂(体积比 1∶1)，温度为 300℃，利用高压反应釜研究了 9 种不同木质素含量的生物质的液化特性。结果显示，木质素含量对生物质液化物分布具有显著影响，随着木质素含量的增加，生物油的产率降低，而焦炭的产量增加；在无催化剂的情况下，木质素的含量与产物分布的相关系数高达0.898，在有催化剂的情况下也达到 0.883。Wang 等[11]以水为溶剂，在 10~13MPa的压力下，研究了豆秆、玉米秆、棉花秆和小麦秆的液化产物分布，结果显示只有豆秆和玉米秆的液化物才可能称为生物油；四种生物质的液体产物中的化学物质几乎完全相同，但是其含量与原料中木质素和半纤维素的含量直接相关。

Liu 和 Zhang[18]以高压釜为反应器，以松木粉为原料，在压力为 1MPa、温度为 250~450℃下研究了液化溶剂包括水、丙酮和乙醇等对其液化过程的影响。结果显示，溶剂种类对松木的液化过程及产物分布影响显著；丙酮作为溶剂，松木的转化率最高，而乙醇作为溶剂时在 200℃可得到最大的生物油产率，达到26.5%；当水作为溶剂时，木粉中纤维素的液化速率明显快于其他两种溶剂的，而且会使液化产物的产品分布变窄。Yip 等[14]也以高压釜为反应器，以盐酸为催化剂，在 180℃下研究了碳酸乙烯酯(EC)、碳酸丙烯酯(EG)和苯酚对竹粉液化的影响。结果显示，苯酚为溶剂最有利于竹粉的液化，转化率可达到 99%，竹粉中的纤维素、半纤维素和木质素几乎被完全转化；凝胶色谱的分析结果显示竹粉中的大分子物质都转变为分子量为 1800g/mol 左右的小分子物质；但是液化产物的沸点与所选溶剂的类型无关。Qu 等[19]在高压釜中研究了蒸馏水对杉木粉液化的影响，结果显示，在 320~340℃液化得到的重油产率最高；当固液比为8g 木粉/100ml 蒸馏水，温度为 320℃反应 10min 时，得到的重油产率最高可达24%。孙培勤等[20]也以水为溶剂，将泡桐直接液化，结果显示在原料量80g，水480ml，催化剂用量 5%，搅拌速率 300r/min，停留时间 5~10min，液化温度为300~315℃的条件下得到了较佳的液化效果，生物油总产率可达到60%以上，残渣率可降至 2%以下。

Wang 等[21]在 300℃和 2MPa 的压力下，研究了催化剂 Mo 的制备方法对木屑液化的影响，结果发现超声波处理后的催化剂比浸渍法和机械混合能使木屑转化为更多的重油；升高温度更有利于木屑发生热解和加氢等反应。Demirbas[17]以 KOH、NaOH 为催化剂，研究其对生物质高压液化的影响，结果显示在催化剂作用下，生物油的组成成分增多；碱的存在抑制了中间产物的缩聚和结焦反应。Selhan 等[22]的研究也证实 Rb 和 Cs 的碳酸盐作为催化剂时可以抑制焦的生成，提高生物油的产率。杨莉[23]对油菜秆的催化液化结果显示硫酸盐催化作用优于氯化物催化剂，硫酸铁和硫酸亚铁在中性反应溶剂条件下催化效果较佳，特别是在酮类反应溶剂中。Yao[24]发现以聚乙二醇和甘油混合液(80/20)为液化剂时，硫酸作为催化剂对木材和谷物淀粉的复合液化具有明显的促进作用，在温度150℃下，残渣率仅为4%。Agblevor[25]发明了一种碱催化木质素生产酚类化合物工艺，KOH 的浓度为 0.1%~5%，反应温度为 400~600℃，反应时间为 1~3min，反应压力为常压，一种含铁的氰化物作为催化剂，所得酚的收率为 15%。Shabtai 等[26]发明了碱催化木质素转化成汽油的工艺，木质素在碱催化剂作用下生成烷基酚、烷氧基酚、烷基苯等，然后加氢裂化、醚化，最终产品为高辛烷值汽油。

　　Bestue 等[27]的研究发现铁粉对木材的液化具有催化作用，但当铁被氧化成 Fe_3O_4 后催化作用减弱，而 Boocock 等[28]的研究发现镍催化可使木材液化的生物原油产率上升，生物原油氧含量为 10%~13%，其中 95%以上组分可溶于苯中，芳烃碳含量为 35%。Mukuna[29]的研究证实 Co 可使杨木在水中的转化率达到90%~99%，液体产物得率达 42%~75%。Meier 等[30]的研究发现，Pa 为催化剂时，木质素的高压液化产物主要是一些甲基、乙基和丙基环己酮类，其转化率可以达到 80%，而以 Ni-Mo 为催化剂时，产品主要是酚类，产率可以达到 65%。

　　佟倩怡[16]对锯末催化液化实验结果显示 4 种碱性催化剂(碳酸钠、碳酸钾、氢氧化钠和氢氧化钾)的添加均可提高 3 相生物油(乙醚相、乙酸乙酯相和丙酮相)产率，同时也使反应残渣得率极大地降低，添加氢氧化钠催化剂时残渣得率仅有1.26%，而未添加催化剂时残渣得率为 20.87%；油 1 相产率也由 3.40%提高至11.87%。稻草液化实验结果显示添加催化剂碳酸钠时油 1 相产率最高，为 9.895%；添加催化剂氢氧化钾时油 2 相产率最高，为 6.693%；添加催化剂氢氧化钠时残渣得率最小，为 6,415%；氧化铝催化剂对生物油产率影响不大，其催化作用主要体现在使烷烃类物质(heneicosane)的含量达到 79.50%，有效地降低了生物油的含氧量，提高了生物油的热值。分子筛及其负载型催化剂的主要作用均体现在生物油中有机水溶相(Organic water dissolved OD)相产率大幅提高，并使生物油主要成分中烷烃类物质的比例提高；然而上述催化剂对稻草液化的促进效果不明显，但在乙醇-水混合溶液中，氢氧化钠有效促进稻草在共溶剂中的液化反应。

　　研究显示木质生物质中三大组分降解从易到难的顺序为：半纤维素＞纤维素＞木质素。Demirbas[31]的研究显示，碱为催化剂时纤维素中的糖苷键在 170℃就开始分解成小分子物质。在 200~400℃时木质素开始分解，但温度过高会使炭化过程加剧，导致生物油产量降低[32]，然而升高温度有利于降低生物油中的氧含量[33]。

7.3　生物质常压液化

在早期的液化研究中，典型的液化工艺都需要在较高的温度和压力下进行，条件要求得比较苛刻，耗能较大，对设备的耐压能力要求都较高，且液化产品特别是生物质油的产率相对较低，生物质油的成本较高，不利于生物质液化的商业化推广。随着石油等化石能源的逐渐枯竭和人们环保意识的加强，世界各国对生物质液化技术投入了更多的人力和物力，从研制新型催化剂、合理选用有机溶剂和选择适当的温度、压力等方面入手，设法提高液化得率，降低液化条件和成本，使液化技术得到了长足发展。

液化剂和催化剂是影响生物质热化学液化结果的最重要的参数，它们直接影响液化产物的得率、性质和成本，是目前热化学液化研究的重点。

1. 液化剂的研究状况

1) 醇类液化剂对生物质液化的影响

小分子的乙二醇、丙三醇等是很好的溶剂，它们能否作为液化剂液化生物质，受到很多学者的关注。乙二醇、丙三醇和聚乙二醇(PEG)对木粉的液化过程影响显著，但平均分子量较小的多元醇液化效率低[34]。以丙三醇为液化剂时，木粉液化所得水不溶物的最高收率可达到 68.4%，溶剂直接溶在液化产物中，液化产物可以作为调和组分混入汽油中作为燃料直接使用[31]。以甘油/聚乙二醇作为联合液化试剂，硫酸作为催化剂，在 150℃，反应 75min 后，液化木材的羟值为 278.6~329.1mgKOH/g，黏度为 0.33~31.6Pa·s(25℃)[35]，但是随着树种的不同，在常温下，液化产物的黏度也是不同的，黏度为 1.37~2.31Pa·s(25℃)，而液化产物的羟值、酸值、含水率和残渣含量基本保持不变[36]。微波辅助加热能够极大地促进多元醇转化木粉的速率，液化反应在 7min 内即可完成，但多元醇的类型决定木粉的液化效率，如乙二醇、丙三醇等简单多元醇比其他复杂多元醇的液化效果更好；甘油和多元醇混合使用能够表现出很好的协同效应等[37]。在多元醇液化木粉的过程中，加入淀粉会促进缩合反应的发生，降低木粉的液化速率。但是如果先将木粉液化至满意的程度再加入淀粉共同液化，可实现木粉与淀粉两者都满意的液化效果[38]。

当固液比为 20%时，以混合多元醇(PEG-400 和丙三醇)为液化剂、浓硫酸为催化剂液化甘蔗渣和棉秆所得的液化产物残渣率最小；在其他条件均设为最优的液化条件下，单独使用 PEG-400 作为液化剂无法达到理想的液化效果，得到的甘蔗渣和棉秆的液化产物残渣得率分别为 19%和 22%。而使用丙三醇代替 10%的

PEG-400 作为液化剂，就能得到与增加硫酸浓度、升高液化温度、延长液化时间相一致的效果，即将液化甘蔗渣和棉秆的产物中残渣得率降低至 10%以下；随着液化时间增加至 120min，液化产物的羟值缓慢地由 253mgKOH/g 降低至 223mgKOH/g，同时剩余的多元醇能够有效地防止液化成分的重新聚合[39]。在利用 PEG 和甘油的混合溶剂液化甘蔗渣时加入表面活性剂，利用表面活性剂提高试剂对甘蔗渣的渗透能力，能够显著改善甘蔗渣的液化效果，聚山梨酯-80 对甘蔗渣液化的促进效果最明显，在用量为 0.25%时，液化效果最好，转化率达到 99%以上，液化得到的生物质多元醇的羟值为 500~700mgKOH/g，且含有大量的可反应羟基，有利于作为制备聚氨酯硬泡的多元醇组分[40]。甘蔗渣在 PEG-400 中的液化率可以达到 96%，而且甘蔗渣中的木质素全部液化，所得液化产物的羟值为 280~380mgKOH/g；催化剂量增加可以加快反应速度，但是用量太多会导致残渣含量的增加；固液比的减小有利于液化反应的进行[41]。

以 PEG 和甘油的混合液化物为液化剂，在温度为 160℃、时间为 30min，液化剂用量为玉米秸秆质量的 4.5 倍、浓硫酸用量为液化剂用量的 3.25%时，液化率可达 90%，所得到的玉米秸秆液化产物的羟值为 380mgKOH/g，黏度为 353mPa·s[42]。玉米秆在多元醇中的液化过程是多级反应，表观反应速率随着反应温度的升高而加快，表观活化能为 73.6kJ/mol、表观频率因子为 $8.8×10^5\,s^{-1}$；根据过渡态理论，液化反应的表观活化自由焓、表观活化焓和表面活化熵都是随着液化温度的变化而变化的；由于表观活化焓的变化，玉米秸秆在多元醇中液化的反应主要是对环境的吸热反应[43]。

毛竹在多元醇和丙三醇中的最佳液化工艺条件如下：PEG-400 与丙三醇的质量比为 80：20，在固液质量比为 3.5：1、硫酸质量分数为 3%、反应温度为 160℃、反应时间为 90min 时，液化得率可达 99.32%，毛竹液化产物的羟值为 28~142.63mgKOH/g，黏度为 840mPa·s[44]。

以乙二醇为液化剂时，在分子排列无序杂乱的区域，即使高分子量的纤维素也会在液化的最初阶段分解转化成为小分子物质；而在分子排列整齐有序的分子结晶区域，纤维素则可以长时间地稳定存在[45]。PEG 和丙三醇也可以有效地转化酶解木质素(EHL)，且液化物主要为聚醚型多元醇，由丙三醇液化得到的产物羟值为 80~120mgKOH/g，高于 PEG 的羟值[46]。

2) 苯酚作为液化剂对生物质液化的影响

苯酚是一种极性较强的溶剂，在一定条件下具有很高的反应活性，可以作为液化剂液化生物质。苯酚作为液化剂时，液固比(如苯酚/玉米麸 [47~49])的使用量对液化结果有较大的影响；废纸在苯酚中的液化属于假一级反应，液化产物的热流动性和反应性都较好，其热浇注性能和弯曲性能可与木材液化产物的性能相媲美。在反应温度为 400℃时，木质素在水-苯酚的混合溶剂中降解 1h 后，木质素的平均分子量由 2100g/mol 降低到 660g/mol，液化产物中有 99%的四氢呋喃可溶物，没有焦炭生成[50]。在 250℃时，只需数小时，苯酚就能完全将木材转变为能溶于二氧六环和水混合溶剂的物质，该物质在室温下具有流动性；温度对液化得率的影响很大，如在 280℃时，30min 内可使木材完全液化，而在 200℃时，则需要 1.5d；反应温度每增加 10℃，液化速率将增加 90%；最优的木材和苯酚的比例为 8/2~7/3；水能加速液化，当含水率为 80%~150%（相当于新材的含水率）时，液化得率高于风干材（含水率 10%）。据分析，在液化过程中，除了木材成分的酚化和氧化，水解也起了重要作用。研究还发现，液化过程中有一部分木材被气化，当液化完成后，气化大约损失 10%的重量[51-53]。植物秸秆纤维在浓硫酸/苯酚的混合体系中进行液化时，当反应温度在 160℃、反应时间为 70min 时，能够取得较好的液化效果，液化产物的游离羟基明显增多[54]。

3）其他液化剂对生物质液化的影响

环状碳酸盐[如 EC 或碳酸异丙烯酯（PC）]也是较好的液化溶剂。研究发现[55]，纤维素在 EC 和 PC 中能快速液化，且液化速率约是在 PEG 和乙二醇混合物中的 10 倍，分别约是在乙二醇中的 28 倍和 13 倍；软木液化时，液化不完全；纤维素在反应初期遵循伪一级反应，EC 的液化速度较 PC 快；在木材液化过程中环碳酸盐部分脱水变成乙二醇外，大部分缩合成聚多元醇。在硫酸作为催化剂时，相对于 PEG-400、甘油和 EG，玉米秆在 EC 中能更好地转化，最佳液化工艺如下：反应温度 170℃，反应时间 95min，固液比 20%，催化剂量 3.7%，此时液化得率达到 92.06%[51]。

由于玉米秆不同部位（如叶子、秆皮、茎髓和苞叶）化学组分的不同[10]，在液化过程有很大差异。随着液化时间从 30min 增加到 90min，所有部位的液化物中残渣含量逐渐减少，转化率增加（图 7-6）。在所有的液化时间内，苞叶的转化率都最高，产物的残渣含量最少；在较短的液化时间内，叶子液化物的残渣含量较大，但延长液化时间后，残渣含量开始降低，转化率升高。秸秆不同部位的液化产物的特性有很大差异。其中来自苞叶的液化产物的酸值最大，全秆的最小，秆皮和叶子的相差不大（图 7-7）；来自苞叶的液化物的羟值最大，但随液化时间的延长，可能由于发生缩聚和酯化等反应，羟值逐渐降低，秆皮和叶子的 EC 液化物中羟值含量较低（图 7-8）。另外，化学组成及结构的差异也导致玉米秆不同部位在 EC 中液化动力学有很大的差异，见表 7-3 和表 7-4。根据阿伦尼乌斯公式，可以计算出全秆、苞叶和叶子的活化能分别为 81.64kJ/mol,65.88kJ/mol 和 85.19kJ/mol。这说明玉米秸秆不同部位在 EC 中反应的难易程度是很不同的，苞叶很容易液化，而叶子较难液化。

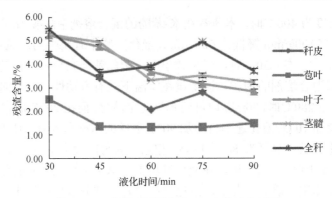

图 7-6　玉米秆不同部位在 EC 中的转化情况

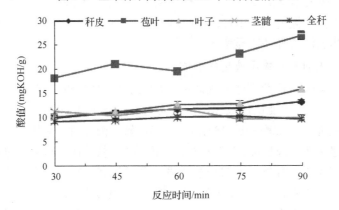

图 7-7　玉米秸秆不同部位 EC 液化产物的酸值变化情况

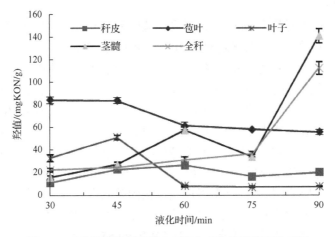

图 7-8　玉米秸秆不同部位 EC 液化产物的羟值变化情况

表 7-3　玉米秆不同部位在 EC 中液化时随液化温度变化的反应动力学参数

温度/℃	线性方程			n			$k×10^{-5}/(s^{-1})$			R^2		
	全秆	苞叶	叶子	全秆	苞叶	叶子	全秆	苞叶	叶子	全秆	苞叶	叶子
120	$2.9x-9.6$	$2.6x-8.6$	$2.9x-9.3$	2.9	2.6	2.9	6.8	18	9.2	0.80	0.82	0.84
140	$2.9x-9.3$	$2.6x-8.1$	$2.9x-9.0$	2.9	2.6	2.9	9.2	30	12	0.81	0.81	0.84
160	$2.7x-7.7$	$2.7x-6.5$	$2.9x-6.9$	2.7	2.7	2.9	45	150	100	0.89	0.87	0.82
180	$2.8x-6.5$	$2.8x-6.2$	$3.0x-6.2$	2.8	2.8	3.0	150	200	200	0.86	0.90	0.85

表 7-4　玉米秆不同部位在 EC 中液化时随液化温度变化的 $\Delta G'$, $\Delta S'$ 和 $\Delta H'$

温度/℃	$\Delta H'$ /(kJ/mol)			$\Delta S'$ /(J·mol^{-1}·K^{-1})			$\Delta G'$ /(kJ/mol)		
	全秆	苞叶	叶子	全秆	苞叶	叶子	全秆	苞叶	叶子
120	78.37	62.61	81.92	35.32	42.89	87.19	64.49	45.76	47.65
140	78.21	62.45	81.75	27.35	38.15	78.49	66.91	46.69	49.33
160	78.04	62.28	81.59	31.04	45.20	86.22	64.60	42.71	44.25
180	77.87	62.11	81.42	32.35	40.24	82.93	63.22	43.89	43.85

2. 催化剂的研究状况

催化剂能够加快反应速度，降低反应条件，提高液化得率，在生物质液化过程中占有十分重要的地位，在一些液化工艺中，没有催化剂反应很难进行下去，因此寻找高效的催化剂成为生物质热化学催化液化的重要研究方向之一。

生物质液化过程常用的催化剂包括酸类和碱类。大量的研究结果表明，在生物质液化中弱酸以磷酸效果最好；强酸中盐酸、硫酸都是很好的催化剂，盐酸比硫酸的催化能力稍弱，但通过增加用量可以达到与硫酸相同的效果[56-58]。而在不同的碱和金属盐作为催化剂对各种生物质废弃物液化影响的研究中发现，在所实验的各种催化剂中，NaOH 最好，它能够将生物质很好地溶解在苯酚中，并且以 NaOH 作为催化剂得到的液化产物，其流动性接近于商业用树脂[59]。在木粉的催化液化研究中也发现，NaOH 作为催化剂可有效地提高木粉的转化率，木粉在 PEG-400 中液化的适宜条件如下：温度 250℃、时间 1h、NaOH 浓度 5%及液固比 4∶6[34]。

3. 固液比的研究状况

固液比也就是固体生物质与液化剂的质量比，也有学者定义为液固比。固液比对生物质常压液化具有十分重要的影响，它不但影响液化效率，对液化产物分布也具有十分显著的影响。一般来说，生物质的液化过程主要是醇解过程，同时伴随有氧化和聚和反应。因此，随着固液比的增加，生物质的添加量增加，致使生物质在液化物中的浸润程度降低，醇解过程发生得不完全，从而导致液化得率降低，液化产物的黏度急剧升高、羟值降低、酸值升高，见图 7-9[60]和表 7-5[51]。因此，选择合适的固液比是生物质常压液化的关键之一。

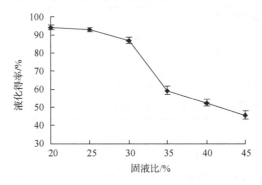

图 7-9　固液比对玉米芯在 EC 中液化得率的影响

表 7-5　固液比对玉米秸秆在 EC 中液化得率及产物特性的影响

固液比/%	液化得率/%	黏度/(mPa·s)	羟值/(mgKOH/g)	酸值/(mgKOH/g)
20	86.33	90	308.89	20.50
25	74.03	260	82.19	11.59
30	69.74	655	43.22	11.23
35	67.08	2200	39.63	14.75
40	62.99	2350	35.44	14.49
45	59.60	固体	32.40	14.66
50	54.08	固体	31.54	14.48

4. 反应时间的研究状况

反应时间是影响生物质常压液化的重要因素。延长反应时间有利于醇解反应的进行，提高液化得率，降低液化产物的黏度和酸值，提高液化产物的羟值。但是过长的反应时间又会促使氧化反应和聚合反应的发生，甚至导致部分物质碳化，进而降低液化产物的活性，见表 7-6[51]。

表 7-6　反应时间对玉米秸秆在 EC 中液化的影响

反应时间/min	液化得率/%	黏度/(mPa·s)	羟值/(mgKOH/g)	酸值/(mgKOH/g)
5	46.30	2500	5.56	14.93
10	61.98	2300	20.17	14.84
15	67.86	1000	36.88	14.77

反应时间/min	液化得率/%	黏度/(mPa·s)	羟值/(mgKOH/g)	酸值/(mgKOH/g)
20	68.93	670	38.80	13.89
25	69.74	655	43.22	11.23
30	71.23	380	55.88	10.26
45	74.12	450	72.92	10.77
60	78.59	520	78.50	9.70
90	83.14	1000	101.87	9.18
120	90.03	1450	123.68	9.02

5. 反应温度的研究状况

反应温度也是影响生物质常压液化的关键因素之一。升高反应温度有利于液化反应的进行，提高液化得率，但是过高的液化温度会导致中间产物的聚合、缩合乃至碳化，进而导致液化率降低、液化产物黏度升高等不良反应，见表 7-7[51]。

表 7-7　反应温度对玉米秸秆在 EC 中液化的影响

反应温度/℃	液化得率/%	黏度/(mPa·s)	羟值/(mgKOH/g)	酸值/(mgKOH/g)
110	43.33	固体	23.19	12.57
120	44.42	1800	28.91	12.92
130	49.38	1500	32.33	12.34
140	55.22	1200	38.13	10.87
150	61.17	900	40.80	10.67
160	69.74	655	43.22	11.23
170	75.92	550	54.37	12.33
180	83.33	410	51.64	12.67
190	83.52	固体	44.34	12.46
200	56.73	固体	36.65	10.84

6. 其他因素对生物质液化的影响

除了上述因素对生物质常压液化具有重要影响，其他因素如生物质粒径、含水率、加热手段(如微波辅助加热)等对液化过程、液化产物分布及特性都具有十分重要的影响。

7.4　生物质液化物的性质及应用

7.4.1　生物质液化物的分离

无论是高温高压液化还是常压液化，其主要目的都是得到液体产物，并作为燃料或化工原料。但是无论采用何种液化工艺，都不可能使生物质达到100%液化，因此必须对液化产物进行分离。而根据液化产物最终用途的不同，采用的分离工艺也各不相同，但常用的分离方法主要包括脱水、蒸馏(主要是减压蒸馏)和萃取等，所用设备与传统的石油化工行业的相同。

(1)减压蒸馏。减压蒸馏操作简单，可有效除去液化产物中的水分，以最大程度得到液化产物中的轻质组分。对于采用高沸点催化剂如硫酸、磷酸等的液化工艺，减压蒸馏可有效避免催化剂残留。

(2)液-液萃取。常用的萃取剂包括苯、甲苯、乙醚等有机溶剂。具体操作如下：首先固液分离，以除去液化产物中的固体残渣，然后加萃取液萃取，实现油分分离，最后将萃取液真空浓缩，得到几乎不含水分的生物质油。

(3)固-液萃取。固液萃取主要利用丙酮等有机溶剂，提取生物质液化产物中的重质组分，如重油等，以达到分离的目的。

7.4.2　生物质液化物的分析方法

生物质液化过程涉及醇解、缩合、聚合等多种化学反应，致使产物的成分极其复杂。为了理解生物质液化机理和找到其最佳用途，需要对生物质液化物进行表征分析，明确成分组成。目前常用的化学成分分析方法包括傅里叶变换红外光谱 (FT-IR)、高效液相色谱(HPLC)、气相色谱/质谱联用(GC/MS)、凝胶渗透光谱(GPC)、核磁共振光谱(NMR)、X射线衍射(XRD)等。

1)FT-IR分析

通过FT-IR中的特征吸收峰，可以对有机化合物进行检测和鉴定。在生物质液化实验中，利用FT-IR技术可以检测原料在实验过程中的分解情况，推断生物质原料是否反应完全，还可以分析鉴定生物油组分的分布。

举例如下。

(1)松木粉在不同溶剂的液化产物随温度变化的红外谱图如图7-10所示[18]。反应条件如下：液固比6∶1，升温速率10~13K/min，反应时间20min，反应起始压力1MPa。

(2)图7-11为不同反应温度下桦木液化油的红外图谱。其中，桦木粉为原料，水为液化剂，Na_2CO_3为催化剂，反应起始压力8MPa[61]。

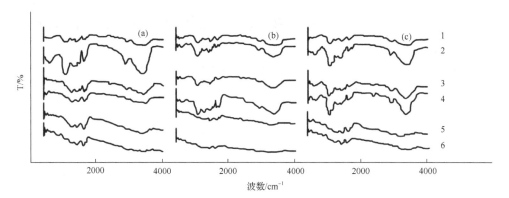

图 7-10　松木粉在不同溶剂和不同温度下得到的液化产物的红外图谱
(a) 水；(b) 丙酮；(c) 乙醇；1.原料；2.523 K；3.573 K；4.623 K；5.673 K；6.723 K

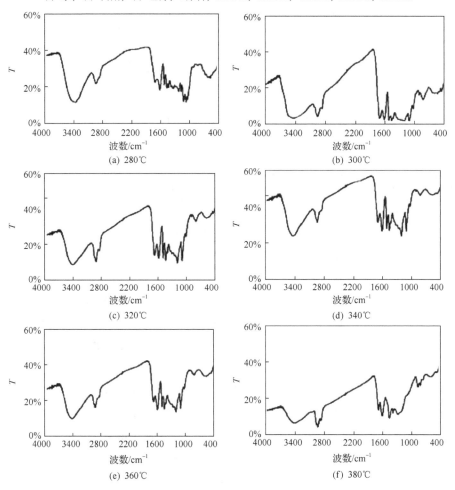

图 7-11　不同反应温度下桦木液化油的红外图谱

(3)玉米秸秆及其液化物的红外图谱如图 7-12 所示[42]。表 7-8 为玉米秸秆及其液化物的红外图谱解析[51]。液化条件如下：原料为玉米秆；液化剂为 PEG-400 和甘油的混合物(质量比 9∶1)；催化剂为浓硫酸(3.75%，基于液化剂)；液固比为 4.5∶1；反应时间 90min，反应温度 180℃。

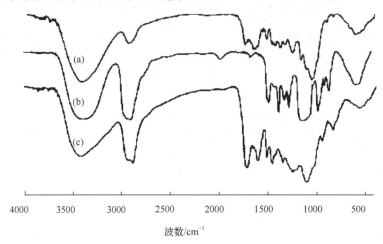

图 7-12　玉米秆液化物的红外图谱

(a) 玉米秆；(b) 液化剂；(c) 液化产物

表 7-8　玉米秸秆及其液化物的红外图谱解析

吸收峰位置/cm⁻¹	吸收峰强度	吸收峰基团归属及解析
3400~3459	强	O—H 伸缩振动(分子内氢键)
2920~2932	中强	甲基与亚甲基的 C—H 伸缩振动
1870~2080	中强	三键和累积双键的伸缩振动
1776~1805	强	C═O 的伸缩振动
1729~1734	中强	C═O 的伸缩振动(半纤维素的特征峰)
1632~1648	强	C═O 的伸缩振动、木质素与芳香环相连的 C—O 伸缩振动
1510~1516	中强	苯环骨架的伸缩振动(木质素的特征峰)
1370~1431	中强	C—H 的弯曲振动
1318~1320	弱	C═O 的伸缩振动(木质素)
1200	弱	O—H 的平面弯曲振动
1160	弱	C—O—C 的伸缩振动
1047~1060	强	C═O 的伸缩振动(纤维素和半纤维素)
897~899	弱	β-糖苷键的振动(纤维素的特征峰)

2) GC/MS 分析

GC/MS 是最常用的生物质液化产物表征技术,利用该技术可以较准确地得到液化产物的主要化学组成及其分布。

(1) 几种典型生物质液化产物的 GC/MS 图谱。

图 7-13 为生物油中酚类和中性化合物的 GC/MS 图谱[62]。实验条件如下:原料为木屑、玉米秆、木质素和纤维素;液固比 4∶1(ml/g),水为液化剂;实验设备为 GC/MS(Varian CP-3800/Varian 1200 Quadrupole,USA);进样口和检测器温度为 553K;氦气为载气,流量 1ml/min,进样量 1μl,分流比 30∶1;所采用质谱柱为 VF-5ms(5%苯/95%二甲基聚硅氧烷,30 m×250μm ×250μm);GC 升温程序为 40℃保持 2min,以 12℃/min 的速率升温到 190℃,再以 12℃/min 的速率升温到 290℃,并保持 20min。表 7-9~表 7-12 为木屑油、玉米秆油、木质素油和纤维素油中主要酚类或中性化合物峰面积。

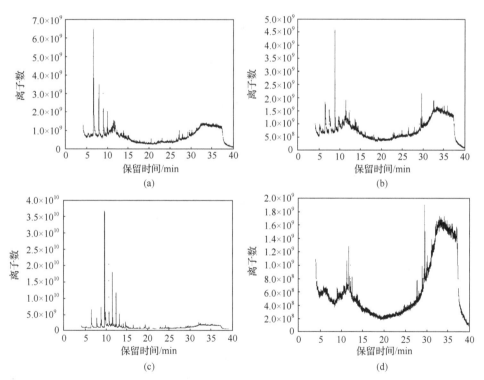

图 7-13　来自(a) 木屑,(b) 玉米秆,(c) 木质素,(d) 纤维素生物油中酚类和中性化合物的 GC/MS 图

表 7-9　木屑油中主要酚类或中性化合物

峰	反应时间/min	化合物	峰面积/%
1	6.558	2-甲氧基苯酚	36.89
2	6.82	对甲氧基苯酚	1.23
3	7.853	2-甲氧基-4-甲基苯酚	12.1
4	8.888	2-甲氧基-4-乙基苯酚	13.63
5	9.136	3,3,4,7-四甲氧基苯并呋喃酮	1.23
6	9.824	3,8,12-乙酰基/2-丙烯基-3,6-二苯并醇	1.65
7	9.907	2-甲氧基-4-丙基苯酚	6.47
8	10.556	3-羟基-4-甲基环己烷	1.05
9	10.836	2-甲氧基-5-(1-丙烯基)-苯酚	0.98
10	11.012	丁香酚	0.99
11	11.063	2-甲氧基-5-(1-丙烯基)-(E)-苯酚	1.63
12	11.286	1-(4-羟基-3-甲氧基苯基)-乙酮	2.19
13	11.357	5-羟基-8,8-二甲基-3,3a,4,5,6,7,8,8b-八氢-[1,2-b]呋喃-2-酮	2.06
14	11.467	丁羟基甲苯	1.99
15	11.691	3-羟基呋喃	3.45
16	12.296	1,4-二苯甲酸甲酯	1.05
17	27.162	1-菲羧酸	1.08
18	27.901	3-乙基-5-(2-乙丁基)-正十八烷	1.74
19	29.653	三甲氧基-3-吡啶	0.99
总面积/%			92.39

表 7-10　玉米秆油中主要酚类或中性化合物

峰	反应时间/min	化合物	峰面积/%
1	5.281	苯酚	3.96
2	6.564	2-甲氧基苯酚	9.91
3	6.678	对甲氧基苯酚	2.99
4	7.494	3-乙基苯酚	1.9
5	8.86	2-甲氧基-4-乙基苯酚	20.75
6	9.739	2,6-二甲氧基苯酚	1.99
7	9.791	3-羟基-5-甲氧基苯甲醇	2.66
8	9.883	2,4-二甲氧基苯酚	2.48
10	11.399	5-羟基-8,8-二甲基-3,3a,4,5,6,7,8,8b-八氢-[1,2-b]呋喃-2-酮	1.71
11	11.442	4,6-二丁叔基间甲酚	2.19
12	11.557	5-叔丁基连苯三酚	5.83

续表

峰	反应时间/min	化合物	峰面积/%
13	11.71	10-二甲氧基甲基乙酸	2.5
14	11.881	6,9-十八烷酸甲酯	1.81
15	11.959	1-[(2-羟基-4-硝基苯基])-2-萘酚	1.89
17	12.268	1,4-二苯甲酸甲酯	2.13
18	12.454	2,4-黏糠酸-3,4-二乙基-二甲氧基酯	4.55
19	13.712	2-(1,1-二甲氧基-2-丙烯基)-3,6-二甲氧基苯酚	1.81
20	27.876	3-乙基-5-(2-乙丁基)-正十八烷	1.95
21	29.423	4-苄氧基-4-(2,2-二甲基-4-二恶茂烷)-丁醛	1.92
22	29.63	1,2-苯二甲酸二异辛酯	4.55
总面积/%			85.17

表 7-11　木质素油中主要酚类或中性化合物

峰	反应时间/min	化合物	峰面积/%
1	6.549	2-甲氧基苯酚	7.95
2	7.838	2-甲氧基-4-甲基苯酚	3.26
3	8.715	3-甲氧基-1,2-苯二酚	1.83
4	8.866	2-甲氧基-4-乙基苯酚	5.84
5	9.671	2,6-二甲氧基-苯酚	25.23
6	9.887	2-甲氧基-4-丙基苯酚	3.7
7	10.003	3-羟基-5-甲氧基苯甲醇	0.83
8	10.338	香草醛	0.7
9	10.719	4-甲氧基-3-(甲氧基甲基)-苯酚	14.64
10	11.234	1-(4-羟基-3-甲氧基苯基)-乙醇胺	0.98
11	11.557	1,2,3-三甲氧基-5-乙苯	7.74
12	11.647	1-(4-羟基-3-甲氧基)-2-丙酮	2.86
13	12.453	1,4-二乙基-2-甲氧基苯	6.46
14	13.118	4-羟基-3,5-二甲氧基-苯甲醛	1.09
15	13.275	2,6-二甲氧基-4-(2-丙烯基)-苯酚	2.85
16	14.151	1-(4-羟基-3,5-二甲氧基)-乙酮	1.21
17	14.742	1-(2,4,6-三羟基苯基)-2-戊酮	1.92
18	16.514	4,4,5,7-四甲基二氢香豆素	1.12
19	19.415	3-[2,5-二甲氧基亚苄基]-呋喃-2-酮	1.8
20	32.097	1,1',1'',1'''-四(1,6-己二亚基)-苯	0.81
总面积/%			92.83

表 7-12　纤维素油中主要酚类或中性化合物

峰	反应时间/min	化合物	峰面积/%
1	6.514	13-十七烷基-1-醇	0.61
2	6.527	(E)-2-十二碳烯-4-炔	1.47
4	6.846	N-[3-[N-氮丙啶基]]亚丙基	2.01
5	11.436	丁基化羟基甲苯	4.34
6	11.863	4-甲氧基-7-甲基茚满-1-酮	15.98
7	12.268	邻苯二甲酸二乙酯	7.12
8	12.301	5,6,7,8-四氢-5-氧代-2-羟基喹啉	1.31
9	12.624	2,20-(2-呋喃基亚甲基)-5-甲基呋喃	4.11
11	29.077	3-乙基-5-(2-乙基丁基)-十八烷	19.55
12	29.421	4-苄氧基-4-[2,2-二甲基]丁醛	1.76
13	29.621	1,2-苯二甲酸二异辛酯	21.68
14	30.122	2,4,6-癸三烯酸	0.39
16	31.22	9-乙酰基-14-乙基-3-丙酮酸	8.93
18	32.181	1-[2-十六烷氧基乙氧基]十八烷	2.32
20	34.882	2,3-二醇-1,4;5,8-二甲桥萘	1.58
21	35.928	2,4,6,8,10-十四碳五烯酸	0.35
总面积/%			99.66

(2)液化剂对竹子液化产物组分影响的 GC/MS 分析[14]。

实验设备为 GC/MS(Agilent 7890/5973C,USA);进样口和检测器温度为 230℃;氦气(99.999%)为载气,流量 1ml/min,进样量 1μl;采用熔融石英毛细管柱(30m×250μm×250μm),质谱柱为 HP-5MS(30m×250μm);GC 升温程序为以 10℃/min 的升温速率升到 280℃,并保持 10min。扫描质量范围为 50~650m/z。表 7-13 和表 7-14 分别为溶剂为苯酚和 EC 时竹子液化物的主要化学组成。

表 7-13　苯酚为溶剂时竹子液化物的主要化学组成

峰	反应时间/min	化合物
1	5.299	苯酚
2	5.501	氨基甲酸苯酯
3	5.595	4,9-二丙基-十二烷
4	5.680	4,9-二丙基-十二烷
5	5.737	10,11(5H)-二氢-10-羟基-二苯并氮杂
6	5.807	3-甲基十八烷
7	6.052	4,5-二甲基噻唑
8	6.156	3',4'-二氟乙酰苯

峰	反应时间/min	化合物
9	6.561	4,5,6,7-四氢-2-氨基-6-乙基-苯并噻吩-3-甲酸乙酯
10	6.810	3,4-二乙基-1,1'-联苯
11	7.116	2-硝基-3'-[4-甲基苯氧基]-苯乙烯
12	7.366	苯甲酸甲酯
13	8.133	3,7-二硫氰基吩噻嗪
14	8.920	2-(2-丁氧基乙氧基)乙醇
15	8.995	7-氧杂双环[2.2.1]庚-2-烯-2,3-二羧酸二甲酯
16	9.937	3-氯-苯甲酸甲酯
17	11.439	4-氰基苯甲酸
18	12.051	二苯醚
19	13.270	1,4-苯二甲酸二甲酯
20	13.426	1,3-苯二甲酸二甲酯
21	13.496	十二烷酸甲酯
22	13.967	2-甲基-6-亚甲基-1,7-辛二烯
23	15.813	十四酸甲酯
24	16.882	环戊酸甲酯
25	17.904	十六酸甲酯
26	18.149	3,5-双(1,1-二甲基乙基)-4-羟基 - 苯丙酸甲酯
27	19.811	十八烷酸甲酯

表 7-14 碳酸乙烯酯为溶剂时竹子液化物的主要化学组成

峰	反应时间/min	化合物
1	5.506	1-(3-羟基-4-甲基苯基)-1,3,3,6-四甲基茚满-5-醇
2	5.591	4,9-二丙基-十二烷
3	5.680	癸烷
4	5.732	二十烷
5	5.812	3-甲基-十八烷
6	6.622	草酸
7	6.806	2,5-二甲基-4'-硝基-1,1'-联苯
8	7.112	5-甲基-2-庚烷
9	7.366	苯甲酸甲酯
10	9.362	3,7-二甲基-6-硝基-9-苯基亚氨基-茚并[2,1-c]吡啶
11	9.504	二氢-5,6-二羟基-5-甲基-2,4(1H,3H)-嘧啶二酮

峰	反应时间/min	化合物
12	11.773	3-苯基-2-丙烯酸甲酯
13	11.834	2-壬醇
14	11.929	2-乙氧基-2-氧代乙基-1,2-苯二甲酸甲酯
15	12.051	二苯醚
16	12.706	邻苯二甲酸二甲酯
17	13.271	1,4-苯二甲酸二甲酯
18	13.369	3,5-双(1,1-二甲基乙基)苯酚
19	13.426	1,3-苯二甲酸二甲酯
20	13.497	十二烷酸甲酯
21	13.572	4-乙氧基-苯甲酸乙酯
22	13.967	4-苯基-吡啶并[2,3-d]嘧啶
23	14.683	5-甲基-2-苯基-1H-吲哚
24	15.813	十四酸甲酯
25	17.692	2-甲基-十六醛
26	17.904	十六酸甲酯
27	18.149	3,5-双-二甲基乙基-4-羟基-苯丙酸甲酯
28	19.806	十八烷酸甲酯

(3) 图 7-14 为大豆秆液化物的 GC/MS 图谱[63]。

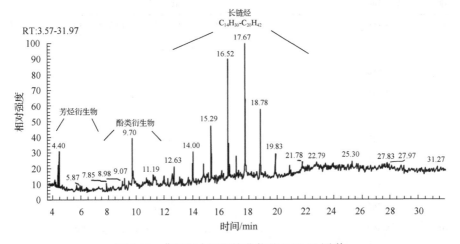

图 7-14　典型的大豆秆液化物的 GC/MS 图谱

实验条件如下：原料为大豆秆；水为介质，含水率 15%；液化过程为以 10℃/min 的速率升温到 420℃，并保持 2~3h，冷却到室温后，得到粗生物油，分别在 105~450℃下蒸馏，得到不同馏分的生物油。最后这些生物油经 1%NaOH 溶液水洗后得到水洗生物油。实验设备为 GC/MS（Trace GC Ultra &Trace DSQ Mass Spectrometer）；氦气为载气，毛细管柱（30m×250μm ×250μm）。

图 7-15 为经过 1%NaOH 溶液水洗后大豆秆液化物的 GC/MS 图谱。图 7-16 为 240～350℃下所得大豆秆液化物馏分的 GC/MS 图谱。表 7-15 为大豆秆液化物中 30 种典型化合物。

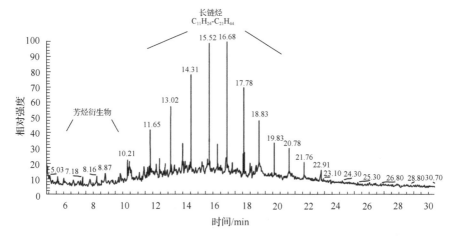

图 7-15　1%NaOH 溶液水洗后大豆秆液化物的 GC/MS 图谱

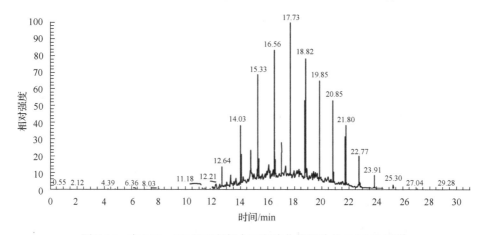

图 7-16　在 240～350℃下所得大豆秆液化物馏分的 GC/MS 图谱

表 7-15　大豆秆液化物中 30 种典型化合物

峰	反应时间/min	化合物	分子量
1	3.09	苯	78
2	4.4	1-甲基环己烯	96
3	5.87	10-十八碳烯醛	266
4	7.87	苯酚	94
5	9.09	3-甲基苯酚	108
6	9.72	对甲氧基苯酚	124
7	10.71	三环[4.4.0.0(2,8)]-3-烯-5-癸醇	150
8	11.3	2-(2-异丙烯基-5-甲基-环戊基)-乙酰胺	181
9	11.94	4-(2,5,6,6-四甲基-2-环己烯)-3-丁烯-2-酮	206
10	12.24	异戊酸异丙酯	238
11	12.53	4-乙基-2-甲氧基苯酚	152
12	13.05	1-(2-羟丙基)萘	186
13	14.02	十四烷	198
14	14.77	2-甲基癸烷	156
15	15.31	十五烷	212
16	16.08	10-十九烷酮	282
17	16.52	十六烷	226
18	17.04	5,8-二乙基十二烷	226
19	17.69	十七烷	240
20	18.17	17-三十五烷	490
21	18.52	3-辛基 - 顺式 - 环氧乙烷十二酸	354
22	18.8	十六烷	226
23	19.18	2-十六醇	242
24	19.84	十九烷	268
25	20.82	环巴比妥	236
26	21.81	2,6-双(1,1-二甲基乙基)-1,4-苯二酚	222
27	22.78	3-乙基-5-（2-乙基丁基）-十八烷	366
28	24.7	2,6-双（1,1-二甲基乙基）-1,4-苯二酚	222
29	25.02	2,6-双（1,1-二甲基乙基）-1,4-苯二酚	222
30	27.83	二氢-3-十八烷基-2,5-呋喃二酮	352

(4)溶剂对木粉液化物化学组成影响的 GC/MS 分析结果[18]。

反应条件如下：松木粉为原料，分别以水、乙醇和丙酮为液化剂，液固比为 6∶1，升温速率 10~13K/min，反应时间 20min，反应起始压力 1MPa。

实验条件如下：实验设备为 GC/MS（Agilent 7890A/5975C,USA）；进样口和检

测器温度为 553K；氦气为载气，流量 1ml/min，进样量 1μl，分流比 30∶1；所采用色谱柱为 HP-5（5%苯基甲基硅氧烷,30m×250μm ×250μm）；GC升温程序为 313K下保持 1min，然后以 6K/min 的升温速率升到 623K，并保持 5min。

表 7-16 和表 7-17 分别为乙醚和丙酮作为萃取剂时松木粉生物油的 GC/MS 分析结果。

表 7-16　乙醚为萃取剂时松木粉生物油的 GC/MS 分析结果

| 序号 | 反应时间/min | 溶剂（峰面积）/% | | | 化合物 |
		水	乙醇	丙酮	
1	4.16	–	4.13	–	羟基乙酸乙酯
2	4.79	–	4.54	–	2-羟基丙酸乙酯
3	5.16	–	–	7.94	2-甲氧基呋喃
4	5.16	1.44	–	–	2-环戊烯-1-酮
5	5.67	–	–	3.14	（±）-4-氨基-4,5-二氢-2（3H）-呋喃酮
6	6.82	1.76	–	–	2-甲基-2-环戊烯-1-酮
7	6.83	–	3.12	–	2-羟基丁酸乙酯
8	5.95	–	3.2	2.71	3-呋喃甲醇
9	7.82	1.96	–	3.54	2,5-己二酮
10	8.27	1.26	–	–	3-甲基-2-环戊烯-1-酮
11	8.71	1.99	1.37	–	苯酚
12	9.14	–	1.11	–	2-羟基戊酸乙酯
13	9.82	1.09	–	–	5-乙基二氢-3-甲基-2（3H）-呋喃酮
14	9.88	–	–	2.78	3-甲基-2,4-己二酮
15	10.08	–	2.52	1.06	3-甲基-1,2-环戊二酮
16	10.39	–	–	1.27	2-己基-5-甲基-3（2H）-呋喃酮
17	10.56	–	1.14	–	2-甲基-2-丙基-1,3-二氧戊环
18	10.74	–	1.7	–	4-氧代戊酸乙醚
19	11.12	2.48	–	–	4-甲基苯酚
20	11.17	–	–	2.92	5-甲基噻唑
21	11.18	–	3.8	–	（四氢-2-呋喃基）丁酸甲酯
22	11.52	17.2	4.39	2.7	2-甲氧基苯酚
23	12.19	–	–	1.73	己硫酸丙酯

续表

序号	反应时间/min	溶剂(峰面积)/%			化合物
		水	乙醇	丙酮	
24	12.61	–	2.8	–	2-甲氧基-1,4-苯二酚
25	13.62	–	–	1.5	3-甲氧基-1,4-苯二酚
26	13.69	–	2.2	–	丁二酸二乙酯
27	14.01	–	–	2.68	反糠基丙酮
28	14.13	7.69	8.23	2.98	2-甲氧基-4-甲基苯酚
29	14.16	10	3.57	4.05	1,2-苯二醇
30	15.07	–	1.93	–	5-甲基-2-十五烷基-1,3-二氧杂环庚烷
31	15.11	–	–	2.83	丁基-环己基-亚硫酸甲酯
32	15.33	–	–	1.16	1-（2,5-二羟基苯基）乙酮
33	15.37	–	3.16	–	5-甲基-2-十五烷基-1,3-二氧杂环庚烷
34	15.73	–	2.75	–	2-羟甲基-四氢呋喃
35	15.85	1.72	1.65	–	3-甲基-1,2-苯二醇
36	15.95	3.94	–	–	氢醌
37	16.15	–	1.23	–	2-甲基-3-丁烯-2-醇
38	16.35	3.07	–	9.49	4-甲基-1,2-苯二醇
39	16.74	–	1.27	–	3,3-二甲基-2-（1-甲基乙基）-丁酸甲酯
40	17.54	–	–	1.62	4-羟基-3-甲基苯乙酮
41	17.68	4.25	–	–	2-甲基-1,4-苯二酚
42	18	–	1.94	–	2-甲氧基-4-丙基-苯酚
43	18.01	–	1.12	–	丁子香酚
44	18.23	2.02	–	–	1,2,3-苯三酚
45	18.25	–	2.98	–	4-甲氧基羰基-4-丁醇
46	18.71	–	–	1.59	1,40-联哌啶
47	18.75	1.7	1.44	–	香草醛
48	18.89	1	–	3.43	1-（3-羟基苯基）-乙酮
49	20.36	–	3.7	1.7	2-甲氧基-4-（1-丙烯基)苯酚
50	20.43	–	3.48	–	四氢-3-甲基-5-氧代-2-呋喃甲酸
51	20.59	1.64	1.19	8	3-甲基-5-氧代-2-四氢呋喃甲酸
52	20.65	–	–	1.09	1-（3-羟基-4-甲氧基苯基）-乙酮

序号	反应时间/min	溶剂(峰面积)/%			化合物
		水	乙醇	丙酮	
53	21.52	3.8	2.72	–	高香草醇
54	21.82	–	–	2.26	2,3-二羟基苯甲酸
55	22.152	–	–	1.02	1-（1-环戊烯-1-基）-吡咯烷
56	24.35	3.6	–	–	4-氨基-2-羟基甲苯
57	24.72	5.8	4.77	2.75	4-羟基-3-甲氧基苯乙酸
	总面积	79.43	83.18	77.92	

– 表示没有监测到或峰面积低于 1%

表 7-17　丙酮为萃取剂时松木粉生物油的 GC/MS 分析结果

序号	反应时间/min	溶剂(峰面积)/%			化合物
		水	乙醇	丙酮	
1	4.48	5.48	–	–	3-亚甲基-2-戊酮
2	5.35	1.5	1.49	1.75	4-羟基-4-甲基-2-戊酮
3	7.35	1.01	–	–	2,5-己二酮
4	8.24	–	1.01	–	2-甲基-2-环戊烯-1-酮
5	11.02	1.27	1.18	–	3-甲基苯酚
6	11.17	–	–	1.32	（四氢-2-呋喃基）丁酸甲酯
7	11.44	1.57	9.83	2.14	2-甲氧基苯酚
8	13.4	1.2	–	–	4-（5-甲基-2-呋喃基）-2-丁酮
9	23.67	–	–	1.41	丁二酸二乙酯
10	13.84	1.93	–	–	反式糠基丙酮
11	14	2.15	5.3	3.06	2-甲氧基-4-甲基苯酚
12	14.11	1.42	–	–	反式-2-（1-羟基环己基）-呋喃
13	15.36	–	–	1.22	4-甲基脲
14	15.98	3.79	4.27	5.78	4-乙基-2-甲氧基苯酚
15	16.04	2.84	–	–	1,4-二甲氧基-2-甲基苯
16	16.64	2.03	–	–	1-（2-羟基-5-甲基苯基）乙酮
17	17.79	1.04	–	2.31	丁子香酚
18	18.01	2.48	–	5.37	2-甲氧基-4-丙基苯酚
19	18.65	1	1.06	–	1-（3-羟基苯基）乙酮

续表

| 序号 | 反应时间/min | 溶剂(峰面积)/% | | | 化合物 |
		水	乙醇	丙酮	
20	18.69	–	1.38	–	香草醛
21	18.89	1.32	–	–	2,6-二甲基-1,4-苯二酚
22	19.8	4.54	–	11.85	2-甲氧基-4-（1-丙烯基）苯酚
23	20.53	1.25	–	–	1-（4-羟基-3-甲氧基苯基）乙酮
24	21.43	–	1.06	1.06	6-氨基-2,4-二甲基苯酚
25	21.45	–	4.11	1.59	4-羟基-3-甲氧基苯酸
26	22.53	–	–	1.21	4-羟基-3-甲氧基苯甲酸乙酯
27	23.77	–	1.32	4.15	1,10-（1,3-丙二基）联苯
28	23.78	1.12	–	–	高香草醇
29	24.35	–	–	1.78	1,10-（1-甲基-1,3-丙二基）联苯
30	28.77	–	1.36	–	2,4-二羟基苯基-2-苯基乙酯
31	30.74	–	–	1.52	2,3-二甲基-1,4,4a,9a-四氢蒽-9,10-二酮
32	31.79	–	1.34	–	2-（1-羟基异戊基）-1-甲氧基苯
33	31.85	1.28	–	–	10,18-双山梨醇-5,7,9（10），11,13-五烯
34	31.86	–	–	2.12	3',4'-二异丙基联苯
35	31.89	–	1.66	–	9-十八碳烯酸
36	32.16	–	–	1.84	亚油酸乙酯
37	32.25	–	–	3.24	油酸乙酯
38	32.61	–	–	1.36	1-[4-（2-对甲苯基乙烯基）苯基]乙酮
39	33.08	–	1.81	1.26	1-甲基-7-（1-甲基乙基）-菲
40	33.29	–	1.16	–	4,4'-硫代二(邻甲酚)
41	34.24	–	–	5.61	4-甲氧基-2-羟基二苯乙烯
42	34.3	4.29	–	–	2-甲氧基-9H-呫吨-9-酮
43	34.5	–	1.51	–	丁酸 4-[1-（氧代丁基）氨基]苯基酯
44	34.51	1.08	–	1.49	3-氨基苯酚
45	34.67	–	7.95	2.39	4-羟基-3-甲氧基苯乙酸甲酯
46	34.68	2.16	–	–	1-(4-异丙氧基-3-甲氧基苯基-丙)-2-酮
47	34.79	1.43	–	–	4,4'-二乙酰基二苯基甲烷
48	34.86	–	1.42	–	3-[4（1,1-二甲基乙基）苯氧基]苯甲酸
49	34.88	1.88	–	6.63	二（3-甲基苯基）邻苯二甲酸酯
50	35.35	–	–	2.26	（3,4-二甲基苯基）（2,4,6-三甲基苯基）甲酮

续表

序号	反应时间/min	溶剂(峰面积)/%			化合物
		水	乙醇	丙酮	
51	36.06	–	–	1.64	4,4'-亚甲基双[2,6-二甲基]-苯酚
52	36.35	9.25	16.63	9.38	1,2,3,4,4a,9,10,10a-八氢-1,4a-二甲基-7-（1-甲基）-1-菲酸甲酯
53	37.98	–	–	1.44	4,4'-二甲氧基 - 联苯-2-甲酸甲酯
54	38.81	–	1.18	2.7	10,11-二氢-10-羟基-2,3-二甲氧基-二苯并（b，f）恶庚英
55	38.84	2.53	–	–	3,7-二氢-9-甲氧基-1-甲基-6H-二苯并[b,d]吡喃-6-酮
56	42.1	–	–	2.61	4-甲氧基苯甲醇
57	42.16	2.37	–	–	4-羟基-3-甲氧基苯乙酸甲酯
58	42.17	–	5.92	–	3-羟基-4-甲氧基苯乙胺
59	44.38	–	2.01	–	4,5,7-三甲氧基-3-（4-甲氧基苯基）-2H-1-苯并吡喃-2-酮
	总面积，%	65.21	75.96	93.48	

注：– 表示没有监测到或峰面积低于 1%

（5）玉米秆液化物的 GC/MS 分析[64]。

反应条件如下：玉米秆 10g，乙醇 100ml，反应压力 13.79MPa，在一定的温度和时间内将玉米秆液化。

实验条件如下：实验设备为 GC/MS（Agilent 7890A/5975C,USA）；进样口和检测器温度为 230℃；氦气为载气，流量 1ml/min，进样量 0.5μl；色谱柱为 HP-1（30 m×250μm）；GC 升温程序为以 6℃/min 的升温速率升到 110℃，并保持 10min。扫描质量范围为 35~335amu,电子轰击（70eV）模式。

表 7-18 为在 260℃时得到的生物油中主要的挥发性有机物及相对含量，表 7-19 为在 260℃时得到的生物油中主要的水溶性有机物及相对含量，表 7-20 为在 260℃时得到的生物油中重油的主要成分及相对含量。

表 7-18　在 260℃时得到的生物油中主要的挥发性有机物及相对含量

峰	反应时间/min	化合物	相对含量/%
1	3.23	丁酸乙酯	13.6
2	3.31	1-乙基-1H-吡咯	13.6
3	3.58	亚甲基丁二酸酯	14.2
4	3.67	2-甲基环戊烷	2.2
5	4.01	2-甲基丁酸乙酯	1.2

续表

峰	反应时间/min	化合物	相对含量/%
6	4.05	3-甲基丁酸乙酯	2.9
7	4.13	2,5-二甲基-1H-吡咯	1.1
8	4.18	乙苯	2.8
9	4.33	1,4-二甲基苯	1.6
10	4.66	4-甲基-2-丙基呋喃	1.1
11	4.87	戊酸乙酯	1.2
12	17.35	十五烷	0.9
13	19.07	9,10-二甲基-1,2,3,4-四氢蒽	2.1

表 7-19　在 260℃时得到的生物油中主要的水溶性有机物及相对含量

峰	反应时间/min	化合物	相对含量/%
1	4.88	4-羟基丁酸	1.2
2	7.52	3-甲基-1,2-环戊二酮	2.3
3	8.69	2-甲基丙酸酐	1
4	9.64	3-乙基-2-羟基-2-环戊烯-1-酮	2.8
5	12.94	丁酸丙酯	15.2
6	13.16	2-甲基-1,3-二恶烷	1.8
7	14.81	2,6-二甲氧基苯酚	10.6
8	15.43	2-羟基-3-甲基琥珀酸二乙酯	2.9
9	16.05	5-氧代-2-吡咯烷羧酸乙酯	7.8
10	17.32	1-(4-羟基-3-甲氧基苯基)-2-丙酮	0.9
11	21.97	二十一烷	0.8

表 7-20　在 260℃时得到的生物油中重油的主要成分及相对含量

峰	反应时间/min	化合物	相对含量/%
1	10.9	4-乙基苯酚	2.5
2	14.81	3,4-二甲氧基苯酚	3.6
3	16.05	5-氧代-2-吡咯烷羧酸乙酯	2.4
4	16.5	2-甲氧基-4-(1-丙烯基)-苯酚	1.1
5	17.43	丁羟基甲苯	13.4
6	19.06	2,6-二甲氧基-4-(2-丙烯基)-苯酚	1.2
7	21.31	十六酸甲酯	1.2
8	21.43	邻苯二甲酸二丁酯	1.2

续表

峰	反应时间/min	化合物	相对含量/%
9	22.14	十六酸乙酯	12.7
10	24.8	9,12-十八碳二烯酸乙酯	6
11	24.88	(222)-9,12,15-十八碳三烯酸甲酯	3
12	24.98	9-乙基十八碳烯酸酯	3.5
13	25.64	十五碳酸乙酯	2.6

3) GPC 分析

利用 GPC 测定液化产物的分子量及其分布，有助于理解生物质由大分子变为小分子的过程以及液化程度等，也可以通过分子量的变化，掌握液化过程发生缩聚反应等副反应的时机及影响规律，进而为掌握生物质的液化机理提供重要理论依据。

(1) 玉米麸皮液化过程的 GPC 分析[65]。

液化条件如下：玉米麸皮为原料，浓硫酸为催化剂，PEG-400 和乙二醇的混合物(质量比 4∶1)为液化剂，在一定的温度下经过一定时间将玉米麸皮液化。

利用配备示差折光检测器(R401)的凝胶色谱仪测定液化产物的分子量及分布，四氢呋喃为流动相，流速为 1.0ml/min，压力为 7.0MPa，样品的浓度为 0.5wt%(以四氢呋喃为基准)，进样量 150μl，使用单分散聚苯乙烯为标准样对样品的分子量进行校准。结果如图 7-18 所示。

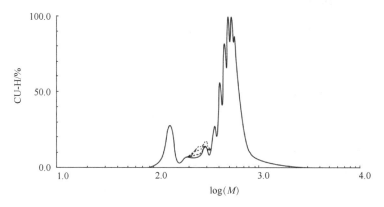

图 7-17　液化时间对玉米麸皮液化物分子量分布的影响

(—) 30min; (- -) 60min; (——) 90min; (—) 120mn

(2) 玉米秆生物油的 GPC 分析[66,67]。

液化条件如下：原料为玉米秆；液化剂为苯酚的水溶液(质量比 1∶4)；液固比 1∶5(质量)；反应初始压力 2MPa，反应温度 350℃，反应时间 5min。

GPC 分析如下：Waters Breeze GPC：Waters 1525binary 高效液相色谱；RI 监测器，工作温度 30℃；紫外探测器，工作温度 270℃；Waters Styrange HR1 色谱柱，柱温 40℃；流动相为四氢呋喃，流速 1ml/min。结果如图 7-19 所示。

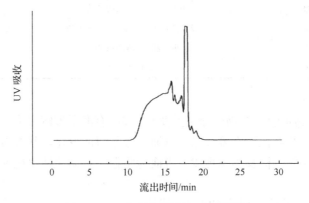

图 7-18　玉米秆生物油的 GPC 图谱

玉米秆液化产物的 GPC 分析结果如表 7-21 所示。

表 7-21　液化剂对玉米秆液化产物分子量分布的影响

液化条件	数均分子量	重均分子量	分散度
玉米秆:苯酚:水 = 1:1:4; 450 ℃	425	670	1.58
玉米秆:苯酚:水= 1:1:4; 350℃	530	977	1.84
玉米秆:苯酚:水= 1:1:4; 300 ℃	645	1205	1.87
玉米秆:水 = 1:5; 450 ℃	223	485	2.17
玉米秆:水 = 1:5; 350 ℃	483	880	1.83
玉米秆:水 = 1:5; 300 ℃	471	850	1.81
玉米秆:苯酚 = 1:5; 350 ℃	439	713	1.62
玉米秆:苯酚 = 1:5; 300 ℃	494	836	1.69

4）其他分析方法

除了上述分析方面，还包括核磁共振、X 射线衍射等都用来分析液化产物的成分或残渣的结构及成分变化，进而推断液化过程，分析液化机理，为高效液化提供理论基础。

7.4.3　生物质液化物的应用

生物质液化技术始于 20 世纪 20 年代，为了应对当时的能源危机，科研工作者借鉴煤的直接液化技术，开始生物质液化的研究开发工作。因此，生物质液化物的最初用途就是作为液体燃料替代石油。但随着研究的深入，发现生物质液化物含有大量的羟基，具有高的化学反应活性，可以代替传统的聚醚或聚酯多元醇生产聚氨酯泡沫和胶黏剂等高分子材料，且由于生物质的可降解性，这些基于生物质高分子材料也具有可降解性，所以基于生物质的可降解材料研究已成为利用生物质液化物新的热点。

1. 基于生物质的聚氨酯泡沫材料

对以木材液化产物为多元醇、多亚甲基多苯基多异氰酸酯（也称粗 MDI 或者 PAPI）为多异氰酸酯，以流延法制备聚氨酯薄膜的研究显示，液化产物黏度、异氰酸根指数等对聚氨酯膜特性有十分重要的影响：在相同的液化条件下，不同的树种得到的产物的黏度差异很大，聚氨酯的交联度和拉伸强度随液化产物黏度的增加而增加；随着异氰酸根指数的增加（从 0.8 到 1.4），薄膜的交联度、拉伸强度、杨氏模量增加，断裂伸长率降低；液化木材含量的增加会增加材料的杨氏模量，但是会降低其断裂伸长率，而残渣含量的提高有助于提高其刚度；材料的热特性分析显示，薄膜的玻璃化转变温度和起始分解温度随异氰酸根指数的增加而增加，材料在空气和氮气中的热分解主要发生在四个连续的阶段，增加液化木材含量能提高薄膜的玻璃化转变温度和交联度；红外光谱分析显示，薄膜分子中含有氨基甲酸酯链，该材料属于聚氨酯材料；改变液化产物的黏度和异氰酸根指数都能获得很好的聚氨酯机械性质[36,68,69]。对基于以腰果壳液化物为多元醇的聚氨酯泡沫的热特性的研究显示：聚氨酯的内在黏性在 1.68~1.84dl/g；DSC 和 WAXS（广角 X 射线散射）分析共同显示分子中有结晶区存在；TG 分析显示在氮气氛围下，材料分解 30%时的温度高达 245℃[70]。对以小麦秸秆液化物为多元醇合成聚氨酯泡沫研究显示：材料的机械性能与传统的聚氨酯泡沫相似，但材料的吸水性和生物降解性能更好[71]。以毛竹屑和玉米淀粉的共液化产物为多元醇制备的聚氨酯泡沫具有一定的生物降解性，适合作为包装材料或绝热隔音材料；苯酚和甲醛的摩尔比为 1：1.6 时可以得到较合适的胶黏剂[72]。异氰酸酯含量对基于木材液化物的聚氨酯材料的机械性能和降解性能有显著的影响[73]。对以麻纤维和芦苇纤维液化物为多元醇的硬质聚氨酯泡沫的研究结果显示：随着液化过程植物原料的增加，泡沫的相对压缩强度（压缩强度/密度）减小，材料的性能变好，这主要与植物原料中的半纤维含量有关；在聚合过程加入单宁可以提高分子的交联度，随着单宁含量的增加，材料的密度降低，压缩强度增加；土壤微生物降解试验表明，该材料有很好的生物降解性[74]。在对基于玉米棒液化物的聚氨酯泡沫的研究发现：随着发泡剂——水量的增加，材料的泡沫增加、泡孔尺寸增加，泡沫的密度降低；随着液化的玉米棒量的增加，泡沫的密度和压缩强度都降低，这主要是由于玉米棒以软段的形式存在于聚氨酯泡沫的分子结构中；降解试验发现有质量损失，聚氨酯泡沫的表面有明显的生物可降解性[75]。而由不同液化剂得到的玉米秸秆液化物合成的聚氨酯泡沫的性能也存在较大差异：由聚碳酸乙烯酯（PEC）得到的玉米秸秆液化产物合成的聚氨酯泡沫材料的耐水性比 EC 的好；降解试验表明，在三个月的降解周期内，前者的降解率超过 20%，而后者仅为 13%[76]。

王体朋[77]以不经任何预处理的玉米秸秆液化物为多元醇合成聚氨酯泡沫，系统研究了影响聚氨酯泡沫机械性能和热学性能等的关键因素及其作用规律，利用 FT-IR、TG 和 DSC 对其特性进行了表征，对聚氨酯泡沫合成工艺进行了优化。研究结果表明：随着固液比和异氰酸根指数的增加，聚氨酯泡沫的拉伸强度先增加后降低，断裂伸长率一直呈降低的趋势；随着发泡剂、催化剂总量和催化剂间比例的增加，材料的拉伸强度和断裂伸长率都是先增加后降低；随着泡沫稳定剂的增加，材料的拉伸强度增加，断裂伸长率呈波浪形变化。FT-IR、TG 和 DSC 分析表明：分子结构中含有氨基甲酸酯链，该材料为聚氨酯材料；随着异氰酸根指数、固液比和发泡剂量的增加，材料的起始热分解温度和玻璃化转变温度逐渐升高，玻璃化转变温度范围变宽。以拉伸强度为主要试验指标，安排了二次回归正交旋转组合设计试验，得出试验指标和各参数之间的回归数学模型，并以此为基础对液化玉米秸秆基聚氨酯泡沫制备工艺进行了优化，得到优化工艺条件如下：异氰酸根指数 0.72；发泡剂用量为 4.7%；泡沫稳定剂为 1.27%；催化剂间比例为 1∶1，此时拉伸强度为 0.64MPa。

2. 生物质基胶黏剂

生物质液化产物中含有一定量的苯酚类物质，可以代替目前胶黏剂中毒性较大的苯酚，制备绿色胶黏剂。以苯酚为液化剂，将竹材工业废弃物液化，并以液化产物为多元醇制备胶黏剂的结果表明，苯酚和甲醛的摩尔比 1∶1.6 时可以得到较合适的胶黏剂[78]，增加甲醛摩尔分数有利于提高胶黏剂的胶合强度和木破率，但会显著降低其保质期。基于杉木的热固性酚醛树脂的研究结果表明，树脂的干状胶合强度能达到日本农业标准（JAS），但是湿状胶合强度不够[79]。

参 考 文 献

[1] 张求惠，赵广杰. 木材的苯酚及多羟基醇液化. 北京林业大学学报，2003，25（6）:71-76

[2] Fierz H E. Chemistry of wood utilization. Chemistry and Industry Review, 1925, 44: 942

[3] Appell H R, Fu Y C, Illig E G, et al. Conversion of cellulosic wastes to oil. NASA STI/Recon Technical Report N, 1975, 75: 27572

[4] Yokoyama S, Ogi T, Koguchi K. Oilification of wood. Liquid Fuels Technology, 1994, 2: 115

[5] Stiller A H, Dadyburjor D B, Wann J P, et al. Co-processing of agricultural and biomass waste with coal. Fuel

processing technology, 1996, 49(1): 167-175

[6]　Minowa T, Kondo T, Sudirjo S T. Thermochemical liquefaction of Indonesian biomass residues. Biomass and Bioenergy, 1998, 14(5): 517-524

[7]　于树峰, 仲崇立. 农业废弃物液化的试验研究. 燃料化学学报, 2005, 33 (2): 206-210

[8]　刘孝碧. 生物质秸秆在亚/超临界乙醇-水中液化的试验研究. 北京: 中国农业大学硕士论文, 2006,7

[9]　许凤, 孙润仓, 詹怀宇. 非木材半纤维素研究的新进展. 中国造纸学报, 2003,18 (1): 145-151

[10]　Wang T, Yin J, Zheng Z. Effects of chemical inhomogeneity of corn stalk on solvolysis liquefaction. Carbohydrate Polymers, 2012, 87(4): 2638-2641

[11]　Wang C, Pan J, Li J, et al. Comparative studies of products produced from four different biomass samples via deoxy-liquefaction. Bioresource technology, 2008, 99(8): 2778-2786

[12]　黄进, 夏清, 郑化. 生物质化工与生物质材料.华学工业出版社, 北京, 2009

[13]　周建斌. 生物质能源工程与技术. 中国林业出版社, 北京, 2011

[14]　Yip J, Chen M, Szeto Y S, et al. Comparative study of liquefaction process and liquefied products from bamboo using different organic solvents. Bioresource technology, 2009, 100(24): 6674-6678

[15]　Maldas D, Shiraishi N. Liquefaction of biomass in the presence of phenol and H 2 O using alkalies and salts as the catalyst. Biomass and Bioenergy, 1997, 12(4): 273-279

[16]　佟情怡. 催化剂对废生物质高压液化制取生物油产品产量和性质的影响研究. 湖南大学博士学位论文, 2009

[17]　Demirbaş A. Effect of lignin content on aqueous liquefaction products of biomass. Energy Conversion and Management, 2000, 41(15): 1601-1607

[18]　Liu Z, Zhang F S. Effects of various solvents on the liquefaction of biomass to produce fuels and chemical feedstocks. Energy conversion and management, 2008, 49(12): 3498-3504

[19]　Qu Y, Wei X, Zhong C. Experimental study on the direct liquefaction of Cunninghamia lanceolata in water. Energy, 2003, 28(7): 597-606

[20]　孙培勤, 邓云彪, 孙绍辉. 泡桐水中直接液化制取生物油的实验研究. 生物质化学工程, 2008, 42 (5): 21-24

[21]　Wang G, Li W, Li B, et al. Direct liquefaction of sawdust under syngas with and without catalyst. Chemical Engineering and Processing: Process Intensification, 2007, 46(3): 187-192

[22]　Karagöz S, Bhaskar T, Muto A, et al. Effect of Rb and Cs carbonates for production of phenols from liquefaction of wood biomass. Fuel, 2004, 83(17): 2293-2299

[23]　杨莉. 油菜秸秆直接液化为液体油工艺探讨. 环境污染与防治, 2013,35: 72-76

[24]　Yao Y, Yoshioka M, Shiraishi N. Soluble properties of liquefied biomass prepared in organic solvents, 1: The soluble behavior of liquefied biomass in various diluents. Journal of the Japan Wood Research Society (Japan), 1994

[25]　Agblevor F A. Process for producing phenolic compounds from lignins: U.S. Patent 5,807,952[P]. 1998-9-15

[26]　Shabtai J S, Zmierczak W W, Chornet E. Process for conversion of lignin to reformulated, partially oxygenated gasoline: U.S. Patent 6,172,272[P]. 2001-1-9

[27]　Bestue‐Labazuy C, Soyer N, Bruneau C, et al. Wood liquefaction with hydrogen or helium in the presence of iron additives. The Canadian Journal of Chemical Engineering, 1985, 63(4): 634-638

[28]　Boocock D.G.B., et al. Wood liquefaction: extended batch reactions Raney nickel catalyst. The Canadian Journal of Chemical Engineering, 1982, 60(7):802-80

[29]　Tshiteya M. Conversion of wood to liquid fuel. Energy, 1985, 10(5): 581-588

[30]　Meier D, Ante R, Faix O. Catalytic hydropyrolysis of lignin: influence of reaction conditions on the formation and

composition of liquid products. Bioresource Technology, 1992, 40 (2): 171-177

[31] Demirbaş A. Conversion of biomass using glycerin to liquid fuel for blending gasoline as alternative engine fuel. Energy Conversion and Management, 2000, 41 (16): 1741-1748

[32] 颜涌捷, 任铮伟. 纤维素连续催化水解研究. 太阳能学报, 1999,20 (1):55-58

[33] Qu Y, Wei X, Zhong C. Experimental study on the direct liquefaction of Cunninghamia lanceolata in water. Energy, 2003, 28 (7): 597-606

[34] Maldas D, Shiraishi N. Liquefaction of wood in the presence of polyol using NaOH as a catalyst and its application to polyurethane foams. International Journal of Polymeric Materials, 1996, 33 (1-2): 61-71

[35] Kurimoto Y, Takeda M, Koizumi SD, et al. Proceedings of 10th International Symposium on Wood and Pulping Chemistry. Japan:Yokohama, 1999,1:486-491

[36] Kurimoto Y, Koizumi A, Doi S, et al. Wood species effects on the characteristics of liquefied wood and the properties of polyurethane films prepared from the liquefied wood. Biomass and Bioenergy, 2001, 21 (5): 381-390

[37] Kržan A, Žagar E. Microwave driven wood liquefaction with glycols. Bioresource technology, 2009, 100 (12): 3143-3146

[38] Yao Y, Yoshioka M, Shiraishi N. Combined liquefaction of wood and starch in a polyethylene glycol/glycerin blended solvent. Journal of the Japan Wood Research Society (Japan), 1993

[39] El-barbary M H, Shukry N. Polyhydric alcohol liquefaction of some lignocellulosic agricultural residues. Industrial Crops and Products, 2008, 27 (1): 33-38

[40] 刘娟娟, 谌凡更. 由甘蔗渣制备用于聚氨酯生产的多元醇的研究. 造纸科学与技术, 2009, 28 (6):95-102

[41] 戈进杰, 吴睿, 邓葆力, 等. 基于甘蔗渣的生物降解材料研究 (I) 甘蔗渣的液化反应及聚醚酯多元醇的制备. 高分子材料科学与工程, 2003, 19 (2): 194-198

[42] 王高升, 张吉宏, 陈夫山, 等. 玉米秸秆多羟基醇液化研究. 生物质化学工程, 2007,41 (1): 14-18

[43] Yan Y, Hu M, Wang Z. Kinetic study on the liquefaction of cornstalk in polyhydric alcohols. Industrial Crops and Products, 2010, 32 (3): 349-352

[44] 张金萍等. 毛竹多元醇液化及液化产物的分析. 纤维素科学与技术, 2010,18 (2):15-21

[45] Jasiukaitytė E, Kunaver M, Strlič M. Cellulose liquefaction in acidified ethylene glycol. Cellulose, 2009, 16 (3): 393-405

[46] Jin Y, Ruan X, Cheng X, et al. Liquefaction of lignin by polyethyleneglycol and glycerol. Bioresource technology, 2011, 102 (3): 3581-3583

[47] Lee S H, Yoshioka M, Shiraishi N. Liquefaction and product identification of corn bran (CB) in phenol. Journal of applied polymer science, 2000, 78 (2): 311-318.

[48] Lee S H, Yoshioka M, Shiraishi N. Preparation and properties of phenolated corn bran (CB)/phenol/formaldehyde cocondensed resin. Journal of applied polymer science, 2000, 77 (13): 2901-2907.

[49] Lee S H, Teramoto Y, Shirai shi N. Acid‐catalyzed liquefaction of waste paper in the presence of phenol and its application to Novolak‐type phenolic resin. Journal of Applied Polymer Science, 2002, 83 (7): 1473-1481

[50] Okuda K, Umetsu M, Takami S, et al. Disassembly of lignin and chemical recovery—rapid depolymerization of lignin without char formation in water–phenol mixtures. Fuel processing technology, 2004, 85 (8): 803-813

[51] 梁凌云. 秸秆热化学液化工艺和机理的研究. 北京: 中国农业大学博士学位论文, 2005.7

[52] Araújo R C S, Pasa V M D, Melo B N. Effects of biopitch on the properties of flexible polyurethane foams. European polymer journal, 2005, 41 (6): 1420-1428

[53]　Rivera-Armenta J L, Heinze T, Mendoza-Martinez A M. New polyurethane foams modified with cellulose derivatives. European polymer journal, 2004, 40(12): 2803-2812

[54]　Lu Y, Tighzert L, Berzin F, et al. Innovative plasticized starch films modified with waterborne polyurethane from renewable resources. Carbohydrate Polymers, 2005, 61(2): 174-182

[55]　Yamada T, Ono H. Rapid liquefaction of lignocellulosic waste by using ethylene carbonate. Bioresource technology, 1999, 70(1): 61-67

[56]　Lin L, Yao Y, Shiraishi N. Liquefaction mechanism of β-O-4 lignin model compound in the presence of phenol under acid catalysis. Part 1. Identification of the reaction products. Holzforschung, 2001, 55(6): 617-624

[57]　Lin L, Nakagame S, Yao Y G, et al. Liquefaction mechanism of β-O-4 lignin model compound in the presence of phenol under acid catalysts. Part 2. Reaction behavior and pathways. Holzforschung, 2001, 55(6): 625630Newman

[58]　Lin L, Yao Y, Yoshioka M, et al. Molecular weights and molecular weight distributions of liquefied wood obtained by acid‐catalyzed phenolysis. Journal of applied polymer science, 1997, 64(2): 351-357

[59]　Alma M H, Maldas D, Shiraishi N. Liquefaction of several biomass wastes into phenol in the presence of various alkalis and metallic salts as catalysts. Journal of polymer engineering, 1998, 18(3): 161-178

[60]　王华, 常如波, 王梦亮. 秸秆纤维的催化液化及产物的初步研究. 山西大学学报（自然科学版）, 2004, 27（1）: 48-53

[61]　Qian Y, Zuo C, Tan J, et al. Structural analysis of bio-oils from sub-and supercritical water liquefaction of woody biomass. Energy, 2007, 32(3): 196-202

[62]　Tymchyshyn M, Xu C C. Liquefaction of bio-mass in hot-compressed water for the production of phenolic compounds. Bioresource technology, 2010, 101(7): 2483-2490

[63]　Li J, Wu L, Yang Z. Analysis and upgrading of bio-petroleum from biomass by direct deoxy-liquefaction. Journal of Analytical and Applied Pyrolysis, 2008, 81(2): 199-204

[64]　Liu H M, Xie X A, Ren J L, et al. 8-Lump reaction pathways of cornstalk liquefaction in sub-and super-critical ethanol. Industrial Crops and Products, 2012, 35(1): 250-256

[65]　Lee S H, Yoshioka M, Shiraishi N. Liquefaction of corn bran (CB) in the presence of alcohols and preparation of polyurethane foam from its liquefied polyol. Journal of Applied Polymer Science, 2000, 78(2): 319-325

[66]　Wang M, Leitch M, Xu C C. Synthesis of phenolic resol resins using cornstalk-derived bio-oil produced by direct liquefaction in hot-compressed phenol–water. Journal of Industrial and Engineering Chemistry, 2009, 15(6): 870-875

[67]　Wang M, Xu C C, Leitch M. Liquefaction of cornstalk in hot-compressed phenol–water medium to phenolic feedstock for the synthesis of phenol–formaldehyde resin. Bioresource technology, 2009, 100(7): 2305-2307

[68]　Kurimoto Y, Takeda M, Koizumi A, et al. Mechanical properties of polyurethane films prepared from liquefied wood with polymeric MDI. Bioresource technology, 2000, 74(2): 151-157

[69]　Kurimoto Y, Takeda M, Doi S, et al. Network structures and thermal properties of polyurethane films prepared from liquefied wood. Bioresource technology, 2001, 77(1): 33-40

[70]　Bhunia H P, Nando G B, Chaki T K, et al. Synthesis and characterization of polymers from cashewnut shell liquid (CNSL), a renewable resource II. Synthesis of polyurethanes. European polymer journal, 1999, 35(8): 1381-1391

[71]　Wang H, Chen H Z. A novel method of utilizing the biomass resource: Rapid liquefaction of wheat straw and preparation of biodegradable polyurethane foam (PUF). Journal of the Chinese Institute of Chemical Engineers, 2007, 38(2): 95-102

[72] 刘玉环，罗爱香，李臣. 毛竹屑与玉米淀粉共液化产物制备聚氨酯泡沫研究. 高分子学报，2008,6:544-549

[73] 魏玉萍，程发，李厚萍，等. 木材溶液中羟基与异氰酸酯反应的研究. 高分子学报，2004，(2):263-267

[74] 戈进杰，徐江涛，张志楠. 基于天然聚多糖的环境友好材料（Ⅱ）麻纤维和芦苇纤维多元醇的生物降解聚氨酯. 化学学报，2002,60(4):732-736

[75] 戈进杰，徐江涛，张志楠，等. 基于玉米棒的环境友好材料的研究（Ⅱ）以玉米棒为原料的聚氨酯的合成及生物降解性. 高分子材料科学与工程，2003,19(4):177-180

[76] 曲敬序. 玉米秸秆化学催化液化及液化产物性能的试验研究. 北京：中国农业大学硕士论文，2006,7

[77] 王体朋. 玉米秸秆液化合成聚氨酯泡沫工艺及其面向应用的物性研究. 北京：中国农业大学博士论文，2008,7

[78] 傅深渊，余仁广，杜波，等. 竹材残料液化及其液化产物胶粘剂的制备. 林产工业，2004,31(3):35-38

[79] 李彩云. 杉木液化产物用于胶粘剂制备的研究. 粘接，2005,26(5):24-26

第8章 秸秆灰渣的资源化

8.1 组 分 特 征

8.1.1 秸秆组分

生物质是可再生资源,在能源开发和应对气候变化方面扮演着重要角色。丰富的木质纤维素,包括林业与农业废弃物,均可用于能源开发。生物质发电产业已得到迅速发展,在2007~2012的5年间,中国生物质年发电量增加了17.2倍。2012年中国生物质发电量为436亿kW·h位列于美国(700亿kW·h)和德国(443亿kW·h)之后,排世界第三。2012年中国生物质直燃发电装机容量577万kW,主要以农作物秸秆(253万kW)、甘蔗渣(170万kW)、市政垃圾与沼气(154万kW)为原料。美国及芬兰、奥地利、瑞典等欧洲国家的生物质发电主要以林业废弃物为原料,而中国是农业废弃物(秸秆)。秸秆的灰分含量比林业废弃物高,并且秸秆灰渣富含 SiO_2(>30%)、钾素、磷素及其他养分,有必要资源化利用,提高秸秆直燃发电产业在经济与生态两方面的可持续性[1]。

表 8-1[2]对比了秸秆类生物质、木质类生物质、化石能源的组分构成。与化石燃料相比,生物质挥发分含量较高。生物质主要由木质素、纤维素和半纤维素组成,挥发分较多。而化石燃料主要是由死去的植物在地下经过长期演化、分解而形成的,挥发分含量相对较低。与木质类生物质、化石燃料相比,秸秆类生物质的 Cl 含量大约是木质类生物质和化石燃料的 60 倍,而 Cl 所带来的锅炉腐蚀问题是秸秆直燃发电最为致命的瓶颈。与木质生物质相比,农业秸秆的灰分较高,如小麦和玉米秸秆的灰分为 7%~8%(干燥基),稻秆及稻壳的灰分为18%~20%。

燃烧后产生的灰渣,在生物质电厂中以锅炉底渣和飞灰的形式收集。若电厂采用炉排锅炉,灰渣中还会含有 10%~20%的未燃尽炭。30MW 装机容量的炉排炉秸秆直燃电厂,年产约 1 万 t 飞灰、2.5 万 t 底渣,灰渣处理成为新问题[1]。随着秸秆直燃发电的快速发展,产生了大量的灰渣,其处理和利用等问题尚未得到有效解决。

8.1.2 秸秆灰渣组分

秸秆灰渣是非常复杂的无机混合物(表 8-2[2]),含有大量 SiO_2 及 Ca、Mg、

Al、Fe、K、P 等。秸秆灰分和木质生物质灰分的钾磷含量普遍高于煤炭灰分的含量，但木质生物质的灰分含量比秸秆低（表 8-1），因此秸秆灰渣的钾磷元素更值得重视，需要考虑回收利用。许多农业学家声称，若无休止地将秸秆从农田里移除，必然会导致土壤质量与粮食产量的下降[3]。

表 8-1　典型生物质的工业分析和元素分析[2]　　　　（单位：%）

生物种类	工业分析（干燥基）				元素分析(无灰干燥基)							Cl
	挥发分	固定碳	灰分	总和	C	O	H	N	S	S	总和	
松树皮	73.7	24.4	1.9	100	53.8	39.9	5.9	0.3	0.07		99.97	0.01
松树木片	72.4	21.6	6.0	100	52.8	40.5	6.1	0.5	0.09		99.99	0.06
松木屑	83.1	16.8	0.1	100	51.0	42.9	6	0.1	0.01		100.01	0.01
竹	81.6	17.5	0.9	100	52.0	42.5	5.1	0.4	0.04		100.04	0.08
水葫芦草	81.6	13.7	4.7	100	46.1	44.5	6.5	2.6	0.27		99.97	
玉米秸秆	73.1	19.2	7.7	100	48.7	44.1	6.4	0.7	0.08		99.98	0.64
稻草	64.3	15.6	20.1	100	50.1	43.0	5.7	1.0	0.16		99.96	0.58
麦秸	74.8	18.1	7.1	100	49.4	43.6	6.1	0.7	0.17		99.97	0.61
椰子壳	73.8	23.0	3.2	100	51.1	43.1	5.6	0.1	0.1		100	
花生壳	73.9	22.7	3.4	100	50.9	40.4	7.5	1.2	0.02		100	0.01
稻壳	62.8	19.2	18.0	100	49.3	43.7	6.1	0.8	0.08		99.98	0.12
甘蔗渣	85.5	12.4	2.1	100	49.8	43.9	6.0	0.2	0.06		99.96	0.03
废旧家具	83.0	13.4	3.6	100	51.8	41.8	6.1	0.3	0.04		100	0.01
混合废纸	84.2	7.5	8.3	100	52.3	40.2	7.2	0.2	0.08		99.98	
垃圾	73.4	0.5	26.1	100	53.8	36.8	7.8	1.1	0.47		99.97	0.83
污泥	48.0	5.7	46.3	100	50.9	33.4	7.3	6.1	2.33		100	0.04
海洋藻类	50.5	25.9	23.6	100	43.2	45.8	6.2	2.2	2.6		100	3.34
泥煤	67.6	28.5	3.9	100	56.3	36.2	5.8	1.5	0.2		100	0.04
褐煤	36.7	28.7	34.6	100	64.0	23.7	5.5	1.0	5.8		100	0.01
次烟煤	36.4	37.2	26.4	100	74.2	17.7	5.6	1.4	1.1		100	0.03
烟煤	30.0	54.3	15.7	100	83.1	9.5	5.0	1.3	1.1		100	0.04

在中国、印度等国家，农用土地的钾素下降得越来越快[4,5]。另一方面，按2011~2012 年年均产量估计，世界现有探明的钾矿只够开采 270 年，随着容易开采的钾矿被耗竭，将来的开采成本会越来越高[6,7]。科学家已经在努力尝试劣质钾源的利用，如钾质白云石[8]、钢铁工业烧结烟尘[9]、海水[10]。此外，钾矿集中于

少数国家, 加拿大、俄罗斯、白俄罗斯三国共计占有世界 89% 的钾矿[6]。2008~2012 的 5 年间, 美国 80%[6] 的钾矿年消费量来自进口, 中国为 50%, 最为严重的是无钾矿资源的印度(100%靠进口)[11]。

表 8-2　典型生物质灰渣的化合物含量[2]　　　　　　　　(单位: %)

生物种类	SiO$_2$	CaO	K$_2$O	P$_2$O$_5$	Al$_2$O$_3$	MgO	Fe$_2$O$_3$	SO$_3$	Na$_2$O	TiO$_2$	总和
松树皮	9.2	56.8	7.8	5.0	7.2	6.2	2.8	2.8	2.0	0.2	100
松树木片	68.2	7.9	4.5	1.6	7.0	2.4	5.5	1.2	1.2	0.6	100
松木屑	9.7	48.9	14.4	6.1	2.3	13.8	2.1	2.2	0.4	0.1	100
竹	9.9	4.5	53.4	20.3	0.7	6.6	0.7	3.7	0.3		100
水葫芦草	8.7	14.7	41.4	11.0	1.9	5.2	0.9	9.9	6.2	0.1	100
玉米秸秆	50.0	14.7	18.5	2.4	5.1	4.5	2.5	1.8	0.2	0.3	100
稻草	77.2	2.5	12.6	1.0	0.6	2.7	0.5	1.2	1.8		100
麦秸	50.4	8.2	24.9	3.5	1.5	2.7	0.9	4.2	3.5	01	100
椰子壳	66.8	2.4	8.5	1.5	8.5	1.5	6.2		4.6		100
花生壳	27.7	24.8	8.5	3.7	8.3	5.4	10.3	10.4	0.8	0.1	100
稻壳	94.5	1.0	2.3	0.5	0.2	0.2	0.2	0.9	0.2		100
甘蔗渣	46.8	4.9	7.0	3.9	14.6	4.6	11.1	3.6	1.6	2.0	100
废旧家具	57.2	13.8	3.7	0.5	12.1	3.3	5.6	1.0	2.3	0.5	100
混合废纸	28.6	7.6	0.2	0.2	53.5	2.4	0.8	1.7	0.5	4.4	100
垃圾	38.7	26.8	0.2	0.8	14.5	6.5	6.3	3.0	1.4	1.9	100
污泥	33.3	13.0	1.6	15.9	12.9	2.5	15.7	2.1	2.3		100
海洋藻类	1.7	12.4	15.4	9.8	0.9	12.5	1.9	25.7	19.9		100
泥煤	37.5	10.0	1.1	2.8	20.1	2.1	13.8	12.1	0.1	0.31	100
褐煤	44.9	13.1	1.5	0.2	17.1	2.5	10.8	8.6	0.5	0.81	100
次烟煤	54.7	7.1	1.7	0.1	22.9	2.1	5.3	4.1	1.1	1.0	100
烟煤	56.1	4.9	1.6	0.2	24.8	1.6	6.7	2.2	0.4	1.2	100

8.2　钾 素 回 收

通过浸出法回收秸秆电厂飞灰中的钾素。以回收率和后续工艺简单程度为目标, 详细比较水浸与酸浸; 考察未燃尽炭、液固比 L/S、浸出温度与浸出时间的影响规律; 详细研究空气氛围中焙烧预处理的除炭作用、矿物学变化及其对后续钾素浸出的影响[1]。

8.2.1　原料和方法

1. 飞灰

飞灰，来自于某 30MW 秸秆直燃电厂的布袋除尘器，该电厂为炉排锅炉，以玉米秸秆为主要原料。经过钢磨均质、筛分、105℃干燥后，获得研究用飞灰 Ash-R（raw ash，粒径<450μm）。与生物质炭化物（arbonized biomass）或烘培物（torrefied biomass）一样，富含未燃尽炭的飞灰非常容易粉碎。由于有未燃尽炭，飞灰 Ash-R 为黑色。根据中国和欧盟标准 GB/T 28731—2012、CEN/TS 14775：2004、CEN/TS 15148：2005，进行飞灰 Ash-R 的工业分析（表 8-3）。固定炭、挥发分、真正的灰分含量分别为（39.44±1.62）mg/g、（158.92±5.94）mg/g、（801.64±23.57）mg/g。"未燃尽炭"一词已是行业常用语，可以看作固定炭与挥发分的集合体，挥发分远少于固定炭，因此本书使用"未燃尽炭"表示未燃尽之物，更为直观、更易理解。高纯氧气和高纯氮气合成的空气为载气，采用 PerkinElmer STA 6000 热重仪分析飞灰 Ash-R 在 10℃/min 升温速率情况下的失重情况（图 8-1）。取样及操作过程中，样品可能吸附空气中的水分，导致起始阶段有微量的水分挥发及失重。从图可知，绝大部分未燃尽炭在 500℃以下即可燃尽而去除，之后的高温阶段可能发生无机盐的挥发或分解而有少量失重，900℃之后的自然降温过程没有明显的重量变化。因此，500℃作为马弗炉温度，在空气氛围下焙烧飞灰 Ash-R 30 min，此种条件下焙烧（calcine）预处理后的飞灰记为 Ash-C。比较 Ash-R 与 Ash-C 的浸出情况，可以明确未燃尽炭对钾素回收的影响。

表 8-3　飞灰 Ash-R 的元素含量　　　　（单位：mg/g, 干燥基）

元素	含量	元素	含量
灰分	801.64 ± 23.57	S	15.30 ± 0.28
挥发分	39.44 ± 1.62	P	9.86 ± 0.37
固定炭	158.92 ± 5.94	Fe	10.33 ± 0.55
Si	161.89 ± 6.95	Na	4.03 ± 0.18
Ca	71.54 ± 1.66	F	2.34 ± 0.13
Cl	61.80 ± 1.59	Ti	2.12 ± 0.08
K	51.64 ± 2.01	Cr	0.0716 ± 0.0046
Al	15.75 ± 0.59	Cd	0.0039 ± 0.0003
Mg	28.56 ± 1.25	Pb	0.0214 ± 0.0014

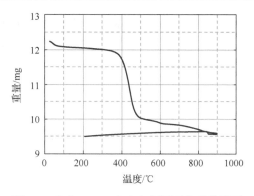

图 8-1　飞灰 Ash-R 在空气氛围下热重曲线图

2. 浸出过程

取 15 g 灰样（Ash-R,Ash-C 或者其他焙烧灰）于碘量瓶中，加入 V_1ml 稀硫酸溶液或蒸馏水，之后在 150r/min 的水浴摇床中浸出。一定时间后，立即用离心机在 10000r/min 下离心 5min，获得 V_2 ml 上清液/浸出液（supernate/leachate）和沉降物/浸过灰（settlement/leached ash）。溶出率（dissolution percentage,DP,%）与回收率（recovery percentage,RP,%）的计算如下。

$$DP_M=100×C_M×V_1×10^{-3}/(15×EC_M×10^{-3})$$

$$RP_M=100×C_M×V_2×10^{-3}/(15×EC_M×10^{-3})$$

式中，M 为元素 K,Ca,Mg；C_M 为 C_K,C_{Ca},C_{Mg}(g/L)，分别是浸出液中钾,钙,镁元素浓度；EC_M(mg/g)为飞灰 Ash-R、Ash-C 或其他焙烧灰的元素含量（表 8-3）。

3. 分析方法

pH 计（Mettler-Toledo EL20）用于测量浸出混合物的 pH。根据欧盟标准 CEN/TS 15290:2006、CEN/TS 15297：2006，用火焰原子吸收光谱（FAAS,Agilent 240FS）检测元素钾、钙、镁，用 X 射线荧光光谱（XRF,Rigaku ZSX PrimusⅡ）分析硅、钛、氯、氟、硫，其他元素采用电感耦合等离子体原子发射光谱（ICP-AES, Thermo Elemental IRIS IntrepidⅡ）检测。对于固态样品，如 Ash-C 和其他焙烧灰，FAAS 和 ICP-AES 测试前，需要使用微波消解炉将样品在酸性条件（H_2O_2/HNO_3/HF 混合液）下转化为液态。在仪器测试前,Ash-R 需要在 500℃下空气氛围焙烧 30min，去除未燃尽炭，之后微波炉消解成液态。所有实验和检测均重复三次，结果取平均值，并计算误差。

采用 X 射线衍射仪（XRD,Rigaku D/max-rA）分析 Ash-R 和焙烧灰关键元素的矿物学变化，配置 X 射线发生器（Rotaflex RU-200）产生来自铜源的单色 Kα1 X 射线。在 40kV 电压和 100mA 电流条件下，在 3°~70°2θ 范围扫描矿物学形态 14min 以上。

8.2.2　结果与讨论

1. 水浸与酸浸的比较

在液固比 L/S 为 3、温度 75℃的固定条件下，使用系列稀硫酸水溶液与 Ash-C 混合，浸出时间 30min 后检测浸出液钾、钙、镁离子浓度，计算溶出率（DP）。系列不同的硫酸使用量使得浸出混合物的终点 pH（final pH）分别为 6.1,6.8,7.5,8.2,8.5,9.0，其中 9.0 是未添加硫酸的情况，即只使用去离子水浸出，称为水浸（water leaching）。水浸的钾元素溶出率（DP_K）和浸出液中钾离子浓度（C_K）分别为 86.4% 和 18.2g/L（图 8-2）。然而，对于终点 pH 为 6.8 的酸浸，DP_K 和 C_K 分别为 90.1% 和 19.0 g/L。这说明钾素主要以可溶性盐的形式存在于飞灰中[12]，终点 pH 对 DP_K 没有显著影响。钙盐和镁盐在水中的溶解度比较小，水浸（final pH 9.0）的 DP_{Mg} 只有 4.8%，但是当终点 pH 为 6.8 时，DP_{Mg} 快速升到 30.6%，提高了 5.4 倍。因为 $CaSO_4$ 难溶解，DP_{Ca} 在整个终点 pH 范围 6.1~9.0 只有 6.8%~5.1%。也许，添加硫酸引起的溶出率 DP_K 少量增加，是因为钾素周围的杂质（如钙、镁）在 H_2SO_4 作用下得到了部分溶解，有助于钾素的溶出。然而，为了提高浸出液中钾素的纯度、避免后续浓缩过程（如膜蒸馏）中钙和镁引起的结垢问题，水浸优于酸浸。出于同样的考虑，选择 H_2SO_4 而不是 HNO_3 和 HCl，因为硝酸盐和氯化物的溶解度较大，HNO_3 和 HCl 能更好地溶解大多数元素（包括铬、镉等重金属元素）。

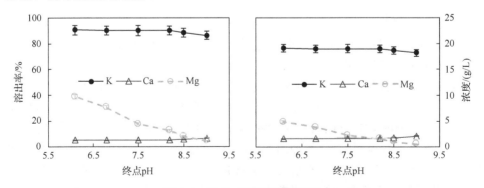

图 8-2　终点 pH 对浸出的影响

2. 未燃尽炭的影响

在离心机分离过程中，由于沉降物会截留少部分浸出液，回收率 RP 必然小于溶出率 DP。飞灰 Ash-R 含有大量未燃尽炭（表 8-3），需要与焙烧过的 Ash-C 对比水浸效果，以考察未燃尽炭的影响。水浸条件如下：温度 75℃，时间 30 min。Ash-R 含有未燃尽炭，其钾素含量（EC_K）比 Ash-C 的低，因此 Ash-R 浸出液中钾离子浓度比 Ash-C 的低 17.6%~24.1%（图 8-3）。对于 Ash-R 情况，未燃尽炭会额外截留浸出液，因此在液固比 L/S 为 2.5 与 3.0 时，钾素的回收率 RP_K 比 Ash-C 的分别低 18.8% 与 9.0%。这表明未燃尽炭对钾素回收率和浸出液中的钾离子浓度均有显著的负面影响，后续的实验使用焙烧灰为原料。随着液固比 L/S 的增加，Ash-C 的钾素回收率 RP_K 从 65.6% 升到了 80.4%，但浸出液中钾离子浓度 C_K 急剧下降。当液固比 L/S 为 2.5 或 3.0 时，C_K 分别为 22.2g/L 或 18.2g/L。为了降低后续浓缩成本、增加实际可行性，液固比 L/S 3.0 是比较好的选择。

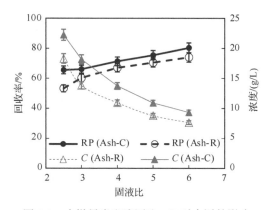

图 8-3　未燃尽炭和液固比 L/S 对水浸的影响

3. 焙烧预处理的效果

由上所述，未燃尽炭对钾素回收率和浸出液中的钾离子浓度有较大的负面影响，也许需要在浸出之前在空气中焙烧除炭。分别在 500℃,575℃,700℃,800℃,900℃,990℃下焙烧 30min，获得系列焙烧灰（calcined ash）。575℃ 与 550℃ 分别是美国标准 ASTM E1755-01(2007) 和欧洲标准 CEN/TS 14775:2004 在分析固体生物质燃料灰分时选择的焙烧预处理温度。本章详细比较系列焙烧灰的水浸情况，浸出条件与上述相同。随着焙烧温度的升高，Ash-R 的失重率（weight loss percentage,WLP）逐渐增加（图 8-4），主要由于未燃尽炭的再燃与无机盐在高温阶段（>575℃）的挥发与分解[12]。当焙烧温度从 575℃ 上升到 800℃ 后，失重率增加了 44.3%。焙烧温度，特别是超过 575℃时，对钾素的溶出率 DP_K 有严重的负面影响，900℃焙烧灰的钾素溶出率 DP_K 仅有 4.5%。XRD 矿物学分析表明，灰分中的钾盐在高温焙烧预处理后会转化为不可溶的形态(图 8-5)。当温度超过 800℃后，KCl 的 XRD 峰明显减弱，而不溶的微斜长石 $(KAlSi_3O_8)$ 和白榴石 $(KAlSi_2O_6)$ 随着温度升高明显增强，这导致了溶出率 DP_K 的极速下降。焙烧前的飞灰 Ash-R 中存在着方解石 $(CaCO_3)$，但在高温焙烧下会转为辉石$[Ca(Mg,Fe)Si_2O_6]$或长石 $[(Na,Ca)Al(Si,Al)_3O_8]$。Ash-R 中的石英(SiO_2)在 26.6°处出峰，表明灰分中的 SiO_2 是晶态结构，比无定型 SiO_2 难提取。结合 Ash-R 的热重曲线(图 8-1)，可以认为 500℃是最佳的焙烧预处理温度。如图 8-2 所示的高溶出率及上述矿物学形态变化特征，都印证了飞灰中钾素主要是可溶性的钾盐。

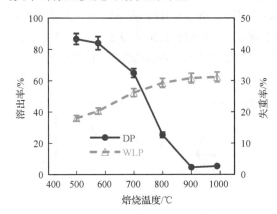

图 8-4　焙烧预处理对水浸的影响

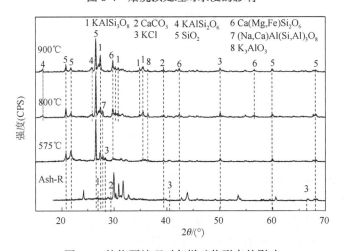

图 8-5　焙烧预处理对灰样矿物形态的影响

4. 浸出温度与浸出时间

在液固比 L/S 为 3、浸出时间 30min 的固定条件下，考察系列浸出温度 16℃,35℃,40℃,50℃,70℃,80℃对 Ash-C 水浸和酸浸(终点 pH 6.8)的影响。由于钾盐的溶解度高，浸出温度对钾素的溶出率 DP_K 没有明显影响[图 8-6(a)]，室温浸出就可以，且能耗低。酸浸的 DP_K 比水浸略高(约 5%)，与图 8-2 一致。为了研究浸出时间的影响，在液固比 L/S 为 3 和浸出温度 16℃ 的条件下，考察了浸出时间(10~60min)对 Ash-C 水浸的影响。在所设置的浸出时间范围内，DP_K 不受影响，30min 的浸出时间足以[图 8-6(b)]。

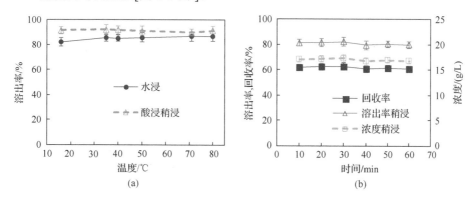

图 8-6　浸出温度与浸出时间的影响

综上，炉排炉秸秆直燃电厂的飞灰在 500℃空气氛围中焙烧 30min，除去未燃尽炭，然后在液固比 L/S 为 3、室温下水浸 30min。浸出液的钾离子浓度(C_K)、钾素的溶出率(DP_K)和回收率(RP_K) 可分别达到 17.21g/L,82.0%和 62.6%[图 8-6(a)]，浸出液中的钙和镁离子浓度分别只有 1.97g/L 和 0.51g/L，钙和镁的回收率分别只有 5.0%和 3.1%，富含钾的浸出液纯度较高(表 8-4)。与酸浸(final pH6.8)相比，水浸浸出液中杂质浓度要低得多。特别是，酸浸显著增强了铬(Cr)、镉(Cd)、铅(Pb)等重金属的溶出性，水浸优于酸浸。但可惜的是，磷素在灰中不以可溶性盐存在，不能有效地溶出[13]，这可在以后加以探究。

表 8-4　浸出液中的元素浓度　　　　　　　(单位：g/L)

元素	水浸	酸浸
K	17.21 ± 0.67	18.97 ± 0.77
Ca	1.97 ± 0.07	1.60 ± 0.06
Mg	0.51 ± 0.02	3.81 ± 0.14

续表

元素	水浸	酸浸
Al	2.29 ± 0.09	547.65 ± 21.52
Fe	1.46 ± 0.06	20.93 ± 0.91
Na	524.10 ± 23.08	817.06 ± 36.45
P	未检测出	10.08 ± 0.42
Cr	0.179 ± 0.011	1.365 ± 0.077
Cd	0.255 ± 0.018	0.303 ± 0.016
Pb	0.024 ± 0.002	0.415 ± 0.025

5. 与其他劣质钾源比较

钾矿属不可再生资源,对农业生产及食品安全至关重要,但是钾矿非常有限且集中于少数国家[6,7]。劣质钾矿的寻找与利用是目前的研究热点,特别是在中国(表 8-5)。Ma 等[8]建立了由钾质白云石生产碳酸钾(K_2CO_3)的工艺,将矿石磨细到 $74\mu m$ 的粒径,与 Na_2CO_3 混合、在 $840℃$ 下焙烧 $2h$,然后水浸并通入 CO_2,之后通过系列分离措施(蒸发、洁净、过滤)从浸出液中回收得到 K_2CO_3。与富含炭的秸秆灰相比,矿石的粉碎困难得多、能耗高。Zhan 和 Guo[9]使用与本书类似的浸出工艺,从钢铁行业的烧结烟尘中回收钾素,但是浸出液中含有大量钠离子和重金属。这两个课题组的研究均达到了示范工程应用阶段,但是工艺都包含复杂的分离与除杂过程。从海水中提钾,也达到了中试水平[10]。海水经离子交换浓缩到 $9°Bé$(约 $1.25g/L$)后,通过系列复杂的分离措施(萃取结晶、氨气吹脱等)才能获得硝酸钾(KNO_3)。尽管 $9°Bé$ 海水中的 85% 钾离子(K^+)在离子交换环节中能够被交换材料沸石所吸附,但是整个海水提钾工艺的钾素回收率只有 45.2%。与钢铁行业烧结烟尘相比[9],秸秆直燃电厂飞灰的钠及重金属含量要少得多(表 8-3),回收工艺不会引入 Na_2CO_3,并且浸出液中钾离子浓度与钾素回收率均还可以。当然,将来可以使用与其他研究类似的方法浓缩浸出液,能耗低的膜蒸馏浓缩方法也值得尝试。秸秆直燃电厂灰渣优于其他劣质钾源,可用于肥料生产,然而目前还少有研究。为了直接回用秸秆灰渣到农田,Hanse 等[14]采用电渗析去除灰渣中过多的镉素。

秸秆灰渣更为主要的成分是 SiO_2 和未燃尽炭(表 8-3),值得探索 SiO_2 和碳基材料的应用。并且,高含量的未燃尽炭意味着燃烧很不完全,有可能灰渣中残留着有害的多环芳香烃化合物[15]。奥地利和丹麦规定,若生物质灰渣的炭含量>5%,则不能返田返林,这说明有必要在回用之前通过适当的方案处理秸秆灰渣,本书提出的钾素回收是值得考虑的方案。

表 8-5 与其他劣质钾源的比较

文献	钾源及钾含量	钾素回收工艺	获得钾液(/浸出液)的钾离子浓度/(g/L)	溶出率回收率
Ma 等[8]	钾质白云石 8.29%	粉碎到 74μm→与 Na₂CO₃ 混合，840℃下焙烧 2h→水浸并通入 CO₂ (液固比 L/S 8~10)→过滤→蒸发、结晶去钠→K₂CO₃ 溶液	1.66	DP$_K$ 70%
Zhan 和 Guo[9]	钢铁烧结烟尘 6.89%	水浸(液固比 L/S=5)→过滤→沉淀除重金属→含大量钠离子的钾液	12.4 (液固比 L/S 为 5 时的估计值)	DP$_K$ 97% (水浸 5 次，液固比 L/S 总计为 20)
Yuan[10]	海水 0.038%	海水→浓缩到 9°Bé→离子交换→富钾溶液→萃取结晶→KNO₃	80	RP$_K$ 45.2% (估计值)
本节研究	秸秆灰渣 5.16%	粉碎到 450μm→空气氛围 500℃下焙烧 30 min→室温下水浸 30min	17.21	DP$_K$ 82.0%,RP$_K$ 62.6%

8.2.3 小结

本节以炉排炉秸秆直燃电厂飞灰为钾源，系统地研究了未燃尽炭及焙烧除炭对浸出法回收钾素的影响。考虑浸出液的纯度、后续浓缩过程可能的钙和镁结垢问题，水浸优于酸浸。未燃尽炭，既能导致浸出液的钾离子浓度(C_K)极大地降低，在浸出后的分离过程中又额外截留少部分浸出液，极大地降低钾素回收率(RP_K)。因此，空气氛围中 500℃下焙烧除炭，是必要的预处理措施。XRD 矿物学形态分析表明，低于 575℃的低温焙烧不会影响飞灰中钾素的溶出性。500℃焙烧后的灰，在液固比 L/S 为 3 的条件下室温水浸 30min，浸出液中钾离子浓度、钾素的溶出率和回收率分别能够达到 17.21g/L、82.0%和 62.6%。秸秆直燃电厂灰渣优于其他劣质钾源。在将来，还需要进一步考虑工程上如何实现焙烧预处理，考察锅炉类型、锅炉运行工况、灰渣类型等诸多因素对浸出过程的影响。

8.3 磷 素 回 收

磷是植物正常生长所必需的养分，但大多数农地土壤不能为植物提供充足磷素，往往需要施用磷肥来补充。朱红等[16]发现，虽然高温焚烧导致秸秆灰渣中的总养分损失增加，但磷的有效性得到提高。李俊飞等[17]发现稻壳灰中全磷和有效磷的质量分数分别为 0.12%和 204.73mg/kg，均大于粉煤灰，可作为土壤磷源。Vassilev 等[2]统计，玉米秆灰渣的磷含量为 1.06%。秸秆灰渣中的磷元素具有回收价值，对于维持正常的生态循环意义重大，能够促进秸秆直燃发电产业的可持续发展。本节采用酸洗法，探索秸秆灰渣的磷素回收[18]。

8.3.1　原料与流程

本节研究所用原料为某秸秆直燃电厂捞渣机灰渣，即底渣，初呈块状，经干燥、粉碎后过 100 目标准筛得到实验样品。灰渣样品的钾素、磷素和 SiO_2 含量分别为 5.17%、0.37%和 44.01%。称取一定质量的样品，向其中加入 HNO_3 或 HCl，浸出反应一段时间后固液分离，测量浸出液中磷元素浓度。实验中对浸出剂、液固比 L/S、反应温度和时间等因素进行了考查，以磷素的溶出率(DR_P)或提取率(ER_P)作为目标值对提取条件进行优化。

8.3.2　磷素的测量

磷的测量采用《水和废水监测分析方法(第四版)》中介绍的钼锑抗分光光度法。取一定量浸出液，加入过硫酸钾溶液，高温加热可使含磷化合物转为正磷酸盐。在酸性条件下，正磷酸盐与钼酸铵、酒石酸锑氧钾反应，生成磷钼杂多酸，然后被还原剂抗坏血酸还原，变成蓝色络合物，通常称为磷钼蓝。在波长 700nm处比色定量，检出范围是 0.01~0.6mg/L。

1. 试剂配置

(1)碱性过硫酸钾溶液(5%)。称取 5g 过硫酸钾($K_2S_2O_8$)，稀释至 100ml，存于棕色瓶内。

(2)硫酸，浓度 1+1，浓硫酸与蒸馏水等体积配制的溶液。

(3)抗坏血酸溶液(10%)。称取 10g 坏血酸，定容至 100ml，存于棕色瓶内，在 4℃可稳定几周。若颜色变黄，应弃去重配。

(4)钼酸盐溶液。溶解 13g 钼酸铵[$(NH_4)_6Mo_7O_{24} \cdot 4H_2O$]于 100ml 水中，溶解 0.35g 酒石酸锑氧钾[$K(SbO)C_4H_4O_4 \cdot 1/2H_2O$]于 100ml 水中。在不断搅拌的条件下，将钼酸铵溶液徐徐加到 300ml 硫酸(1+1)中，加入酒石酸锑氧钾溶液并混合均匀。存于棕色瓶中，在 4℃可至少稳定两个月。

(5)磷酸盐储备液。将优级纯磷酸二氢钾(KH_2PO_4)于 105~110℃干燥 2h，在干燥器中放冷，称取 0.2197g 溶于水中，加上述硫酸(2)5ml，定容至 1000ml。该溶液每毫升含 50μg 磷(以 P 素计)。

(6)磷酸盐标准使用液。量取 10ml 磷酸盐标准储备液(5)，稀释至 250ml。该溶液每毫升含 2μg 磷，溶液必须现配。

2. 测量步骤

1）标准曲线的绘制

取数支 10ml 的哈希管，分别加入磷酸盐标准使用液（6）0ml、0.05ml、0.1ml、0.3ml、0.5ml、1ml，加入一定体积的水，然后加入 0.1ml 抗坏血酸溶液（3），混匀，30s 后加入 0.2ml 钼酸铵（4），加入一定量的水，得到总体积为 6ml 的测量液，充分混匀后静置 15min，然后置于分光光度计中，于 700nm 处测量，以零浓度溶液为参比调节零点，测量吸光度（ABS），将各吸光值和其对应的磷酸盐标准溶液浓度分别作为 X 轴和 Y 轴，两者关系由式（8.1）表示，标准曲线如图 8-7 所示。

$$Y=0.9336X+0.0075 \tag{8.1}$$

2）样品测定

将得到的浸出液稀释至测量的合适浓度，加到 10ml 的哈希管中，也如上述的测量步骤操作，将测出的吸光值代入式（8.1），可得到测量液的浓度，也就能通过式（8.2）计算出浸出液中的磷素溶出率。

$$\mathrm{DR}_{\mathrm{P}}=\frac{C_{\mathrm{P}} \cdot V \cdot n}{X_{\mathrm{P}} \cdot m} \tag{8.2}$$

式中，C_{P} 为测量液中磷的浓度（g/L）；n 为从浸出液到测量液的稀释倍数；V 为浸出实验中加入的酸溶液体积（ml）；X_{P} 为固体原料中磷的百分含量，由式（8.3）得出；m 为提取实验中称取的固体原料的质量（g）。

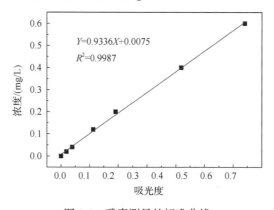

图 8-7　磷素测量的标准曲线

固体样品中磷素含量的测量需要经过消解，过程如下。称取 0.2g 样品，置于

10ml 哈希管中，加入 5ml 过硫酸钾溶液，加塞后管口包一小块聚四氟胶带扎紧，拧紧瓶盖。将哈希管置于消解仪中在 120℃下加热，30min 后停止，取出放冷，过滤得到消解液，稀释至便于测量的合适浓度。同时做空白试验。对得到的消解液采用上述的测量步骤得到液体中磷的浓度 C_P，经过计算可得到固体样品中磷的含量 X_P，计算公式如下：

$$X_P = \frac{C_P \cdot V \cdot n}{m} \tag{8.3}$$

式中，V 为 5ml；m 为 0.2g；C_P 为测量液中的磷素浓度(g/L)；n 为从消解液到测量液的稀释倍数。

8.3.3 结果与讨论

1. 反应时间对浸出的影响

准确称取 15g 固体原料，置于具塞碘量瓶中，加入一定量的稀盐酸或稀硝酸，保证液固比 L/S 为 3，在 50℃的条件下反应。反应完成后经测量得到，以稀盐酸为浸出剂时，混合物的 pH 为 2 左右，采用硝酸时 pH 为 1 左右。浸出 20min、40min、60min、80min、100min、120min 时，取样测试，结果如图 8-8 所示。采用稀盐酸时，在 1h 内浸出液中的磷素浓度增加，在 1h 时浓度为 1.53g/L。此后随时间延长，浓度增加不多，所以将最佳的时间定为 1h。在该时间下，磷的溶出率可达 90.16%。但采用稀硝酸时，随着浸出时间延长磷素浓度反而持续减小，猜测可能是硝酸在反应过程中分解造成的。将最佳的浸出时间定为 20min，磷的溶出率为 90.71%。在各自的最佳时间条件下，两种浸出剂作用下的溶出率很接近。

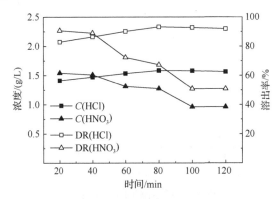

图 8-8 反应时间对磷素浸出的影响

2. 终点 pH 对浸出的影响

改变加入酸的量，使反应完成后的终点 pH 改变，但保证 L/S 仍为 3，反应温度为 50℃，由于需要考查相同反应时间的条件下 pH 对磷素浸出的影响，所以将两种浸出剂的反应时间都定为 1h，结果如图 8-9 所示。由图知，pH 相同的条件下，盐酸浸出液中磷素浓度总是比硝酸浸出液中的高。在 pH 减小的过程中，浸出液浓度在 PH 为 2.5~3 时迅速增加，在 pH 小于 2.5 时浓度增加缓慢。对于盐酸，在 pH 为 0~1 时，可以保证磷溶出率在 90% 左右；对于硝酸，若要使磷的溶出率在 90% 以上，必须使终点 pH 小于 0.3，以上即终点 pH 的最佳条件。上述的浸出液在静置超过 24h 后，会发生凝胶现象，凝结成胶状。可能是灰渣中的部分铝元素溶解于浸取液中，生成的铝盐不稳定，在长时间静置后水解成铝溶胶的缘故。

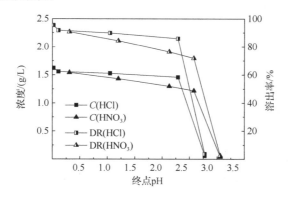

图 8-9　终点 pH 对磷素浸出的影响

3. 反应温度对浸出的影响

保证以盐酸为浸出剂时 pH 在 0~1，对硝酸 PH 在 0~0.3，改变反应温度分别为室温 23℃、35℃、50℃、65℃、80℃、90℃，其他的反应条件 L/S 为 3，反应时间为 1h，结果如图 8-10 所示。在温度低于 50℃ 时，盐酸浸出液中磷浓度略有升高，约 8.64%。50℃ 时磷的溶出率为 90.23%。在温度达到 50℃ 以后，磷浓度基本保持不变，溶出率保持在 90% 以上。对硝酸而言，在室温到 50℃ 时，浸出液中磷的浓度下降不多，但当温度高于 50℃ 后，硝酸浸出液中磷的浓度急剧下降约 36.84%，所以将最佳的温度选定为室温(25℃左右)，此时磷的溶出率为 91.39%。在各自的最佳温度条件下，盐酸和硝酸为浸出剂时的溶出率，后者略大，但相差不多。

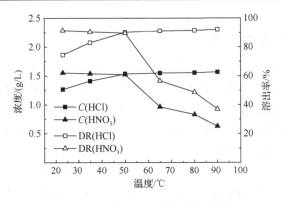

图 8-10   反应温度对磷素浸出的影响

4. 液固比对浸出的影响

提取实验以盐酸为浸出剂时，反应温度为 50℃，pH 为 0.42~0.59；对硝酸，温度为 23℃，pH 为 0.06~0.38。反应时间都是 1h，L/S 的变化为 2.5、3、4、5、6，实验结果如图 8-11 所示。

当液固比 L/S 变大时，磷的浓度都下降，但单位质量灰渣中溶出磷的质量增加；当 L/S 大于 4 时，磷素溶出率基本不再增加。当 L/S 为 3 时，盐酸情况下的磷溶出率为 90.23%，硝酸情况下的磷溶出率为 89.85%，接近 90%。当 L/S 由 3 变为 4 时，两者的溶出率的变化不大，分别为 4.81% 和 –1.73%，但浓度却下降得很大，分别为 21.93% 和 26.30%。基于节约用水及考虑磷浸出液的浓缩问题，选择 L/S 为 3 更为合适。从图中也可以看出，盐酸和硝酸作为浸出剂时的磷溶出率相差不多。

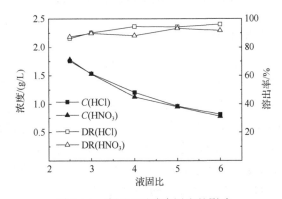

图 8-11   液固比对磷素浸出的影响

8.3.4   小结

秸秆灰渣中一般都含有数量可观的磷素，比粉煤灰中的磷含量高得多，有提取价值。本节主要采用了酸洗法对秸秆灰渣中的磷素进行浸出回收，以盐酸和硝酸分别作为浸出剂，对影响提取结果的若干因素，如反应时间、反应混合物的终点 pH、温度和液固比 L/S 等进行了考查。通过实验得到了以下结论。

(1)对于时间的考查，两种浸出剂的最佳反应时间不同，对于盐酸为 1h，对于硝酸为 20min，磷溶出率相应的分别为 90.16%和 90.71%。用硝酸作为提取剂时，溶出率随时间降低，原因有可能是随着实验的进行，硝酸分子发生分解，降低了其反应能力。

(2)反应物终点 pH 对磷溶出的影响最大，当 pH 在 3 左右时，磷几乎不溶出，继续减小 pH，磷元素溶出增大。实验结果表明，若要使磷的溶出率在 90%以上，以盐酸为浸出剂合适的终点 pH 为 0~1 即可，但对于硝酸须使终点 pH 小于 0.3。同时实验表明，在相同的 pH 下，采用盐酸浸出磷的溶出率比采用硝酸高。

(3)以 50℃为分界，盐酸浸取液中的磷浓度在低于 50℃时会增加，高于该分界就开始保持不变；硝酸浸取液中磷浓度在高于该分界开始大幅下降，但从实验结果看，室温下的溶出率与 50℃时非常接近。所以对于盐酸作为浸出剂的情况，以 50℃为最佳温度，对于硝酸以室温为最佳温度，两者的溶出率分别为 90.23%和 91.39%。

(4)液固比 L/S 对浸出液中磷浓度的影响大于对磷溶出率的影响，尤其是当 L/S 由 3 变为 4 时，溶出率的增加在 5%以内，但盐酸和硝酸浸出液中磷浓度分别减少了 21.93%和 26.30%。

(5)通过以上的实验结果，可以得到最佳的实验条件：对盐酸，温度为 50℃，L/S 为 3，反应时间 1h，pH 小于 1 即可；对硝酸，温度为室温，L/S 为 3，反应时间 20min，pH 小于 0.3。以两种浸出剂得到的最佳结果的浓度均在 1.53g/L 左右，溶出率为 90.23%和 89.85%。

关于在浸出液静置一段时间后产生的凝胶现象，需要进一步探究原因，可能是灰渣中的部分铝元素溶解于浸出液中，生成的铝盐不稳定，在长时间静置后水解成铝溶胶。如果要将浸出液进一步浓缩，那么凝胶现象势必会对浓缩产生影响，所以凝胶的问题需严肃对待。

8.4　SiO₂ 提 取

秸秆灰渣经水浸提取钾素和酸浸提取磷素之后，剩余的成分主要是 SiO_2，其含量至少在 50%以上，可以制备硅酸钠溶液(水玻璃)。硅酸钠可以制备白炭黑、硅胶、硅溶胶、硅气凝胶等硅基材料，是工业及日用品行业的大宗原料。

本节主要以氢氧化钠为提取剂提取秸秆灰渣中的 SiO_2，经过焙烧、溶解，制备硅酸钠溶液[18]。

8.4.1 原料与流程

1. 原料准备

秸秆灰渣取自于某秸秆直燃电厂旋风分离器，SiO_2 含量为 50.55%。水浸提钾后，再用盐酸溶液在液固比 L/S 为 3 的条件下除去钙镁铝等杂质、回收磷素，得到酸浸灰，SiO_2 的含量为 60.73%。酸浸过程中，反应结束时混合物的 pH 必须小于 1，本实验的 pH 为 0.8。酸浸灰再经水洗两次，其中第二次水洗时加入氨水，调节混合物的 pH 至中性，过滤干燥之后得到硅酸钠制备原料。

2. 制备流程

向固体原料中加入提取剂 NaOH 固体，经焙烧反应，加水溶解得到硅酸钠溶液。实验流程如图 8-12 所示。以 SiO_2 溶出率为目标值，对影响 SiO_2 溶出的因素如 NaOH 与灰渣的混合方式、SiO_2 和 Na_2O 的摩尔比、反应时间和温度等进行考察，寻找最佳的反应条件以达到最大的 SiO_2 溶出率。NaOH 与灰渣的混合方式，主要包括湿法混合和干法混合两种。湿法混合是将灰渣和一定质量的 NaOH 固体在研钵中研磨均匀后，向其中加入少量水，直至样品完全润湿成团状，然后置于马弗炉中焙烧；干法混合研磨后不加水，直接放入马弗炉灼烧。SiO_2 和 Na_2O 的摩尔比，为灰渣中折算成 SiO_2 的摩尔量与 NaOH 折算的 Na_2O 摩尔量之比。

在焙烧过程中，灰渣中的部分 SiO_2 与 NaOH 生成易溶于水的硅酸钠。反应完成后，取一定质量的样品浸入水中溶解硅酸钠，并测定浸取液中 SiO_2 的浓度。反应的流程如图 8-12 所示，虚线引入的水为湿法混合，若在该处不引入水，则为干法混合的操作。SiO_2 溶出率计算如下：

$$DR_{SiO_2} = \frac{V_1 \cdot C_{SiO_2}}{X_{SiO_2} \cdot m_1} \tag{8.4}$$

式中，各参数在图 8-12 中均有表示，V_1 为溶解反应中加入水的体积(L)；C_{SiO_2} 为溶解液中 SiO_2 的浓度(g/L)；X_{SiO_2} 为原料中 SiO_2 的含量(60.73%)；m_1 为参与溶解反应中的原料样品的质量(g)。

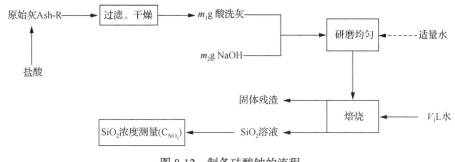

图 8-12　制备硅酸钠的流程

8.4.2　分析方法

实验过程中制备的硅酸钠溶液，依据硅酸根分析，以 SiO_2 浓度计。溶出的 SiO_2 浓度和原料中的 SiO_2 含量，均依据 GB/T 1574—2007 硅钼蓝分光光度法测量。实验的原理为，在乙醇存在下，于盐酸(浓度为 0.1mol/L)的介质中，正硅酸与钼酸生成稳定的硅钼黄，提高酸度至 2mol/L 以上，以抗坏血酸还原硅钼黄为硅钼蓝，即可用分光光度法测定 SiO_2 的含量。

1. 试剂配置

(1) NaOH 固体。

(2) 盐酸：36wt%~38wt%。

(3) 盐酸溶液，体积比 1:1。

(4) 盐酸溶液，体积比 1:11。

(5) 乙醇，无水乙醇。

(6) SiO_2 标准液：1mg/ml。

(7) SiO_2 标准工作液：0.1mg/l，将 1mg/ml 的 SiO_2 标准液稀释 10 倍即可得到。

(8) 钼酸铵溶液：50g/L，称取钼酸铵 5g，溶于水中，用水稀释到 100ml。

(9) 抗坏血酸溶液：10g/L，现用现配。

2. 测量步骤

1) 标准曲线的绘制

分别量取 SiO_2 标准工作液(7) 0ml、0.1ml、0.2ml、0.3ml、0.4ml，注入 10ml 的哈希管中，依次加入盐酸溶液(4) 0.4ml、0.3ml、0.2ml、0.1ml、0ml，加水 2.7ml，加乙醇 0.8ml，加钼酸铵溶液 0.5ml，摇匀，在 20~30℃下放置 20min，加盐酸(3) 3ml，摇匀，放置 1~5min，加入抗坏血酸 0.5ml，摇匀，用水稀释至 10ml，摇匀。放置 1h 后，在波长 620nm 处，测定吸光度。以 SiO_2 的浓度为纵坐标 Y，吸光度为横

坐标 X，两者关系如下，标准曲线如图 8-13 所示。

$$Y=0.0044X+2\times10^{-5} \tag{8.5}$$

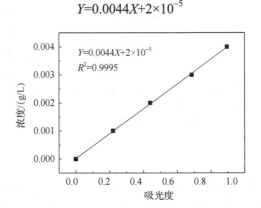

图 8-13　SiO_2 测量的标准曲线

2) 浸出液中 SiO_2 浓度的测定

将实验过程中得到的液体稀释至合适的测量浓度，量取 0.3ml 置于 10ml 的哈希管中，其他的操作步骤如标准曲线绘制的操作一致，最终液体体积为 10ml。在样品测定的过程中，需做空白。将测得的吸光值代入式(8.5)中，乘以稀释倍数即可得到浸出液中 SiO_2 的浓度 C_{SiO_2} 或 C_0。

3) 实验原料中 SiO_2 含量的测定

称取实验原料 0.4g，称准至 0.0002g，置于刚玉坩埚中，滴几滴乙醇润湿。加氢氧化钠 8g，置于马弗炉中，在 1~1.5h 内将炉温从室温升高至 680~700℃，并保温 20min。取出坩埚，用水激冷后，擦净坩埚外壁，放于 250ml 烧杯中，加入约 150ml 沸水，立即盖上表面皿，待剧烈反应停止后，用极少量的盐酸(3)和热水交替洗净坩埚。在不断搅拌的条件下，迅速加入盐酸(2)20ml，于电炉上微沸约 1min，取下，迅速冷却至室温，移入 1000ml 容量瓶中，加水稀释至刻度线，摇匀。测出上述容量瓶中液体的 SiO_2 浓度，代入式(8.6)可计算出固体样品的 SiO_2 含量：

$$X_{SiO_2}=\frac{V_0\cdot C_0}{m_0} \tag{8.6}$$

式中，V_0 为一升容量瓶的体积(1L)；C_0 为容量瓶中 SiO_2 的浓度(g/L)；m_0 为实验中称取的原料质量(0.4g)。

8.4.3　结果与讨论

1. 硅钠摩尔比对溶出率的影响

将酸洗灰渣原料与 NaOH 干法混合，设定 SiO_2/Na_2O 摩尔比分别为 0.7、1、2、3、4 和 5，置于马弗炉中在 580℃下焙烧 1h。得到的提取结果如图 8-14 所示，发现随着 SiO_2/Na_2O 摩尔比减小，即 NaOH 用量的增加，酸洗灰渣中 SiO_2 的溶出率呈线性上升的趋势。理论上当摩尔比为 1 时，恰好能使灰中的 SiO_2 全都转变为 Na_2SiO_3，但实验得到的溶出率仅 71.03%。当摩尔比为 0.7 时，NaOH 的用量增加了 42.86%，但溶出率仅增大了 2.57%，为 73.60%，同时过量的 NaOH 有部分无法参与 SiO_2 溶出的反应，使原料浪费。基于上述考虑，选择 1 为最佳的 SiO_2/Na_2O 摩尔比。

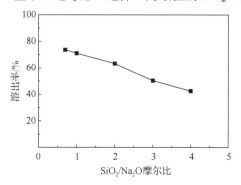

图 8-14　硅钠摩尔比对溶出率的影响

2. 混合方式与温度对溶出率的影响

由于 NaOH 的熔点为 318℃，所以实验中考查的下限温度为低于该温度的 280℃，上限则为测试标准 GB/T 1574-2007 中的推荐温度 680℃。为了使时间的影响显著，选择了两个极端的反应时间，分别为 30min 和 120min。

将灰渣原料和 NaOH 在硅钠摩尔比为 1 的条件下通过不同方式进行混合，在相同的温度变化范围内对混合方式和反应时间的变化进行对比，结果如图 8-15 所示。从图可知，反应时间为 30min 时，湿法混合 (wet) 的溶出率整体上比干法混合 (dry) 低。这是因为，在总反应时间较短的情况下，湿法混合中的水蒸发需要一定的时间，其在总时间中所占比例较高，反应物在相对较大比例的时间段内保持低温状态，反应速度慢，使 SiO_2 溶出率降低。同时采用湿法混合在较短时间下的溶出率随温度变化很不稳定，所以在较短时间下最好选择干法混合。若要使结果保持良好的可预测性，最好选择长时间反应。

反应时间为 120min 时干法和湿法的溶出率相近，并且整体上比反应时间为

30min 的高。考虑湿法混合过程耗水，同时在反应完成后会结成坚硬的块状物，难以取出，溶解困难，所以在此处最好选择干法混合。图 8-15(b)表明溶出率随温度变化比较稳定，但基本呈下降的趋势，说明温度越高，灰渣中的某些杂质元素越有可能和 SiO_2 生成难溶于水的物相，导致溶出率下降。在干法混合条件下，温度从 580℃变化到 680℃时，溶出率从 66.40%减小至 49.83%，下降幅度达到 24.95%；溶出率在 330℃时达到最高，为 72.57%。湿法混合条件下，溶出率最大值和最小值分别为 70.63%和 64.99%，前者只比后者大 8.68%，可见在此条件下溶出率变化很小。基于以上分析，混合方式选择干法混合，焙烧温度选择 330℃。

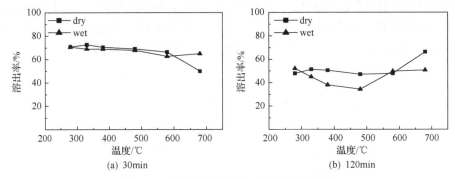

(a) 30min 　　　　　　　　　　(b) 120min

图 8-15　混合方式和温度对溶出率的影响

3. 焙烧时间对溶出率的影响

图 8-16 为在干法混合、SiO_2/Na_2O 摩尔比为 1、反应温度为 330℃的条件下，SiO_2 的溶出率随时间的变化。该图说明溶出率随时间几乎呈线性增加，在反应时间为 120min 时达到最大值 72.57%，在 60min 和 100min 时，溶出率分别为 57.32% 和 66.09%，前者比后两者分别增大了 15.25%和 6.48%，增加幅度相对较大。图 8-15(b) 中，在温度大于 330℃、反应时间为 120min、干法混合条件下的结果为 70.45%、69.04%、66.40%和 49.83%，均小于本次试验的最大值 72.57%。

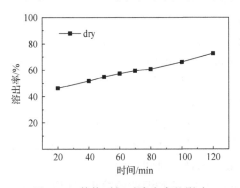

图 8-16　焙烧时间对溶出率的影响

从图 8-16 可以看到，在反应温度为 330℃的条件下，反应时间越长，SiO_2 溶出率越大。但 330℃已是高于 NaOH 熔点的温度，而且与文献[19]中 68.01%的溶出率相比，溶出率为 72.57%已经是可以接受的结果。如果再延长时间，可能能耗较大，所以选择 120min 为最佳的时间条件。

8.4.4 小结

本节采用酸洗秸秆灰渣为原料，与 NaOH 反应制备硅酸钠溶液。以所得溶液中的 SiO_2 含量为目标，系统考察了 NaOH 与灰渣的混合方式（干混、湿混）、SiO_2 和 Na_2O 的摩尔比、反应温度和时间等对灰渣 SiO_2 溶出率的影响。获得如下结论。

(1)NaOH 用量增加，SiO_2 溶出率增加。要保证相对较高的溶出率，推荐 SiO_2/Na_2O 摩尔比为 1 或 2。

(2)在焙烧反应中，湿法混合和干法混合的溶出率相当，但干法操作简单，同时反应后产物没有板结成块，易于粉碎和溶解。焙烧反应的时间越长，溶出率越高。

(3)在实验的考虑的范围内，焙烧的最佳条件是 SiO_2/Na_2O 摩尔比为 1、330℃下焙烧 2h，SiO_2 溶出率 72.6%；相对于薛英喜[20]从玉米秆中提取 SiO_2 的溶出率 68.01%要高。

参 考 文 献

[1] Wang S Y, Xiao X, Wang X Q,et al. Potassium recovery from the fly ash from a grate boiler firing agro‐residues: Effects of unburnt carbon and calcination pretreatment. Journal of Chemical Technology and Biotechnology, 2016, In press, DOI: 10.1002/jctb.5062

[2] Vassilev S V, Baxter D, Andersen L K, et al. An overview of the chemical composition of biomass. Fuel, 2010, 89(5): 913-933

[3] Blanco-Canqui H, Lal R. Crop residue removal impacts on soil productivity and environmental quality. Crit. Rev. Plant Sci., 2009, 28(3):139-163

[4] Tan D S, Jin J Y, Jiang L H, et al. Potassium assessment of grain producing soils in North China. Agr. Ecosyst. Environ. 2012, 148:65-71

[5] Naidu L G K, Sidhu G S, Sarkar D, et al. Emerging deficiency of potassium in soils and crops of India. Karnataka J. Agric. Sci.,2011, 24(1):12-19

[6] United States Geological Survey http://minerals.usgs.gov/minerals. Accessed in Feb 2016

[7] Fixen P E, Johnston A M. World fertilizer nutrient reserves: A view to the future. J. Sci. Food Agr., 2012, 92(5):1001-1005

[8] Ma H W, Feng W W, Miao S D, et al.New type of potassium deposit: Modal analysis and preparation of potassium carbonate. Sci. China Earth Sci. 2005, 48(11):1932-1941

[9] Zhan G , Guo ZC. Water leaching kinetics and recovery of potassium salt from sintering dust. T. Nonferr. Metal. Soc. 2013, 23(12):3770-3779

[10] Yuan J S. Research on fundamentals in the technology of extracting potash from seawater by ion exchange method. Tianjin:Tianjin University ,2005

[11] Kinekar B K. Potassium fertilizer situation in India: Current use and perspectives. Karnataka J. Agric. Sci.,2011, 24(1):1-6

[12] Niu YQ, Tan H Z, Hui S E.Ash-related issues during biomass combustion: Alkali-induced slagging, silicate melt-induced slagging (ash fusion), agglomeration, corrosion, ash utilization, and related countermeasures. Prog. Energ. Combust., 2016, 52:1-61

[13] Pettersson A, Åmand LE, Steenari BM. Leaching of ashes from co-combustion of sewage sludge and wood—Part I: Recovery of phosphorus. Biomass Bioenerg., 2008, 32(3): 224-235

[14] Hansen H K, Ottosen L M, Villumsen A. Electrodialytic removal of cadmium from straw combustion fly ash. J. Chem. Technol. Biotechnol., 2004, 79(7):789-794

[15] Sarenbo S. Wood ash dilemma-reduced quality due to poor combustion performance. Biomass Bioenerg 2009, 33(9):1212−1220

[16] 朱红，常志州，黄红英，等. 高温焚烧对秸秆灰渣磷、钾养分变化的影响. 植物营养与肥料学报，2007, 13(6): 1197-1201

[17] 李俊飞，王德汉，刘承昊，等. 生物质气化灰渣和粉煤灰的农业化学行为比较. 华南农业大学学报，2007, 28(1): 27-30

[18] 王世永. 秸秆电厂灰渣中钾磷元素及 SiO_2 回收的研究. 北京：华北电力大学，2015

[19] 薛英喜. 玉米秸秆灰制备白炭黑实验研究. 哈尔滨：哈尔滨工业大学，2011